Handbuch der ebenen Kontaktmechanik

Valentin L. Popov · Markus Heß ·
Emanuel Willert

Handbuch der ebenen Kontaktmechanik

Exakte Lösungen ebener Kontaktprobleme

Springer Vieweg

Valentin L. Popov
Institut für Mechanik, Sekretariat C8-4
Technische Universität Berlin
Berlin, Deutschland

Markus Heß
Institut für Mechanik, Sekretariat C8-4
Technische Universität Berlin
Berlin, Deutschland

Emanuel Willert
Institut für Mechanik, Sekretariat C8-4
Technische Universität Berlin
Berlin, Deutschland

ISBN 978-3-662-69000-0 ISBN 978-3-662-69001-7 (eBook)
https://doi.org/10.1007/978-3-662-69001-7

Die Deutsche Nationalbibliothek verzeichnet diese Publikation in der Deutschen Nationalbibliografie; detaillierte bibliografische Daten sind im Internet über https://portal.dnb.de abrufbar.

Planung/Lektorat: Michael Kottusch
Springer Vieweg ist ein Imprint der eingetragenen Gesellschaft Springer-Verlag GmbH, DE und ist ein Teil von Springer Nature.
Die Anschrift der Gesellschaft ist: Heidelberger Platz 3, 14197 Berlin, Germany

Vorwort

Tribologie ist überall. Die Breite der Anwendungsbereiche, in denen Phänomene der Grenzflächenmechanik – Reibung, Adhäsion, Verschleiß u. v. m. – eine wichtige Rolle spielen, ist kaum überschaubar und reicht von klassischen technischen Disziplinen – Lager und Getriebe im Maschinenbau, Bremsen und Rollkontakte im Verkehrswesen, oder Festplatten in der Mikroelektronik – über biotechnologische Systeme – z. B. künstliche Gelenke – bis zur Bio- und Nanotribologie einzelner Zell- oder Molekülcluster. Exakte (also vollständige und analytische) Lösungen sind dabei zum Testen numerischer Modelle und für das schnelle „analytische Verständnis" komplexer Systeme von großer Bedeutung.

Vor etwa 6 Jahren erschien deswegen das „Handbuch der Kontaktmechanik", in dem wir es uns zur Aufgabe gemacht hatten, ein vollständiges Nachschlagewerk der existierenden exakten Lösungen *axialsymmetrischer* Kontaktprobleme zu schaffen, um die Vielzahl dieser – mehr oder weniger bekannten – Lösungen für die Anwendung in Forschung, Lehre und Praxis verschiedenster Fachrichtungen verfügbar und einfach verständlich zu machen. Das „Handbuch" sollte einerseits „alle wichtigen" bekannten Lösungen axialsymmetrischer Kontaktprobleme, die seit der Etablierung der Kontaktmechanik als rigorose Wissenschaft vor etwa 140 Jahren gefunden wurden, sammeln und strukturiert katalogisieren; andererseits sollte ein einheitlicher Formalismus (mit der Methode der Dimensionsreduktion) demonstriert werden, um diese Lösungen auf möglichst einfache Weise herzuleiten.

Unabhängig davon, ob das Buch diesen selbstgesteckten Zielen gerecht werden konnte, war es als „Handbuch der Kontaktmechanik" durch die Beschränkung auf axialsymmetrische Probleme in jedem Fall unvollständig; schließlich gibt es eine ganze weitere Symmetrieklasse von Problemen, die eine exakte Lösung zulassen und deswegen in einem „Handbuch der Kontaktmechanik" (im umfassenden, enzyklopädischen Sinn) dokumentiert werden sollten: *ebene* Kontakte.

Diese offenkundige Unvollständigkeit möchten wir mit dem vorliegenden Buch – einer Enzyklopädie der exakten Lösungen ebener Kontaktprobleme – überwinden. In diesem

Sinn kann man es als zweiten Teil des nunmehr zweibändigen „Handbuchs der Kontaktmechanik“ auffassen. Da die Mechanik axialsymmetrischer (Punkt-) und die ebener (Linien-)Kontakte – sowohl als Forschungsfelder als auch in Bezug auf die entsprechenden bekannten exakten Lösungen – im Umfang ähnlich aber formal-mathematisch durchaus unterschiedlich sind, hat es dabei Sinn, beide Symmetrieklassen in getrennten Bänden zu behandeln.

Die Ansprüche an die Darstellung für dieses Buch decken sich weitgehend mit denen des „ersten Bandes“: Zum einen wollen wir „alle wichtigen“ bekannten exakten Lösungen ebener Kontaktprobleme systematisch dokumentieren; zum anderen soll aber nicht nur die endgültige Lösung aufgeführt, sondern auch der vollständige Lösungsweg auf möglichst nachvollziehbare Weise dargestellt werden.

Wie im axialsymmetrischen Fall erscheint die zweite Forderung zunächst kaum erfüllbar – angesichts der Tatsache, dass die Lösung eines einzigen Kontaktproblems in der Literatur häufig ganze umfangreiche Publikationen füllt. Doch die beiden mächtigen Werkzeuge, dank derer diese Systematisierung der Lösungswege bereits für viele axialsymmetrische Probleme gelingen konnte – nämlich die Superposition inkrementeller Flachstempeleindrücke und die Rückführung zahlreicher Klassen von Kontaktproblemen auf den reibungs- und adhäsionsfreien Normalkontakt – sind auch für ebene Probleme anwendbar. Wir können uns daher in der Systematik der Darstellung eng an die Struktur des „ersten Bandes“ anlehnen.

Diese Monografie ist in einer Phase großer Herausforderungen – sowohl im akademischen Bereich als auch gesamtgesellschaftlich – entstanden. Wir danken der Technischen Universität Berlin und insbesondere den Mitarbeiterinnen und Mitarbeitern des Fachgebiets Systemdynamik und Reibungsphysik für die mittelbare und unmittelbare Unterstützung beim Verfassen des Buchs.

Berlin
im Januar 2024

Valentin L. Popov
Markus Heß
Emanuel Willert

Inhaltsverzeichnis

Einleitung 1

1.1 Zum Ziel dieses Buches

Dies ist der zweite Teil des „Handbuchs der Kontaktmechanik". Im ersten Band haben wir versucht, eine – im Rahmen der Möglichkeiten der „linearen" Buchform – umfassende und strukturierte Enzyklopädie aller im Laufe der inzwischen 140-jährigen Geschichte der Kontaktmechanik – seit ihrer Grundsteinlegung als mathematisierte Wissenschaft durch Hertz (1882) und Boussinesq (1885) – gefundenen exakten Lösungen *axialsymmetrischer* mechanischer Kontaktprobleme zu schaffen. Unabhängig davon, ob, bzw. in welchem Maße, der erste Band dieser selbstgesteckten Aufgabe gerecht geworden ist, besteht die exakte (analytische) Kontaktmechanik nicht nur aus axialsymmetrischen Problemen. Eine zweite, sehr große Klasse von Kontaktaufgaben, die eine exakte mathematische Lösung zulassen, bilden *ebene* Kontaktprobleme. Diesen ist der vorliegende zweite Band des „Handbuchs der Kontaktmechanik" gewidmet.

Die Ansprüche an dieses „Handbuch", die wir zu Beginn des ersten Bandes formuliert haben, wollen wir auch für den zweiten Teil beibehalten. Das betrifft sowohl die Gesamtstruktur des Buches, als auch die Detaildarstellung der konkreten behandelten Kontaktprobleme. Die äußere Struktur soll möglichst übersichtlich sein und unnötige Dopplungen, die sich z. B. durch Rückgriffe auf frühere Kapitel ergeben, vermeiden; trotzdem sollen alle Abschnitte für sich – ohne die chronologische Lektüre des Bandes als Ganzes – verständlich sein, um dem Charakter (und der Funktion) eines „Handbuchs" gerecht zu werden. In der Detaildarstellung umfasst eine behandelte Kontaktaufgabe die Formulierung des Problems, die Angabe der Lösung und deren Erstpublikation, sowie, nach Möglichkeit, die Darstellung des, nach unserer Auffassung, einfachsten Lösungswegs – der nicht unbedingt mit dem Lösungsweg in der Erstpublikation übereinstimmen muss.

V. L. Popov et al., *Handbuch der ebenen Kontaktmechanik*,
https://doi.org/10.1007/978-3-662-69001-7_1

Axialsymmetrische und ebene Kontaktprobleme haben mehrere Gemeinsamkeiten. Beide Klassen von Aufgaben sind zweidimensional und können sogar unter Umständen – wie von Aleksandrov (1961) demonstriert – ineinander „übersetzt“ werden. Außerdem ist eine der mächtigsten Methoden zur Lösung von axialsymmetrischen Kontaktproblemen – die Superposition starrer Flachstempelverschiebungen – auch für sehr viele ebene Probleme anwendbar. Eine weitere Gemeinsamkeit ist, dass die entsprechende Symmetrie oft tatsächlich nur näherungsweise besteht und im formal-mathematischen Sinn eigentlich gebrochen ist, z. B. bei „axialsymmetrischen“ Kontakten durch eine die Isotropie aufhebende Tangentiallast, oder bei „ebenen“ Problemen durch eine endliche Ausdehnung der kontaktierenden Körper entlang der Symmetrieachse. Trotzdem sind bei vielen dieser – nicht im strengen Sinn symmetrischen – Kontakte Spannungen und Verschiebungen lokal in sehr guter Näherung symmetrisch verteilt, weswegen wir diese Probleme in dem entsprechenden „Handbuch“ mitberücksichtigen.

Es gibt aber zwischen axialsymmetrischen und ebenen Kontaktaufgaben auch mehrere qualitative Unterschiede. So sind ebene Probleme in mehrfacher Hinsicht gleichzeitig einfacher und – paradoxerweise oft aus dem gleichen Grund – schwieriger als axialsymmetrische. Beispielsweise gibt es für den ebenen Normalkontakt einen direkten integralen Zusammenhang zwischen der Druckverteilung und dem Kontaktprofil (d. h., der Lücke zwischen den kontaktierenden Oberflächen im Moment der ersten Berührung) – während man im axialsymmetrischen Fall nur durch eine Folge von zwei separaten Integraltransformationen einen Zusammenhang zwischen der Druckverteilung und dem Profil herstellen kann. Aber die Integraltransformation zwischen Druck und Profil ist im ebenen Fall, wegen der Struktur der Grundgleichungen der ebenen Elastizitätstheorie, stark singulär; sie kann daher nur im Sinn von Hauptwerten ausgewertet werden, was die exakte Lösung mathematisch wiederum schwieriger macht als die Auswertung der beiden entsprechenden Transformationen des axialsymmetrischen Problems.

Ein wesentlicher physikalischer Unterschied zwischen ebenen und axialsymmetrischen Problemen betrifft die makroskopischen relativen Verschiebungen zwischen den Kontaktkörpern, z. B. die Eindrucktiefe: Für Kontakte zwischen einem starren Eindruckkörper und einem elastischen Halbraum, die im mathematisch strengen Sinn eben – also entlang der Symmetrieachse unendlich ausgedehnt – sind, lassen sich die makroskopischen relativen Verschiebungen gar nicht absolut definieren! Physikalische Verschiebungen ergeben sich erst durch die Berücksichtigung der endlichen Ausdehnung der Körper, bzw. ihrer globalen Form. Das vereinfacht einerseits die Angabe der Lösung des ebenen Problems, da mit der Last und der Breite des Kontaktgebiets nur noch zwei (anstatt drei) makroskopische Kontaktgrößen miteinander in Relation gesetzt zu werden brauchen; andererseits ist die Bestimmung von makroskopischen Verschiebungen (und damit auch von Steifigkeiten und Energien) in „ebenen“ (im abgeschwächten Sinn) Kontaktproblemen – die in jeder anderen Hinsicht, z. B. in Bezug auf die Druckverteilung, in sehr guter Näherung als ideal eben (im mathematisch strengen Sinn) behandelt werden können – eine deutlich kompliziertere Aufgabe als im axialsymmetrischen Fall.

Im Rahmen des vorliegenden Buches werden wir an geeigneter Stelle auf diese Spezifika ebener Kontaktprobleme gesondert und gezielt eingehen.

Neben der Behandlung konkreter Kontaktprobleme wurden im ersten Teil des „Handbuchs der Kontaktmechanik“ auch sehr ausführliche Einführungen zur physikalischen Natur verschiedener, kontaktmechanisch relevanter Phänomene – wie Adhäsion, Reibung oder Viskoelastizität – gegeben. Auf diese Einführungen werden wir in dem vorliegenden zweiten Teil weitgehend verzichten, um Dopplungen zu vermeiden. Alle für die Lösung konkreter ebener Kontaktprobleme nötigen allgemeinen Relationen in Bezug auf diese Phänomene werden wir allerdings auch in den einführenden Abschnitten der Kapitel des vorliegenden Buches angeben.

Wie der erste Band ist dieser Teil des „Handbuchs“ vorrangig als Nachschlagewerk für Forschung und Praxis mit (direktem oder indirektem) Bezug zu kontaktmechanischen Fragestellungen gedacht.

1.2 Zur Benutzung dieses Buches

Die Struktur dieses zweiten Teils des „Handbuchs der Kontaktmechanik“ orientiert sich sehr eng an dem Aufbau des ersten Bandes. Entsprechend ist die Verwendung des vorliegenden Buches völlig analog zu der des ersten Teils.

Die Kap. 2 bis 8 sind verschiedenen Klassen von Kontaktproblemen mit dem einfachsten und am weitesten verbreiteten Materialmodell gewidmet: dem homogenen, isotropen, linear-elastischen Halbraum (bzw. der entsprechenden Halbebene). Die Kap. 9 bis 11 behandeln anschließend jeweils weitere Materialgesetze, die eine exakte Lösung des Kontaktproblems zulassen. Alle Kapitel sind nach verschiedenen Aspekten der jeweils behandelten Klasse von Kontaktproblemen in Unterkapitel gegliedert, die wiederum – in der Regel – nach der speziellen Profilgeometrie in einzelne Abschnitte geteilt sind. Jeder Abschnitt (bzw. jedes konkrete Kontaktproblem) sollte für sich allein verständlich sein; alle zur Lösung nötigen Rückgriffe auf frühere Abschnitte des Buches (z. B. vorher dargestellte allgemeine Lösungen) sind so eindeutig und nachvollziehbar wie möglich dargestellt.

Literatur

Aleksandrov, A.I.: Solution of axisymmetric problems of the theory of elasticity with the aid of relations between axisymmetric and plane states of stress. PMM Journal of Applied Mathematics and Mechanics, **25**(5), 1361–1375 (1961) https://doi.org/10.1016/0021-8928(61)90013-2

Boussinesq, J.: Application des Potentiels a L'etude de L'Equilibre et du Mouvement des Solides Elastiques. Gauthier-Villars, Paris (1885)

Hertz, H.: *Über die Berührung fester elastischer Körper*. Journal für die reine und angewandte Mathematik, **92**, 156–171 (1882)

2 Linienbelastung eines elastischen Halbraums

In diesem Kapitel werden noch keine konkreten Kontaktprobleme gelöst. Stattdessen wollen wir die fundamentalen Grundlagen für die folgenden Kapitel legen und einige grundsätzliche Aspekte von ebenen Kontaktproblemen kurz diskutieren.

2.1 Ebener Verzerrungszustand und ebener Spannungszustand

Für (linear-elastische) ebene strukturmechanische Probleme gibt es in der Regel zwei unterschiedliche Konfigurationen, den ebenen Verzerrungszustand (EVZ) und den ebenen Spannungszustand (ESZ). Die Lösungen für beide Fälle können grundsätzlich exakt ineinander umgerechnet werden. Dazu betrachte man das Hookesche Gesetz für die Komponenten des Verzerrungstensors, ε_{ij}, und des Spannungstensors, σ_{ij}, in einem isotropen, linear-elastischen Medium mit dem Elastizitätsmodul E und der Poissonzahl ν in den kartesischen Koordinaten $\{x, y, z\}$, wobei z die Symmetrieachse des ebenen Problems repräsentiere,[1]

[1] Die Schubkomponenten in z-Richtung sind weggelassen, da sie für das ebene Problem grundsätzlich verschwinden.

V. L. Popov et al., *Handbuch der ebenen Kontaktmechanik*,
https://doi.org/10.1007/978-3-662-69001-7_2

$$\begin{aligned} \varepsilon_{xx} &= \frac{1}{E}\big[\sigma_{xx} - \nu\big(\sigma_{yy} + \sigma_{zz}\big)\big], \\ \varepsilon_{yy} &= \frac{1}{E}\big[\sigma_{yy} - \nu(\sigma_{xx} + \sigma_{zz})\big], \\ \varepsilon_{zz} &= \frac{1}{E}\big[\sigma_{zz} - \nu\big(\sigma_{xx} + \sigma_{yy}\big)\big], \\ \varepsilon_{xy} &= \frac{1+\nu}{E}\sigma_{xy}. \end{aligned} \tag{2.1}$$

Für den EVZ ist außerdem $\varepsilon_{zz} = 0$ und damit

$$\sigma_{zz} = \nu\big(\sigma_{xx} + \sigma_{yy}\big). \tag{2.2}$$

Das Materialgesetz für die verbleibenden Komponenten des Verzerrungstensors ist deswegen

$$\begin{aligned} \varepsilon_{xx} &= \frac{1}{E}\big[\sigma_{xx}\big(1 - \upsilon^2\big) - \nu\sigma_{yy}(1+\nu)\big], \\ \varepsilon_{yy} &= \frac{1}{E}\big[\sigma_{yy}\big(1 - \upsilon^2\big) - \nu\sigma_{xx}(1+\nu)\big], \\ \varepsilon_{xy} &= \frac{1+\nu}{E}\sigma_{xy}. \end{aligned} \tag{2.3}$$

Für den ESZ ist wiederum $\sigma_{zz} = 0$. Die Gleichungen für die Komponenten des ebenen Verzerrungstensors vereinfachen sich daher zu

$$\begin{aligned} \varepsilon_{xx} &= \frac{1}{\hat{E}}\big[\sigma_{xx} - \hat{\nu}\sigma_{yy}\big], \\ \varepsilon_{yy} &= \frac{1}{\hat{E}}\big[\sigma_{yy} - \hat{\nu}\sigma_{xx}\big], \\ \varepsilon_{xy} &= \frac{1+\hat{\nu}}{\hat{E}}\sigma_{xy}, \end{aligned} \tag{2.4}$$

wobei zum Zweck der besseren Differenzierung zwischen den beiden Problemklassen die Materialkenngrößen im ESZ mit einem „Dach" versehen wurden. Die Relationen in den Gleichungen (2.3) und (2.4) sind einander vollständig äquivalent, falls

$$\hat{E} = \frac{E}{1-\nu^2}, \quad \hat{\nu} = \frac{\nu}{1-\nu}, \tag{2.5}$$

beziehungsweise,

$$E = \hat{E}\frac{1+2\hat{\nu}}{(1+\hat{\nu})^2}, \quad \nu = \frac{\hat{\nu}}{1+\hat{\nu}}. \tag{2.6}$$

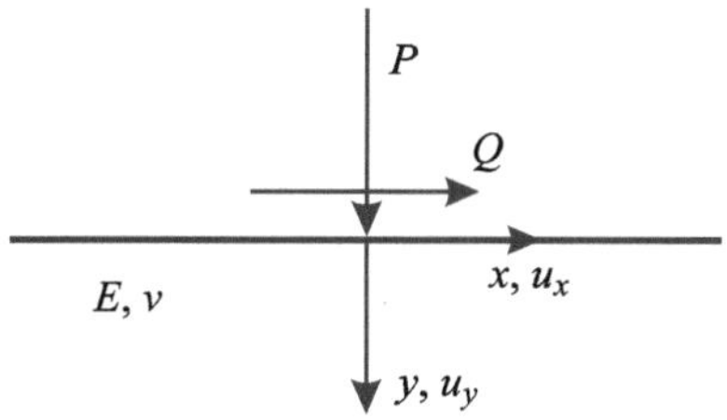

Abb. 2.1 Belastung einer elastischen Halbebene $y \geq 0$ mit dem Elastizitätsmodul E und der Poissonzahl ν durch eine Linienlast mit den Komponenten P und Q

Man kann daher immer aus der Lösung für das EVZ-Problem die für das ESZ-Problem erhalten, indem man in der EVZ-Lösung für E und ν die Relationen aus den Gleichungen (2.6) verwendet. Umgekehrt ergibt sich aus jeder ESZ-Lösung die entsprechende EVZ-Lösung durch Einsetzen der Relationen (2.5).

Bei mechanischen Kontaktproblemen ergibt sich (näherungsweise) ein EVZ, wenn die Ausdehnung der kontaktierenden Körper in Richtung der Symmetrieachse sehr viel größer ist als die Länge des Kontaktgebiets in den Ebenen quer zur Symmetrieachse. Ein ESZ stellt sich wiederum näherungsweise ein, wenn die Ausdehnung der kontaktierenden Körper in Symmetrierichtung deutlich kleiner ist als die charakteristische Länge des Kontaktgebiets. Da solche Konfigurationen nur sehr selten anzutreffen sind, werden wir in den folgenden Kapiteln grundsätzlich nur den EVZ betrachten, d. h., annehmen, dass die Kontaktpartner in Symmetrierichtung sehr lang sind.[2]

2.2 Fundamentallösung für die Linienbelastung eines elastischen Halbraums

Eine wichtige Grundlage für die Behandlung von ebenen Kontaktproblemen in der Näherung des ebenen Verzerrungszustands sind die Verschiebungen der Oberfläche eines homogenen, isotropen, linear-elastischen Halbraums mit dem Elastizitätsmodul E und der Poissonzahl ν unter der Wirkung einer gleichmäßig in z-Richtung verteilten Linienlast an der Oberfläche des elastischen Halbraums.

Der Ursprung des ebenen kartesischen Koordinatensystems liege auf der Angriffslinie der Linienlast; y bezeichne dabei die *in den Halbraum* gerichtete Normal-Achse der Halbraumoberfläche und entsprechend sei x die tangentiale Koordinate[3]. Die Komponenten der Linienlast seien P in y-Richtung und Q in x-Richtung (siehe die Skizze in Abb. 2.1).

Die sich ergebenden Verschiebungen u in x- und y-Richtung sind (Barber 2018, S. 113)

[2] In der Regel werden wir sogar annehmen, dass das Problem „echt“ eben ist, d. h., dass die kontaktierenden Körper in Symmetrierichtung unendlich ausgedehnt sind; siehe auch das Unterkapitel 2.3.

[3] Für die Gültigkeit der Halbraumnäherung müssen die Ausdehnungen der kontaktierenden Körper auch in x- und y-Richtung sehr viel größer sein als die charakteristische Länge des Kontaktgebiets.

$$
\begin{aligned}
u_x &= -\frac{P(1+\nu)(1-2\nu)}{2E}\operatorname{sgn}(x) - \frac{2Q\left(1-\nu^2\right)}{\pi E}\ln\left(\frac{|x|}{x_0}\right), \quad |x|>0,\\
u_y &= -\frac{2P\left(1-\nu^2\right)}{\pi E}\ln\left(\frac{|x|}{x_0}\right) + \frac{Q(1+\nu)(1-2\nu)}{2E}\operatorname{sgn}(x), \quad |x|>0.
\end{aligned} \tag{2.7}
$$

Dabei bezeichnet $\operatorname{sgn}(x)$ die Vorzeichenfunktion; x_0 ist eine Integrationskonstante, die vorläufig unbestimmt bleiben muss (siehe das Unterkapitel 2.3).

Für zwei elastische Körper, die den Anforderungen der Halbraumnäherung genügen und die durch eine Linienlast mit den Komponenten P und Q wechselwirken, sind damit die entsprechenden relativen Verschiebungen (die Indizes „1" und „2" beziehen sich auf die jeweiligen Körper)

$$
\begin{aligned}
u_x &:= u_{x,1} - u_{x,2} = -\frac{\beta P}{E^*}\operatorname{sgn}(x) - \frac{2Q}{\pi E^*}\ln\left(\frac{|x|}{x_0}\right), \quad |x|>0,\\
u_y &:= u_{y,1} - u_{y,2} = -\frac{2P}{\pi E^*}\ln\left(\frac{|x|}{x_0}\right) + \frac{\beta Q}{E^*}\operatorname{sgn}(x), \quad |x|>0,
\end{aligned} \tag{2.8}
$$

mit dem effektiven Elastizitätsmodul

$$
E^* := \left(\frac{1-\nu_1^2}{E_1} + \frac{1-\nu_2^2}{E_2}\right)^{-1} \tag{2.9}
$$

und Dundurs' (1969) zweiter Konstante

$$
\beta := E^*\left[\frac{(1-2\nu_1)(1+\nu_1)}{2E_1} - \frac{(1-2\nu_2)(1+\nu_2)}{2E_2}\right]. \tag{2.10}
$$

Es ist offensichtlich, dass man die relativen Verschiebungen in den Gleichungen (2.8) als Fundamentallösung *einer* elastischen Halbebene mit den elastischen Konstanten E^* und β auffassen kann. Der ebene Kontakt elastischer Körper im Rahmen der Halbraumnäherung kann daher grundsätzlich auf einen äquivalenten Kontakt zwischen einem starren Eindruckkörper und einem elastischen Halbraum (bzw. zwischen einem starren ebenen Profil und einer elastischen Halbebene) zurückgeführt werden.

Durch Ableitung der Gleichungen (2.8) und Anwendung des Superpositionsprinzips erhält man schließlich die folgenden Ausdrücke für die Ableitungen der relativen Verschiebungen unter der Wirkung einer Druckverteilung $p(x)$ und Reibspannungen $q(x)$,

$$
\begin{aligned}
\frac{\mathrm{d}u_x}{\mathrm{d}x} &= -\frac{2\beta}{E^*}p(x) - \frac{2}{\pi E^*}\int_{-\infty}^{\infty}\frac{q(\xi)\mathrm{d}\xi}{x-\xi},\\
\frac{\mathrm{d}u_y}{\mathrm{d}x} &= -\frac{2}{\pi E^*}\int_{-\infty}^{\infty}\frac{p(\xi)\mathrm{d}\xi}{x-\xi} + \frac{2\beta}{E^*}q(x),
\end{aligned} \tag{2.11}
$$

die die Grundlage aller exakten Lösungen von ebenen Kontaktproblemen homogener, isotroper, linear-elastischer Medien bilden[4].

2.3 Unbestimmtheit der makroskopischen Verschiebungen

Die Fundamentallösung (2.7) hat eine sehr bemerkenswerte Eigenschaft: Durch das Auftreten des Logarithmus sind die elastischen Verschiebungen „im Unendlichen" unbeschränkt, während die Spannungen und Deformationen mit dem Inversen des Abstands verschwinden (was bereits aus Einheitenerwägungen klar ist, da das in Abb. 2.1 dargestellte Fundamentalproblem keine intrinsischen Längenskalen besitzt). Deswegen kann auch die Integrationskonstante x_0 in den Gleichungen (2.7) nicht aus der Forderung bestimmt werden, dass die Verschiebungen „im Unendlichen" verschwinden, wie das bei der Punktbelastung eines elastischen Halbraums der Fall wäre.

Die Verschiebungen in der Fundamentallösung (2.7) sind also wegen ihrer logarithmischen Divergenz nur relativ zu einem festen (aber unbestimmten) Bezugspunkt $x_0$definiert. Eine Konsequenz dieses Phänomens ist, dass die Eindrucktiefe (oder auch eine makroskopische relative tangentiale Verschiebung) für ein (im mathematisch strengen Sinn) ebenes Kontaktproblem zwischen einem ebenen starren Profil und einer elastischen Halbebene nicht eindeutig definiert werden kann. In der Regel beschränken wir uns in diesem Buch daher bei der Darstellung einer Kontaktlösung auf die Angabe der Zusammenhänge zwischen den Linienlasten, den charakteristischen Längen (bzw. Breiten) des Kontaktgebiets und den Spannungsverteilungen.

Eine physikalische Eindrucktiefe ergibt sich erst, wenn man die endliche Ausdehnung der Kontaktpartner (in lateraler Richtung, d. h., entlang der Symmetrieachse, oder in der Symmetrieebene) berücksichtigt. Dies ist aber in der Regel in analytisch geschlossener Form nur durch (asymptotische) Näherungslösungen möglich. Eine ausführlichere Darstellung dieses Sachverhalts wird im Unterkapitel 3.7 gegeben.

2.4 Bestimmung der Spannungen im Inneren des elastischen Halbraums

Muskhelishvili (1953, S. 282 ff.) hat gezeigt, wie man bei Kenntnis der Verteilungen $p(x)$ und $q(x)$ auch die Spannungen im Inneren der elastischen Halbebene ohne große Schwierigkeiten bestimmen kann. Dazu definiert man das komplexwertige Potential (Muskhelishvili 1953, S. 286)

[4] Diese Gleichungen sind stark singulär. Die auftretenden Integrale sind deswegen nur im Sinne des Cauchy-Hauptwertes definiert (und eben in diesem Sinne gemeint). Eine Auflistung der in diesem Buch verwendeten Cauchy-Hauptwerte bestimmter Integrale ist im Anhang gegeben.

$$\begin{aligned} \phi(\zeta) &:= \frac{1}{2\pi i}\int_{-\infty}^{\infty}\frac{-p(\xi)+iq(\xi)}{\xi-\zeta}\,\mathrm{d}\xi, \quad \zeta := x+iy, \quad i=\sqrt{-1}, \\ \overline{\phi}(\zeta) &:= \frac{i}{2\pi}\int_{-\infty}^{\infty}\frac{-p(\xi)-iq(\xi)}{\xi-\zeta}\,\mathrm{d}\xi. \end{aligned} \tag{2.12}$$

Die (reellen) Spannungen im Inneren der Halbebene ergeben sich dann aus den Gleichungen (Muskhelishvili 1953, S. 282)

$$\begin{aligned} \sigma_{xx}(x,y)+\sigma_{yy}(x,y) &= 4\mathrm{Re}\{\phi(\zeta)\}, \\ \sigma_{yy}(x,y)-\sigma_{xx}(x,y)+2i\sigma_{xy}(x,y) &= 2\big[(x-iy)\phi'(\zeta)+\psi(\zeta)\big], \end{aligned} \tag{2.13}$$

mit (Muskhelishvili 1953, S. 285)

$$\psi(\zeta) = -\phi(\zeta) - \overline{\phi}(\zeta) - \zeta\phi'(\zeta), \tag{2.14}$$

wobei der Hochstrich die Ableitung nach dem jeweiligen Argument bezeichnet. Dabei ist wegen der Wahl des Koordinatensystems des Kontaktes σ_{yy} $(x, y = 0) = -p(x)$ und σ_{xy} $(x, y = 0) = -q(x)$.

Es sei außerdem angemerkt, dass die zweite der Gleichungen (2.13) komplexwertig ist und deswegen in zwei reelle Gleichungen (jeweils eine für den Real- und Imaginärteil) zerfällt. Im Fall des ebenen Verzerrungszustands ergibt sich außerdem σ_{zz} aus Gleichung (2.2).

Literatur

Barber, J.R.: *Contact Mechanics*. Springer International Publishing, Basel (2018) https://doi.org/10.1007/978-3-319-70939-0

Dundurs, J.: *Discussion on "Edge-Bonded Dissimilar Orthogonal Elastic Wedges Under Normal and Shear Loading"*. Journal of Applied Mechanics, **36**(3), 650–652 (1969) https://doi.org/10.1115/1.3564739

Muskhelishvili, N.I.: *Some basic problems of the mathematical theory of elasticity: fundamental equations, plane theory of elasticity, torsion, and bending*. P. Noordhoff Ltd, Groningen (1953), Übersetzung der 3. Auflage des russischen Originals von 1949 durch J.R.M. Radok

3 Reibungsfreier Normalkontakt ohne Adhäsion

3.1 Einführung

Wir beginnen unsere Darstellung konkreter Kontaktprobleme mit der Behandlung des *Normalkontaktproblems.* In vielen tribologischen Systemen ist die Etablierung des direkten Kontakts durch eine Kompressionskraft senkrecht zur Kontaktebene die Grundlage verschiedenster tribologischer Phänomene, wie Reibung oder Verschleiß.

Damit es sich wirklich um ein reines Normalkontaktproblem handelt – d. h., dass der Spannungsvektor in der Kontaktfläche nur eine Komponente senkrecht zur Kontaktfläche aufweist – muss entweder die Berührungsfläche zwischen den kontaktierenden Körpern reibungsfrei sein, oder Dundurs‘ zweite Konstante, siehe Gleichung (2.10), welche die Kopplung zwischen normalen Lasten und tangentialen relativen Verschiebungen – sowie *vice versa* – charakterisiert, muss verschwinden. Letzteres ist der Fall für Materialpaarungen, die die Bedingung

$$\frac{1-2\nu_1}{G_1}=\frac{1-2\nu_2}{G_2}, \tag{3.1}$$

mit den Poissonzahlen υ und Schubmoduln G, erfüllen, und die man einander „elastisch ähnlich“ nennt. Die Bedingung (3.1) ist unter anderem erfüllt für den Kontakt gleicher oder inkompressibler Materialien oder den zwischen einem inkompressiblen Medium mit einem deutlich festeren, z. B. zwischen Gummi und einem „harten“ Festkörper.

In Kontakten elastisch unterschiedlicher Materialien kommt es auch bei einer reinen äußeren Normalbelastung zu relativen tangentialen Verschiebungen zwischen den kontaktierenden Oberflächen; ist die Grenzfläche reibungsbehaftet, führen diese relativen Verschiebungen zu Reibspannungen im Kontakt, die wegen der elastischen Kopplung wiederum die Konfiguration des Normalkontakts beeinflussen. Die elastische Kopplung zwischen den normalen und tangentialen Komponenten des Kontaktproblems erschwert

V. L. Popov et al., *Handbuch der ebenen Kontaktmechanik*,
https://doi.org/10.1007/978-3-662-69001-7_3

dessen exakte Lösung deutlich und führt zu mehr oder weniger starken Korrekturen der entsprechenden reibungsfreien Lösung. Dieses Phänomen werden wir ausführlich im nächsten Kapitel diskutieren; zunächst konzentrieren wir uns auf den (deutlich einfacheren) reibungsfreien (oder elastisch entkoppelten) Fall.

3.2 Anwendungsgebiete

Ebene Normalkontakte sind in vielen Ingenieurdisziplinen verbreitet; sei es der Kontakt zwischen parallelen Zylindern in einem Rollenlager, das Schneiden mit einem keilförmigen Eindruckkörper oder die Indentierung durch einen langen quaderförmigen (flachen) Kontaktpartner – wie sie in vielen formschlüssigen Verbindungen, z. B. Schaufelfüßen von Turbinen, auftritt.

Diese drei idealen Basisformen – ebener flacher Stempel (siehe Abschn. 3.4.1), Keil (siehe Abschn. 3.4.2) und Zylinder (siehe Abschn. 3.4.3) – bilden den ersten Grundstock von ebenen Kontaktaufgaben. Tatsächlich werden aber reale Kontaktprofile mehr oder weniger stark von diesen idealen Formen abweichen. Beispielsweise ist keine reale Kante ideal „scharf", sondern immer mehr oder weniger abgerundet. Entsprechend ergeben sich die Kontaktprobleme des Keils mit abgerundeter Spitze (siehe Abschn. 3.4.11) und des flachen Stempels mit abgerundeten Kanten (siehe Abschn. 3.4.8). Letzterer hat – besonders im Kontext von Fretting-Kontakten – über mehrere Jahrzehnte sehr viel wissenschaftliche Aufmerksamkeit auf sich gezogen. Eine andere Form der „Imperfektion" der idealen Grundkörper ist das Glattschleifen, z. B. durch Gleitverschleiß; den Keil mit flacher Grundfläche betrachten wir in Abschn. 3.4.9, und den entsprechenden Zylinder in Abschn. 3.4.10.

Ein Kontaktproblem, das im Zusammenhang mit adhäsiven Systemen und Festigkeit häufig auftritt, ist die Frage nach der Form des Eindruckkörpers, die eine (näherungsweise) konstante Verteilung des Kontaktdrucks erzeugt; diese betrachten wir in Abschn. 3.4.7. Außerdem ist jedes glatte Kontaktprofil in einer Taylor-Reihe entwickelbar. Als Grundlage der dazugehörigen Kontaktlösung benötigt man dann die Lösung für die Indentierung durch ein Profil in der Form eines Potenzgesetzes (siehe Abschn. 3.4.6).

Da ein *axialsymmetrisches* Normalkontaktproblem durch eine exzentrische Belastung seine Symmetrie verliert (was die exakte Lösung massiv erschwert), haben wir im ersten Teil dieses „Handbuchs der Kontaktmechanik" solche Fälle – z. B. die Indentierung durch einen gekippten Kegel – nicht diskutiert. Ein ebener Normalkontakt mit einem um die Symmetrieachse gekippten Eindruckkörper bleibt aber ein ebener Normalkontakt (der auch nicht wesentlich komplizierter zu lösen ist). Da eine reale Ausrichtung zweier Kontaktkörper nicht immer ideal senkrecht zur Kontaktebene sein wird, kommt dieser Frage ebenfalls eine große technische Bedeutung zu; wir behandeln deswegen mehrere „gekippte" Normalkontaktprobleme ausführlich im Unterkapitel 3.5. Das Unterkapitel 3.6 beschäftigt sich mit periodischen Kontakten, z. B. mit gewellten Oberflächen.

3.3 Allgemeine Lösung für einzelne Kontakte von unendlicher Länge

3.3.1 Lösung der Integralgleichung

Wir betrachten den reibungsfreien Normalkontakt zwischen einem in der z-Richtung unendlich ausgedehnten starren Indenter mit einem elastischen Halbraum. Wie im zweiten Kapitel dargelegt, ist der Verzerrungszustand eben und wir können den Kontakt eines ebenen starren Profils mit einer unendlichen elastischen Halbebene betrachten. Die Lücke zwischen dem starren Profil und der elastischen Halbebene im Moment des ersten Kontaktes habe die Form $f(x)$[1]. In der aktuellen Kontaktkonfiguration sei das Kontaktgebiet ein Streifen $-b < x < a$. Dann folgt aus der im letzten Kapitel erläuterten Fundamentallösung – siehe die Gleichungen (2.11) – dass sich die allgemeine Lösung des Kontaktproblems für die Druckverteilung aus der Lösung der singulären Integralgleichung

$$\int_{-b}^{a} \frac{p(\xi)d\xi}{x-\xi} = \frac{\pi}{2} E^* f'(x), \quad -b < x < a, \tag{3.2}$$

mit dem effektiven Elastizitätsmodul E^* – siehe Gleichung (2.9) – ergibt. Der Hochstrich bezeichnet in dem vorliegenden Buch grundsätzlich die Ableitung nach dem jeweiligen Argument. Muskhelishvili (1953, S. 292 ff.) hat gezeigt, dass man diese Gleichung explizit nach der Druckverteilung auflösen kann (Barber 2018, S. 80),

$$p(x;P) = \frac{1}{\pi\sqrt{x+b}\sqrt{a-x}}\left[P - \frac{E^*}{2}\int_{-b}^{a} \frac{\sqrt{\xi+b}\sqrt{a-\xi}}{x-\xi} f'(\xi)\mathrm{d}\xi\right], \quad -b < x < a, \tag{3.3}$$

wobei die gesamte Linienlast P als Integral der Druckverteilung gegeben ist,

$$P := \int_{-b}^{a} p(x)\,\mathrm{d}x. \tag{3.4}$$

Unter Umständen kann es hilfreich sein, eine etwas „symmetrischere" Formulierung von Gleichung (3.3) zu wählen. Dazu führt man die Hilfsgrößen

$$\hat{x} := x - \frac{a-b}{2}, \quad \hat{a} := \frac{a+b}{2}, \quad \hat{f}(\hat{x}) = f(x) \tag{3.5}$$

ein und erhält dann die Druckverteilung

$$p(\hat{x};P) = \frac{1}{\pi\sqrt{\hat{a}^2-\hat{x}^2}}\left[P - \frac{E^*}{2}\int_{-\hat{a}}^{\hat{a}} \frac{\sqrt{\hat{a}^2-\xi^2}}{x-\xi} \hat{f}'(\xi)\mathrm{d}\xi\right], \quad |\hat{x}| < \hat{a}. \tag{3.6}$$

[1] Im Fall des Kontaktes zweier elastischer Körper, die den Einschränkungen der Halbraumnäherung genügen, ist $f(x) := y_2(x) - y_1(x)$ die Form der Lücke zwischen den (undeformierten) kontaktierenden Oberflächen im Moment des ersten Kontakts, $y_1(x)$ und $y_2(x)$.

Im Fall symmetrischer Profile mit $\hat{f}'(-\xi) = -\hat{f}'(\xi)$ ist außerdem

$$\int_{-\hat{a}}^{\hat{a}} \frac{\sqrt{\hat{a}^2-\xi^2}}{x-\xi}\hat{f}'(\xi)\mathrm{d}\xi = 2\int_0^{\hat{a}} \frac{\xi\sqrt{\hat{a}^2-\xi^2}}{x^2-\xi^2}\hat{f}'(\xi)\mathrm{d}\xi. \tag{3.7}$$

Der Nachteil der Formulierung besteht allerdings darin, dass der Ursprung der Koordinate $\hat{x}$ im Allgemeinen nicht *a priori* bekannt ist, da das Kontaktgebiet (ausgedrückt durch die Längen a und b) im Allgemeinen aus dem Profil und der Steuerungsgröße der Indentierung (der Linienlast P) bestimmt werden muss.

3.3.2 Randbedingungen

Wenn die Ränder $x = -b$ und $x = a$ nicht durch scharfe Kanten des Indenters vorgegeben sind, wird der Druck an diesen Stellen (im Fall des nicht-adhäsiven Kontaktes) verschwinden. Die Werte von a und b müssen dann im Laufe der Lösung des Kontaktproblems ermittelt werden; im Gegenzug ergeben sich aus der Gebundenheit des Druckes am Rand des Kontaktes weitere Bedingungen, die die zusätzlichen Freiheitsgrade der Lösung wieder einschränken.

Falls ein Rand gebunden und ein Rand (durch eine scharfe Kante) singulär ist, liefert die Bedingung für die Beschränktheit des Druckes einen Zusammenhang zwischen der Linienlast und der Koordinate des gebundenen Kontaktrands. Ohne Beschränkung der Allgemeinheit sei der gebundene Rand bei $x = a$; der Rand $x = -b$ sei also singulär und damit fest. Da $p(x = a) = 0$ sein muss, folgt aus Gleichung (3.3) der Zusammenhang

$$P = \frac{E^*}{2}\int_{-b}^{a} \frac{\sqrt{\xi+b}}{\sqrt{a-\xi}} f'(\xi)\mathrm{d}\xi = P(a) \tag{3.8}$$

und die Druckverteilung ergibt sich zu[2]

$$p(x;a) = -\frac{E^*}{2\pi}\frac{\sqrt{a-x}}{\sqrt{x+b}}\int_{-b}^{a} \frac{\sqrt{\xi+b}}{\sqrt{a-\xi}}\frac{f'(\xi)}{x-\xi}\mathrm{d}\xi, \quad -b < x \leq a. \tag{3.9}$$

Den Prozess der Indentierung bis zur Kontaktbreite $(a + b)$ kann man als Folge von inkrementellen Flachstempeleindrücken mit wachsender Laufvariable $\tilde{a}$ auffassen. Das Inkrement der Druckverteilung zwischen zwei infinitesimal benachbarten Kontaktkonfigurationen beträgt wegen der Lösung für den Flachstempelkontakt (siehe Abschn. 3.4.1)

$$\mathrm{d}p(x;\tilde{a}) = \frac{\mathrm{d}P(\tilde{a})}{\pi\sqrt{x+b}\sqrt{\tilde{a}-x}}, \quad -b < x < \tilde{a}, \tag{3.10}$$

[2] Die allgemeine Darstellung der Druckverteilung in Abhängigkeit von der Kontaktlänge ist einfacher als die in Abhängigkeit von der Linienlast; sie wird daher im Folgenden für alle gebundenen Probleme bevorzugt.

und die gesamte Druckverteilung am Ende der Indentierung ist entsprechend

$$p(x;a) = \frac{1}{\pi}\int_x^a \frac{P'(\tilde{a})\mathrm{d}\tilde{a}}{\sqrt{x+b}\sqrt{\tilde{a}-x}}, \quad -b < x \le a. \tag{3.11}$$

Die Formulierung in Gleichung (3.11) ist natürlich äquivalent zu der in Gleichung (3.9), hat aber den Vorteil, dass die Wurzel-Singularität des Integranden in Gleichung (3.11) eine schwache Singularität darstellt, und man deswegen zur Ermittlung der Druckverteilung nicht auf die Bestimmung von Cauchy-Hauptwerten zurückgreifen muss.

Wenn der Druck an beiden Kontakträndern beschränkt ist, liefert die Bedingung $p(x = -b) = 0$ eine weitere Forderung für die Linienlast P,

$$P = -\frac{E^*}{2}\int_{-b}^a \frac{\sqrt{a-\xi}}{\sqrt{\xi+b}} f'(\xi)\mathrm{d}\xi. \tag{3.12}$$

Wenn man P aus den Gleichung (3.8) und (3.12) eliminiert, erhält man folgende Konsistenzbedingung für die Längen b und a (Barber 2018, S. 83):

$$\int_{-b}^a \frac{f'(\xi)\mathrm{d}\xi}{\sqrt{\xi+b}\sqrt{a-\xi}} = 0. \tag{3.13}$$

Eine alternative Darstellung der Last P ist dann wiederum (Barber 2018, S. 83)

$$P = \frac{E^*}{2}\int_{-b}^a \frac{\xi f'(\xi)\mathrm{d}\xi}{\sqrt{\xi+b}\sqrt{a-\xi}} = P(a,b) \tag{3.14}$$

und die Druckverteilung ist gegeben durch

$$p(x;a,b) = -\frac{E^*}{2\pi}\sqrt{x+b}\sqrt{a-x}\int_{-b}^a \frac{f'(\xi)}{\sqrt{\xi+b}\sqrt{a-\xi}}\frac{\mathrm{d}\xi}{x-\xi}, \quad -b \le x \le a. \tag{3.15}$$

3.3.3 Vollständig symmetrische Probleme

Wenn das Problem geometrisch und in der Last symmetrisch bezüglich $x = 0$ ist, ist die Konsistenzbedingung grundsätzlich durch ein symmetrisches Kontaktgebiet mit $b = a$ erfüllt. Für die Linienlast lässt sich in diesem Fall der vereinfachte Ausdruck (Barber 2018, S. 83)

$$P = E^*\int_0^a \frac{\xi f'(\xi)}{\sqrt{a^2-\xi^2}}\,\mathrm{d}\xi = P(a) \tag{3.16}$$

angeben und die Druckverteilung kann man wiederum durch eine geeignete Superposition von inkrementellen symmetrischen Flachstempeleindrücken ermitteln,

$$p(x;a) = \frac{1}{\pi}\int_{|x|}^{a} \frac{P'(\tilde{a})\mathrm{d}\tilde{a}}{\sqrt{\tilde{a}^2 - x^2}}, \quad |x| \le a. \tag{3.17}$$

Die Umkehrung von Gleichung (3.16) ist (Popov 2018).

$$f(x) = \frac{2|x|}{\pi E^*}\int_0^{|x|} \frac{P(\tilde{a})\mathrm{d}\tilde{a}}{\tilde{a}\sqrt{x^2 - \tilde{a}^2}}. \tag{3.18}$$

Während die Eindrucktiefe und die Verschiebungen außerhalb des Kontaktes sich für „echte“ ebene Kontakte (d. h. solche mit unendlicher Länge), wie im zweiten Kapitel beschrieben, nicht in absoluten Werten definieren lassen, da sie selbst bei beliebig kleinen Linienlasten bezüglich der ursprünglichen Lage logarithmisch divergieren, gilt das nicht für die vom tiefsten Punkt des Eindrucks gemessene Position $h(x)$ der deformierten Oberfläche der Halbebene (siehe Abb. 3.1, links); diese kann auch für Kontakte unendlicher Länge explizit und absolut angegeben werden. Für die Bestimmung dieser Position eignet sich wiederum die Idee der Superposition von inkrementellen symmetrischen Flachstempeleindrücken. Mit der in Abschn. 3.4.1 angegebenen Lösung für $h(x)$ bei der Indentierung durch einen starren Flachstempel erhält man für den allgemeinen symmetrischen Fall

$$\begin{aligned} h(x;a) &= \frac{2}{\pi E^*}\int_0^{a} \operatorname{arcosh}\left(\frac{|x|}{\tilde{a}}\right) P'(\tilde{a})\mathrm{d}\tilde{a}, \quad |x| \ge a \\ &= \frac{2}{\pi E^*}\left[P(a)\operatorname{arcosh}\left(\frac{|x|}{a}\right) + |x|\int_0^{a} \frac{P(\tilde{a})\mathrm{d}\tilde{a}}{\tilde{a}\sqrt{x^2 - \tilde{a}^2}}\right], \end{aligned} \tag{3.19}$$

wobei angenommen wurde, dass $\lim_{\tilde{a}\to 0}[P(\tilde{a})\ln(2|x|/\tilde{a})] = 0$. Man beachte, dass sich der *Areakosinus hyperbolicus* nach der Vorschrift

$$\operatorname{arcosh}(z) = \ln\left(z + \sqrt{z^2 - 1}\right), \quad z \ge 1, \tag{3.20}$$

direkt in den natürlichen Logarithmus umrechnen lässt. Außerdem erhält man aus den Gleichung (3.18) und (3.19) für die Lücke zwischen den deformierten Oberflächen außerhalb des Kontakts

$$f(x) - h(x;a) = \frac{2}{\pi E^*}\left[|x|\int_a^{|x|} \frac{P(\tilde{a})\mathrm{d}\tilde{a}}{\tilde{a}\sqrt{x^2 - \tilde{a}^2}} - P(a)\operatorname{arcosh}\left(\frac{|x|}{a}\right)\right]. \tag{3.21}$$

Die Superposition von inkrementellen Flachstempeleindrücken liefert die korrekte Kontaktlösung für vollständig symmetrische Probleme auch dann, wenn das Profil des Eindruckkörpers an einer Stelle $|x| = A$ „abbricht“ (der Eindruckkörper ist dann ein Flachstempel mit einer z. B. keilförmigen Kappe, siehe Abb. 3.1, rechts). Im Fall des vollständigen Kontaktes ist das Problem dann im Allgemeinen an beiden Kontakträndern singulär. Der Übergang zwischen beidseitig gebundenen und beidseitig singulären Konfigurationen wird erreicht, wenn der Kontaktradius des gebundenen Problems gerade den Wert $a = A$ annimmt. Die dazugehörige Linienlast $P_1 = P_1(A)$, Druckverteilung

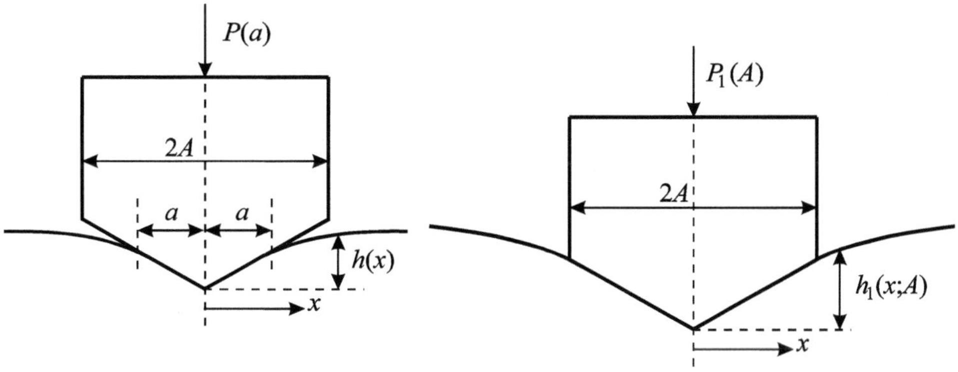

Abb. 3.1 Indentierung einer elastischen Halbebene durch einen symmetrischen Eindruckkörper, der an der Stelle $|x| = A$ in einen Flachstempel übergeht **links:** beidseitig gebundene Kontaktkonfiguration mit der Halbbreite des Kontaktes a **rechts:** Kontaktkonfiguration des Übergangs, bei der die Halbbreite des Kontaktes gerade den Wert $a = A$ erreicht

$p_1(x) = p_1(x;A)$ und Position der Oberfläche $h_1(x) = h_1(x;A)$ können mithilfe der Gleichungen (3.16) bis (3.19) bestimmt werden. Wird die Linienlast anschließend noch um $P - P_1(A)$ erhöht, ist die letztliche Druckverteilung

$$p(x;\, P) = p_1(x;\, A) + \frac{P - P_1(A)}{\pi\sqrt{A^2 - x^2}}, \quad P \geq P_1(A), \quad |x| < A, \tag{3.22}$$

und die Position der Oberfläche der elastischen Halbebene

$$h(x;\, P) = h_1(x;\, A) + \frac{2}{\pi E^*}[P - P_1(A)] \operatorname{arcosh}\left(\frac{|x|}{A}\right), \quad P \geq P_1(A), \quad |x| \geq A. \tag{3.23}$$

Es sei angemerkt, dass die Gleichungen (3.22) und (3.23) bereits durch die Gleichungen (3.17) und (3.22) erfasst sind, wenn man die auftretenden Integrale über die *abgeschlossenen* Intervalle auswertet.

3.3.4 Bestimmung der Spannungen im Inneren

Mithilfe der im Unterkapitel 2.4 aufgeführten allgemeinen Gleichungen lässt sich auch der Spannungszustand im Inneren der elastischen Halbebene bestimmen. Das Muskhelishvili-Potential aus den Gleichungen (2.12) vereinfacht sich zu

$$\begin{aligned} \phi(\zeta) &= -\frac{1}{2\pi i}\int_{-a}^{a} \frac{p(\xi)}{\xi - \zeta}\,\mathrm{d}\xi, \quad \zeta := x + iy, \quad i = \sqrt{-1}, \\ \overline{\phi}(\zeta) &= -\frac{i}{2\pi}\int_{-a}^{a} \frac{p(\xi)}{\xi - \zeta}\,\mathrm{d}\xi. \end{aligned} \tag{3.24}$$

Offensichtlich ist

$$\overline{\phi}(\zeta) = -\phi(\zeta) \tag{3.25}$$

und die Gleichungen (2.13) vereinfach sich daher zu

$$\begin{aligned} \sigma_{xx}(x, y) &= 2\mathrm{Re}\{\phi(\zeta)\} - 2y\mathrm{Im}\{\phi'(\zeta)\}, \\ \sigma_{yy}(x, y) &= 2\mathrm{Re}\{\phi(\zeta)\} + 2y\mathrm{Im}\{\phi'(\zeta)\}, \\ \sigma_{xy}(x, y) &= -2y\mathrm{Re}\{\phi'(\zeta)\}. \end{aligned} \tag{3.26}$$

Außerdem ist, wie immer im Fall des ebenen Verzerrungszustands,

$$\sigma_{zz} = \nu(\sigma_{xx} + \sigma_{yy}). \tag{3.27}$$

Wie im axialsymmetrischen Fall entspricht damit für inkompressible Medien mit $\nu = 0{,}5$ der Spannungszustand im Kontaktgebiet reinem hydrostatischem Druck.

Jäger (1997) hat als erster explizit herausgestellt, dass man wegen der Linearität aller zugrunde liegenden Gleichungen die Superposition von inkrementellen Flachstempeleindrücken auch zur Bestimmung des Muskhelishvili Potentials heranziehen kann. Die Lösung für das Potential ist wegen der entsprechenden Lösung für den Flachstempel (siehe Abschn. 3.4.1)

$$\phi(\zeta; a) = -\frac{1}{2\pi}\int_0^a \frac{P'(\tilde{a})\mathrm{d}\tilde{a}}{\sqrt{\tilde{a}^2 - \zeta^2}}, \quad \zeta := x + iy, \quad i = \sqrt{-1}. \tag{3.28}$$

Dabei muss man beachten, dass dieses Integral grundsätzlich als komplexwertig aufzufassen ist.

Wir werden nur die Potentiale für positive Werte von x angeben; die Symmetrierelationen zur Bestimmung der Spannungen für $x < 0$ *für das symmetrische reibungsfreie Normalkontaktproblem* sind

$$\begin{aligned} \sigma_{xx}(-x, y) &= \sigma_{xx}(x, y), \\ \sigma_{yy}(-x, y) &= \sigma_{yy}(x, y), \\ \sigma_{xy}(-x, y) &= -\sigma_{xy}(x, y). \end{aligned} \tag{3.29}$$

3.4 Explizite Lösungen für einzelne symmetrische Kontakte unendlicher Länge

3.4.1 Der Flachstempel

Wir haben bereits im vorangegangen Unterkapitel die Lösung für das Kontaktproblem der Indentierung durch einen ebenen flachen Stempel mit der Halbbreite a (siehe Abb. 3.2) verwendet, die auf Sadowsky (1928) zurückgeht.

Wegen der Symmetrie des Problems wählen wir den Ursprung der x-Achse auf der Mittelachse der flachen Stempelfläche. Dann ist

$$f'(x) = 0, \quad |x| < a, \tag{3.30}$$

und daher wegen Gleichung (3.3)

$$p(x; P) = \frac{P}{\pi\sqrt{a^2 - x^2}}, \quad |x| < a. \tag{3.31}$$

Die Druckverteilung ist in normierten Variablen in Abb. 3.3 gezeigt.

Auch wenn die Eindrucktiefe und die Verschiebungen der Halbebene außerhalb des Kontaktes nur bezüglich eines Referenzpunktes definiert werden können, ist die Position $h(x)$ der deformierten Oberfläche, gemessen von dem tiefsten Punkt des Eindrucks (siehe Abb. 3.2), eindeutig bestimmt. Johnson (1985, S. 38) gab dafür den Ausdruck

$$h(x; P) = \frac{2P}{\pi E^*} \ln\left(\frac{x}{a} + \sqrt{\frac{x^2}{a^2} - 1}\right) = \frac{2P}{\pi E^*} \operatorname{arcosh}\left(\frac{|x|}{a}\right), \quad |x| \geq a, \tag{3.32}$$

mit dem erwarteten logarithmisch divergierenden Verhalten, an.

Das Muskhelishvili-Potential nach Gleichung wurde bereits von Muskhelishvili (1953, S. 294 ff.) selbst bestimmt,

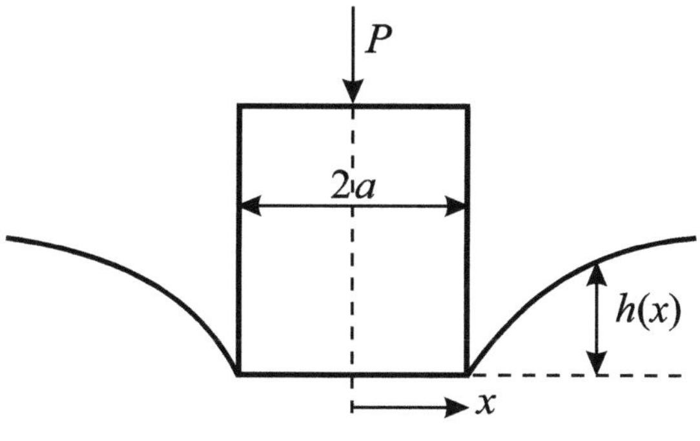

Abb. 3.2 Indentierung einer elastischen Halbebene durch einen starren Flachstempel mit der Halbbreite a

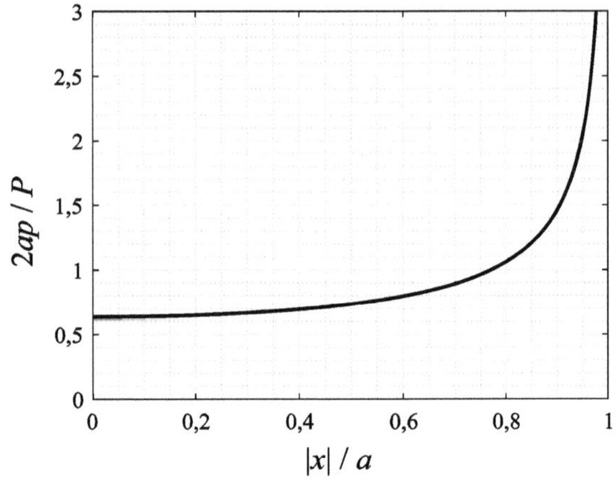

Abb. 3.3 Normierte Verteilung des Drucks $p(x)$ für die Indentierung einer elastischen Halbebene durch einen starren flachen Stempel mit der Halbbreite a

$$\phi(\zeta; P) = -\frac{P}{2\pi\sqrt{a^2 - \zeta^2}}, \quad \zeta := x + iy, \quad i = \sqrt{-1}. \tag{3.33}$$

Aus den Gleichungen (3.26) erhält man daraus folgende explizite Lösungen für die Spannungen im Inneren der elastischen Halbebene:

$$\begin{aligned} \sigma_{xx}(x, y; P) &= -\frac{P}{\pi}\left[A^{-1/2}\cos\left(\frac{\varphi}{2}\right) - yA^{-3/2}\left\{y\cos\left(\frac{3\varphi}{2}\right) - x\sin\left(\frac{3\varphi}{2}\right)\right\}\right], \\ \sigma_{yy}(x, y; P) &= -\frac{P}{\pi}\left[A^{-1/2}\cos\left(\frac{\varphi}{2}\right) + yA^{-3/2}\left\{y\cos\left(\frac{3\varphi}{2}\right) - x\sin\left(\frac{3\varphi}{2}\right)\right\}\right], \\ \sigma_{xy}(x, y; P) &= \frac{P}{\pi}\left[yA^{-3/2}\left\{x\cos\left(\frac{3\varphi}{2}\right) + y\sin\left(\frac{3\varphi}{2}\right)\right\}\right], \\ \sigma_{zz}(x, y; P) &= -\frac{2\nu P}{\pi}\left[A^{-1/2}\cos\left(\frac{\varphi}{2}\right)\right], \end{aligned} \tag{3.34}$$

wobei A und φ Betrag und Argument der komplexen Zahl

$$A\exp(i\varphi) := a^2 - x^2 + y^2 - 2ixy, \quad i := \sqrt{-1}, \tag{3.35}$$

darstellen[3]. Es ist zu beachten, dass die Ausdrücke in den Gleichung (3.34) bereits die Symmetrie-Relationen (3.29) erfüllen, sie sind also auch für negative Werte von x korrekt.

Abb. 3.4 zeigt ein Konturlinien-Diagramm der sich ergebenden Mises-Vergleichsspannung in der elastischen Halbebene, normiert auf den mittleren Druck P / $(2a)$, in Abhängigkeit der normierten Koordinaten x und y für eine Poissonzahl ν = 0,3. Man erkennt die Singularität der Vergleichsspannung an den Rändern des Kontaktes.

[3] Für $y = 0$ und $x > a$ muss man allerdings $\varphi = -\pi$ verwenden; für $y = 0$ und $x < -a$ ergibt sich aus Gleichung das korrekte Argument $\varphi = \pi$.

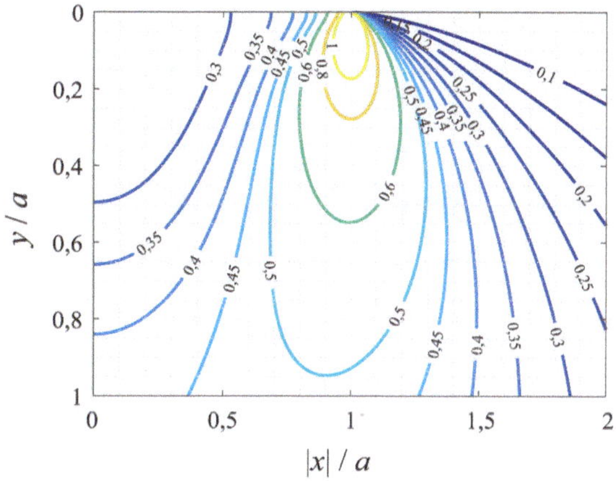

Abb. 3.4 Konturlinien-Diagramm der Mises-Vergleichsspannung in der elastischen Halbebene, normiert auf den mittleren Druck P / $(2a)$, in Abhängigkeit der normierten Koordinaten x und y für die Indentierung einer elastischen Halbebene mit Poissonzahl $\nu = 0{,}3$ durch einen starren flachen Stempel mit der Halbbreite a

3.4.2 Der Keil und der Flachstempel mit keilförmiger Kappe

Betrachten wir als nächsten Eindruckkörper den symmetrischen Keil mit einem Steigungswinkel α (siehe Abb. 3.5, links). Das Kontaktproblem wurde zuerst von Schubert (1942) – siehe auch die Arbeiten von Truman et al. (1995) sowie Truman und Sackfield (2001) – gelöst.

Das Problem ist vollständig symmetrisch, wir wählen daher als Ursprung der x-Achse die Symmetrieachse. Der Druck ist an beiden Kontakträndern gebunden, das Profil hat die Form

$$f'(x) = \tan\alpha \operatorname{sgn}(x) \approx \alpha \operatorname{sgn}(x), \tag{3.36}$$

da der Steigungswinkel klein sein muss, um das Problem im Rahmen der linearen Elastizität behandeln zu können[4]; $\operatorname{sgn}(x)$ ist die Vorzeichenfunktion.

Für die Linienlast P und die Halbbreite a des Kontaktes erhält man aus Gleichung (3.16) den Zusammenhang

$$P(a) = E^*\alpha \int_0^a \frac{\xi \, \mathrm{d}\xi}{\sqrt{a^2 - \xi^2}} = E^*\alpha a. \tag{3.37}$$

Die in Abb. 3.6 gezeigte Druckverteilung ist wegen Gleichung (3.17)

$$p(x; a) = \frac{E^*\alpha}{\pi} \int_{|x|}^a \frac{\mathrm{d}\tilde{a}}{\sqrt{\tilde{a}^2 - x^2}} = \frac{E^*\alpha}{\pi} \operatorname{artanh}\left(\sqrt{1 - \frac{x^2}{a^2}}\right), \quad 0 < |x| \leq a, \tag{3.38}$$

[4] Es ist trotzdem möglich, die folgende Lösung zumindest näherungsweise auch für große Steigungswinkel zu benutzen; man muss in diesem Fall aber tatsächlich überall $\tan\alpha$ anstatt α verwenden.

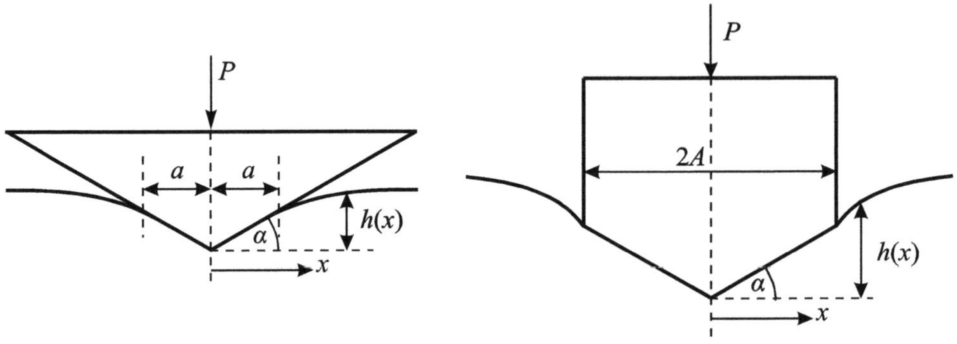

Abb. 3.5 **links:** Indentierung einer elastischen Halbebene durch einen starren Keil mit dem Steigungswinkel α. **rechts:** Indentierung einer elastischen Halbebene durch einen starren Flachstempel mit keilförmiger Kappe

mit dem *Areatangens hyperbolicus,* der sich auch explizit in den natürlichen Logarithmus umrechnen lässt,

$$\operatorname{artanh}(z) = \frac{1}{2}\ln\left(\frac{1+z}{1-z}\right). \tag{3.39}$$

Die Position der deformierten Oberfläche außerhalb des Kontaktes, gemessen vom tiefsten Punkt des Eindrucks (siehe Abb. 3.5, links), ist wegen Gleichung (3.19)

$$h(x;a) = \frac{2\alpha}{\pi}\left[a\operatorname{arcosh}\left(\frac{|x|}{a}\right) + |x|\arcsin\left(\frac{a}{|x|}\right)\right], \quad |x| \geq a. \tag{3.40}$$

Mithilfe der obigen Gleichungen lässt sich das Problem auch sehr einfach lösen, wenn das Profil an einer Stelle $|x| = A$ endet. Der Eindruckkörper ist dann ein Flachstempel

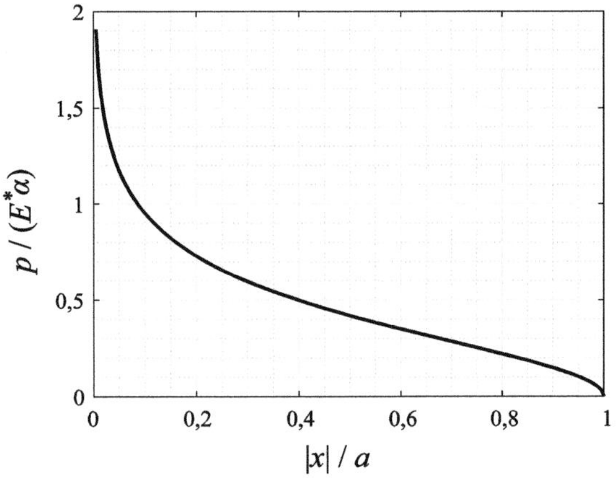

Abb. 3.6 Normierter Verlauf des Drucks $p(x)$ für die Indentierung einer elastischen Halbebene durch einen starren Keil mit dem Steigungswinkel α

mit der Halbbreite A und einer keilförmigen Kappe mit dem Steigungswinkel α (siehe Abb. 3.5, rechts). Für die Druckverteilung erhält man wegen Gleichung (3.22) aus den Gleichungen (3.37) und (3.38) die Lösung

$$p(x;P) = \frac{P - E^*\alpha A}{\pi\sqrt{A^2 - x^2}} + \frac{E^*\alpha}{\pi}\operatorname{artanh}\left(\sqrt{1 - \frac{x^2}{A^2}}\right), \quad P \geq E^*\alpha A, \quad 0 < |x| < A. \tag{3.41}$$

Die Position der Oberfläche der elastischen Halbebene ist wegen der Gleichung (3.23) und (3.40)

$$h(x;P) = \frac{2}{\pi}\left[\frac{P}{E^*}\operatorname{arcosh}\left(\frac{|x|}{A}\right) + |x|\alpha\arcsin\left(\frac{A}{|x|}\right)\right], \quad P \geq E^*\alpha A, \quad |x| \geq A. \tag{3.42}$$

Für das Muskhelishvili-Potential zur Bestimmung der Spannungen im Inneren der elastischen Halbebene erhält man aus Gleichung (3.28) im Fall des keilförmigen Indenters den von Truman und Sackfield (2001) gefundenen Ausdruck

$$\phi(\zeta;a) = -\frac{1}{2\pi}\int_0^a \frac{P'(\tilde{a})\mathrm{d}\tilde{a}}{\sqrt{\tilde{a}^2 - \zeta^2}} = -\frac{iE^*\alpha}{2\pi}\arcsin\left(\frac{a}{\zeta}\right), \quad \zeta := x + iy, \quad i = \sqrt{-1}. \tag{3.43}$$

Für den Flachstempel mit keilförmiger Kappe ist das Potential damit

$$\phi(\zeta;P) = -\frac{iE^*\alpha}{2\pi}\arcsin\left(\frac{A}{\zeta}\right) - \frac{P - E^*\alpha A}{2\pi\sqrt{A^2 - \zeta^2}}, \quad P \geq E^*\alpha A. \tag{3.44}$$

Die Spannungen im Inneren der elastischen Halbebene ergeben sich durch Einsetzen des Potentials in die allgemeinen Gleichungen (3.26). Abb. 3.7 zeigt ein Konturlinien-Diagramm der Mises-Vergleichsspannung bei der Indentierung durch einen keilförmigen Indenter, normiert auf den mittleren Druck P / $(2a)$, in Abhängigkeit der normierten Koordinaten x und y für eine Poissonzahl $\nu = 0{,}3$.

3.4.3 Der ebene Hertzsche Kontakt und der Flachstempel mit parabolischer Kappe

Die Lösung für das Kontaktproblem zwischen einem starren, unendlich langen Zylinder in der parabolischen Näherung und einem elastischen Halbraum (bzw. zwischen elastischen, unendlich langen Zylindern) wird häufig Hertz (1882) zugeschrieben, obwohl das klassische Hertzsche Kontaktproblem einen Punkt- und keinen Linienkontakt darstellt. Zwar ist es richtig, dass sich die Druckverteilung für das ebene Problem aus dem Grenzfall der Hertzschen Pressung ergibt, falls eine der beiden Hauptkrümmungen des Kontaktprofils

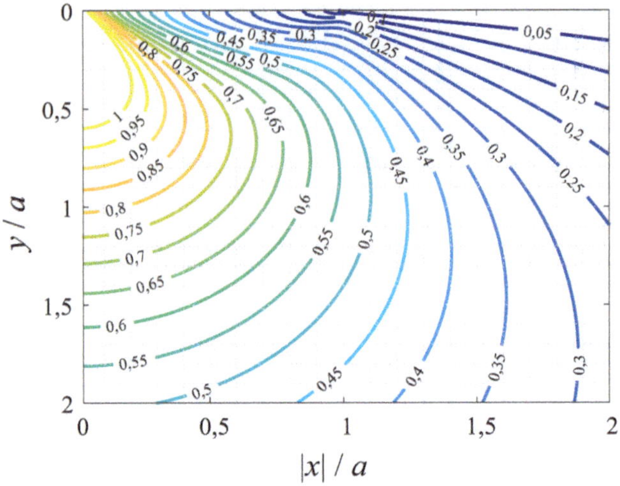

Abb. 3.7 Konturlinien-Diagramm der Mises-Vergleichsspannung in der elastischen Halbebene, normiert auf den mittleren Druck $P\,/\,(2a)$, in Abhängigkeit der normierten Koordinaten x und y für die Indentierung einer elastischen Halbebene mit Poissonzahl $\nu = 0{,}3$ durch einen starren Keil mit dem Steigungswinkel α

verschwindet, dieser Grenzübergang ist aber tatsächlich nicht trivial[5]. Die erste rigorose Lösung für den „ebenen Hertzschen Kontakt" geht wiederum auf die Arbeit von Schubert (1942) zurück. Eine Skizze des Kontaktproblems ist in Abb. 3.8 links gezeigt. Die Ableitung des Kontaktprofils hat in der parabolischen Näherung die Form

$$f'(x) = \frac{x}{R}, \tag{3.45}$$

mit dem Krümmungsradius R des Zylinders.

Das Problem ist vollständig symmetrisch und der Druck an beiden Kontakträndern gebunden. Der Zusammenhang zwischen der Last P und der Halbbreite a des Kontaktes ergibt sich daher aus Gleichung (3.16) zu

$$P(a) = \frac{E^*}{R}\int_0^a \frac{\xi^2 \mathrm{d}\xi}{\sqrt{a^2-\xi^2}} = \frac{\pi}{4}\frac{E^* a^2}{R}. \tag{3.46}$$

Die Druckverteilung ist wegen Gleichung (3.17) durch

$$p(x;a) = \frac{E^*}{2R}\int_{|x|}^a \frac{\tilde{a}\,\mathrm{d}\tilde{a}}{\sqrt{\tilde{a}^2-x^2}} = \frac{E^*}{2R}\sqrt{a^2-x^2}, \quad |x| \leq a, \tag{3.47}$$

[5] Das sieht man bereits daran, dass sich für das „echte" Hertzsche Kontaktproblem eine Eindrucktiefe definieren lässt, während das bei dem im Folgenden diskutierten entsprechenden ebenen Problem nicht der Fall ist.

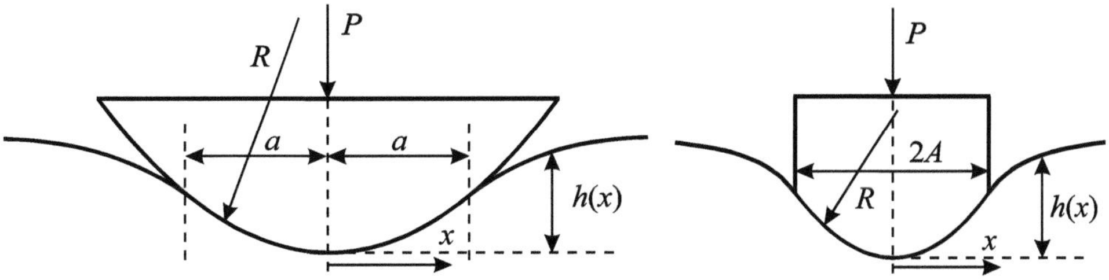

Abb. 3.8 **links:** Indentierung einer elastischen Halbebene durch einen starren Zylinder mit dem Radius R. **rechts:** Indentierung einer elastischen Halbebene durch einen starren Flachstempel mit parabolischer Kappe

gegeben und in normierten Größen in Abb. 3.9 gezeigt.

Die Position der deformierten Oberfläche außerhalb des Kontaktes, gemessen vom tiefsten Punkt des Eindrucks (siehe Abb. 3.8, links), ist wegen Gleichung (3.19)

$$h(x;a) = \frac{1}{2R}\left[a^2 \operatorname{arcosh}\left(\frac{|x|}{a}\right) + x^2 - |x|\sqrt{x^2 - a^2}\right], \quad |x| \geq a. \tag{3.48}$$

Mithilfe der obigen Gleichungen lässt sich das Problem auch sehr einfach lösen, wenn das Profil an einer Stelle $|x| = A$ endet. Der Eindruckkörper ist dann ein Flachstempel mit der Halbbreite A und einer parabolischen Kappe mit dem Krümmungsradius R (siehe Abb. 3.8, rechts). Für die Druckverteilung im Fall des vollständigen Kontaktes erhält man wegen Gleichung (3.22) aus den Gleichungen (3.46) und (3.47) die Lösung

$$p(x;P) = \frac{1}{\sqrt{A^2 - x^2}}\left(\frac{P}{\pi} - \frac{E^* A^2}{4R}\right) + \frac{E^*}{2R}\sqrt{A^2 - x^2}, \quad P \geq \frac{\pi}{4}\frac{E^* A^2}{R}, \quad |x| < A. \tag{3.49}$$

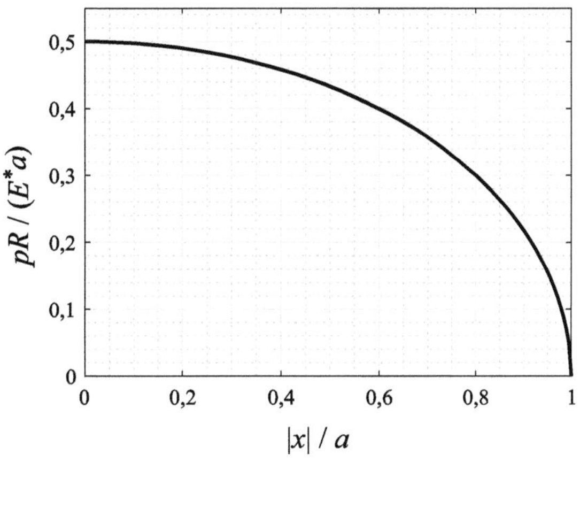

Abb. 3.9 Normierter Verlauf des Drucks $p(x)$ für die Indentierung einer elastischen Halbebene durch einen starren Zylinder mit dem Radius R

Die Position der Oberfläche der elastischen Halbebene außerhalb des Kontaktes ist wegen der Gleichung (3.23) und (3.48) durch

$$h(x;P) = \frac{2P}{\pi E^*}\operatorname{arcosh}\left(\frac{|x|}{A}\right) + \frac{x^2 - |x|\sqrt{x^2 - A^2}}{2R}, \quad |x| \geq A, \tag{3.50}$$

gegeben.

Das Muskhelishvili-Potential nach Gleichung (3.24) wurde für das ebene Hertzsche Kontaktproblem zuerst von Muskhelishvili (1953, S. 299) selbst bestimmt, man erhält aus Gleichung (3.28)

$$\phi(\zeta;a) = -\frac{1}{2\pi}\int_0^a \frac{P'(\tilde{a})\mathrm{d}\tilde{a}}{\sqrt{\tilde{a}^2 - \zeta^2}} = -\frac{E^*}{4R}\left(i\zeta + \sqrt{a^2 - \zeta^2}\right), \quad \zeta := x + iy, \quad i = \sqrt{-1}. \tag{3.51}$$

Für den Flachstempel mit parabolischer Kappe ist das Potential damit

$$\phi(\zeta;P) = -\frac{E^*}{4R}\left(i\zeta + \sqrt{A^2 - \zeta^2}\right) - \frac{4PR - \pi E^* A^2}{8\pi R\sqrt{A^2 - \zeta^2}}, \quad P \geq \frac{\pi}{4}\frac{E^* A^2}{R}. \tag{3.52}$$

Aus den Gleichung (3.26) erhält man daraus folgende Lösungen für die Spannungen im Inneren der elastischen Halbebene im Fall des ebenen Hertzschen Kontakts:

$$\begin{aligned}
\sigma_{xx}(x,y;a) &= -\frac{E^*}{2R}\left[A^{1/2}\cos\left(\frac{\varphi}{2}\right) - 2y + yA^{-1/2}\left\{y\cos\left(\frac{\varphi}{2}\right) - x\sin\left(\frac{\varphi}{2}\right)\right\}\right],\\
\sigma_{yy}(x,y;a) &= -\frac{E^*}{2R}\left[A^{1/2}\cos\left(\frac{\varphi}{2}\right) - yA^{-1/2}\left\{y\cos\left(\frac{\varphi}{2}\right) - x\sin\left(\frac{\varphi}{2}\right)\right\}\right],\\
\sigma_{xy}(x,y;a) &= -\frac{E^*}{2R}\left[yA^{-1/2}\left\{x\cos\left(\frac{\varphi}{2}\right) + y\sin\left(\frac{\varphi}{2}\right)\right\}\right],\\
\sigma_{zz}(x,y;a) &= -\frac{\nu E^*}{R}\left[A^{1/2}\cos\left(\frac{\varphi}{2}\right) - y\right],
\end{aligned} \tag{3.53}$$

wobei A und φ Betrag und Argument der komplexen Zahl

$$A\exp(i\varphi) := a^2 - x^2 + y^2 - 2ixy, \quad i := \sqrt{-1}, \tag{3.54}$$

darstellen[6]. Es ist zu beachten, dass die Ausdrücke in den Gleichungen (3.53) bereits die Symmetrie-Relationen (3.29) erfüllen, sie sind also auch für negative Werte von x korrekt. Abb. 3.10 zeigt ein Konturlinien-Diagramm der sich ergebenden Mises-Vergleichsspannung in der elastischen Halbebene, normiert auf den mittleren Druck P / $(2a)$, in Abhängigkeit der normierten Koordinaten x und y für eine Poissonzahl $\nu = 0{,}3$.

[6] Für $y = 0$ und $x > a$ muss man allerdings $\varphi = -\pi$ verwenden; für $y = 0$ und $x < -a$ ergibt sich aus Gleichung das korrekte Argument $\varphi = \pi$.

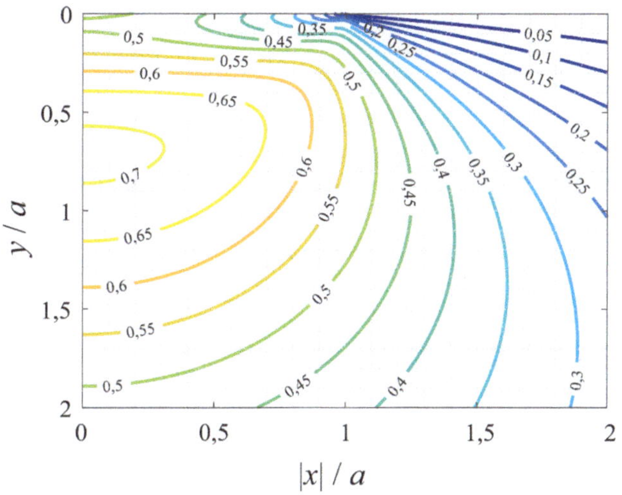

Abb. 3.10 Konturlinien-Diagramm der von-Mieses-Vergleichsspannung in der elastischen Halbebene, normiert auf den mittleren Druck $P / (2a)$, in Abhängigkeit der normierten Koordinaten x und y für die Indentierung einer elastischen Halbebene mit Poissonzahl $\nu = 0{,}3$ durch einen starren Zylinder mit dem Radius R

3.4.4 Der ebene Hertzsche Kontakt mit asymmetrischer Belastung

Betrachten wir für den ebenen Hertzschen Kontakt nun den Fall der asymmetrischen Belastung. Eine wichtige Anwendung der im Folgenden dargestellten Lösung ergibt sich für den Tangentialkontakt mit Reibung und makroskopischen Vorspannungen (siehe das Unterkapitel 6.7). Die Notationen können Abb. 3.11 entnommen werden; die Lösung des Kontaktproblems bereitet keine Schwierigkeiten, sie wurde unter anderem von Ciavarella und Demelio (1999) angegeben.

Durch die exzentrische Belastung wird der parabolische Körper mit dem Krümmungsradius R in der Umgebung des Kontaktes kippen, der *a priori* unbekannte Neigungswinkel sei β. Der Ursprung der Koordinate x liege auf der (ursprünglichen) Symmetrieachse des Körpers. Der Druck ist an den Rändern des Kontaktgebiets, $x = -b$ und $x = a$, beschränkt.

Wir lösen zunächst das Kontaktproblem unter der Annahme, dass der Neigungswinkel β bekannt ist. Der Wert von β ergibt sich anschließend aus der Auswertung des globalen Momentengleichgewichts.

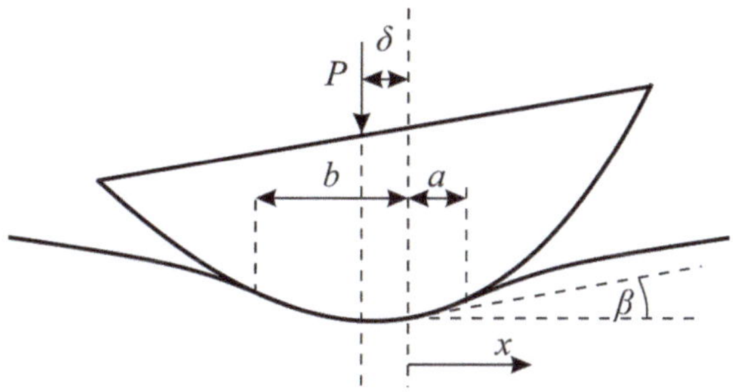

Abb. 3.11 Indentierung einer elastischen Halbebene durch ein starres Paraboloid bei asymmetrischer Belastung

Unter den getroffenen Annahmen kann die Ableitung der elastischen Normalverschiebungen im Kontaktgebiet als

$$f'(x) = \beta + \frac{x}{R}, \quad -b \leq x \leq a, \tag{3.55}$$

geschrieben werden. Die Auswertung der Konsistenzbedingung (3.13) liefert den Zusammenhang

$$b - a = 2\beta R, \tag{3.56}$$

zwischen den beiden Kontaktlängen. Für die Normalkraft erhält man aus Gleichung (3.14)

$$P(a, b) = \frac{E^*}{2R} \int_{-b}^{a} \frac{\left(\xi^2 + \beta R \xi\right) \mathrm{d}\xi}{\sqrt{\xi + b}\sqrt{a - \xi}} = \frac{\pi E^*}{4R} \left(\frac{a + b}{2}\right)^2. \tag{3.57}$$

Die Druckverteilung ist wegen Gleichung (3.15) durch

$$p(x; a, b) = -\frac{E^*}{2\pi R} \sqrt{x + b}\sqrt{a - x} \int_{-b}^{a} \frac{\xi + \beta R}{\sqrt{\xi + b}\sqrt{a - \xi}} \frac{\mathrm{d}\xi}{x - \xi}, \quad -b \leq x \leq a, \tag{3.58}$$

gegeben, was sich im Sinne des Cauchy-Hauptwertes des Integrals zu

$$p(x; a, b) = \frac{E^*}{2R} \sqrt{x + b}\sqrt{a - x}, \quad -b \leq x \leq a, \tag{3.59}$$

vereinfachen lässt. Die Auswertung des globalen Momentengleichgewichts,

$$\int_{-b}^{a} x p(x; a, b) \mathrm{d}x + P\delta = 0, \tag{3.60}$$

liefert unter Verwendung von Gleichung (3.57) die einfache Relation

$$\delta = \frac{b - a}{2} = \beta R. \tag{3.61}$$

Damit stehen mit den Gleichungen (3.56), (3.57) und (3.61) drei Gleichungen zur Bestimmung der drei unbekannten Größen a, b und β zur Verfügung. Für $\delta = 0$ ergeben sich natürlich die Lösungen aus Abschn. 3.4.3.

Zur grafischen Darstellung führen wir die normierten Größen

$$\xi := \frac{x}{\hat{a}}, \quad \overline{p} := \frac{pR}{E^* \hat{a}}, \quad \overline{\delta} := \frac{\delta}{\hat{a}}, \quad \overline{a} := \frac{a}{\hat{a}}, \quad \overline{b} := \frac{b}{\hat{a}}, \quad \hat{a} := \sqrt{\frac{4PR}{\pi E^*}} = \frac{b + a}{2}, \tag{3.62}$$

ein. Aus den Gleichung (3.138) und (3.144) erhält man für die normierten Kontaktlängen

$$\overline{b} = 2 - \overline{a} = 1 + \overline{\delta} \tag{3.63}$$

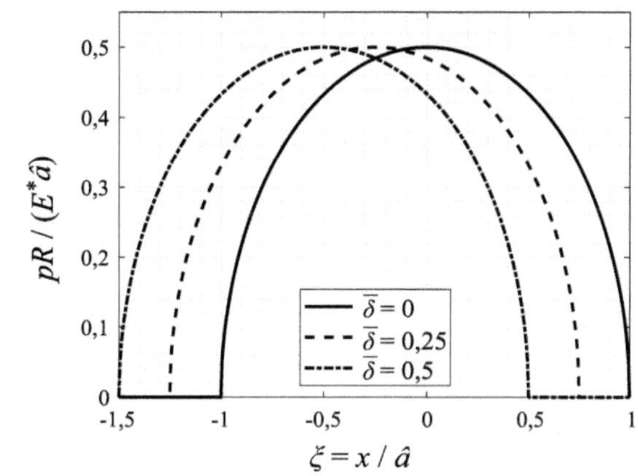

Abb. 3.12 Normierte Verläufe des Druckes $p(x)$ für verschiedene Angriffspunkte der Linienlast bei der Indentierung einer elastischen Halbebene durch ein starres Paraboloid mit asymmetrischer Last. $\hat{a}$ ist die Halbbreite des Kontaktes

und die normierte Druckverteilung lautet wie folgt:

$$\bar{p}\left(\xi;\bar{a},\bar{b}\right)=\frac{1}{2}\sqrt{\xi+\bar{b}}\sqrt{\bar{a}-\xi}=\frac{1}{2}\sqrt{1-\left(\xi-\bar{d}\right)^2},\quad -\bar{b}\leq\xi\leq\bar{a}. \tag{3.64}$$

Die Druckverteilung wird also einfach in die Angriffslinie der Kraft verschoben. Das ist nicht überraschend, da Gleichung (3.55) die Ableitung einer in den Punkt $x_0 = -\beta R = -\delta$ verschobenen Parabel darstellt, und das Problem daher dem in diesen Punkt verschobenen symmetrischen ebenen Hertzschen Kontakt entspricht[7]. Die Druckverteilung ist für drei verschiedene Fälle in Abb. 3.12 gezeigt.

3.4.5 Der Zylinder

Bei großen Lasten und entsprechend großen Kontaktlängen kann es unter Umständen von Interesse sein, anstatt der parabolischen Näherung die vollständige Profilfunktion des zylindrischen Indenters zu verwenden[8]. Benutzt man die exakte Form des Profils (alle Notationen entsprechen denen des Abschn. 3.4.3),

$$f'(x)=\frac{x}{\sqrt{R^2-x^2}},\quad |x|<R, \tag{3.65}$$

ergibt sich aus Gleichung (3.16) für die Linienlast

$$P(a)=E^*\int_0^a\frac{\xi^2\mathrm{d}\xi}{\sqrt{R^2-\xi^2}\sqrt{a^2-\xi^2}}=E^*R\left[\mathrm{K}\left(\frac{a}{R}\right)-\mathrm{E}\left(\frac{a}{R}\right)\right],\quad a<R, \tag{3.66}$$

[7] Aus diesem Grund ist es auch in dem laufenden Unterkapitel zu *symmetrischen* Kontakten aufgeführt.

[8] Obwohl dabei im Allgemeinen die Annahme kleiner (elastischer) Verformungen verletzt wird.

mit den vollständigen elliptischen Integralen erster und zweiter Art[9],

$$\begin{aligned} \mathrm{K}(k) &:= \int_0^{\pi/2} \frac{\mathrm{d}\varphi}{\sqrt{1-k^2\sin^2\varphi}}, \quad 0 \le k < 1, \\ \mathrm{E}(k) &:= \int_0^{\pi/2} \sqrt{1-k^2\sin^2\varphi}\,\mathrm{d}\varphi, \quad 0 \le k \le 1. \end{aligned} \tag{3.67}$$

Entwickelt man P in einer Taylorreihe, ergibt sich für die ersten Reihenglieder

$$P(a) \approx \frac{\pi E^* a^2}{4R}\left[1 + \frac{3}{8}\left(\frac{a}{R}\right)^2\right]. \tag{3.68}$$

Man erkennt, dass die relative Abweichung von der Lösung für die parabolische Näherung von der Größenordnung $(a/R)^2$ ist; selbst für Werte im Bereich von $a = 0{,}2R$ (die die Annahme kleiner Verformungen bereits grob verletzen), liegt der relative Fehler der parabolischen Näherung im unteren einstelligen Prozentbereich.

Die erste Korrektur der Druckverteilung ist mit den Gleichung (3.17) und (3.68) durch

$$\Delta p(x;a) := p(x;a) - p_H(x;a) \approx \frac{3E^*}{8R^3}\int_{|x|}^{a} \frac{\tilde{a}^3\,\mathrm{d}\tilde{a}}{\sqrt{\tilde{a}^2 - x^2}} = \frac{E^*}{8R^3}\sqrt{a^2-x^2}\left(a^2+2x^2\right), \quad |x| \le a, \tag{3.69}$$

gegeben. Dabei bezeichnet p_H die in Gleichung gegebene Druckverteilung für die parabolische Näherung. Die vollständige Druckverteilung kann mithilfe von Gleichung (3.17) sehr einfach in integraler Form dargestellt werden; das resultierende Integral lässt sich allerdings nicht geschlossen analytisch auflösen.

3.4.6 Das Profil in der Form eines Potenzgesetzes

Um die Kontaktlösung für ein allgemeines Profil, das in einer Taylorreihe entwickelt werden kann, zu konstruieren, benötigt man zunächst die Lösung für ein Profil in der Form eines einzelnen Potenzgesetzes. Falls eine konvergente Taylorreihe des Gesamtprofils existiert, kann man dann wegen der Linearität des Kontaktproblems die Lösung für jedes Glied der Reihe separat ermitteln und abschließend die einzelnen Lösungen entsprechend der Reihenvorschrift superponieren.

Wir betrachten also eine Ableitung der elastischen Normalverschiebungen in der Form (siehe Abb. 3.13)

$$f'(x) = nc_n|x|^{n-1}\operatorname{sgn}(x), \quad c_n > 0, \quad n > 0, \tag{3.70}$$

[9] In manchen mathematischen Datenbanken wird auch $m = k^2$ als Argument der elliptischen Integrale verwendet.

mit dem Exponenten n, der Vorzeichenfunktion $\operatorname{sgn}(x)$ und einem beliebigen positiven Faktor c_n. Die zuerst von Jäger (1998) publizierte vollständige Lösung des Kontaktproblems mithilfe der im Unterkapitel 3.3 dargestellten allgemeinen Lösung bereitet keine Schwierigkeiten; die Lösungen für die Fälle $n = 1$ (siehe Abschn. 3.4.2), $n = 2$ (siehe Abschn. 3.4.3), $n = 4$ und $n = 6$ wurden dabei bereits von Schubert (1942) explizit angegeben, die Lösung für $n = 4$ findet sich ebenfalls bei Galin (1961, S. 49); der allgemeine Fall wurde außerdem von Johnson (1985, S. 30 ff.) diskutiert.

Die Linienlast P ergibt sich als Funktion der Halbbreite des Kontaktes aus Gleichung (3.16) zu

$$P(a) = E^* n c_n \int_0^a \frac{\xi^n}{\sqrt{a^2 - \xi^2}}\, \mathrm{d}\xi = E^* n c_n \kappa(n) a^n, \quad \kappa(n) := \frac{\sqrt{\pi}}{2} \frac{\Gamma[(n+1)/2]}{\Gamma(n/2+1)}, \tag{3.71}$$

mit der Gamma-Funktion

$$\Gamma(z) := \int_0^\infty t^{z-1} \exp(-t)\, \mathrm{d}t. \tag{3.72}$$

Der Streckfaktor $\kappa(n)$ ist zur Illustration für ausgewählte Exponenten in Tab. 3.1 gezeigt.

Die Druckverteilung ist wegen Gleichung (3.17) damit durch

$$p(x;a) = \frac{n^2 \kappa(n)}{\pi} E^* c_n \int_{|x|}^a \frac{\tilde{a}^{n-1}\mathrm{d}\tilde{a}}{\sqrt{\tilde{a}^2 - x^2}} = \frac{n^2 \kappa(n)}{2\pi} E^* c_n |x|^{n-1} \left[\mathrm{B}\left(1; \frac{1-n}{2}, \frac{1}{2}\right) - \mathrm{B}\left(\frac{x^2}{a^2}; \frac{1-n}{2}, \frac{1}{2}\right) \right], \quad |x| \leq a, \tag{3.73}$$

gegeben. Hier bezeichnet $\mathrm{B}(\bullet; \bullet, \bullet)$ die unvollständige Beta-Funktion

$$\mathrm{B}(z; a, b) := \frac{z^a}{a}\, {}_2\mathrm{F}_1(a,\ 1-b;\ 1+a;\ z), \tag{3.74}$$

mit der Hypergeometrischen Funktion

$${}_2\mathrm{F}_1(a, b; c; z) := \sum_{n=0}^{\infty} \frac{(a)_n (b)_n}{(c)_n} \frac{z^n}{n!}, \quad (x)_n := \frac{\Gamma(x+n)}{\Gamma(x)}. \tag{3.75}$$

Für die Fälle $n = 4$ und $n = 6$ erhält man beispielsweise

Tab. 3.1 Skalierungsfaktor $\kappa(n)$ für ausgewählte Exponenten n der Formfunktion

n	1	2	3	4	5	6	7	8
$\kappa(n)$	1	$\pi/4$	2/3	$3\pi/16$	8/15	$5\pi/32$	16/35	$35\pi/256$

$$
\begin{aligned}
p(x; a, n = 4) &= E^* c_4 a^3 \sqrt{1 - \frac{x^2}{a^2}} \left(1 + 2\frac{x^2}{a^2}\right), \quad |x| \le a, \\
p(x; a, n = 6) &= \frac{3}{8} E^* c_6 a^5 \sqrt{1 - \frac{x^2}{a^2}} \left(3 + 4\frac{x^2}{a^2} + 8\frac{x^4}{a^4}\right), \quad |x| \le a.
\end{aligned}
\tag{3.76}
$$

Für ungerade ganzzahlige Werte von n ist die Lösung (3.73) in Ausdrücken der Beta-Funktion nicht definiert. In diesen Fällen kann man aber mithilfe der Rekursionsformel

$$
\int_{|x|}^{a} \frac{\tilde{a}^{n-1} \mathrm{d}\tilde{a}}{\sqrt{\tilde{a}^2 - x^2}} = \frac{a^{n-2}\sqrt{a^2 - x^2}}{n-1} + x^2 \frac{n-2}{n-1} \int_{|x|}^{a} \frac{\tilde{a}^{n-3} \mathrm{d}\tilde{a}}{\sqrt{\tilde{a}^2 - x^2}}, \quad |x| \le a, \quad n > 1, \tag{3.77}
$$

die Lösung aus der Lösung für den Keil aus Abschn. 3.4.2 konstruieren.

Es ist bemerkenswert, dass die Druckverteilung bis auf einen konstanten Faktor mit der für das entsprechende axialsymmetrische Problem übereinstimmt, wenn man die Koordinate x durch den polaren Radius r ersetzt (siehe Abschn. 2.5.8 im ersten Teil dieses Handbuchs der Kontaktmechanik); interessierte Leserinnen und Leser seien in diesem Zusammenhang auf die detaillierten Diskussionen der Transformation zwischen ebenen und axialsymmetrischen Spannungszuständen für elastische (Halbraum-)Kontaktprobleme in der Arbeit von Aleksandrov (1961) und der Dissertation von Heß (2011, S. 20 ff.) hingewiesen.

In Abb. 3.14 sind einige Druckverläufe für unterschiedliche Exponenten n exemplarisch gezeigt. Man erkennt, dass sich für $n \to \infty$ die Verläufe der Lösung für den Flachstempel aus Abschn. 3.4.1annähern.

Die Position der deformierten Oberfläche außerhalb des Kontaktes, gemessen vom tiefsten Punkt des Eindrucks (siehe Abb. 3.13), ist wegen Gleichung (3.19)

$$
\begin{aligned}
h(x; a) &= \frac{2An\kappa(n)}{\pi} \left[a^n \operatorname{arcosh}\left(\frac{|x|}{a}\right) + |x| \int_0^a \frac{\tilde{a}^{n-1}\, \mathrm{d}\tilde{a}}{\sqrt{x^2 - \tilde{a}^2}}\right], \quad |x| \ge a, \\
&= \frac{2Aa^n n\kappa(n)}{\pi} \left[\operatorname{arcosh}\left(\frac{|x|}{a}\right) + \frac{1}{n} {}_2\mathrm{F}_1\left(\frac{1}{2}, \frac{n}{2}; \frac{n+2}{2}; \frac{a^2}{x^2}\right)\right],
\end{aligned}
\tag{3.78}
$$

mit der in Gleichung (3.75) definierten Hypergeometrischen Funktion ${}_2\mathrm{F}_1$.

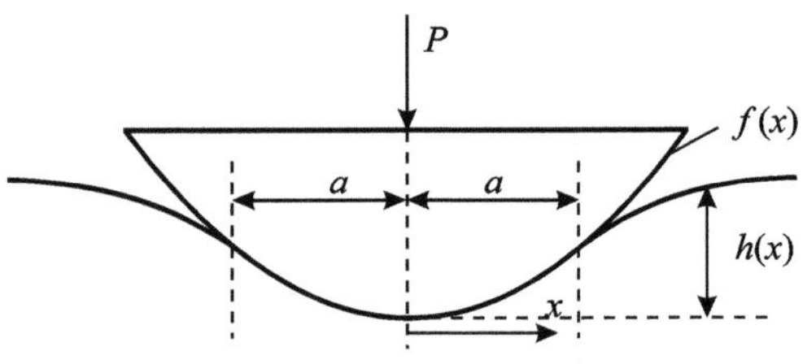

Abb. 3.13 Indentierung einer elastischen Halbebene durch einen starren Indenter mit einem Profil in der Form eines Potenzgesetzes

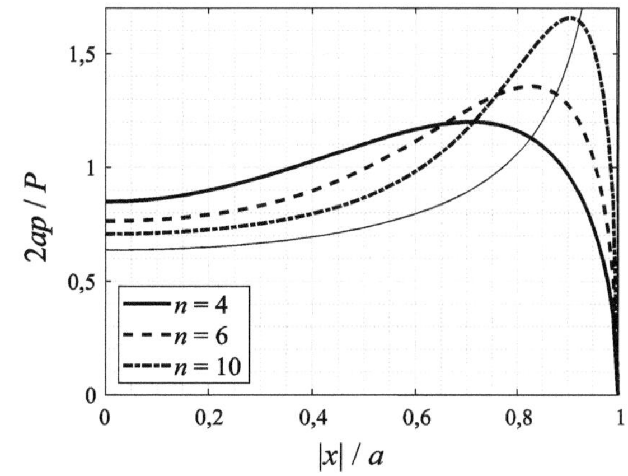

Abb. 3.14 Normierter Verlauf des Druckes $p(x)$ bei der Indentierung einer elastischen Halbebene durch einen starren Indenter mit einem Profil in der Form eines Potenzgesetzes für verschiedene Exponenten n des Potenzgesetzes. Die dünne durchgezogene Linie bezeichnet die Lösung für den Flachstempel.

3.4.7 Das Profil, das einen konstanten Druck erzeugt

In verschiedenen Kontexten, beispielsweise im Zusammenhang mit Adhäsion oder dem Verschleiß durch vollständiges Gleiten, kann es von Interesse sein, welches Profil ein Eindruckkörper aufweisen muss, um auf einem vorgegebenen Kontaktgebiet eine konstante Druckverteilung zu erzeugen. Für den Kontakt zwischen einem starren Eindruckkörper mit einer elastischen Halbebene wurde dieses Problem von Dundurs und Comninou (1980) gelöst.

Aus Symmetriegründen ist es zweckmäßig, den Ursprung der x-Koordinate in die Mitte des Kontaktgebiets mit der Halbbreite a zu legen. Die Gleichung zur Bestimmung des Indenterprofils ist dann wegen Gleichung (3.2)

$$p_0 \int_{-a}^{a} \frac{\mathrm{d}\xi}{x - \xi} = \frac{\pi}{2} E^* f'(x), \quad |x| < a. \tag{3.79}$$

Dabei sind $p_0 = P/(2a)$ – mit der Linienlast P – und a bekannt. Die Lösung dieser Gleichung (im Sinne des Cauchy-Hauptwertes des singulären Integrals) ist

$$f'(x) = \frac{2p_0}{\pi E^*} \ln\left(\frac{a + x}{a - x}\right), \quad |x| < a. \tag{3.80}$$

Während diese am Rand des Kontaktgebiets divergiert, ist die Stammfunktion (mit $f(x = 0) = 0$)

$$f(x) = \frac{P}{\pi E^*}\left[\ln\left(1 - \frac{x^2}{a^2}\right) + \frac{x}{a}\ln\left(\frac{a + x}{a - x}\right)\right], \quad |x| < a, \tag{3.81}$$

am Rand des Kontaktgebiets konvergent mit dem Grenzwert

$$\lim_{|x|\to a^-}\left[f(x)\right] = \frac{P}{\pi E^*}\ln 4. \tag{3.82}$$

Das Kontaktproblem ist damit gelöst. Es ist aber klar, dass das Profil (3.81) keinen universalen Eindruckkörper beschreibt, da das Profil von der Linienlast und der Breite des Kontaktgebiets abhängt.

3.4.8 Der Flachstempel mit abgerundeten Kanten (parabolische Näherung)

Das ebene Normalkontaktproblem für einen Flachstempel mit abgerundeten Kanten wurde in mehreren Publikationen gründlich untersucht. Schubert (1942) bestimmte den Zusammenhang zwischen den makroskopischen Kontaktgrößen und eine asymptotische Näherung für die Druckverteilung. Ciavarella et al. (1998a) gaben auf der Grundlage des Buches von Shtayerman (1970, S. 131 ff.) eine vollständige explizite Lösung für die Druckverteilung an und Jäger (2001) gelang es sogar, mithilfe der Superposition von inkrementellen Flachstempeleindrücken einen expliziten Ausdruck für das Muskhelishvili-Potential zur Bestimmung der Spannungen im Inneren der elastischen Halbebene herzuleiten.

Die Ableitung des Indenterprofils ist (siehe Abb. 3.15)

$$f'(x) = \operatorname{sgn}(x)\left(\frac{|x|-b}{R}\right), \quad b \le |x|, \tag{3.83}$$

mit der Halbbreite b der flachen Stirnfläche, dem Radius R der abgerundeten Kanten und der Vorzeichenfunktion sgn(x). Aus Gleichung (3.16) erhält man für den Zusammenhang zwischen der Linienlast P und der Halbbreite a des Kontaktes die Lösung

$$P(a) = \frac{E^*}{R}\int_b^a \frac{\xi(\xi-b)}{\sqrt{a^2-\xi^2}}\,\mathrm{d}\xi = \frac{E^*}{2R}\left[a^2\arccos\left(\frac{b}{a}\right) - b\sqrt{a^2-b^2}\right], \quad b \le a. \tag{3.84}$$

Die Druckverteilung ist damit in integraler Form wegen Gleichung (3.17) durch

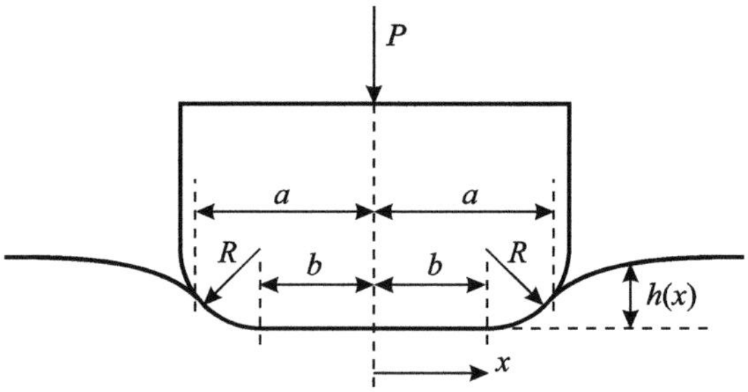

Abb. 3.15 Indentierung einer elastischen Halbebene durch einen starren Flachstempel mit abgerundeten Kanten

$$p(x;a) = \frac{E^*}{\pi R}\begin{cases} \int_b^a \frac{\tilde{a}}{\sqrt{\tilde{a}^2 - x^2}} \arccos\left(\frac{b}{\tilde{a}}\right) \mathrm{d}\tilde{a}, & |x| \le b, \\ \int_{|x|}^a \frac{\tilde{a}}{\sqrt{\tilde{a}^2 - x^2}} \arccos\left(\frac{b}{\tilde{a}}\right) \mathrm{d}\tilde{a}, & b < |x| \le a, \end{cases} \tag{3.85}$$

gegeben. Das lässt sich nach Ciavarella et al. (1998a) in expliziter Form als

$$\begin{aligned} &\frac{2\pi R}{bE^*} p(\phi) = (\pi - 2\phi_0)\frac{\cos\phi}{\sin\phi_0} + \frac{\sin\phi}{\sin\phi_0}\ln\left|\frac{\sin(\phi+\phi_0)}{\sin(\phi-\phi_0)}\right| + \ln\left|\tan\left(\frac{\phi+\phi_0}{2}\right)\tan\left(\frac{\phi-\phi_0}{2}\right)\right|, \\ &\phi := \arcsin\left(\frac{x}{a}\right), \quad \phi_0 := \arcsin\left(\frac{b}{a}\right), \end{aligned} \tag{3.86}$$

schreiben. Die Druckverteilung ist für verschiedene Werte von b/a in normierten Variablen in Abb. 3.16 dargestellt. Man erkennt die Grenzfälle des Flachstempels (siehe Abschn. 3.4.1) für $b \to a$ und des ebenen Hertzschen Kontaktes (siehe Abschn. 3.4.3) für $b = 0$.

Die Lösung für die Position der Oberfläche außerhalb des Kontaktes ergibt sich in integraler Form aus Gleichung (3.19),

$$\begin{aligned} h(x;a) = &\frac{1}{\pi R}\left[a^2 \arccos\left(\frac{b}{a}\right) - b\sqrt{a^2 - b^2}\right] \operatorname{arcosh}\left(\frac{|x|}{a}\right) + \\ &\frac{|x|}{\pi R}\int_b^a \left[\tilde{a}\arccos\left(\frac{b}{\tilde{a}}\right) - b\sqrt{1 - \frac{b^2}{\tilde{a}^2}}\right]\frac{\mathrm{d}\tilde{a}}{\sqrt{x^2 - \tilde{a}^2}}, \quad |x| \ge a \ge b. \end{aligned} \tag{3.87}$$

Die exakte Auswertung des verbleibenden Integrals ist umständlich aber in geschlossen analytischer Form möglich. Man erhält

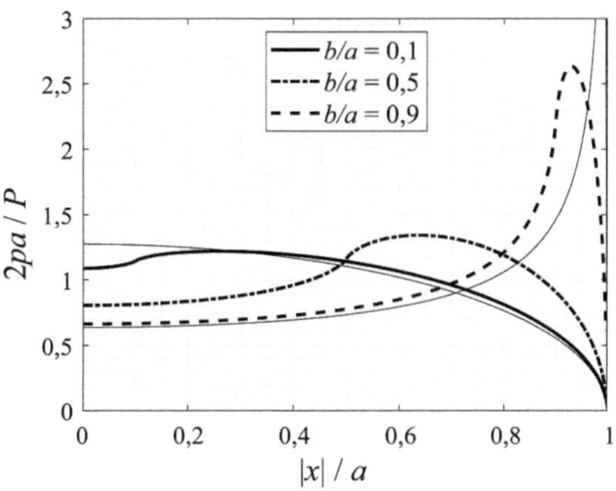

Abb. 3.16 Normierte Verläufe des Drucks $p(x)$ bei der Indentierung einer elastischen Halbebene durch einen Flachstempel mit abgerundeten Kanten für verschiedene Verhältnisse der Halbbreiten b/a. Die dünnen durchgezogenen Linien bezeichnen die Lösungen für den Flachstempel und den ebenen Hertzschen Kontakt.

$$\int_b^a \left[\tilde{a} \arccos\left(\frac{b}{\tilde{a}}\right) - b\sqrt{1-\frac{b^2}{\tilde{a}^2}} \right] \frac{d\tilde{a}}{\sqrt{x^2-\tilde{a}^2}} = |x| \arcsin\left(\frac{|x|}{a}\frac{\sqrt{a^2-b^2}}{\sqrt{x^2-b^2}}\right) - b \arctan\left(\frac{\sqrt{a^2-b^2}}{\sqrt{x^2-a^2}}\right) - \sqrt{x^2-a^2}\arccos\left(\frac{b}{a}\right) - b\arccos\left(\frac{\sqrt{x^2-a^2}}{\sqrt{x^2-b^2}}\right) + \frac{b^2}{|x|}\left[\frac{\pi}{2} - \arctan\left(\frac{b}{|x|}\frac{\sqrt{x^2-a^2}}{\sqrt{a^2-b^2}}\right)\right], \quad |x| \geq a \geq b. \tag{3.88}$$

Für das Muskhelishvili-Potential zur Bestimmung der elastischen Spannungen im Inneren erhält man aus Gleichung (3.28) den von Jäger (2001) gefundenen Ausdruck

$$\begin{aligned} \phi(\zeta; a) &= -\frac{1}{2\pi}\int_0^a \frac{P'(\tilde{a})d\tilde{a}}{\sqrt{\tilde{a}^2-\zeta^2}} = -\frac{E^*}{2\pi R}\int_0^a \frac{\tilde{a}}{\sqrt{\tilde{a}^2-\zeta^2}}\arccos\left(\frac{b}{\tilde{a}}\right)d\tilde{a}, \quad \zeta := x+iy, \quad i=\sqrt{-1}, \\ &= -\frac{E^*}{2\pi R}\left[\sqrt{a^2-\zeta^2}\arccos\left(\frac{b}{a}\right) + i\zeta\arcsin\left(\frac{\zeta}{a}\frac{\sqrt{a^2-b^2}}{\sqrt{\zeta^2-b^2}}\right) - ib\arcsin\left(\frac{\sqrt{a^2-b^2}}{\sqrt{\zeta^2-b^2}}\right)\right]. \end{aligned} \tag{3.89}$$

Für $b = 0$ vereinfacht sich das natürlich zu dem in Gleichung (3.51) gegebenen Ausdruck für den ebenen Hertzschen Kontakt. Die Spannungen im Inneren der elastischen Halbebene erhält man durch Einsetzen dieses Potentials in die allgemeinen Gleichungen (3.26). Abb. 3.17 zeigt ein Konturlinien-Diagramm der sich ergebenden Mises-Vergleichsspannung, normiert auf den mittleren Druck $P / (2a)$, in Abhängigkeit der normierten Koordinaten x und y für eine Poissonzahl $\nu = 0{,}3$ und $b = 0{,}7a$. Im Vergleich mit dem Diagramm für den perfekten Flachstempel, Abb. 3.4, erkennt man, wie die Rundung der Kanten des Stempels die Spannungsspitzen in der Umgebung der Kontaktränder abschwächt.

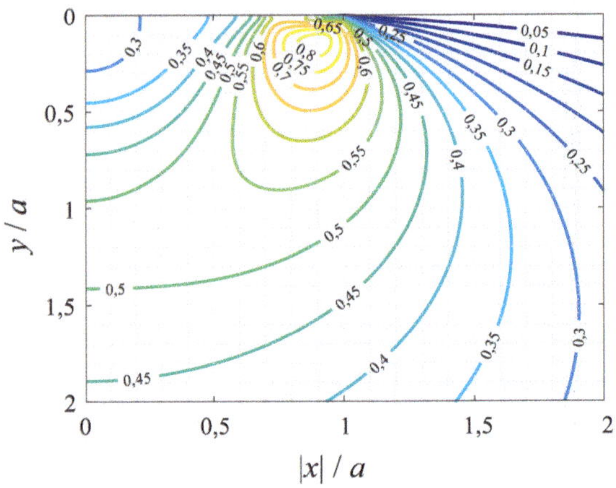

Abb. 3.17 Konturlinien-Diagramm der Mises-Vergleichsspannung in der elastischen Halbebene, normiert auf den mittleren Druck $P / (2a)$, in Abhängigkeit der normierten Koordinaten x und y für die Indentierung einer elastischen Halbebene mit Poissonzahl $\nu = 0{,}3$ durch einen starren Flachstempel mit abgerundeten Ecken mit $b = 0{,}7a$

3.4.9 Der abgeschnittene Keil

Für einen Keil mit dem kleinen Steigungswinkel α, dessen Grat, z. B. durch Verschleiß, bis zu einer glatten Stirnfläche mit der Halbbreite b abgeschliffen wurde (siehe die Skizze in Abb. 3.18), ist die Ableitung der Profilvorschrift

$$f'(x) = \alpha \operatorname{sgn}(x), \quad b < |x|, \tag{3.90}$$

wobei $\operatorname{sgn}(x)$ die Vorzeichenfunktion bezeichnet. Das reibungsfreie Normalkontaktproblem für diesen Indenter wurde von Leng et al. (1999) (für den adhäsiven, aber damit natürlich auch für den nicht-adhäsiven Kontakt) zuerst gelöst. Aus Gleichung (3.16) erhält man für die Linienlast P

$$P(a) = E^*\alpha \int_b^a \frac{\xi \, \mathrm{d}\xi}{\sqrt{a^2 - \xi^2}} = E^*\alpha\sqrt{a^2 - b^2}, \quad b \leq a, \tag{3.91}$$

und aus Gleichung (3.17) für die Druckverteilung

$$p(x;a) = \frac{E^*\alpha}{\pi} \begin{cases} \int_b^a \frac{\tilde{a}\,\mathrm{d}\tilde{a}}{\sqrt{\tilde{a}^2-x^2}\sqrt{\tilde{a}^2-b^2}}, & |x| < b, \\ \int_{|x|}^a \frac{\tilde{a}\,\mathrm{d}\tilde{a}}{\sqrt{\tilde{a}^2-x^2}\sqrt{\tilde{a}^2-b^2}}, & b < |x| \leq a, \end{cases} = \frac{E^*\alpha}{\pi} \begin{cases} \ln\left(\frac{\sqrt{a^2-x^2}+\sqrt{a^2-b^2}}{\sqrt{b^2-x^2}}\right), & |x| < b, \\ \ln\left(\frac{\sqrt{a^2-x^2}+\sqrt{a^2-b^2}}{\sqrt{x^2-b^2}}\right), & b < |x| \leq a \end{cases}. \tag{3.92}$$

In Abb. 3.19 sind einige Druckverläufe für verschiedene Werte des Verhältnisses b/a in normierten Größen gezeigt. Man erkennt die schwache Singularität an den Übergangsstellen $|x| = b$ und die Grenzfälle des vollständigen Keils aus Abschn. 3.4.2 für $b = 0$ sowie des starren Flachstempels aus Abschn. 3.4.1 für $b \to a$.

Die Position der deformierten Oberfläche außerhalb des Kontaktes, gemessen vom tiefsten Punkt des Eindrucks (siehe Abb. 3.18), ist wegen Gleichung (3.19)

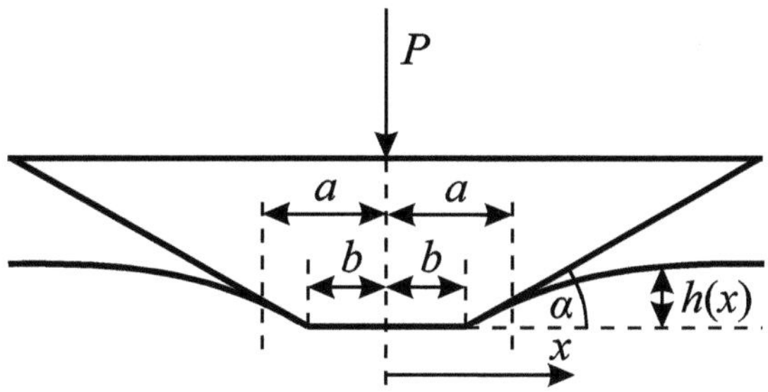

Abb. 3.18 Indentierung einer elastischen Halbebene durch einen starren Keil mit flachem Grat

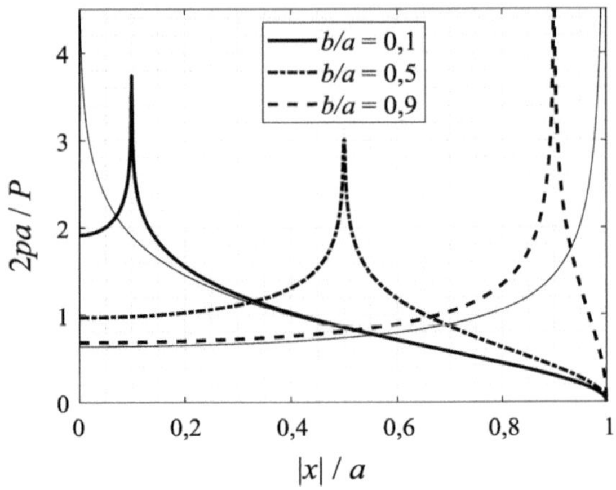

Abb. 3.19 Normierte Verläufe des Drucks $p(x)$ bei der Indentierung einer elastischen Halbebene durch einen Keil mit flachem Grat für verschiedene Verhältnisse der Halbbreiten b/a. Die dünnen durchgezogenen Linien bezeichnen die Lösungen für den vollständigen Keil und den Flachstempel.

$$h(x;a) = \frac{2\alpha}{\pi}\left[\sqrt{a^2-b^2}\operatorname{arcosh}\left(\frac{|x|}{a}\right) + |x|\int_0^a \frac{\sqrt{\tilde{a}^2-b^2}\mathrm{d}\tilde{a}}{\tilde{a}\sqrt{x^2-\tilde{a}^2}}\right], \quad |x| \geq a,$$

$$= \frac{2\alpha}{\pi}\left[\sqrt{a^2-b^2}\operatorname{arcosh}\left(\frac{|x|}{a}\right) + b\left\{\arctan\left(\frac{b\sqrt{x^2-a^2}}{|x|\sqrt{a^2-b^2}}\right) - \frac{\pi}{2}\right\} + |x|\arccos\left(\frac{\sqrt{x^2-a^2}}{\sqrt{x^2-b^2}}\right)\right]. \tag{3.93}$$

Für das Muskhelishvili-Potential zur Bestimmung der elastischen Spannungen im Inneren erhält man aus Gleichung (3.28) den zuerst von Willert (2022) publizierten Ausdruck

$$\phi(\zeta;a) = -\frac{E^*\alpha}{2\pi}\int_b^a \frac{\tilde{a}}{\sqrt{\tilde{a}^2-b^2}\sqrt{\tilde{a}^2-\zeta^2}}\mathrm{d}\tilde{a} = -\frac{iE^*\alpha}{2\pi}\arcsin\left(\frac{\sqrt{a^2-b^2}}{\sqrt{\zeta^2-b^2}}\right), \quad \zeta := x+iy, \quad i=\sqrt{-1}. \tag{3.94}$$

Für $b = 0$ vereinfacht sich das natürlich zu dem in Gleichung (3.43) gegebenen Ausdruck für den Kontakt mit einem starren Keil. Die Spannungen im Inneren der elastischen Halbebene erhält man durch Einsetzen dieses Potentials in die allgemeinen Gleichungen (3.26). Abb. 3.20 zeigt ein Konturlinien-Diagramm der sich ergebenden Mises-Vergleichsspannung, normiert auf den mittleren Druck $P\ /\ (2a)$, in Abhängigkeit der normierten Koordinaten x und y für eine Poissonzahl $\nu = 0{,}3$ und $b = 0{,}7a$. Man erkennt die sehr lokalisierte, schwache Spannungssingularität an der scharfen Kante des Eindruckkörpers.

3.4.10 Der abgeschnittene Zylinder (parabolische Näherung)

Für einen Zylinder mit dem Radius R (wir verwenden wieder die parabolische Näherung), der bis zu einer glatten Stirnfläche mit der Halbbreite b abgeschliffen wurde (siehe die Skizze in Abb. 3.21), ist die Ableitung der Profilvorschrift

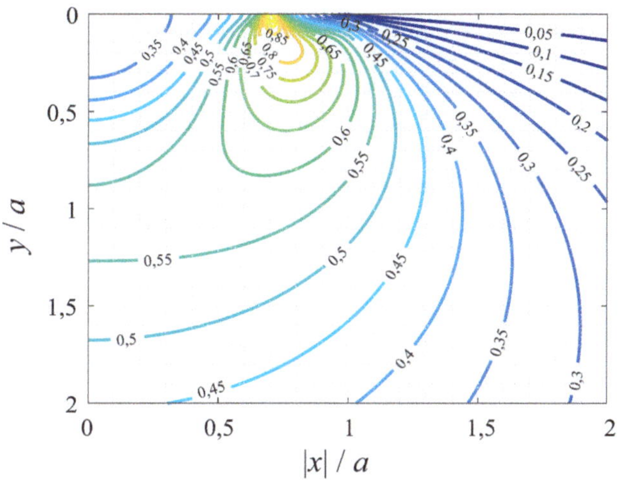

Abb. 3.20 Konturlinien-Diagramm der Mises-Vergleichsspannung in der elastischen Halbebene, normiert auf den mittleren Druck $P/(2a)$, in Abhängigkeit der normierten Koordinaten x und y für die Indentierung einer elastischen Halbebene mit Poissonzahl $\nu = 0{,}3$ durch einen starren Keil mit flachem Grat mit $b = 0{,}7a$

$$f'(x) = \frac{x}{R}, \quad b < |x|. \tag{3.95}$$

Aus Gleichung (3.16) erhält man für die Linienlast P

$$P(a) = \frac{E^*}{R} \int_b^a \frac{\xi^2 \, \mathrm{d}\xi}{\sqrt{a^2 - \xi^2}} = \frac{E^*}{2R} \left[a^2 \arccos\left(\frac{b}{a}\right) + b\sqrt{a^2 - b^2} \right], \quad b \leq a. \tag{3.96}$$

Aus einem Vergleich mit den Lösungen (3.84) und (3.91) erkennt man sofort, dass sich das als Superposition

$$P(a) = P_{\mathrm{SAK}}(a; R) + P_{\mathrm{AK}}\left(a; \alpha = \frac{b}{R}\right) \tag{3.97}$$

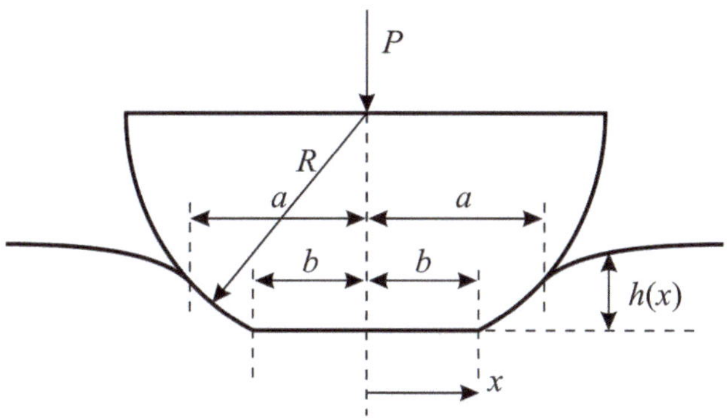

Abb. 3.21 Indentierung einer elastischen Halbebene durch einen starren abgeschnittenen Zylinder

schreiben lässt. Dabei bezeichnet P_{SAK} die entsprechende Lösung für den Flachstempel mit abgerundeten Kanten aus Abschn. 3.4.8 und P_{AK} die entsprechende Lösung für den abgeschnittenen Keil mit dem Steigungswinkel α aus Abschn. 3.4.9.

Wegen der Linearität aller relevanten Gleichungen gilt die gleiche Superposition auch für die Druckverteilung nach Gleichung (3.17),

$$p(x;\,a) = p_{\mathrm{SAK}}(x;\,a;\,R) + p_{\mathrm{AK}}\left(x;\,a;\,\alpha = \frac{b}{R}\right), \tag{3.98}$$

wobei die entsprechenden Druckverteilungen den Gleichung (3.86) und (3.92) entnommen werden können und die Position der deformierten Oberfläche außerhalb des Kontaktes nach Gleichung (3.19).

Eine unter Umständen etwas „greifbarere“ integrale Darstellung der Druckverteilung ist

$$p(x;\,a) = \frac{E^*}{\pi R}\begin{cases} \int_b^a \frac{\tilde{a}}{\sqrt{\tilde{a}^2-x^2}}\left[\arccos\left(\frac{b}{\tilde{a}}\right) + \frac{b}{\sqrt{\tilde{a}^2-b^2}}\right]\mathrm{d}\tilde{a}, & |x| \le b, \\ \int_{|x|}^a \frac{\tilde{a}}{\sqrt{\tilde{a}^2-x^2}}\left[\arccos\left(\frac{b}{\tilde{a}}\right) + \frac{b}{\sqrt{\tilde{a}^2-b^2}}\right]\mathrm{d}\tilde{a}, & b < |x| \le a. \end{cases} \tag{3.99}$$

In Abb. 3.22 sind einige Druckverläufe für verschiedene Werte des Verhältnisses b/a in normierten Größen gezeigt. Man erkennt die schwache und für kleine Werte von b sehr lokalisierte Singularität an den Übergangsstellen $|x| = b$ und die Grenzfälle des ebenen Hertzschen Kontaktes aus Abschn. 3.4.3 für $b = 0$ sowie des starren Flachstempels aus Abschn. 3.4.1 für $b \to a$.

Für das Muskhelishvili-Potential zur Bestimmung der elastischen Spannungen im Inneren erhält man mit der beschriebenen Superposition und den Gleichung (3.89) und (3.94)

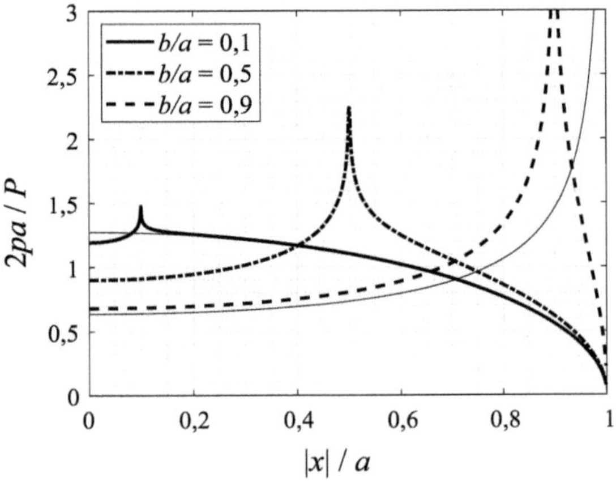

Abb. 3.22 Normierte Verläufe des Drucks $p(x)$ bei der Indentierung einer elastischen Halbebene durch einen abgeschnittenen Zylinder für verschiedene Verhältnisse der Halbbreiten b/a. Die dünnen durchgezogenen Linien bezeichnen die Lösungen für den ebenen Hertzschen Kontakt und den Flachstempel.

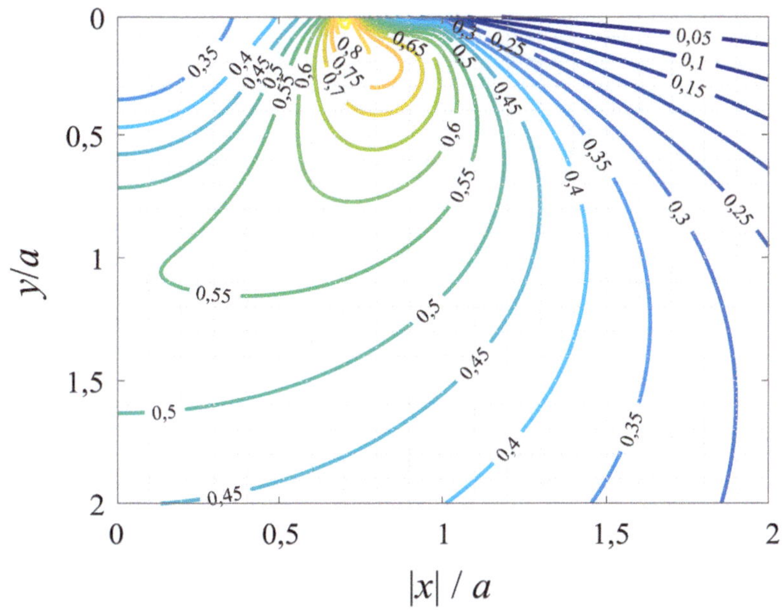

Abb. 3.23 Konturlinien-Diagramm der Mises-Vergleichsspannung in der elastischen Halbebene, normiert auf den mittleren Druck P / $(2a)$, in Abhängigkeit der normierten Koordinaten x und y für die Indentierung einer elastischen Halbebene mit Poissonzahl $\nu = 0{,}3$ durch einen starren abgeschnittenen Zylinder mit $b = 0{,}7a$

$$\phi(\zeta; a) = -\frac{E^*}{2\pi R}\left[\sqrt{a^2-\zeta^2}\arccos\left(\frac{b}{a}\right) + i\zeta\arcsin\left(\frac{\zeta}{a}\frac{\sqrt{a^2-b^2}}{\sqrt{\zeta^2-b^2}}\right)\right], \quad \zeta := x+iy, \quad i = \sqrt{-1}, \tag{3.100}$$

Für $b = 0$ vereinfacht sich das natürlich zu dem in Gleichung (3.51) gegebenen Ausdruck für den ebenen Hertzschen Kontakt. Die Spannungen im Inneren der elastischen Halbebene erhält man durch Einsetzen dieses Potentials in die allgemeinen Gleichungen (3.26). Abb. 3.23 zeigt ein Konturlinien-Diagramm der sich ergebenden Mises-Vergleichsspannung, normiert auf den mittleren Druck P / $(2a)$, in Abhängigkeit der normierten Koordinaten x und y für eine Poissonzahl $\nu = 0{,}3$ und $b = 0{,}7a$. Man erkennt die sehr lokalisierte, schwache Singularität an der scharfen Kante des Eindruckkörpers.

3.4.11 Der Keil mit abgerundeter Spitze

Ein realer Keil mit dem kleinen Steigungswinkel α wird niemals einen perfekt scharfen Grat aufweisen. Für einen Keil mit parabolisch abgerundeter Spitze lautet die Ableitung der Profilfunktion wie folgt:

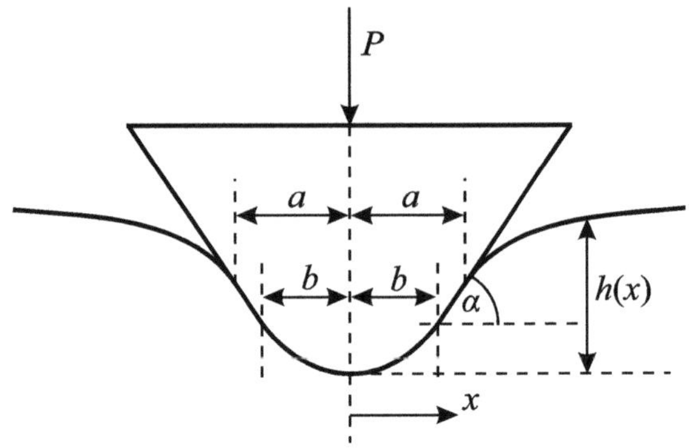

Abb. 3.24 Indentierung einer elastischen Halbebene durch einen starren Keil mit abgerundetem Grat; im Rahmen der linearen Elastizität muss der Steigungswinkel α klein sein; zum Zweck der Übersichtlichkeit der Abbildung wurde ein größerer Winkel für die Darstellung gewählt

$$f'(x) = \begin{cases} \frac{x}{b}\alpha, & |x| \leq b, \\ \alpha \operatorname{sgn}(x), & b < |x|. \end{cases} \tag{3.101}$$

Dabei bezeichnet b die Stelle, an der die parabolische Kappe stetig differenzierbar in den keilförmigen Grundkörper übergeht (siehe die Skizze in Abb. 3.24) und $\operatorname{sgn}(x)$ die Vorzeichenfunktion.

Das reibungsfreie Normalkontaktproblem für diesen Indenter wurde von Ciavarella et al. (1998b) zuerst gelöst. Wenn man davon ausgeht, dass die Last ausreicht, um den Grundkörper in Kontakt zu bringen (andernfalls erhält man die elementaren Lösungen aus Abschn. 3.4.3), ergibt sich aus Gleichung (3.16) folgende Lösung für die Linienlast P als Funktion der Halbbreite a des Kontaktes:

$$P(a) = E^*\alpha\left[\frac{1}{b}\int_0^b \frac{\xi^2\,\mathrm{d}\xi}{\sqrt{a^2-\xi^2}} + \int_b^a \frac{\xi\,\mathrm{d}\xi}{\sqrt{a^2-\xi^2}}\right] = \frac{E^*\alpha}{2b}\left[a^2 \arcsin\left(\frac{b}{a}\right) + b\sqrt{a^2-b^2}\right], \quad b \leq a. \tag{3.102}$$

Im Gegensatz zu den Problemen in den vorherigen beiden Abschnitten ist es möglich, dass $a < b$. Die vollständige Funktionsvorschrift für die Linienlast ist deswegen

$$P(a) = \frac{E^*\alpha}{2b}\begin{cases} \frac{a^2\pi}{2}, & a < b, \\ a^2 \arcsin\left(\frac{b}{a}\right) + b\sqrt{a^2-b^2}, & b \leq a, \end{cases} = P_{\mathrm{H}}\left(a; R = \frac{b}{\alpha}\right) - P_{\mathrm{SAK}}\left(a; R = \frac{b}{\alpha}\right). \tag{3.103}$$

Dabei bezeichnet P_{H} die entsprechende Lösung für den ebenen Hertzschen Kontakt aus Abschn. 3.4.3 und P_{SAK} die entsprechende Lösung für den Flachstempel mit abgerundeten Kanten aus Abschn. 3.4.8. Auf die in der letzten Gleichung zum Ausdruck kommende Superposition wies bereits Jäger (2001) hin. Wegen der Linearität aller relevanten Gleichungen gilt die gleiche Superposition auch für die Druckverteilung nach Gleichung (3.17),

$$p(x;a) = p_{\mathrm{H}}\left(x;a;R=\frac{b}{\alpha}\right) - p_{\mathrm{SAK}}\left(x;a;R=\frac{b}{\alpha}\right), \tag{3.104}$$

wobei die entsprechenden Druckverteilungen den Gleichung (3.47) und (3.86) entnommen werden können und die Position der deformierten Oberfläche außerhalb des Kontaktes nach Gleichung (3.19).

Eine unter Umständen etwas „greifbarere" integrale Darstellung der Druckverteilung ist

$$\begin{aligned} p(x;a) &= \frac{E^*\alpha}{2b}\left[\sqrt{a^2-x^2} - I(x;a)\right], \quad |x| \le a, \\ I(x,a) &= \frac{2}{\pi}\begin{cases} \int_b^a \frac{\tilde{a}}{\sqrt{\tilde{a}^2-x^2}}\arccos\left(\frac{b}{\tilde{a}}\right)\mathrm{d}\tilde{a}, & |x| \le b, \\ \int_{|x|}^a \frac{\tilde{a}}{\sqrt{\tilde{a}^2-x^2}}\arccos\left(\frac{b}{\tilde{a}}\right)\mathrm{d}\tilde{a}, & b < |x| \le a. \end{cases} \end{aligned} \tag{3.105}$$

In Abb. 3.25 sind einige Druckverläufe für verschiedene Werte des Verhältnisses b/a in normierten Größen gezeigt. Man erkennt die Grenzfälle des ebenen Hertzschen Kontaktes aus Abschn. 3.4.3 für $b = a$ sowie des starren Keils aus Abschn. 3.4.2 für $b = 0$.

Für das Muskhelishvili-Potential zur Bestimmung der elastischen Spannungen im Inneren erhält man mit der beschriebenen Superposition und den Gleichung (3.51) und (3.89)

$$\phi(\zeta;a) = -\frac{E^*\alpha}{2\pi b}\left[\sqrt{a^2-\zeta^2}\arcsin\left(\frac{b}{a}\right) + i\zeta\arccos\left(\frac{\zeta}{a}\frac{\sqrt{a^2-b^2}}{\sqrt{\zeta^2-b^2}}\right) + ib\arcsin\left(\frac{\sqrt{a^2-b^2}}{\sqrt{\zeta^2-b^2}}\right)\right]. \tag{3.106}$$

Für $b = 0$ vereinfacht sich das natürlich zu dem in Gleichung (3.43) gegebenen Ausdruck für den Kontakt mit einem starren Keil; für $b = a$ ergibt sich die in Gleichung (3.51) gegebene entsprechende Lösung für den ebenen Hertzschen Kontakt. Die Spannungen im

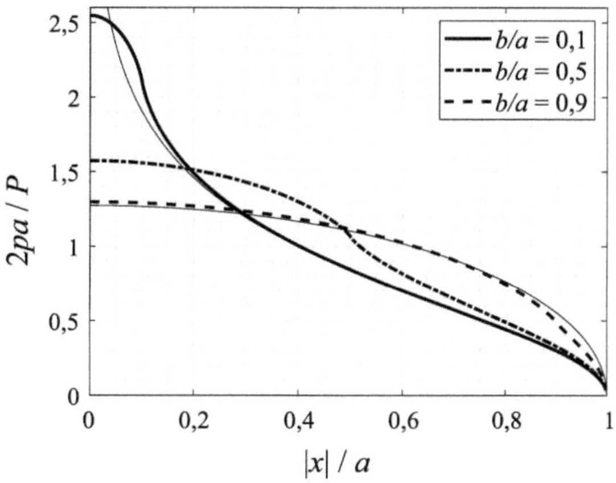

Abb. 3.25 Normierte Verläufe des Drucks $p(x)$ bei der Indentierung einer elastischen Halbebene durch einen starren Keil mit abgerundetem Grat für verschiedene Verhältnisse der Halbbreiten b/a. Die dünnen durchgezogenen Linien bezeichnen die Lösungen für den ebenen Hertzschen Kontakt und den idealen Keil.

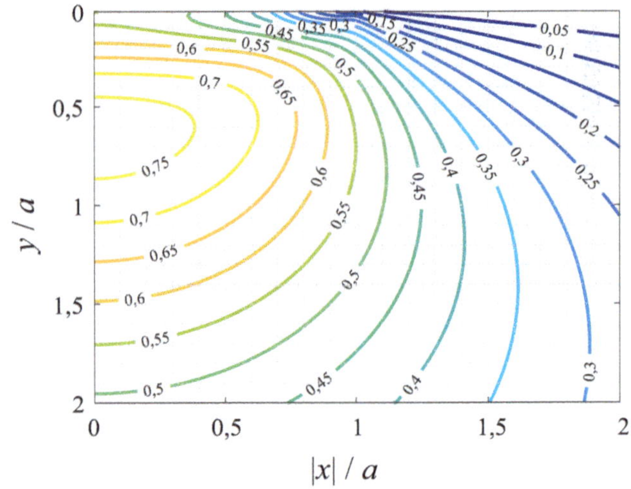

Abb. 3.26 Konturlinien-Diagramm der Mises-Vergleichsspannung in der elastischen Halbebene, normiert auf den mittleren Druck P / $(2a)$, in Abhängigkeit der normierten Koordinaten x und y für die Indentierung einer elastischen Halbebene mit Poissonzahl ν = 0,3 durch einen Keil mit abgerundeter Spitze mit b = 0,7a

Inneren der elastischen Halbebene erhält man durch Einsetzen dieses Potentials in die allgemeinen Gleichungen (3.26). Abb. 3.26 zeigt ein Konturlinien-Diagramm der sich ergebenden Mises-Vergleichsspannung, normiert auf den mittleren Druck P / $(2a)$, in Abhängigkeit der normierten Koordinaten x und y für eine Poissonzahl $\nu = 0{,}3$ und $b = 0{,}7a$. Bereits für diesen Wert von b ähnelt das Feld sehr stark der in Abb. 3.10 gezeigten Lösung für den ebenen Hertzschen Kontakt.

3.4.12 Der parabolisch-konkave Stempel (vollständiger Kontakt)

Als Abschluss dieses Unterkapitels zu vollständig symmetrischen Problemen betrachten wir einen konkaven Eindruckkörper, und zwar den parabolisch-konkaven Stempel (siehe Abb. 3.27); die Halbbreite des Stempels sei a, der konkave Krümmungsradius der Stirnfläche sei R. Eine wichtige Anwendung dieses Problems ergibt sich im Rahmen des adhäsiven Normalkontaktes.

Nach Gleichung (3.6) ist die Druckverteilung für den vollständigen Kontakt

$$p(x;P) = \frac{1}{\pi\sqrt{a^2-x^2}}\left[P + \frac{E^*}{2R}\int_{-a}^{a}\frac{\xi\sqrt{a^2-\xi^2}}{x-\xi}\mathrm{d}\xi\right], \quad |x| < a, \tag{3.107}$$

was sich im Sinne des Cauchy-Hauptwertes des Integrals als

$$p(x;P) = \frac{1}{\pi\sqrt{a^2-x^2}}\left[P - \frac{\pi E^* a^2}{4R}\left(1 - 2\frac{x^2}{a^2}\right)\right], \quad |x| < a, \tag{3.108}$$

auswerten lässt. Um den vollständigen Kontakt zu gewährleisten, muss

Abb. 3.27 Indentierung einer elastischen Halbebene durch einen parabolisch-konkaven Stempel

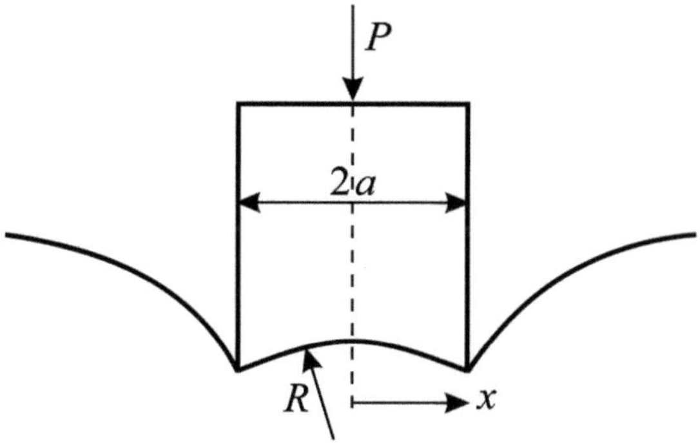

$$p(x = 0) \geq 0 \tag{3.109}$$

und damit

$$P \geq P_c := \frac{\pi E^* a^2}{4R} \tag{3.110}$$

sein. Die Druckverteilung ist in normierter Darstellung in Abb. 3.28 gezeigt.

Abb. 3.28 Normierte Verläufe des Drucks $p(x)$ bei der Indentierung einer elastischen Halbebene durch einen parabolisch-konkaven Stempel für verschiedene Linienlasten P. Die dünne durchgezogene Linie bezeichnet die Lösung für den flachen Stempel.

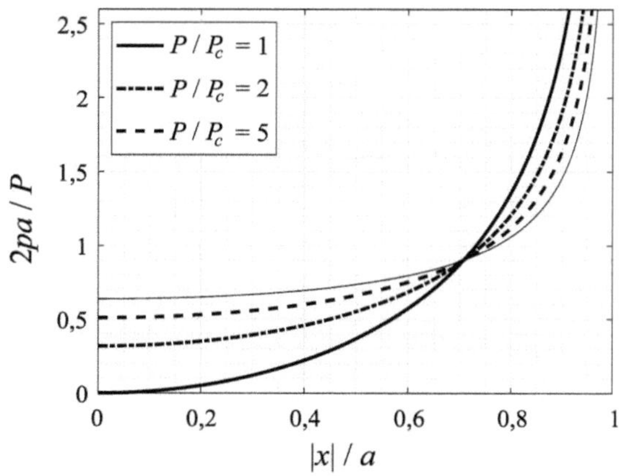

3.5 Explizite Lösungen für einzelne asymmetrische Kontakte unendlicher Länge

3.5.1 Vereinfachungen der allgemeinen Lösung der Integralgleichung

Ciavarella und Demelio (1999) bestimmten eine allgemeine Lösung für einzelne asymmetrische ebene Normalkontakte unendlicher Länge. Wir werden hier nur die Teile ihrer Lösung skizzieren, die für den weiteren Verlauf dieses Unterkapitels gebraucht werden.

Der mit Abstand wichtigste Fall asymmetrischer Kontakte sind Kontakte mit geometrisch symmetrischen Profilen, die aber, beispielsweise durch eine exzentrisch aufgebrachte Linienlast, um die laterale Achse z gekippt sind. Die Profilfunktion kann dann in der Form

$$f(x) = x \tan \beta + f_0(x) \approx x\beta + f_0(x) \tag{3.111}$$

aufgespalten werden. Dabei bezeichnet β den (im Rahmen linearer Elastizität notwendigerweise kleinen) Rotationswinkel und $f_0(x)$ die (symmetrische) Profilfunktion ohne die Starrkörperrotation. Das Kontaktgebiet lässt sich als $-\hat{a} - d \leq x \leq \hat{a} - d$ schreiben, wobei d die durch die Rotation bedingte Verschiebung des ursprünglich symmetrischen Kontaktgebiets darstellt. Die Konsistenzbedingung (3.13) vereinfacht sich unter Verwendung der Profilfunktion (3.111) und der Substitution $\xi = \tau - d$ zu

$$\int_{-\hat{a}}^{\hat{a}} \frac{f_0'(\tau - d)\mathrm{d}\tau}{\sqrt{\hat{a}^2 - \tau^2}} + \beta\pi = 0. \tag{3.112}$$

Für die Linienlast aus Gleichung (3.14) ergibt sich

$$P = \frac{E^*}{2} \int_{-\hat{a}}^{\hat{a}} \frac{(\tau - d)\left[\beta + f_0'(\tau - d)\right]}{\sqrt{\hat{a}^2 - \tau^2}} \mathrm{d}\tau, \tag{3.113}$$

was man unter Verwendung der Konsistenzbedingung (3.112) noch zu

$$P = \frac{E^*}{2} \int_{-\hat{a}}^{\hat{a}} \frac{\tau f_0'(\tau - d)}{\sqrt{\hat{a}^2 - \tau^2}} \mathrm{d}\tau \tag{3.114}$$

vereinfachen kann. Im Sinne des Cauchy-Hauptwertes ist ($b = \hat{a} + d$ und $a = \hat{a} - d$)

$$\int_{-b}^{a} \frac{1}{\sqrt{\xi + b}\sqrt{a - \xi}} \frac{\mathrm{d}\xi}{x - \xi} = 0, \quad -b \leq x \leq a, \tag{3.115}$$

sodass Gleichung (3.15) für die Druckverteilung durch

$$p(x) = -\frac{E^*}{2\pi}\sqrt{x+b}\sqrt{a-x}\int_{-b}^{a}\frac{f_0'(\xi)}{\sqrt{\xi+b}\sqrt{a-\xi}}\frac{\mathrm{d}\xi}{x-\xi}, \quad -b \leq x \leq a, \tag{3.116}$$

ersetzt werden kann. Bisher stehen zur Bestimmung der drei unbekannten makroskopischen Größen a, b und β (wenn man davon ausgeht, dass in der Regel die Linienlast P und deren Hebelarm δ bezüglich der Symmetrieachse des Eindruckkörpers gegeben sind) nur die beiden Gleichungen (3.112) und (3.114) zur Verfügung. Um das Gleichungssystem zu schließen, muss man noch das globale Momentengleichgewicht,

$$0 = \int_{-\hat{a}-d}^{\hat{a}-d} xp(x)\,\mathrm{d}x + P\delta = P(\delta - d) + \int_{-\hat{a}}^{\hat{a}} Xp(X-d)\,\mathrm{d}X, \quad X := x + d, \tag{3.117}$$

auswerten. Dabei ist wegen der fundamentalen IntegralGleichung (3.2)

$$\int_{-\hat{a}}^{\hat{a}} \frac{p(X-d)\mathrm{d}X}{\tau - X} = \frac{\pi}{2}E^* f'(\tau - d), \quad -\hat{a} < X < \hat{a}, \tag{3.118}$$

woraus die schwache Formulierung

$$\int_{-\hat{a}}^{\hat{a}} p(X-d)\left[\int_{-\hat{a}}^{\hat{a}} \frac{\sqrt{\hat{a}^2-\tau^2}\mathrm{d}\tau}{\tau - X}\right]\mathrm{d}X = \frac{\pi}{2}E^*\int_{-\hat{a}}^{\hat{a}} f'(\tau-d)\sqrt{\hat{a}^2-\tau^2}\mathrm{d}\tau, \quad |X| < \hat{a}, \tag{3.119}$$

gefolgert werden kann. Das Integral in eckigen Klammern ist im Sinne des Cauchy-Hauptwertes

$$\int_{-\hat{a}}^{\hat{a}} \frac{\sqrt{\hat{a}^2-\tau^2}\mathrm{d}\tau}{\tau - X} = -\pi X, \quad |X| \leq \hat{a}, \tag{3.120}$$

sodass

$$P(\delta - d) = \frac{E^*}{2}\int_{-\hat{a}}^{\hat{a}} f'(\tau-d)\sqrt{\hat{a}^2-\tau^2}\mathrm{d}\tau, \tag{3.121}$$

beziehungsweise

$$\delta - d = \frac{E^*}{2P}\left[\beta\frac{\pi\hat{a}^2}{2} + \int_{-\hat{a}}^{\hat{a}} f_0'(\tau-d)\sqrt{\hat{a}^2-\tau^2}\mathrm{d}\tau\right]. \tag{3.122}$$

3.5.2 Der geführte schiefe Flachstempel

Die Indentierung der elastischen Halbebene durch einen Flachstempel mit schiefer Stirnfläche (siehe die Skizze in Abb. 3.29) ist mathematisch weitgehend identisch mit dem im

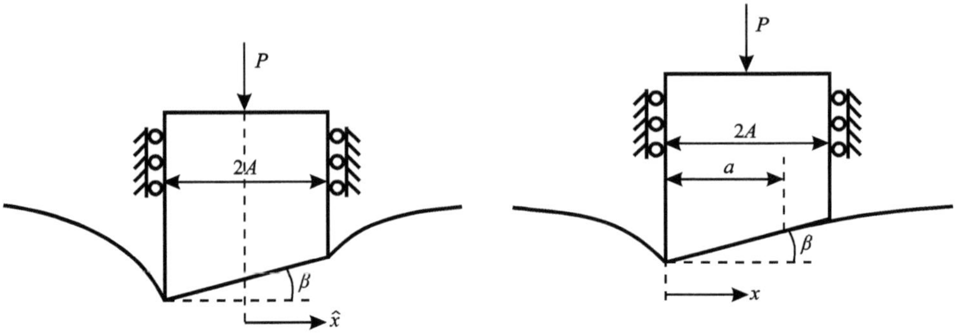

Abb. 3.29 Geführte Indentierung einer elastischen Halbebene durch einen Flachstempel mit geneigter Stirnfläche
links: Kontaktkonfiguration mit vollständigem Kontakt **rechts**: Kontaktkonfiguration mit rechts gebundenem Rand

nächsten Abschnitt dargestellten Eindruck eines geraden Flachstempels unter asymmetrischer Last, einem Problem, das auf unterschiedlichen Wegen zuerst von Schubert (1942) und Galin (1961, S. 49 ff.) gelöst wurde.

Trotz der Äquivalenz beider Kontaktaufgaben sollen hier beide Fälle dargestellt werden, um das grundsätzliche Vorgehen bei ebenen Normalkontakten unter asymmetrischer Last zu illustrieren. Für andere Eindruckprofile (als dem Flachstempel) wird das allerdings nicht ausgeführt werden, da der entsprechende Lösungsweg völlig analog ist. Man beachte außerdem, dass der schiefe Stempel wegen der Asymmetrie des Problems vertikal geführt werden muss, um ein Kippen des Stempels zu verhindern. Die Halbbreite des Stempels sei A und der Neigungswinkel der Stirnfläche β.

Durch die Neigung der Stirnfläche ist es möglich, dass der Kontakt bereits auf der Stirnfläche endet und nicht erst an der höheren scharfen Kante des Stempels. Man muss daher die Fälle des vollständigen und unvollständigen Kontaktes unterscheiden.

Betrachten wir zunächst den vollständigen Kontakt (Abb. 3.29, links). Dazu ist es zweckmäßig, eine Koordinate $\hat{x}$ mit dem Ursprung auf der Mittelachse des Stempels einzuführen und die Druckverteilung mithilfe der symmetrischen Formulierung (3.6) zu bestimmen. Es ist

$$\hat{f}'(\hat{x}) = \tan\beta \approx \beta, \quad |\hat{x}| < A, \tag{3.123}$$

da der Neigungswinkel klein sein muss, um das Problem überhaupt im Rahmen der linearen Elastizität behandeln zu können[10].

Für die Druckverteilung ergibt sich aus Gleichung (3.6)

[10] Es ist trotzdem möglich, die folgende Lösung zumindest näherungsweise auch für große Neigungswinkel zu verwenden; man muss in diesem Fall aber tatsächlich überall tan β anstatt β verwenden.

$$p(\hat{x}; P) = \frac{1}{\pi\sqrt{A^2 - \hat{x}^2}}\left(P - \frac{\pi}{2}E^*\beta\hat{x}\right), \quad |\hat{x}| < A. \tag{3.124}$$

Um den vollständigen Kontakt herzustellen, muss $p(\hat{x} \to A) \geq 0$ sein; das erfordert eine Last

$$P \geq P_c := \frac{\pi}{2}E^*\beta A. \tag{3.125}$$

Im Fall des unvollständigen Kontaktes (Abb. 3.29, rechts) ist die Druckverteilung am rechten Kontaktrand gebunden. Wegen der Asymmetrie ist es für die Lösung zweckmäßiger, eine Koordinate x mit dem Ursprung an der tieferen scharfen Kante des Stempels einzuführen. Für die Last P und die Kontaktlänge a erhält man aus Gleichung (3.8) den Zusammenhang

$$P(a) = \frac{E^*\beta}{2}\int_0^a \frac{\sqrt{\xi}}{\sqrt{a-\xi}}\mathrm{d}\xi = \frac{\pi}{4}E^*\beta a. \tag{3.126}$$

Für $a = 2$ A ergibt sich daraus natürlich die kritische Kraft für den vollständigen Kontakt aus Gleichung (3.125). Aus Gleichung (3.11) folgt außerdem die Druckverteilung,

$$p(x; a) = \frac{E^*\beta}{4}\int_x^a \frac{\mathrm{d}\tilde{a}}{\sqrt{x}\sqrt{\tilde{a}-x}} = \frac{E^*\beta}{2}\sqrt{\frac{a}{x} - 1}, \quad 0 < x \leq a. \tag{3.127}$$

In Abb. 3.30 sind drei Druckverläufe in normierter Darstellung gezeigt: für einen vollständigen Kontakt mit $P = 2P_c$, einen unvollständigen Kontakt mit $P = 0{,}75P_c$ und den Grenzfall $P = P_c$.

Das Muskhelishvili-Potential zur Bestimmung der Spannungen im Inneren der elastischen Halbebene wurde für dieses Problem zuerst von Sackfield et al. (2001) ermittelt.

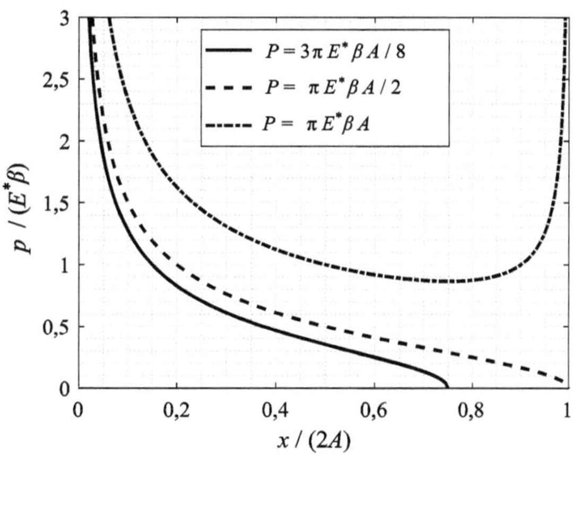

Abb. 3.30 Normierte Verläufe des Druckes $p(x)$ für drei unterschiedliche Linienlasten bei der Indentierung einer elastischen Halbebene durch einen schiefen Flachstempel

Der einfachste Weg ist wiederum die Superposition von inkrementellen Flachstempel-Eindrücken. Bei der Indentierung durch den schiefen Stempel breitet sich das Kontaktgebiet von der tieferen Kante des Stempels aus. Da die Koordinate x (und damit auch die komplexwertige Koordinate $\zeta = x + iy$) in diesem Abschnitt (abweichend von den meisten Teilen dieses Buches) von der Kante des Stempels – und damit vom Rand des Kontaktes – gemessen wird, muss in Gleichung (3.28) zur Bestimmung des Potentials bei dem Potential für einen geraden Flachstempel $\tilde{a}$ durch $\tilde{a}/2$ und ζ durch $\zeta - \tilde{a}/2$ ersetzt werden. Dann ergibt sich aus Gleichung (3.28) für das Potential bei der Indentierung durch den schiefen Stempel im Fall des unvollständigen Kontakts

$$\phi(\zeta; a) = -\frac{E^*\beta}{8}\int_0^a \frac{d\tilde{a}}{\sqrt{\tilde{a}\zeta - \zeta^2}} = -\frac{E^*\beta}{4}\left(\sqrt{\frac{a-\zeta}{\zeta}} - i\right), \quad a \leq 2A,$$
$$\zeta := x + iy, \quad i = \sqrt{-1}. \tag{3.128}$$

Nachdem der vollständige Kontakt mit $a = 2$ A und $P = P_c$ erreicht wurde, entspricht die weitere Indentierung einer Starrkörperverschiebung des bestehenden Kontaktgebiets ohne weitere Änderung des Letzteren, d. h. einer Indentierung durch einen geraden Flachstempel. Das Potential für den vollständigen Kontakt ist damit

$$\phi(\zeta; P) = -\frac{E^*\beta}{4}\left(\sqrt{\frac{2A-\zeta}{\zeta}} - i\right) - \frac{P - P_c}{2\pi\sqrt{2Az - z^2}}, \quad P \geq P_c. \tag{3.129}$$

Die Spannungen im Inneren der elastischen Halbebene erhält man durch jeweiliges Einsetzen dieser Potentiale in die allgemeinen Gleichungen (3.26). Abb. 3.31 zeigt ein Konturlinien-Diagramm der sich ergebenden Mises-Vergleichsspannung, normiert auf den mittleren Druck P / a, in Abhängigkeit der normierten Koordinaten x und y für eine Poissonzahl $\nu = 0{,}3$ und $a = 1{,}4$ A. Man erkennt die starke Singularität an der unteren Kante des Eindruckkörpers. Abb. 3.32 zeigt das entsprechende Konturlinien-Diagramm für die größte Hauptspannung. Offensichtlich herrscht in einem Bereich in der Nähe des tieferen Kontaktrands starker Zug.

3.5.3 Der Flachstempel unter asymmetrischer Last

Belastet man einen Flachstempel mit ungeneigter Stirnfläche durch eine exzentrische Kraft im Abstand δ von der Mittelachse des Stempels, wird dieser durch die Wirkung des äußeren Moments kippen. Der resultierende Neigungswinkel im Gleichgewicht sei β[11]. Dann ist aus der Skizze in Abb. 3.33 klar, dass dieses Problem aus der Sicht der

[11] Dieser Winkel muss klein sein, damit die elastischen Verschiebungen gegenüber den Abmaßen des Stempels (und daraus resultierende geometrische Nichtlinearitäten) vernachlässigt werden können.

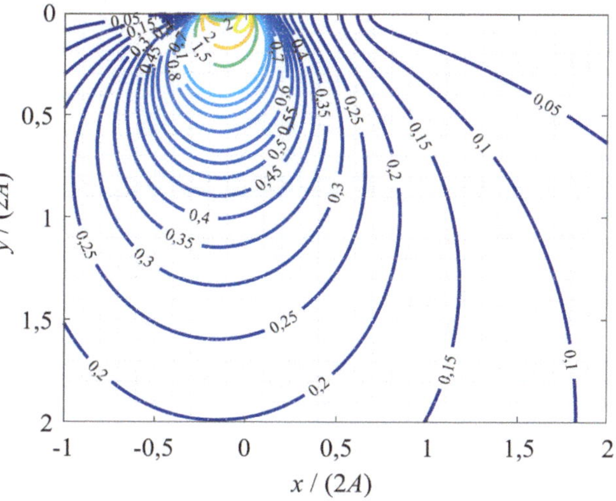

Abb. 3.31 Konturlinien-Diagramm der Mises-Vergleichsspannung in der elastischen Halbebene, normiert auf den mittleren Druck P / a, in Abhängigkeit der normierten Koordinaten x und y für die Indentierung einer elastischen Halbebene mit Poissonzahl $\nu = 0{,}3$ durch einen schiefen Flachstempel mit $a = 1{,}4$ A

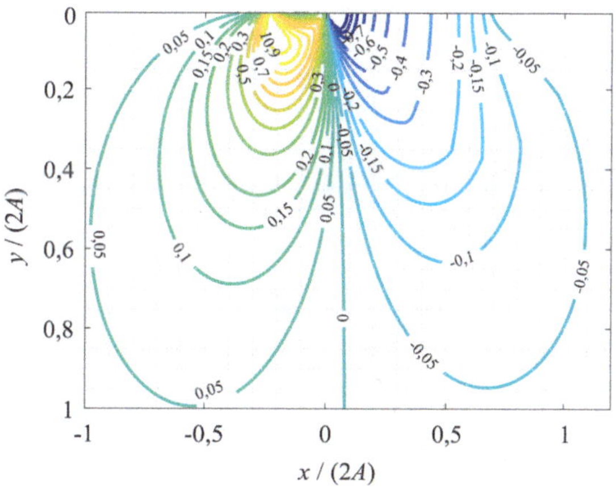

Abb. 3.32 Konturlinien-Diagramm der größten Hauptspannung in der elastischen Halbebene, normiert auf den mittleren Druck P / a, in Abhängigkeit der normierten Koordinaten x und y für die Indentierung einer elastischen Halbebene mit Poissonzahl $\nu = 0{,}3$ durch einen schiefen Flachstempel mit $a = 1{,}4$ A

Verschiebungen der elastischen Halbebene (zumindest für den reibungsfreien Kontakt) äquivalent zu dem im vorherigen Abschnitt geschilderten ist. Wir können also die oben erhaltenen Ergebnisse für die Druckverteilung ohne Weiteres verwenden. Neu in diesem Abschnitt ist allerdings, dass man zusätzlich das Momentengleichgewicht des Stempels auswerten muss, um den Winkel β zu bestimmen.

Betrachten wir wiederum zunächst den Fall des vollständigen Kontaktes. Die Druckverteilung ist durch Gleichung (3.124) gegeben und aus dem Momentengleichgewicht

$$\int_{-A}^{A} p(\hat{x};\, P)\, \hat{x}\, \mathrm{d}\hat{x} + P\delta = 0 \tag{3.130}$$

erhält man für den Neigungswinkel

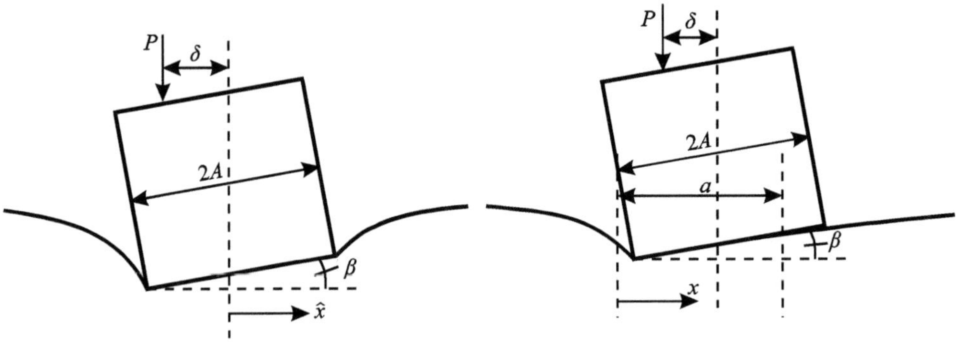

Abb. 3.33 Indentierung einer elastischen Halbebene durch einen starren Flachstempel bei asymmetrischer Belastung
links: Kontaktkonfiguration mit vollständigem Kontakt **rechts:** Kontaktkonfiguration mit rechts gebundenem Rand

$$\beta = \frac{4}{\pi} \frac{P\delta}{E^* A^2}. \tag{3.131}$$

Aus der Bedingung (3.125) für den vollständigen Kontakt folgt, dass der Stempel nicht lokal von der elastischen Unterlage abhebt, solange

$$\delta \leq \frac{A}{2}. \tag{3.132}$$

Falls $\delta > A/2$, ist der Kontakt unvollständig. Die Druckverteilung ist in diesem Fall durch Gleichung (3.127) gegeben und das Momentengleichgewicht

$$\int_0^a p(x; a)\,(x - A)\,\mathrm{d}x + P(a)\delta = 0 \tag{3.133}$$

liefert unter Verwendung von Gleichung (3.126) den Zusammenhang

$$a = 4(A - \delta). \tag{3.134}$$

Daraus erhält man für den Neigungswinkel

$$\beta = \frac{1}{\pi} \frac{P}{E^*(A - \delta)}. \tag{3.135}$$

3.5.4 Der Keil unter asymmetrischer Last

Betrachten wir nun den asymmetrisch belasteten Keil. Das Kontaktproblem wurde zuerst von Ciavarella und Demelio (1999) – siehe auch die Arbeiten von Sackfield et al. (2005a) und Adibnazari et al. (2005) – gelöst; die Notationen können Abb. 3.34 entnommen werden. Durch die exzentrische Belastung wird der Keil kippen, der *a priori* unbekannte Neigungswinkel sei $\beta < \alpha$. Die beiden charakteristischen Winkel sollen klein sein, sowohl zur Sicherstellung kleiner Verformungen des elastischen Mediums als auch zur Vermeidung geometrischer Nichtlinearitäten. Der Ursprung der Koordinate x liege auf der Mittelachse des (unbelasteten) Keils.

Wir lösen zunächst das Kontaktproblem unter der Annahme, dass der Neigungswinkel β bekannt ist. Der Wert von β ergibt sich anschließend aus der Auswertung des globalen Momentengleichgewichts. Unter den getroffenen Annahmen kann die Ableitung der elastischen Normalverschiebungen im Kontaktgebiet als

$$f'(x) = \beta + \alpha \operatorname{sgn}(x), \quad -b \le x \le a, \tag{3.136}$$

mit der Vorzeichenfunktion sgn(x), geschrieben werden. Die Auswertung der Konsistenzbedingung (3.112) liefert den Zusammenhang

$$\frac{b}{a} = \frac{1+\sin\varphi}{1-\sin\varphi}, \quad \varphi := \frac{\pi\beta}{2\alpha}, \tag{3.137}$$

zwischen den beiden Kontaktlängen. Für die Linienlast P erhält man aus Gleichung (3.114)

$$P(a,b) = \frac{E^*\alpha}{2}\int_{-\hat{a}}^{\hat{a}} \frac{\tau \operatorname{sgn}(\tau - d)}{\sqrt{\hat{a}^2-\delta^2}}\,\mathrm{d}\tau = E^*\alpha\sqrt{\hat{a}^2-d^2} = E^*\alpha\sqrt{ab}. \tag{3.138}$$

Die Druckverteilung ist wegen Gleichung (3.116) durch

$$p(x;a,b) = -\frac{E^*\alpha}{2\pi}\sqrt{x+b}\sqrt{a-x}\int_{-b}^{a} \frac{\operatorname{sgn}(\xi)}{\sqrt{\xi+b}\sqrt{a-\xi}}\frac{\mathrm{d}\xi}{x-\xi}, \quad -b \le x \le a, \tag{3.139}$$

gegeben. Mithilfe von Gleichung (3.115) kann man außerdem den singulären Anteil des Integrals in Gleichung (3.139) durch ein nicht-singuläres Integral ersetzen. So erhält man

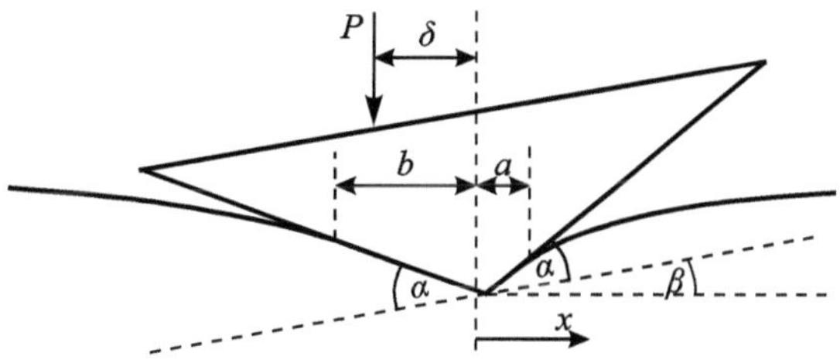

Abb. 3.34 Indentierung einer elastischen Halbebene durch einen starren Keil bei asymmetrischer Belastung

für $x < 0$

$$\int_{-b}^{a} \frac{\operatorname{sgn}(\xi)}{\sqrt{\xi + b}\sqrt{a - \xi}} \frac{d\xi}{x - \xi} = 2 \int_{0}^{a} \frac{1}{\sqrt{\xi + b}\sqrt{a - \xi}} \frac{d\xi}{x - \xi}$$

$$= -\frac{4}{\sqrt{x + b}\sqrt{a - x}} \operatorname{artanh}\left(\frac{\sqrt{ab + ax}}{\sqrt{ab - bx}} \right), \quad x < 0, \tag{3.140}$$

mit dem *Areatangens hyperbolicus* (siehe Gleichung (3.39)), und damit

$$p(x; a, b) = \frac{2E^* \alpha}{\pi} \operatorname{artanh}\left(\frac{\sqrt{ab + ax}}{\sqrt{ab - bx}} \right), \quad -b \leq x < 0, \tag{3.141}$$

sowie für $x > 0$

$$\int_{-b}^{a} \frac{\operatorname{sgn}(\xi)}{\sqrt{\xi + b}\sqrt{a - \xi}} \frac{d\xi}{x - \xi} = -2 \int_{-b}^{0} \frac{1}{\sqrt{\xi + b}\sqrt{a - \xi}} \frac{d\xi}{x - \xi}$$

$$= -\frac{4}{\sqrt{x + b}\sqrt{a - x}} \operatorname{artanh}\left(\frac{\sqrt{ab - bx}}{\sqrt{ab + ax}} \right), \quad x > 0, \tag{3.142}$$

und damit

$$p(x; a, b) = \frac{2E^* \alpha}{\pi} \operatorname{artanh}\left(\frac{\sqrt{ab - bx}}{\sqrt{ab + ax}} \right), \quad 0 < x \leq a. \tag{3.143}$$

Die Auswertung des globalen Momentengleichgewichts in der Form (3.122) liefert unter Verwendung der Gleichung (3.137) und (3.138) die bemerkenswert einfache Relation

$$\delta = \frac{d}{2} = \frac{b - a}{4}. \tag{3.144}$$

Damit stehen mit den Gleichungen (3.137), (3.138) und (3.144) drei Gleichungen zur Bestimmung der drei unbekannten Größen a, b und β zur Verfügung. Für $\delta = 0$ ergeben sich natürlich die Lösungen des symmetrisch belasteten Keils aus Abschn. 3.4.2.

Zur grafischen Darstellung führen wir die normierten Größen

$$\xi := \frac{E^* \alpha x}{P}, \quad \overline{p} := \frac{p}{E^* \alpha}, \quad \overline{\delta} := \frac{E^* \alpha \delta}{P}, \quad \overline{a} := \frac{E^* \alpha a}{P}, \quad \overline{b} := \frac{E^* \alpha b}{P} \tag{3.145}$$

ein. Aus den Gleichung (3.138) und (3.144) erhält man für die normierten Kontaktlängen

$$\overline{b} = \frac{1}{\overline{a}} = 2\overline{\delta} + \sqrt{4\overline{\delta}^2 + 1} \tag{3.146}$$

und die normierte Druckverteilung lautet wie folgt:

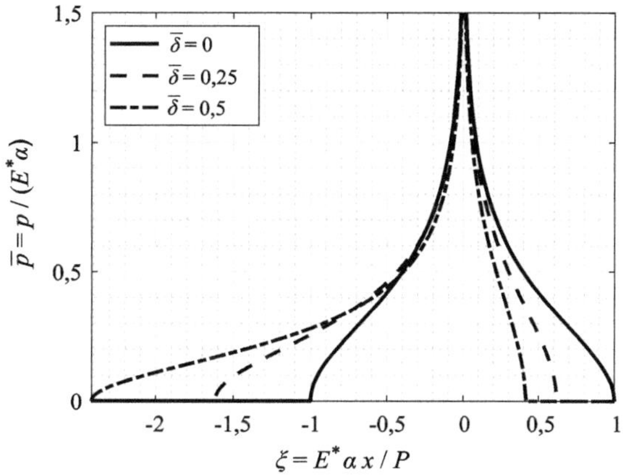

Abb. 3.35 Normierte Verläufe des Druckes $p(x)$ für verschiedene Angriffspunkte der Linienlast bei der Indentierung einer elastischen Halbebene durch einen starren Keil mit asymmetrischer Last

$$\bar{p}\left(\xi;\bar{a},\bar{b}\right)=\frac{2}{\pi}\begin{cases}\operatorname{artanh}\left(\dfrac{\sqrt{1+\bar{a}\xi}}{\sqrt{1-\bar{b}\xi}}\right), & -\bar{b}\le\xi<0,\\ \operatorname{artanh}\left(\dfrac{\sqrt{1-\bar{b}\xi}}{\sqrt{1+\bar{a}\xi}}\right), & 0<\xi\le\bar{a}.\end{cases}\qquad(3.147)$$

Diese ist für drei verschiedene Fälle in Abb. 3.35 gezeigt.

Das Muskhelishvili-Potential zur Bestimmung der Spannungen im Inneren der elastischen Halbebene wurde für dieses Problem zuerst von Sackfield et al. (2005a) angegeben. Man erhält nach langer Rechnung

$$\phi(x,y)=-\frac{iE^*\alpha}{2\pi}\left[\arcsin\left(\frac{1-c\xi}{\xi-c}\right)+\varphi\right],\quad c:=\frac{b-a}{b+a}=\sin\varphi,\quad \xi:=\frac{2}{b+a}(x+iy)+c,\quad i=\sqrt{-1}.\qquad(3.148)$$

Für $\beta=0$ und damit $b=a$ vereinfacht sich das natürlich zu dem Ausdruck in Gleichung (3.43) für den symmetrisch belasteten Keil. Die Spannungen im Inneren der elastischen Halbebene erhält man durch Einsetzen dieses Potentials in die allgemeinen Gleichungen (3.26).

3.5.5 Der Flachstempel mit abgerundeten Kanten unter asymmetrischer Last

Das Normalkontaktproblem für einen ebenen Flachstempel mit abgerundeten Kanten unter asymmetrischer Last wurde zuerst von Goryacheva et al. (2002) – siehe auch die Arbeit von Sackfield et al. (2005b) – gelöst. Die Notationen können Abb. 3.36 entnommen werden. Die Halbbreite der flachen Stirnfläche des Stempels sei c – abweichend von der Notation im Abschn. 3.4.8, um eine Verwechslung mit der Kontaktdimension b zu vermeiden – der Krümmungsradius der abgerundeten Kanten sei R.

Sackfield et al. (2005b) betrachteten nur den Fall, dass der höher liegende Kontaktrand sich bereits auf der flachen Stirnseite befindet, siehe Abb. 3.36 (rechts), d. h. $a<c$. Das ist

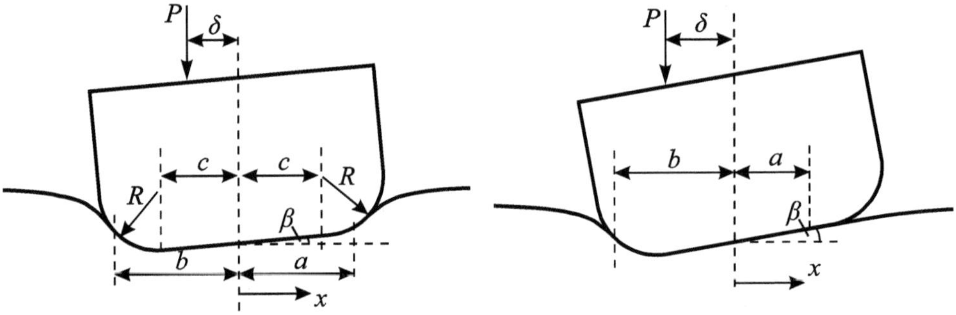

Abb. 3.36 Indentierung einer elastischen Halbebene durch einen abgerundeten Stempel bei asymmetrischer Belastung
links: Kontaktkonfiguration, für die beide Kontaktränder auf den abgerundeten Kanten liegen
rechts: Kontaktkonfiguration mit einem Kontaktrand auf der flachen Stirnfläche des Stempels

aber nur für ausreichend große Kippwinkel β der Fall, im Allgemeinen müssen die Fälle $a > c$, siehe Abb. 3.36 (links), und $a \leq c$ voneinander unterschieden werden. Goryacheva et al. (2002) behandelten außerdem noch den extremen Fall, dass nur eine parabolisch gerundete Kante im Kontakt ist; dies entspricht aber dem Kontakt mit einem Zylinder unter asymmetrischer Last, für den die Ergebnisse in Abschn. 3.4.4 nachgeschlagen werden können.

Die Ableitung der elastischen Normalverschiebungen im Kontaktgebiet ist

$$f'(x) = \beta + \frac{|x| - c}{R}\mathrm{H}(|x| - c)\mathrm{sgn}(x), \quad -b \leq x \leq a, \tag{3.149}$$

mit der Heaviside-Stufenfunktion $\mathrm{H}(x)$ und der Vorzeichenfunktion $\mathrm{sgn}(x)$. Zwecks einer übersichtlicheren Notation führen wir die Längen

$$\hat{a} := \frac{b + a}{2} \quad \text{und } d := \frac{b - a}{2} \tag{3.150}$$

ein.

Fall 1: $a > c$

Die Auswertung der Konsistenzbedingung (3.112) liefert den Zusammenhang

$$\beta\pi R + \int_{-\hat{a}}^{d-c} \frac{(\tau + c - d)\mathrm{d}\tau}{\sqrt{\hat{a}^2 - \tau^2}} + \int_{d+c}^{\hat{a}} \frac{(\tau - c - d)\mathrm{d}\tau}{\sqrt{\hat{a}^2 - \tau^2}} = 0, \tag{3.151}$$

und damit

$$\frac{\beta\pi R}{\hat{a}} = \sqrt{1 - \gamma_1^2} - \sqrt{1 - \gamma_2^2} - \gamma_1 \arccos \gamma_1 + \gamma_2 \arccos \gamma_2, \quad \gamma_1 := \frac{c - d}{\hat{a}}, \quad \gamma_2 := \frac{c + d}{\hat{a}}. \tag{3.152}$$

Für die Linienlast P erhält man aus Gleichung (3.114)

$$\begin{aligned} P &= \frac{E^*}{2R}\left[\int_{-\hat{a}}^{d-c} \frac{(\tau + c - d)\tau \mathrm{d}\tau}{\sqrt{\hat{a}^2 - \tau^2}} + \int_{d+c}^{\hat{a}} \frac{(\tau - c - d)\tau \mathrm{d}\tau}{\sqrt{\hat{a}^2 - \tau^2}}\right] \\ &= \frac{E^*\hat{a}^2}{4R}\left[\arccos\gamma_1 - \gamma_1\sqrt{1-\gamma_1^2} + \arccos\gamma_2 - \gamma_2\sqrt{1-\gamma_2^2}\right]. \end{aligned} \tag{3.153}$$

Für $\beta = 0$ ist $\gamma_1 = \gamma_2 = c/a$ und Gleichung (3.153) vereinfacht sich zu dem Ergebnis (3.84) für den symmetrisch belasteten abgerundeten Stempel. Für $c = 0$ ergeben sich die Lösungen aus Abschn. 3.4.4für den ebenen Hertzschen Kontakt unter asymmetrischer Last, da $\arccos x + \arccos(-x) \equiv \pi$.

Die Auswertung des globalen Momentengleichgewichts in der Form (3.122) liefert nach einiger Rechnung den Zusammenhang

$$P(\delta - d) = \frac{E^*\hat{a}^3}{12R}\left[\left(1-\gamma_1^2\right)^{3/2} - \left(1-\gamma_2^2\right)^{3/2}\right]. \tag{3.154}$$

Damit stehen mit den Gleichungen (3.152), (3.153) und (3.154) drei Gleichungen zur Bestimmung der drei unbekannten Größen $\hat{a}$, d und β zur Verfügung.

Fall 2: $a \leq c$
Für $a \leq c$ fallen die Integrale in den obigen Gleichungen über die Bereiche $d + c < \tau < \hat{a}$ weg. Man kann daher einfach die obigen Lösungen verwenden, indem man die Terme mit γ_2 ignoriert (bzw. in den Lösungen $\gamma_2 = 1$ setzt).

Die exakte Bestimmung der Druckverteilung im Kontakt ist analytisch möglich, aber im Rahmen dieses Buches zu aufwändig; es sei allerdings in diesem Zusammenhang auf die am Anfang dieses Abschnitts genannten Publikationen hingewiesen.

3.6 Periodische Kontakte

In diesem Unterkapitel behandeln wir ebene Kontakte, die entlang der tangentialen x-Richtung der elastischen Halbebene periodisch mit einer Periodenlänge L sind. Zur Behandlung solcher Kontaktprobleme wurden unterschiedliche Verfahren vorgeschlagen: Westergaard (1939) und Manners (1998) verwendeten für ihre Lösungen komplexe Potentiale; Dundurs et al. (1973) schrieben das Kontaktproblem in der Form von Fourier-Reihen und Xu und Jackson (2018) untersuchten es anhand bruchmechanischer Konzepte; Schmueser und Comninou (1979) und später Block und Keer (2008) entwickelten eine allgemeine Lösung der Aufgabe mithilfe der periodischen Fundamentallösung für eine unendliche Folge äquidistanter Linienlasten. Da dieser Ansatz einerseits sehr elegant ist, und sich andererseits am besten in die bisherige Systematik dieses Kapitels einfügt, werden wir die in der Literatur dokumentierten analytischen Lösungen periodischer ebener Normalkontaktprobleme anhand dieses Formalismus vorstellen.

3.6.1 Allgemeine Lösung für symmetrische periodische Kontakte von unendlicher Länge

Betrachten wir eine elastische Halbebene unter der Wirkung unendlich vieler Linienlasten P, jeweils im Abstand L voneinander, wie in Abb. 3.37 gezeigt. Mit der in Gleichung (2.7) gegebenen Fundamentallösung für eine einzelne Linienlast ergibt sich für die Neigung der Oberfläche der Halbebene (die Durchsenkung ist, wie für alle ebenen Probleme unendlicher Länge, wiederum nur bis auf eine unbekannte Konstante bestimmt) die unendliche Reihe

$$\frac{\mathrm{d}u_y}{\mathrm{d}x} = -\frac{2P}{\pi E^*}\sum_{m=-\infty}^{\infty}\frac{1}{x+mL} = -\frac{2P}{E^*L}\cot\left(\frac{\pi x}{L}\right). \tag{3.155}$$

Die Identifikation der unendlichen Reihe als eine Darstellung des *cotangens* geht dabei auf Schmueser und Comninou (1979) zurück.

Für ein periodisches Profil $f(x)$ mit der Periodenlänge L ergibt sich daher aus dem Superpositionsprinzip, analog zu Gleichung (3.2), die Integralgleichung

$$\int_{-a}^{a}\cot\left[\frac{\pi(x-\xi)}{L}\right]p(\xi)d\xi = \frac{E^*L}{2}f'(x), \quad -a < x < a, \tag{3.156}$$

mit der Halbbreite a eines einzelnen Segments des Kontaktgebiets.

Gleichung (3.156) hat offensichtlich einen anderen Faltungskern als Gleichung (3.2). Allerdings lässt sich mithilfe der Transformationen

$$\frac{\pi\xi}{L} = \arctan(\omega), \quad \frac{\pi x}{L} = \arctan(w), \tag{3.157}$$

der bekannte Integralkern wiederherstellen. Es ergibt sich:

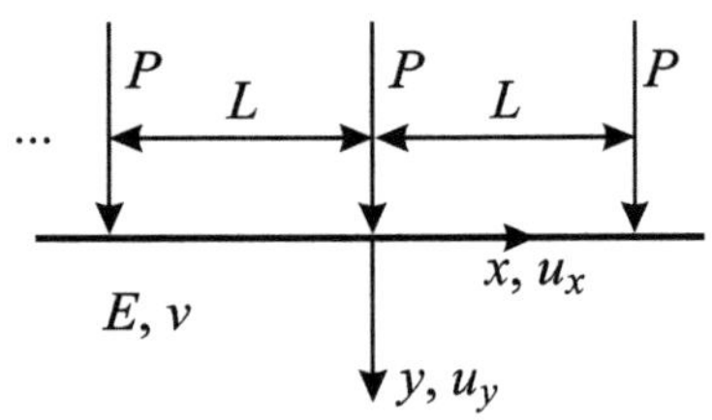

Abb. 3.37 Normalbelastung einer elastischen Halbebene mit dem Elastizitätsmodul E und der Poissonzahl ν durch periodische Linienlasten P mit der Periodenlänge L

$$\frac{\pi E^*}{2} f'(x) = \frac{\pi E^*}{2} \left[\frac{\pi}{L} \frac{\mathrm{d}f}{\mathrm{d}w} \left(1 + w^2\right) \right] = \int_{-\alpha}^{\alpha} p(\omega) \left[\frac{1}{w - \omega} + \frac{\omega}{1 + \omega^2} \right] \mathrm{d}\omega, \quad \alpha = \tan\left(\frac{\pi a}{L}\right). \tag{3.158}$$

Wenn wir uns auf symmetrische Probleme beschränken, verschwindet der antisymmetrische zweite Summand des Integralkerns, und die Lösung des Kontaktproblems reduziert sich auf die Lösung der Integralgleichung

$$\frac{\pi E^*}{2} g(w) = \int_{-\alpha}^{\alpha} \frac{p(\omega)}{w - \omega} \mathrm{d}\omega, \quad g(w) = \frac{\pi}{L} \frac{\mathrm{d}f}{\mathrm{d}w} \left(1 + w^2\right), \quad -\alpha < w < \alpha, \tag{3.159}$$

welche die gleiche Form hat wie Gleichung (3.2). Die Linienlast P auf einem einzelnen Kontaktsegment ergibt sich durch die Beziehung

$$P = \int_{-a}^{a} p(x) \mathrm{d}x = \frac{L}{\pi} \int_{-\alpha}^{\alpha} \frac{p(w)}{1 + w^2} \mathrm{d}w. \tag{3.160}$$

Für einen beidseitig singulären Rand ist die allgemeine Lösung von Gleichung (3.159) – analog zu Gleichung (3.3) – durch

$$p(w) = \frac{1}{\pi \sqrt{\alpha^2 - w^2}} \left[C - \frac{E^*}{2} \int_{-\alpha}^{\alpha} \frac{\sqrt{\alpha^2 - \omega^2}}{w - \omega} g(\omega) \mathrm{d}\omega \right], \quad -\alpha < w < \alpha, \tag{3.161}$$

gegeben. Für einen beidseitig regulären Rand muss die Druckverteilung an beiden Rändern verschwinden und es ergibt sich – in Analogie zu den Gleichung (3.13) und (3.15)

$$p(w; \alpha) = -\frac{E^*}{2\pi} \sqrt{\alpha^2 - w^2} \int_{-\alpha}^{\alpha} \frac{g(\omega)}{\sqrt{\alpha^2 - \omega^2}} \frac{\mathrm{d}\omega}{w - \omega}, \quad -\alpha \leq w \leq \alpha, \tag{3.162}$$

mit der zusätzlichen, in der Regel durch die Symmetrie trivial erfüllten, Konsistenzbedingung

$$\int_{-\alpha}^{\alpha} \frac{g(\omega)}{\sqrt{\alpha^2 - \omega^2}} \mathrm{d}\omega = 0. \tag{3.163}$$

3.6.2 Periodisches System von Flachstempeln

Für die Indentierung einer elastischen Halbebene durch eine periodische Folge von starren Flachstempeln (siehe Abb. 3.38) ist $g \equiv 0$ und man erhält aus Gleichung (3.161) für die Druckverteilung

$$p(w) = \frac{C}{\pi \sqrt{\alpha^2 - w^2}}, \quad |w| < \alpha. \tag{3.164}$$

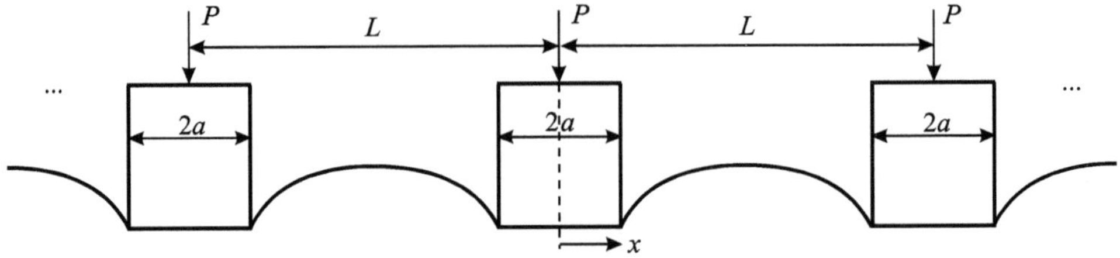

Abb. 3.38 Indentierung einer elastischen Halbebene durch eine periodische Folge von starren Flachstempeln mit der Halbbreite a und der Periodenlänge L

Die Konstante C ergibt sich aus dem Gleichgewicht (3.160) zu

$$C = \frac{\pi P}{L}\sqrt{1+\alpha^2} \quad \Rightarrow \quad p(w;P) = \frac{P}{L}\frac{\sqrt{1+\alpha^2}}{\sqrt{\alpha^2-w^2}}, \quad |w| < \alpha, \tag{3.165}$$

was sich in physikalischen Größen a und x zu dem zuerst von Sadowsky (1928) publizierten Ergebnis

$$p(x;P) = \frac{P}{L}\cos\left(\frac{\pi x}{L}\right)\left[\sin^2\left(\frac{\pi a}{L}\right) - \sin^2\left(\frac{\pi x}{L}\right)\right]^{-1/2}, \quad |x - mL| < a, \quad m \in \mathbb{Z}, \tag{3.166}$$

umschreiben lässt. Diese Druckverteilung ist in normierten Variablen in Abb. 3.39 gezeigt. In der Darstellung wurden verschiedene Werte für das Verhältnis a/L gewählt. Man erkennt, dass sich durch die Wirkung der benachbarten Stempel die Spannungskonzentration an den Kanten der Stempel – wie man erwarten würde – abschwächt. Für $L/a \to \infty$ ergibt sich natürlich die Lösung (3.31) für den Eindruck durch einen einzelnen Flachstempel.

3.6.3 Periodisches System von Keilen

Betrachten wir nun die Indentierung einer elastischen Halbebene durch eine periodische Folge von starren Keilen (oder äquivalent, den Kontakt mit einer sägezahnförmigen starren Oberfläche), wie in Abb. 3.40 gezeigt. Da die in Abschn. 3.4.2 für den Neigungswinkel verwendete Bezeichnung α in dem laufenden Unterkapitel bereits vergeben ist, sei der (kleine) Neigungswinkel θ. Das Kontaktproblem wurde zuerst von Block und Keer (2008) gelöst.

Die Steigung der Profilfunktion mit der gewünschten Periodizität ist durch

$$f'(x) = \theta \operatorname{sgn}\left[\tan\left(\frac{\pi x}{L}\right)\right] = \theta \operatorname{sgn}(w) \tag{3.167}$$

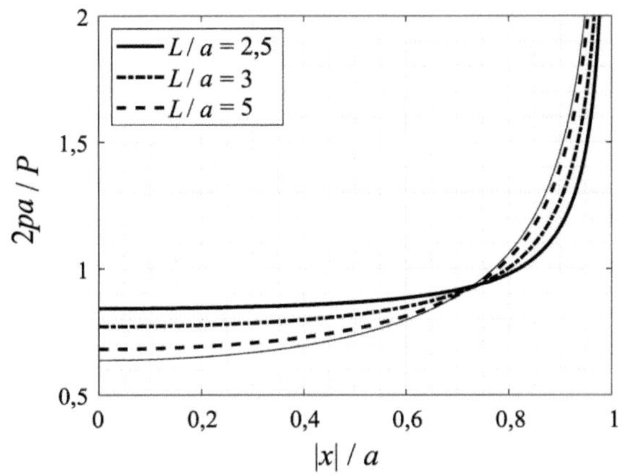

Abb. 3.39 Normierte Verteilung des Drucks $p(x)$ für die Indentierung einer elastischen Halbebene durch eine periodische Folge von starren Flachstempeln mit der Halbbreite a für unterschiedliche Werte der normierten Periodenlänge L/a. Die dünne durchgezogene Linie bezeichnet die Lösung (3.31) für einen einzelnen Flachstempel.

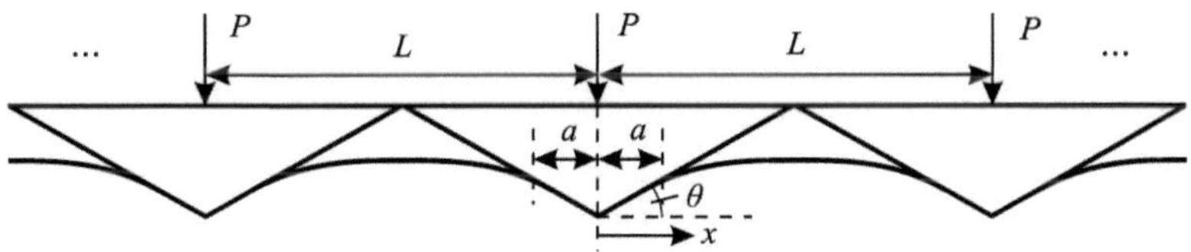

Abb. 3.40 Indentierung einer elastischen Halbebene durch eine periodische Folge von starren Keilen mit der Periodenlänge L

gegeben. Wegen Gleichung (3.158) ist die BestimmungsGleichung für die Druckverteilung daher

$$\frac{\pi E^*}{2}\theta \operatorname{sgn}(w) = \int_{-\alpha}^{\alpha} \frac{p(\omega)}{w-\omega}\, d\omega, \quad |w| < \alpha. \tag{3.168}$$

Das ist formal dieselbe Gleichung wie für die Indentierung durch einen einzelnen Keil (allerdings in den transformierten Variablen w, α und ω). Wir können zur Lösung von Gleichung (3.168) also einfach die bekannte Lösung (3.38) verwenden, indem wir die physikalischen Größen in (3.38) durch die transformierten Größen ersetzen. Das heißt,

$$p(w;\alpha) = \frac{E^*\theta}{\pi} \operatorname{artanh}\left(\sqrt{1-\frac{w^2}{\alpha^2}}\right), \quad 0 < |w| \le \alpha, \tag{3.169}$$

beziehungsweise in physikalischen Größen

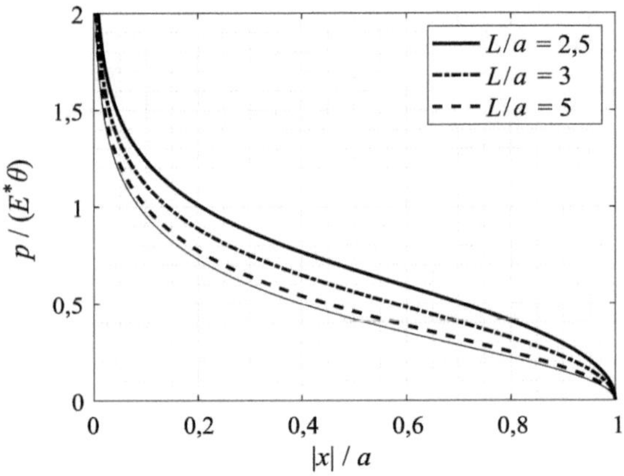

Abb. 3.41 Normierte Verteilung des Drucks $p(x)$ für die Indentierung einer elastischen Halbebene durch eine sägezahnförmige starre Oberfläche, für unterschiedliche Werte der normierten Periodenlänge L/a. Die dünne durchgezogene Linie bezeichnet die Lösung (3.38) für die Indentierung durch einen einzelnen Keil.

$$p(x;a) = \frac{E^*\theta}{\pi}\operatorname{artanh}\left(\sqrt{1-\frac{\tan^2(\pi x/L)}{\tan^2(\pi a/L)}}\right), \quad |x-mL| < a, \quad m \in \mathbb{Z}. \tag{3.170}$$

Diese Druckverteilung ist in normierten Variablen für unterschiedliche Verhältnisse L/a in Abb. 3.41 gezeigt. Die Linienlast auf ein einzelnes Segment des Kontaktgebiets beträgt in integraler Form wegen Gleichung (3.160)

$$P(\alpha) = \frac{2E^*\theta L}{\pi^2}\int_0^\alpha \operatorname{artanh}\left(\sqrt{1-\frac{w^2}{\alpha^2}}\right)\frac{\mathrm{d}w}{1+w^2} = \frac{E^*\theta L}{\pi}\operatorname{artanh}\left(\frac{\alpha}{\sqrt{1+\alpha^2}}\right), \tag{3.171}$$

beziehungsweise in physikalischen Größen

$$P(a) = \frac{E^*\theta L}{\pi}\operatorname{artanh}\left[\sin\left(\frac{\pi a}{L}\right)\right], \quad a < \frac{L}{2}. \tag{3.172}$$

Offenbar ist es unmöglich, einen vollständigen Kontakt (mit $2a = L$) zu erzeugen.

3.6.4 Kontakt mit einer harmonisch gewellten Oberfläche

Für den Kontakt zwischen einer elastischen Halbebene und einer starren, harmonisch gewellten Oberfläche (siehe Abb. 3.42) ist die Profilfunktion

$$f(x) = h_0\left[1-\cos\left(\frac{2\pi x}{L}\right)\right], \tag{3.173}$$

und damit

$$f'(x) = \frac{2\pi h_0}{L}\sin\left(\frac{2\pi x}{L}\right) \quad \Rightarrow \quad g(v) = \frac{4\pi h_0}{L}\frac{v}{1+v^2}. \tag{3.174}$$

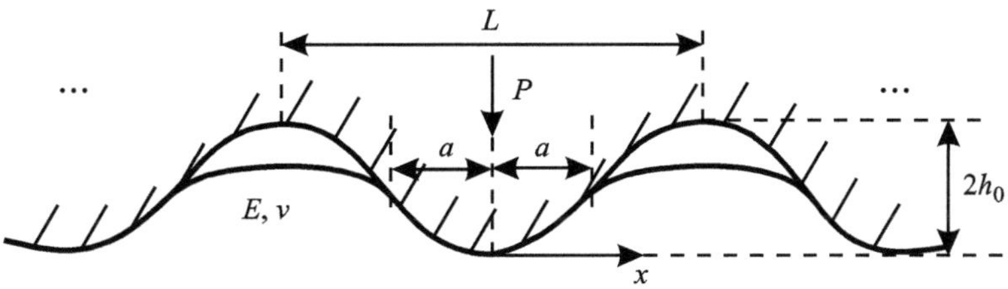

Abb. 3.42 Indentierung einer elastischen Halbebene durch eine starre, harmonisch gewellte Oberfläche mit Periodenlänge L

Für die Druckverteilung gilt also wegen Gleichung (3.162)

$$p(w;\alpha) = -\frac{2E^*h_0}{L}\sqrt{\alpha^2 - w^2}\int_{-\alpha}^{\alpha}\frac{\omega}{\left(1+\omega^2\right)\sqrt{\alpha^2-\omega^2}}\frac{\mathrm{d}\omega}{w-\omega}, \quad |w| \le \alpha. \tag{3.175}$$

Dieses singuläre Integral lässt sich im Sinne des Cauchy-Hauptwertes geschlossen analytisch auswerten; man erhält nach einiger Rechnung

$$p(w;\alpha) = \frac{2\pi E^*h_0}{L}\frac{\sqrt{\alpha^2-w^2}}{\left(1+w^2\right)\sqrt{1+\alpha^2}}, \quad |w| \le \alpha. \tag{3.176}$$

Für die Linienlast auf ein einzelnes Kontaktsegment ergibt sich aus der Gleichgewichtsbedingung (3.160) der Ausdruck

$$P(\alpha) = \frac{2E^*h_0}{\sqrt{1+\alpha^2}}\int_{-\alpha}^{\alpha}\frac{\sqrt{\alpha^2-w^2}}{\left(1+w^2\right)^2}\mathrm{d}w = \frac{\pi E^*h_0\alpha^2}{1+\alpha^2}, \tag{3.177}$$

und die Rücktransformation auf die physikalischen Größen a und x liefert die bekannte Lösung von Westergaard (1939),

$$\begin{aligned} p(x;a) &= \frac{2\pi E^*h_0}{L}\cos\left(\frac{\pi x}{L}\right)\sqrt{\sin^2\left(\frac{\pi a}{L}\right)-\sin^2\left(\frac{\pi x}{L}\right)}, \quad |x-mL| < a, \quad m \in \mathbb{Z}, \\ P(a) &= \pi E^*h_0\sin^2\left(\frac{\pi a}{L}\right). \end{aligned} \tag{3.178}$$

Der vollständige Kontakt wird bei also einem mittleren Druck

$$p^* = \frac{P(a=L/2)}{L} = \frac{\pi E^*h_0}{L} \tag{3.179}$$

hergestellt. Die Druckverteilung ist in normierten Größen für verschiedene Werte des Verhältnisses a/L in Abb. 3.43 gezeigt. Der Grenzfall $L/a \to \infty$ (z. B. für kleine Lasten) stellt

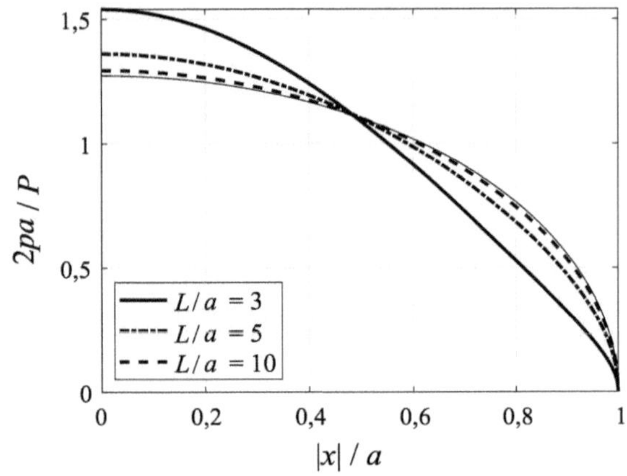

Abb. 3.43 Normierte Verteilung des Drucks $p(x)$ für die Indentierung einer elastischen Halbebene durch eine harmonisch gewellte starre Oberfläche, für unterschiedliche Werte der normierten Periodenlänge L/a. Die dünne durchgezogene Linie bezeichnet die Lösung (3.47) für den ebenen Hertzschen Kontakt.

einen einzelnen parabolischen Kontakt dar. Entsprechend ist der dazugehörige Grenzfall der Druckverteilung die klassische Lösung (3.47) für den ebenen Hertzschen Kontakt.

3.7 Einfluss der endlichen Ausdehnung der Kontaktkörper

Das Modell der ebenen Indentierung einer elastischen Halbebene beinhaltet an mehreren Stellen die abstrakte Vorstellung einer unendlichen Ausdehnung des deformierbaren „Körpers": einerseits erstreckt sich die elastische Halbebene selbst „bis ins Unendliche", andererseits impliziert die Annahme der (mathematisch perfekten) ebenen Symmetrie außerdem eine unendliche Ausdehnung der Kontaktpartner (und des Kontaktgebiets) entlang der lateralen Symmetrieachse.

Im Fall von „Punktkontakten" (also solchen mit vollständig berandeten Kontaktgebieten) hat die abstrakte Vorstellung der Unendlichkeit des deformierbaren Körpers (gegenüber der charakteristischen Länge des Kontaktgebiets) keine wesentlichen qualitativen Konsequenzen; die makroskopische Form der Körper beeinflusst die lokale Lösung des Kontaktproblems nur sehr schwach und die Halbraumtheorie liefert zufriedenstellende Ergebnisse, sowohl für die globalen Kontaktgrößen (Normalkraft, Eindrucktiefe sowie Form und Größe des Kontaktgebiets) als auch für die lokalen Felder (Spannungen und Verschiebungen).

Im Fall von „Linienkontakten" ist das anders, da, durch das Zusammenspiel der oben skizzierten Unendlichkeiten, für die im strengen Sinn ebene Indentierung einer elastischen Halbebene keine globale Eindrucktiefe definiert werden kann. Entsprechend haben wir uns bei der Angabe der globalen Kontaktlösung in den bisherigen Unterkapiteln auf den Zusammenhang zwischen der Linienlast und der Halbbreite des Kontaktgebiets beschränkt.

Die Unbestimmtheit der Eindrucktiefe kann nur überwunden werden, indem man die endliche Ausdehnung der Kontaktkörper berücksichtigt. Der makroskopischen Form der

Körper kommt daher in ebenen Kontaktproblemen auch dann eine sehr wesentliche Rolle zu, wenn die charakteristischen linearen Ausdehnungen der Kontaktpartner viel größer als die Halbbreite des Kontaktgebiets sind. Da die Berücksichtigung der Makroform (mit im Allgemeinen komplizierten Randbedingungen weit entfernt vom Kontaktgebiet), die rigorose Lösung des Kontaktproblems in der Regel massiv erschwert, sind die meisten der in diesem Unterkapitel geschilderten Lösungen asymptotischer Natur, mit einem kleinen Parameter, der in der Regel das Verhältnis zwischen der charakteristischen Halbbreite des Kontakts und der charakteristischen linearen Ausdehnung der Kontaktpartner als makroskopische Körper wiedergibt.

Die endliche Ausdehnung der Körper kann auf zwei unterschiedliche Arten ins Spiel kommen, die die mathematische Struktur des Kontaktproblems auf sehr unterschiedliche Weise beeinflussen: Einerseits können wir die endliche Ausdehnung in der Symmetrieebene berücksichtigen, z. B. im Normalkontakt unendlich langer elastischer Zylinder; das Problem behält dann seine ebene Symmetrie, aber durch die endliche Ausdehnung in der Symmetrieebene lassen sich globale Eindrucktiefen erfolgreich bestimmen. Andererseits ist jedes tatsächliche (annähernd ebene) Kontaktproblem auch in lateraler Richtung (also entlang der Symmetrieachse) in irgendeiner Form beschränkt. Auch diese Beschränkung der linearen Ausdehnung, z. B. im Normalkontakt eines elastischen Halbraums mit einem endlich langen starren Zylinder, ermöglicht eine eindeutige Definition der Eindrucktiefe, das Kontaktproblem verliert aber außerdem seine exakte Symmetrie[12].

Beide diese Fälle werden in den folgenden Abschnitten getrennt behandelt.

3.7.1 Endliche Ausdehnung in der Symmetrieebene

Zunächst diskutieren wir weiterhin Kontaktprobleme mit exakter ebener Symmetrie, d. h. unendlicher Ausdehnung entlang der lateralen Symmetrieachse. Durch die Beschränkung der elastischen Körper in der Symmetrieebene lassen sich Zusammenhänge für die globale Eindrucktiefe finden, in der Regel in der Form asymptotischer logarithmischer Korrekturen der entsprechenden Lösungen für eine unendlich ausgedehnte elastische Halbebene, wie sie in den vorangegangen Unterkapiteln dargelegt wurden.

3.7.1.1 Der unendliche elastische Zylinder zwischen starren Ebenen

Wir beginnen mit der in Abb. 3.44 skizzierten Kompression eines elastischen Zylinders zwischen zwei starren Ebenen. Dieses Problem ließe sich ohne Schwierigkeiten mit der im folgenden Abschn. 3.7.1.2 geschilderten Lösung des allgemeineren Normalkontaktproblems zwischen zwei elastischen Zylindern behandeln, aber da die von Sternberg und Turtletaub (1971) publizierte Lösung des im laufenden Abschnitt behandelten spezielleren

[12] Je nach der tatsächlichen Länge des Kontakts kann das Kontaktproblem – in ausreichender Entfernung von den lateralen Rändern – aber häufig durchaus in sehr zufriedenstellender Näherung lokal als symmetrisch behandelt werden.

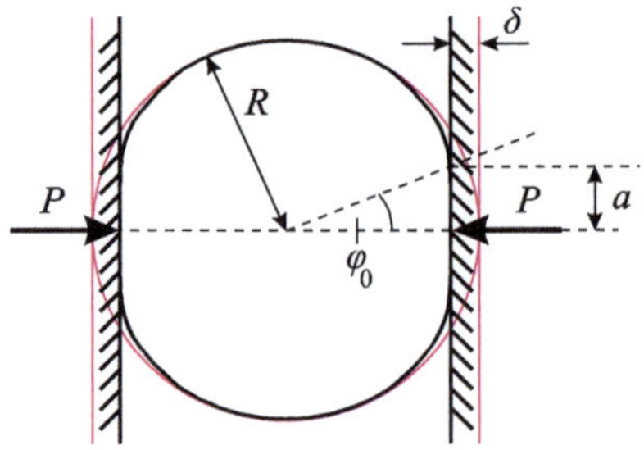

Abb. 3.44 Kompression eines elastischen Zylinders zwischen zwei starren Ebenen. Die dünnen magentafarbenen Linien bezeichnen die unbelastete Ausgangslage.

Problems genauer ist als die im folgenden Abschnitt dargestellten asymptotischen Ergebnisse, widmen wir dieser Lösung hier einen separaten Abschnitt[13]. Von Gladwell (1976) stammt außerdem eine asymptotische Lösung für das hier geschilderte Kontaktproblem auf der Grundlage einer Chebyshev-Entwicklung der Druckverteilung.

Für die Druckverteilung als Funktion des polaren Winkels geben Sternberg und Turtletaub (1971) nach langer Rechnung das Ergebnis

$$p(\varphi;\varphi_0) = \frac{E^*}{1+\cos^2\varphi_0}\sqrt{\cos^2\varphi - \cos^2\varphi_0}, \quad \cos^2\varphi \le \cos^2\varphi_0, \tag{3.180}$$

wobei der Winkel φ_0 die Grenze des Kontaktgebiets charakterisiert. Für die Linienlast P, die Halbbreite a des Kontaktgebiets und die Eindrucktiefe δ ergeben sich die normierten Zusammenhänge

$$\begin{aligned}
\frac{P(\varphi_0)}{E^*R} &= \frac{2}{1+\cos^2\varphi_0}\left[\mathrm{E}(\sin\varphi_0) - \cos^2\varphi_0\mathrm{K}(\sin\varphi_0)\right],\\
\frac{a(\varphi_0)}{R} &= \frac{1}{1+\cos^2\varphi_0}\left\{2\sin\varphi_0 - \frac{1-2\nu}{1-\nu}\left[\mathrm{E}(\sin\varphi_0) - \cos^2\varphi_0\mathrm{K}(\sin\varphi_0)\right]\right\},\\
\frac{\delta(\varphi_0)}{R} &= 1 - \frac{2}{1+\cos^2\varphi_0}\left[\mathrm{E}(\cos\varphi_0) - \sin^2\varphi_0\mathrm{K}(\cos\varphi_0)\right],
\end{aligned} \tag{3.181}$$

mit den vollständigen elliptischen Integralen erster und zweiter Ordnung aus Gleichung (3.67). Indem wir den kleinen Parameter $\varepsilon = \sin\varphi_0$ einführen und die obigen Zusammenhänge bis zur zweiten Ordnung in ε entwickeln, erhalten wir die folgende asymptotische Lösung:

[13] Das Lösungsverfahren von Sternberg und Turtletaub (1971) ist sehr elaboriert und nicht ohne Weiteres für allgemeinere Problemstellungen generalisierbar.

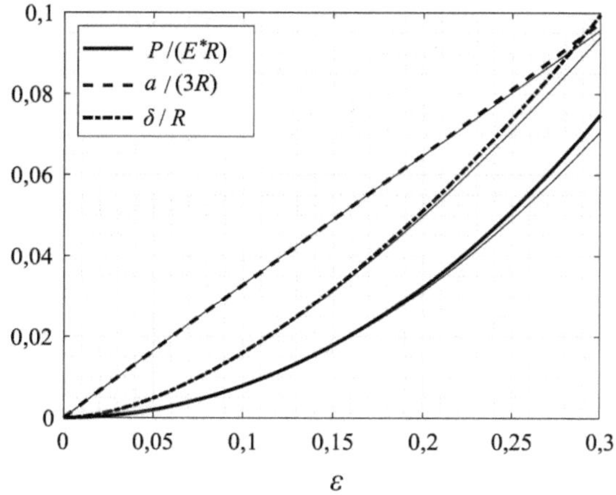

Abb. 3.45 Abhängigkeiten der normierten globalen Kontaktgrößen von dem (kleinen) Kontaktparameter $\varepsilon = \sin\varphi_0$ für die Kompression eines elastischen Zylinders zwischen zwei starren Ebenen. Die dünnen durchgezogenen Linien bezeichnen die jeweiligen asymptotischen Lösungen aus den Gleichungen (3.182).

$$\begin{aligned} \frac{P(\varepsilon)}{E^*R} &\approx \frac{\pi}{4}\varepsilon^2, \\ \frac{a(\varepsilon)}{R} &\approx \varepsilon - \frac{1-2\nu}{1-\nu}\frac{\varepsilon^2}{4}, \\ \frac{\delta(\varepsilon)}{R} &\approx \frac{\varepsilon^2}{4}\left[2\ln\left(\frac{4}{\varepsilon}\right) - 1\right]. \end{aligned} \tag{3.182}$$

Berücksichtigt man nur jeweils die kleinsten nicht-verschwindenden Ordnungen in ε, entspricht der Zusammenhang zwischen P und a natürlich der bekannten Lösung (3.46) des ebenen Hertzschen Kontaktproblems. Abb. 3.45 zeigt die in den Gleichung (3.181) gegebenen Relationen, zusammen mit den entsprechenden asymptotischen Ergebnissen aus den Gleichungen (3.182). Für Werte $\varepsilon < 0{,}2$ sind die asymptotischen Lösungen praktisch nicht von den „exakteren" Ergebnissen zu unterscheiden.

3.7.1.2 Zwei unendliche elastische Zylinder

Der Normalkontakt unendlich langer elastischer Zylinder wurde in unterschiedlicher Form in mehreren Arbeiten detailliert untersucht. Schwartz und Harper (1971) behandelten die Kompression eines elastischen Zylinders zwischen zwei starren Zylindern mithilfe der Abstimmung äußerer (globaler) und innerer (lokaler) asymptotischer Entwicklungen; Johnson (1985, S. 129 ff.) bestimmte die asymptotische Lösung für die Kompression eines elastischen Zylinders zwischen elastischen Ebenen durch die Integration der Normaldehnungen entlang der Normalachse des Kontakts; auf ähnlichem Weg löste Nakhatakyan (2011) das Kontaktproblem elastischer Zylinder; Argatov (2001) gab auf der Grundlage rigoroser asymptotischer Rechnungen außerdem eine Näherungslösung für die Kompression zweier elastischer Zylinder zwischen zwei starren Ebenen an.

Wie im vorherigen Abschn. 3.7.1.1 dargestellt, ist die Hertzsche Lösung für die Druckverteilung und den Zusammenhang zwischen der Linienlast P und der Halbbreite a des

Kontakts in erster Näherung auch für elastische Zylinder korrekt. In diesem Zusammenhang sei auch noch einmal darauf hingewiesen, dass – im Rahmen der Hertzschen Modellierung – der Kontakt zwischen elastischen Zylindern beliebiger Krümmung auf den Kontakt zwischen einer elastischen Halbebene und einem starren zylindrischen Eindruckkörper zurückgeführt wird. Für alle oben genannten Probleme ist daher (unter Verwendung unterschiedlicher effektiver Radien und elastischer Moduln) die Hertzsche Lösung (in asymptotischer Näherung) in gleicher Weise gültig.

Zur vollständigen (asymptotischen) Lösung des Kontaktproblems – einschließlich der Angabe der Eindrucktiefe – ist damit nur die Bestimmung der relativen Verschiebung zwischen dem Schwerpunkt eines elastischen Zylinders mit dem Radius R und dem nominellen Kontaktpunkt unter der Hertzschen Druckverteilung

$$p(x; a) = \frac{2P}{\pi}\sqrt{a^2 - x^2}, \quad |x| < a, \tag{3.183}$$

aufgebracht an der Oberfläche des Zylinders, erforderlich. Alle genannten Arbeiten kommen dabei zu dem Schluss, dass diese Verschiebung näherungsweise durch den Ausdruck

$$\delta \approx \frac{P}{\pi E^*}\left[2\ln\left(\frac{4R}{a}\right) - 1\right] \tag{3.184}$$

gegeben ist, der in erster Näherung natürlich mit dem asymptotischen Ergebnis (3.182) übereinstimmt.

Wir weisen darauf hin, dass man für den Kontakt zweier elastischer Zylinder diese Verschiebung für beide Zylinder separat und mit den jeweils einzelnen effektiven Moduln $E^* = E/(1 - \upsilon^2)$ bestimmen muss.

3.7.1.3 Der unendliche elastische Hohlzylinder zwischen starren Ebenen

Argatov (2001) analysierte auch die Kompression eines elastischen Hohlzylinders mit dem Innenradius R_i und dem Außenradius R zwischen zwei starren Ebenen. Wiederum ist die Hertzsche Lösung für die Druckverteilung und den Zusammenhang zwischen der Linienlast P und der Kontakthalbbreite a in erster Näherung gültig. Für die Eindrucktiefe δ (auf einer Seite; die relative Verschiebung zwischen den beiden starren Ebenen ist entsprechend 2δ) ergibt sich die asymptotische Lösung

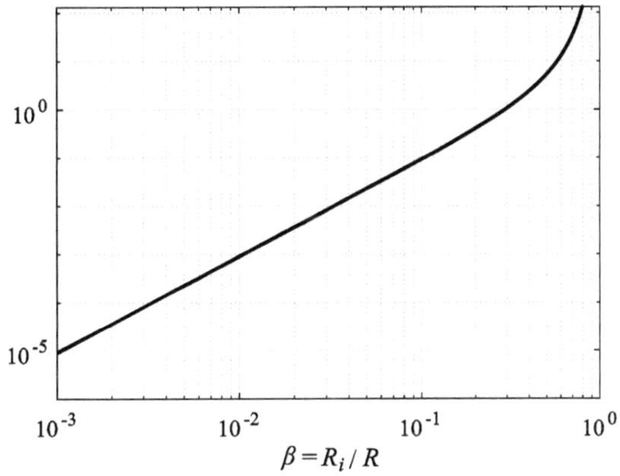

Abb. 3.46 Zusammenhang zwischen β und γ nach den Gleichungen (3.185) in doppellogarithmischer Darstellung

$$
\begin{gathered}
\delta \approx \frac{P}{\pi E^*}\left[2 \ln\left(\frac{4R}{a}\right) - 1 + 2\gamma\right], \\
\gamma = \gamma_0 + \sum_{m=1}^{\infty} \frac{2m}{4m^2 - 1}\gamma_m, \quad \gamma_0 = \frac{\beta^2}{1-\beta^2}, \quad \beta = \frac{R_i}{R}, \\
\gamma_m = 2\beta^{4m-2}\frac{4m^2(1-\beta^2)^2 + 2m(1-\beta^4) + 2\beta^2(1-\beta^{4m})}{(1-\beta^{4m})^2 - 4m^2\beta^{4m-2}(1-\beta^2)^2}.
\end{gathered}
\tag{3.185}
$$

Abb. 3.46 zeigt den Zusammenhang zwischen β und γ in doppellogarithmischer Darstellung. Für kleine Werte von β ist in sehr guter Näherung $\gamma \approx 10\beta^2$.

3.7.2 Endliche Ausdehnung entlang der Symmetrieachse

Falls die Kontaktpartner entlang der lateralen Symmetrieachse eine endliche Ausdehnung besitzen, verliert das Kontaktproblem seine strenge ebene Symmetrie und wird als gemischtes Randwertproblem in exakter Form unlösbar. Ein Ansatz zur näherungsweisen Lösung – für den Fall, dass die laterale Länge L sehr viel größer als die Halbbreite a des Kontaktgebiets ist – besteht darin, die ebene Lösung für die Druckverteilung – die lokal, zumindest entfernt von den lateralen Enden des Kontaktes, sicher eine gute Näherungslösung für die tatsächliche Druckverteilung darstellt – auf eine laterale Länge L zu beschränken, und mittels elastizitätstheoretischer Methoden die dazugehörigen Verschiebungen zu ermitteln. Für das entsprechende Hertzsche (parabolische) Problem – also den Normalkontakt elastischer Zylinder endlicher Länge oder dem zwischen einem starren Zylinder endlicher Länge und einem elastischen Halbraum – wurde dieser Ansatz von Lundberg (1939) und Kunert (1961) verfolgt, die den elastischen Spannungs- und Verschiebungszustand unter einer Druckverteilung

$$p(x,z) = p_0\sqrt{1-\frac{x^2}{a^2}}, \quad |x| \leq a, \quad 0 \leq z \leq L, \tag{3.186}$$

betrachteten. Da die mathematische Komplexität der beiden genannten Publikationen den Rahmen des vorliegenden Buches sprengt, beschränken wir uns auf die Angabe des Zusammenhangs zwischen der Eindrucktiefe δ und der Linienlast P (also der gesamten Normalkraft bezogen auf die Kontaktlänge L), für den die beiden Arbeiten die Näherungslösung

$$\delta \approx \frac{P}{\pi E^*}\left[1+\ln\left(\frac{\pi E^* L^2}{PR}\right)\right], \quad PR \ll E^* L^2, \tag{3.187}$$

mit dem effektiven parabolischen Radius R, angeben. Für den Zusammenhang zwischen der Linienlast und der Halbbreite des Kontaktes gilt näherungsweise natürlich weiterhin das ebene Ergebnis (3.46). Im Fall sehr kleiner Linienlasten vereinfacht sich Gleichung (3.187) noch zu der asymptotischen Lösung

$$\delta \approx \frac{P}{\pi E^*}\ln\left(\frac{E^* L^2}{PR}\right). \tag{3.188}$$

Abschließend sei darauf hingewiesen, dass der Kontakt zwischen einem endlichen Zylinder und einem elastischen Halbraum von Li und Popov (2017) in ausführlichen Randelemente-basierten numerischen Studien detailliert untersucht wurde. Sie gaben auf der Grundlage ihrer rigorosen numerischen Rechnungen für den Zusammenhang zwischen Eindrucktiefe und Linienlast die Näherung

$$\delta \approx \frac{P}{\pi E^*}\left[1+\ln\left(\frac{0.4573\pi E^* L^2}{PR}\right)\right], \tag{3.189}$$

an, die im Grenzfall sehr kleiner Linienlasten natürlich mit der asymptotischen Lösung (3.188) übereinstimmt.

3.8 Elastische Stempel

In den früheren Unterkapiteln dieses Kapitels haben wir für die Darstellung des Kontaktproblems in der Regel die Indentierung einer elastischen Halbebene durch einen starren ebenen Eindruckkörper gewählt, da dieser Kontakt intuitiv leichter erfassbar ist als der zwischen elastischen Körpern. Wenn beide Körper deformierbar sind und den Anforderungen der Halbraum-Näherung genügen, kann das entsprechende (elastische) ebene Kontaktproblem immer auf den Kontakt zwischen einem starren Indenter und einer elastischen Halbebene mit dem effektiven elastischen Modul aus Gleichung (2.9) zurückgeführt werden. Diese Reduktion funktioniert, unter anderem, nicht für den Fall eines elastischen Flachstempels, da man diesen keinesfalls als elastischen Halbraum betrachten kann.

Eine interessante Frage in diesem Zusammenhang betrifft vor allem den Charakter der Spannungssingularität am Rand des Kontakts, in Abhängigkeit von den elastischen Eigenschaften der Kontaktpartner. Dieses Problem wurde von Rao (1971) zuerst systematisch untersucht.

In der Umgebung der Kontaktgrenze weist die Druckverteilung das asymptotische Verhalten

$$p(s) \sim s^{\lambda-1}, \tag{3.190}$$

auf, wobei s die Laufvariable vom Kontaktrand beschreibt. Der Parameter λ, der das Singularitätsverhalten charakterisiert (für $\lambda < 1$ kommt es zu einer Spannungssingularität), ergibt sich als Lösung der Eigenwertgleichung

$$\tan(\pi\lambda)[\lambda\sin(2\alpha) + \sin(2\lambda\alpha)] + e\big[1 - \cos(2\lambda\alpha) - \lambda^2(1 - \cos(2\alpha))\big] = 0, \tag{3.191}$$

mit dem inneren Winkel α der Kante des Eindruck-Stempels und dem Verhältnis $e = E_2/E_1$ zwischen den elastischen Moduln E_2 des Stempels und E_1 der Halbebene. Interessanterweise spielen die Poissonzahlen der beiden Medien für die EigenwertGleichung keine Rolle; insbesondere gilt Gleichung (3.191) sowohl für ebene Spannungs- als auch ebene Verzerrungszustände. Der kritische Fall $\lambda = 1$ ergibt sich für ein Verhältnis[14]

$$e_c = \frac{\pi\cos\alpha}{\sin\alpha - \alpha\cos\alpha}. \tag{3.192}$$

Für die gesamte Form der Druckverteilung unter dem Stempel schlugen Jordan & Urban (1999) den Ausdruck

$$p(x;\lambda,a) = P\frac{M(\lambda,a)}{\left(a^2 - x^2\right)^{1-\lambda}}, \quad |x| < a, \tag{3.193}$$

mit der Linienlast P und der Halbbreite a des Stempels, vor. Dieser weist das korrekte Singularitätsverhalten in der Umgebung des Kontaktrands auf, und stimmt für den starren Stempel mit der bekannten Druckverteilung (3.31) überein. Der Faktor M ergibt sich aus der Normierung

$$\int_{-a}^{a} p(x;\lambda,a)\mathrm{d}x = P \quad\Rightarrow\quad M(\lambda,a) = a^{1-2\lambda}\frac{\Gamma(\lambda+1/2)}{\sqrt{\pi}\,\Gamma(\lambda)}, \tag{3.194}$$

mit der Gamma-Funktion aus Gleichung (3.72).

[14] Im ersten Band des Handbuches der Kontaktmechanik – Popov et al. (2018), Gleichung (2.123) – ist an dieser Stelle ein Druckfehler.

Literatur

Adibnazari, S.; Naderi, D.; Shahani, A.R.: *Non-Symmetrical Plane Contact of a Wedge Indenter.* Scientia Iranica, **12**(4), 437–441 (2005)

Aleksandrov, A.I.: *Solution of axisymmetric problems of the theory of elasticity with the aid of relations between axisymmetric and plane states of stress.* PMM Journal of Applied Mathematics and Mechanics, **25**(5), 1361–1375 (1961) https://doi.org/10.1016/0021-8928(61)90013-2

Argatov, I.I.: *Solution of the plane Hertz problem.* Journal of Applied Mechanics and Technical Physics, **42**, 1064–1072 (2001) https://doi.org/10.1023/A:1012534432055

Barber, J.R.: *Contact Mechanics.* Springer International Publishing, Basel (2018) https://doi.org/10.1007/978-3-319-70939-0

Block, J.M.; Keer, L.M.: *Periodic contact problems in plane elasticity.* Journal of Mechanics of Materials and Structures, **3**(7), 1207–1237 (2008) https://doi.org/10.2140/jomms.2008.3.1207

Ciavarella, M.; Hills, D.A.; Monno, G.: *The influence of rounded edges on indentation by a flat punch.* Proceedings of the Institution of Mechanical Engineers, Part C: Journal of Mechanical Engineering Science, **212**(4), 319–327 (1998a) https://doi.org/10.1243/0954406981521259

Ciavarella, M.; Hills, D.A.; Monno, G.: *Contact Problems for a Wedge with Rounded Apex.* International Journal of Mechanical Sciences, **40**(10), 977–988 (1998b) https://doi.org/10.1016/S0020-7403(97)00141-0

Ciavarella, M.; Demelio, G.: *On non-symmetrical plane contacts.* International Journal of Mechanical Sciences, **41**, 1533–1550 (1999) https://doi.org/10.1016/S0020-7403(98)00105-2

Dundurs, J.; Tsai, K.C.; Keer, L.M.: *Contact between elastic bodies with wavy surfaces.* Journal of Elasticity, **3**, 109–115 (1973) https://doi.org/10.1007/BF00045817

Dundurs, J.; Comninou, M.: *Shape of a worn slider.* Wear, **62**(2), 419–424 (1980) https://doi.org/10.1016/0043-1648(80)90183-0

Galin, L.A.: *Contact Problems in the Theory of Elasticty.* Ed.: Sneddon, I.N., North Carolina State College, Raleigh (1961), Übersetzung des russischen Originals von 1953.

Gladwell, G.M.L.: *On Some Unbonded Contact Problems in Plane Elasticity Theory.* Journal of Applied Mechanics, **43**(2), 263–267 (1976) https://doi.org/10.1115/1.3423821

Goryacheva, I.G.; Murthy, H.; Farris, T.N.: *Contact problem with partial slip for the inclined punch with rounded edges.* International Journal of Fatigue, **24**(11), 1191–1201 (2002) https://doi.org/10.1016/S0142-1123(02)00026-9

Hertz, H.: *Über die Berührung fester elastischer Körper.* Journal für die reine und angewandte Mathematik, **92**, 156–171 (1882)

Heß, M.: *Über die exakte Abbildung ausgewählter dreidimensionaler Kontakte auf Systeme mit niedrigerer räumlicher Dimension.* Cuvillier Verlag, Göttingen (2011)

Jäger, J.: *Half-planes without coupling under contact loading.* Archive of Applied Mechanics, **67**, 247–259 (1997) https://doi.org/10.1007/s004190050115

Jäger, J.: *A New Principle in Contact Mechanics.* Journal of Tribology, **120**(4), 677–684 (1998) https://doi.org/10.1115/1.2833765

Jäger, J.: *New analytical solutions for a flat rounded punch compared with FEM.* Computational Methods in Contact Mechanics, **V**, 307–316 (2001)

Johnson, K.L.: *Contact Mechanics.* Cambridge University Press, Cambridge (1985)

Jordan, E.H.; Urban, M.R.: *An approximate analytical expression for elastic stresses in flat punch problems.* Wear, **236**, 134–143 (1999) https://doi.org/10.1016/S0043-1648(99)00284-7

Kunert, K.: *Spannungsverteilung im Halbraum bei elliptischer Flächenpressungsverteilung über einer rechteckigen Druckfläche.* Forschung auf dem Gebiet des Ingenieurwesens A, **27**, 165–174 (1961) https://doi.org/10.1007/BF02561354

Leng, Y.; Hu, Y.; Zheng, L.: *Adhesive Contact of Flat-Ended Wedges: Theory and Computer Experiments.* Journal of Tribology, **121**(1), 128–132 (1999) https://doi.org/10.1115/1.2833793

Li, Q.; Popov, V.L.: *Normal line contact of finite length cylinders.* Facta Universitatis, Series Mechanical Engineering, **15**(1), 63–71 (2017) https://doi.org/10.22190/FUME170222003L

Lundberg, G.: *Elastische Berührung zweier Halbräume.* Forschung auf dem Gebiet des Ingenieurwesens A, **10**, 201–211 (1939) https://doi.org/10.1007/BF02584950

Manners, W.: *Partial contact between elastic surfaces with periodic profiles.* Proceedings of the Royal Society of London, Series A, **454**, 3203–3221 (1998) https://doi.org/10.1098/rspa.1998.0298

Muskhelishvili, N.I.: *Some basic problems of the mathematical theory of elasticity: fundamental equations, plane theory of elasticity, torsion, and bending.* P. Noordhoff Ltd, Groningen (1953), Übersetzung der 3. Auflage des russischen Originals von 1949 durch J.R.M. Radok

Nakhatakyan, F.G.: *Precise Solution of Hertz Contact Problem for Circular Cylinders with Parallel Axes.* Russian Engineering Research, **31**, 193–196 (2011) https://doi.org/10.3103/S1068798X11030208

Popov, V.L.: *Mapping of Two-Dimensional Contact Problems on a Problem with a One-Dimensional Parametrization.* Physical Mesomechanics, **21**, 80–84 (2018) https://doi.org/10.1134/S1029959918010113

Popov, V.L.; Heß, M.; Willert, E.: *Handbuch der Kontaktmechanik – Exakte Lösungen axialsymmetrischer Kontaktprobleme.* Springer Vieweg, Berlin (2018)

Rao, A.K.: *Stress Concentrations and Singularities at Interface Corners.* ZAMM Zeitschrift für Angewandte Mathematik und Mechanik, **51**(5), 395–406 (1971) https://doi.org/10.1002/zamm.19710510509

Sackfield, A.; Truman, C.E.; Hills, D.A.: *The tilted punch under normal and shear load (with application to fretting tests).* International Journal of Mechanical Sciences, **43**(8), 1881–1892 (2001) https://doi.org/10.1016/S0020-7403(01)00005-4

Sackfield, A.; Dini, D.; Hills, D.A.: *The tilted shallow wedge problem.* European Journal of Mechanics – A/Solids, **24**(6), 919–928 (2005a) https://doi.org/10.1016/j.euromechsol.2005.06.007

Sackfield, A.; Dini, D.; Hills, D.A.: *The finite and semi-infinite tilted, flat but rounded punch.* International Journal of Solids and Structures, **42**(18–19), 4988–5009 (2005b) https://doi.org/10.1016/j.ijsolstr.2005.02.013

Sadowsky, M.: *Zweidimensionale Probleme der Elastizitätstheorie.* ZAMM Zeitschrift für Angewandte Mathematik und Mechanik, **8**(2), 107–121 (1928) https://doi.org/10.1002/zamm.19280080203

Schmueser, D.; Comninou,M.: *The periodic array of interface cracks and their interaction.* International Journal of Solids and Structures, **15**(12), 927–934 (1979) https://doi.org/10.1016/0020-7683(79)90022-2

Schubert, G.: *Zur Frage der Druckverteilung unter elastisch gelagerten Tragwerken.* Ingenieur-Archiv, **13**, 132–147 (1942) https://doi.org/10.1007/BF02095912

Schwartz, J.; Harper, E.Y.: *On the relative approach of two-dimensional elastic bodies in contact.* International Journal of Solids and Structures, **7**(12), 1613–1626 (1971) https://doi.org/10.1016/0020-7683(71)90002-3

Shtayerman, I.Ya.: *Contact Problem of the Theory of Elasticity.* Ed.: Hill, R.D., Foreign Technology Division, Ohio (1970), Übersetzung des russischen Originals von 1949

Sternberg, E.; Turtletaub, M. J.: *Compression of an elastic roller between two rigid plates.* California Institute of Technology, Pasadena, CA (1971)

Truman, C.E.; Sackfield, A.; Hills, D.A.: *Contact mechanics of wedge and cone indenters.* International Journal of Mechanical Sciences, **37**(3), 261–275 (1995) https://doi.org/10.1016/0020-7403(94)00066-S

Truman, C.E.; Sackfield, A.: *Closed-Form Solutions for the Stress Fields Induced by Blunt Wedge-Shaped Indenters in Elastic Half-Planes.* Journal of Applied Mechanics, **68**(5), 817–819 (2001) https://doi.org/10.1115/1.1386697

Westergaard, H.M.: *Bearing Pressures and Cracks: Bearing Pressures Through a Slightly Waved Surface or Through a Nearly Flat Part of a Cylinder, and Related Problems of Cracks.* Journal of Applied Mechanics, **6**(2), A49–A53 (1939) https://doi.org/10.1115/1.4008919

Willert, E. *Explicit Analytic Solutions for the Subsurface Stress Field in Single Plane Contacts of Elastically Similar Truncated Cylinders or Wedges.* Applied Mechanics, **3**(4), 1337–1351 (2022) https://doi.org/10.3390/applmech3040077

Xu, Y.; Jackson, R.L.: *Periodic Contact Problems in Plane Elasticity: The Fracture Mechanics Approach.* Journal of Tribology, **140**(1), 011404 (2018) https://doi.org/10.1115/1.4036920

4 Normalkontakt ohne Gleiten

4.1 Einführung

Im vorausgegangenen Kapitel wurden ausschließlich Normalkontaktprobleme behandelt, bei denen keinerlei Tangentialspannungen in der Kontaktfläche auftreten. Dazu muss nicht zwingend Reibungsfreiheit vorliegen (also ein sehr gut geschmierter Kontakt); auch im Normalkontakt von Körpern aus elastisch ähnlichen Materialien ist dies der Fall. Weisen die Körper hingegen derart unterschiedliche elastische Eigenschaften auf, dass die in Gleichung (2.10) definierte zweite Konstante von Dundurs ungleich Null ist, wird es in einem reibungsbehafteten Kontakt auch bei einer reinen äußeren Normalbelastung zur Übertragung von Tangentialspannungen in der Kontaktfläche kommen. Verantwortlich dafür sind die materialbedingten Unterschiede in den tangentialen Oberflächenverschiebungen beider Körper, die die wechselseitige Kontaktdruckverteilung hervorruft. Analog führen Tangentialspannungen in der Kontaktfläche zu unterschiedlichen Normalverschiebungen, die wiederum die Druckverteilung beeinflussen. Es ist dieser Kopplungseffekt, der die Lösung von Normalkontaktproblemen (und auch Tangentialkontaktproblemen) zwischen Körpern aus unterschiedlichen elastischen Materialien verkompliziert. Neben einem inneren Haftgebiet wird am Rand des Kontaktgebietes praktisch immer partielles Gleiten einsetzen, da dort die Tangentialspannungen die durch das Coulombsche Reibgesetz vorgegebene lokale Obergrenze erreichen.

Solche Normalkontaktprobleme mit partiellem Gleiten sind im Allgemeinen nur numerisch lösbar. Analytische Lösungen können hingegen für Normalkontakte *ohne* Gleiten entwickelt werden. Dabei wird von der (unrealistischen) Annahme Gebrauch gemacht, dass der Reibungskoeffizient so groß ist, dass lokaler Schlupf in der gesamten Kontaktfläche unterbunden wird. Diesen Normalkontakten ist das vorliegende Kapitel gewidmet.

V. L. Popov et al., *Handbuch der ebenen Kontaktmechanik*,
https://doi.org/10.1007/978-3-662-69001-7_4

Die im Unterkapitel 4.2 aufgeführten Verfahren werden im Unterkapitel 4.3 zur exakten Lösung ausgewählter Kontaktprobleme angewendet. Die zugehörigen Integralgleichungen 2. Art sind trotz der simplifizierten Randbedingung aufgrund der nach wie vor bestehenden Kopplungseffekte zwischen Normal- und Tangentialspannungen immer noch sehr anspruchsvoll zu lösen. Eine wesentliche und allgemein anerkannte Vereinfachung liefert die Näherung nach Goodman (1962), die den Einfluss der Tangentialspannungen auf die Normalverschiebungen vernachlässigt und so das Problem entkoppelt. Der Vorteil besteht darin, dass die Druckverteilung aus dem reibungsfreien Kontakt übernommen werden kann und dann als bekannte Größe in die Berechnung der Tangentialspannungen eingeht. Im Unterkapitel 4.4 gehen wir detailliert auf diesen Ansatz ein und zeigen anhand zweier Kontaktprobleme beispielhaft dessen Anwendung und Güte auf.

Abschließend sei angemerkt, dass unter Berücksichtigung der Goodman-Näherung prinzipiell (allerdings unter großem Aufwand) auch ebene Normalkontakte mit partiellem Gleiten geschlossen analytisch lösbar sind, in diesem Buch aber nicht weiter darauf eingegangen wird. Interessierte Leserinnen und Leser verweisen wir in diesem Zusammenhang auf die Pionierarbeit von Spence (1973) sowie die Publikation von Nowell et al. (1988).

4.2 Lösungsweg für ebene Normalkontaktprobleme ohne Gleiten

Zur Erläuterung des Lösungsweges für Normalkontakte ohne Gleiten gehen wir von den Integralgleichungen (2.11) aus, die den allgemeinen Zusammenhang zwischen den Ableitungen der relativen Verschiebungen an der Oberfläche und den dort wirkenden Druck- und Tangentialspannungen angeben. Mit Blick auf die zu untersuchenden Einzelkontakte wird ein belasteter Streifen der Breite $2a$ als aktuelles Kontaktgebiet angenommen und der Ursprung des Koordinatensystems in dessen Mittelpunkt gelegt. Mit diesen Vereinfachungen gelten

$$p(x) + \frac{1}{\pi\beta}\int_{-a}^{a}\frac{q(\xi)\mathrm{d}\xi}{x-\xi} = -\frac{E^*}{2\beta}u_x'(x), \tag{4.1}$$

$$q(x) - \frac{1}{\pi\beta}\int_{-a}^{a}\frac{p(\xi)\mathrm{d}\xi}{x-\xi} = +\frac{E^*}{2\beta}u_y'(x), \tag{4.2}$$

worin E^* und β den effektiven elastischen Modul und Dundurs‘ zweite Konstante bezeichnen, die in den Gleichungen (2.9) und (2.10) definiert wurden. Es sei noch einmal betont, dass die Integranden an der Stelle $\xi = x$ eine Singularität aufweisen und deshalb die Integrale für $|x| < a$ als Cauchy-Hauptwerte zu verstehen sind.

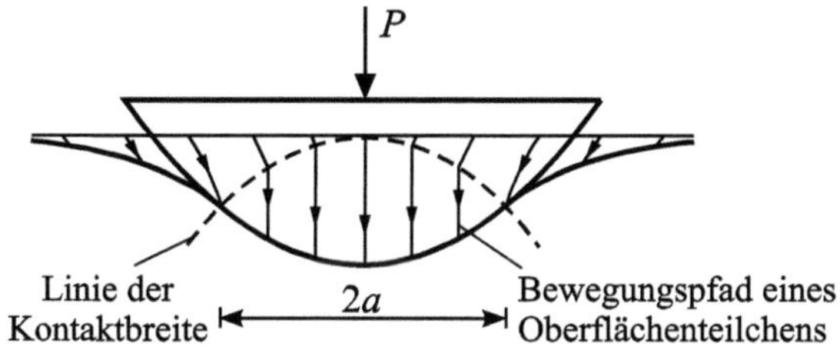

Abb. 4.1 Indentierung eines starren, konvex geformten Stempels in die elastische Halbebene unter Berücksichtigung der Annahme, dass kein Gleiten im Kontaktgebiet auftritt. Schematisch sind die Bewegungspfade der Oberflächenteilchen skizziert, die sich rein vertikal bewegen, sobald sie in Kontakt mit dem Indenter kommen.

Im Gegensatz zum reibungsfreien Normalkontakt treten im Normalkontakt ohne Gleiten auch Tangentialspannungen im Kontaktgebiet auf, die es neben den unbekannten Druckspannungen aus den gekoppelten Gleichungen (4.1) und (4.2) zu ermitteln gilt. Bei der Lösung des gemischten Randwertproblems scheint auf den ersten Blick erschwerend hinzuzukommen, dass, abgesehen von der Indentierung durch einen starren Flachstempel, auch die tangentialen Verschiebungen (beziehungsweise deren Ableitung) im Belastungsgebiet *a priori* nicht bekannt sind. Betrachten wir dazu den starren, konvex geformten Indenter aus Abb. 4.1, der in die elastische Halbebene eingedrückt wird.[1]

Materielle Punkte der Oberfläche der Halbebene, die während des Eindruckvorgangs mit dem Indenter in Kontakt kommen, bringen unterschiedliche Tangentialverschiebungen mit. Diese bleiben im Laufe der weiteren Indentierung und der damit verbundenen Vergrößerung des Kontaktgebietes unverändert. In Abb. 4.1 ist dies anhand der skizzierten Bewegungspfade von Oberflächenteilchen veranschaulicht. Die gestrichelte Linie gibt den Ort der Punkte an, die bei zunehmender Belastung den jeweiligen Kontaktrand begrenzen und damit die Kontaktbreite bestimmen. Zusammenfassend gelten folgende Randbedingungen:

$$\begin{aligned} \frac{\partial u_x(x;a)}{\partial a} &= 0, \quad u_y'(x) = -f'(x), \quad |x| \leq a, \\ \sigma_{yy} &= 0, \quad \sigma_{yx} = 0, \quad |x| > a, \end{aligned} \tag{4.3}$$

worin $f(x)$ die Form des Indenters angibt. Für axialsymmetrische Normalkontakte ohne Gleiten und Profile in Form von Polynomen hat Spence (1968) mit Hilfe von Argumenten der Dimensionsanalyse aufgezeigt, dass die Form der Verteilung der radialen Verschiebung im Kontaktgebiet aus der Profilform abgeleitet werden kann. Die zunächst noch unbekannten multiplikativen Ansatzkonstanten werden dabei nachträglich aus der Bedingung bestimmt, dass die Spannungen am Kontaktrand verschwinden. Spence merkte

[1] Das Problem der Unbestimmtheit der Verschiebungen der Halbebene sei für den Moment außer Acht gelassen!

zugleich an, dass zur Lösung ebener Normalkontakte ohne Gleiten völlig analog vorgegangen werden kann. Anstelle der ersten Teilgleichung der Randbedingungen (4.3) darf daher auch die Form der Verteilung der Tangentialverschiebungen bzw. deren Ableitung als bekannt angenommen werden. Damit liegt ein gewöhnliches gemischtes Randwertproblem vor, bei dem die Verschiebungsableitungen innerhalb des Kontaktgebietes vorgegeben sind und außerhalb weder Normal- noch Tangentialspannungen an der Oberfläche wirken. Im Folgenden widmen wir uns der allgemeinen Lösung der gekoppelten Gleichungen (4.1) und (4.2), suchen also explizite Berechnungsformeln für die Druck- und Tangentialspannungen bei gegebenen Verschiebungsableitungen im Kontaktgebiet. Zunächst werden diese beiden Gleichungen in eine komplexe Integralgleichung für die gesuchte komplexe Belastungsfunktion

$$F(x) = p(x) + iq(x), \quad i = \sqrt{-1}, \tag{4.4}$$

überführt. Dazu multiplizieren wir Gleichung (4.2) mit i und addieren Gleichung (4.1):

$$F(x) - \frac{i}{\pi\beta}\int_{-a}^{a}\frac{F(\xi)\mathrm{d}\xi}{x-\xi} = -\frac{E^*}{2\beta}\left[u_x'(x) - iu_y'(x)\right]. \tag{4.5}$$

Nach Einführung der dimensionslosen Größen $t = x/a$ und $s = \xi/a$ nimmt Gleichung (4.5) folgende Form an:

$$F(t) - \frac{i}{\pi\beta}\int_{-1}^{1}\frac{F(s)\mathrm{d}s}{t-s} = -\frac{E^*}{2\beta a}\left[u_x'(t) - iu_y'(t)\right]. \tag{4.6}$$

Es sei hervorgehoben, dass unter dem Hochstrich die Ableitung nach dem jeweiligen Argument zu verstehen ist, d. h. der Hochstrich in Gleichung (4.6) meint die Ableitung nach der dimensionslosen Variable t, weshalb im Nenner des Vorfaktors auf der rechten Seite die Kontakthalbbreite a ergänzt wurde.

Gleichung (4.6) ist eine Integralgleichung 2. Art vom Typ

$$F(t) + \frac{\lambda}{\pi}\int_{-1}^{1}\frac{F(s)\mathrm{d}s}{t-s} = G(t), \tag{4.7}$$

der von Söhngen (1954, Satz 7) ausführlich behandelt wurde. Die allgemeine Lösung lautet

$$F(t) = \frac{G(t)}{1+\lambda^2} + \frac{\omega(t)}{\pi}\left[C\cos(\pi\gamma) - \frac{\lambda}{1+\lambda^2}\int_{-1}^{1}\frac{G(s)\mathrm{d}s}{\omega(s)(t-s)}\right], \quad \omega(t) := \frac{1}{(1-t)^{1/2+\gamma}(1+t)^{1/2-\gamma}}, \tag{4.8}$$

wobei der eingeführte Parameter γ über den komplexen Koeffizienten λ in Gleichung (4.7) wie folgt definiert ist,

$$\cot(\pi\gamma) = \lambda \quad \Leftrightarrow \quad \gamma = \frac{1}{2\pi i}\ln\left(\frac{\lambda + i}{\lambda - i}\right), \quad -\frac{1}{2} < \mathrm{Re}\{\gamma\} < \frac{1}{2}, \tag{4.9}$$

und die Konstante C gemäß

$$C = \int_{-1}^{1} F(t)\mathrm{d}t \tag{4.10}$$

bestimmt werden kann. Ist λ rein imaginär, wird zudem gefordert, dass der Imaginärteil nicht im abgeschlossenen Intervall von –1 bis + 1 liegen darf.

Ein Vergleich der Gleichungen (4.6) und (4.7) liefert für das vorliegende Problem in der Tat einen rein imaginären Koeffizienten, $\lambda = -i/\beta$, der die Zusatzbedingung erfüllt, denn aufgrund der Definition (2.10) von Dundurs' zweiter Konstante ist $|\lambda| \geq 2$. Der Parameter γ ist damit ebenfalls rein imaginär, d. h. in der Form $\gamma = i\eta$ darstellbar. Für den Imaginärteil, der zugleich ein alternatives Maß für die Ungleichheit der Materialien repräsentiert, folgt aus Gleichung (4.9)

$$\eta := \frac{\gamma}{i} = \frac{1}{2\pi}\ln\left(\frac{1+\beta}{1-\beta}\right). \tag{4.11}$$

Des Weiteren kann man leicht zeigen, dass

$$\cos(\pi\gamma) = \cosh(\pi\eta) = 1/\sqrt{1-\beta^2}. \tag{4.12}$$

Berücksichtigen wir diese beiden Zusammenhänge sowie die spezifische Störfunktion aus Gleichung (4.6) in Gleichung (4.8), erhalten wir die allgemeine Lösung unseres Ausgangsproblems, d. h. die Druck- und Tangentialspannungen bei gegebenen Verschiebungsableitungen im Kontaktgebiet:

$$p(t) + iq(t) = \frac{\beta E^*}{2a(1-\beta^2)}\left[u_x'(t) - iu_y'(t)\right] + \\ + \frac{1}{2\pi\sqrt{1-t^2}}\left(\frac{1+t}{1-t}\right)^{i\eta}\left[\frac{2C}{\sqrt{1-\beta^2}} + \frac{iE^*}{1-\beta^2}\int_{-1}^{1}\sqrt{1-s^2}\left(\frac{1-s}{1+s}\right)^{i\eta}\frac{u_x'(s) - iu_y'(s)}{a(t-s)}\mathrm{d}s\right]. \tag{4.13}$$

Für die Konstante C ergibt sich aus Gleichung (4.10) unter Berücksichtigung von Gleichung (4.4)

$$C = \int_{-1}^{1} [p(t) + iq(t)]\,\mathrm{d}t = \frac{1}{a}(P + iQ), \tag{4.14}$$

worin P und Q die Normal- und Tangentialkomponenten der resultierenden Linienlast angeben. An dieser Stelle sei erneut betont, dass die Lösungsgleichungen (4.13) und (4.14) für weitaus mehr Probleme als nur die in diesem Kapitel im Fokus stehenden reinen Normalkontakte ohne Gleiten anwendbar sind.

Die LösungsGleichungen (4.13) und (4.14) gelten für Kontakte, die an beiden Rändern singuläre Druck- und Tangentialspannungen aufweisen, wie beispielsweise beim Eindruck eines Flachstempels mit beliebig geformter Kappe bei ausreichend großer Belastung, so dass vollständiger Kontakt der Kappe vorliegt und die Verschiebungen an den Kontakträndern Knicke aufweisen. Die Gleichungen (4.13) und (4.14) können aber auch zur Lösung von Kontaktproblemen herangezogen werden, bei denen nur an einem Rand singuläre und am anderen beschränkte Spannungen auftreten oder an beiden Rändern beschränkte Druck- und Tangentialspannungen vorliegen. Wir behandeln hier nur letzteren Fall[2]. Aus den Bedingungen $F(t = \pm 1) = 0$ ergeben sich Berechnungsgleichungen für die Komponenten der resultierenden Linienlasten,

$$P + iQ = -\frac{iE^*}{2\sqrt{1-\beta^2}} \int_{-1}^{1} \frac{s}{\sqrt{1-s^2}} \left(\frac{1-s}{1+s}\right)^{i\eta} \left[u_x'(s) - iu_y'(s)\right] \mathrm{d}s \tag{4.15}$$

und die Konsistenzbedingung

$$\int_{-1}^{1} \frac{1}{\sqrt{1-s^2}} \left(\frac{1-s}{1+s}\right)^{i\eta} \left[u_x'(s) - iu_y'(s)\right] \mathrm{d}s = 0. \tag{4.16}$$

Unter Berücksichtigung der Gleichungen (4.15) und (4.16) vereinfacht sich die Lösungsgleichung (4.13) für die Druck- und Tangentialspannungen im Kontaktgebiet zu

$$\begin{aligned} p(t) + iq(t) = {} & \frac{\beta E^*}{2a(1-\beta^2)} \left[u_x'(t) - iu_y'(t)\right] + \\ & + \frac{iE^*\sqrt{1-t^2}}{2\pi a(1-\beta^2)} \left(\frac{1+t}{1-t}\right)^{i\eta} \int_{-1}^{1} \left(\frac{1-s}{1+s}\right)^{i\eta} \frac{u_x'(s) - iu_y'(s)}{\sqrt{1-s^2}(t-s)} \mathrm{d}s. \end{aligned} \tag{4.17}$$

Aufgrund der Singularität des Integranden muss das Integral in Gleichung (4.17) über den Cauchy-Hauptwert berechnet werden, was mitunter große Schwierigkeiten bereiten kann. Eine einfachere alternative Möglichkeit bietet die Superposition von inkrementellen Flachstempellösungen. Wenn wir voraussetzen, dass die Linienlast P als Funktion der Kontakthalbbreite a bereits aus Gleichung (4.15) (oder auf anderem Wege) ermittelt wurde, dann gilt für symmetrische Kontakte mit gebundenen Rändern folgende Berechnungsformel:

$$p(t) + iq(t) = \frac{1}{\pi a\sqrt{1-\beta^2}} \int_{|t|}^{1} \frac{P'(s)}{\sqrt{s^2-t^2}} \left(\frac{s+t}{s-t}\right)^{i\eta} \mathrm{d}s, \tag{4.18}$$

[2] Bei einem singulären und einem gebundenen Rand ist die Beschränktheit der Spannungen am gebundenen Rand auszuwerten.

worin s wiederum eine auf die Kontakthalbbreite normierte, dimensionslose Laufvariable darstellt.

Sind die Druck- und Tangentialspannungen im Kontaktgebiet ermittelt, können die Steigung und Dehnung der Oberfläche außerhalb des Kontaktgebietes wiederum aus Gleichung (4.6) bestimmt werden. Berücksichtigt man, dass an der Oberfläche außerhalb des Kontaktgebietes ($|t| > 1$) keinerlei Druck- und Tangentialspannungen wirken, folgt ganz allgemein

$$u_x'(t) - iu_y'(t) = \frac{2ia}{\pi E^*} \int_{-1}^{1} \frac{p(s) + iq(s)}{t - s} \, \mathrm{d}s. \tag{4.19}$$

4.3 Explizite Lösungen für einzelne Kontakte unendlicher Länge

Bis auf wenige Ausnahmen wird für alle nachfolgenden Kontaktprobleme eine rein vertikal gerichtete, äußere Linienlast P vorausgesetzt, mit welcher die Indenter in die elastische Halbebene gedrückt werden. In den Gleichungen (4.14) und (4.15) ist daher $Q = 0$ zu berücksichtigen.

4.3.1 Der Flachstempel

Bei der Indentierung einer elastischen Halbebene durch einen starren Flachstempel der Kontakthalbbreite a, der in seiner Symmetrieebene durch die Linienlast P beansprucht wird (siehe Abb. 4.2), gelten folgende Verschiebungsrandbedingungen im Kontaktgebiet:

$$u_x'(x) = 0, \quad u_y'(x) = 0, \quad |x| \leq a. \tag{4.20}$$

Einsetzen der Randbedingungen (4.20) in Gleichung (4.13) liefert zunächst

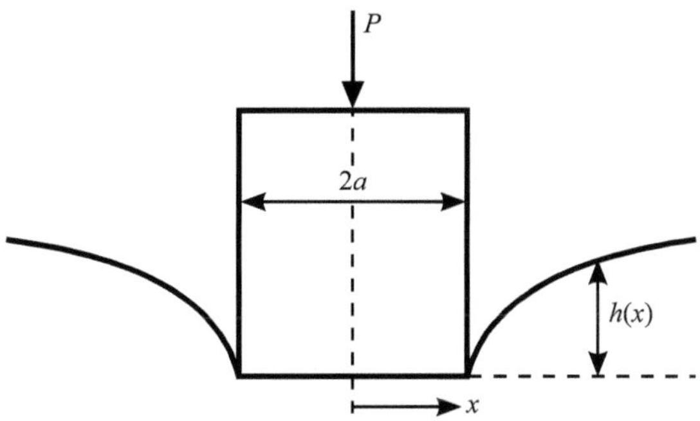

Abb. 4.2 Indentierung einer elastischen Halbebene durch einen starren Flachstempel mit der Kontakthalbbreite a

$$p(t) + iq(t) = \frac{P}{\pi a\sqrt{1-\beta^2}\sqrt{1-t^2}}\left(\frac{1+t}{1-t}\right)^{i\eta} \tag{4.21}$$

und nach Trennung von Real- und Imaginärteil auf der rechten Seite die Verteilung der Druck- und Tangentialspannungen im Kontaktgebiet,

$$\begin{aligned} p(x;\,P) &= \frac{P}{\pi\sqrt{1-\beta^2}\sqrt{a^2-x^2}}\cos\left[\eta\ln\left(\frac{a+x}{a-x}\right)\right], \\ q(x;\,P) &= \frac{P}{\pi\sqrt{1-\beta^2}\sqrt{a^2-x^2}}\sin\left[\eta\ln\left(\frac{a+x}{a-x}\right)\right]. \end{aligned} \tag{4.22}$$

Die Lösungen (4.22) wurden in dieser Form erstmalig von Abramov (1937) unter Verwendung der Mellin-Transformation entwickelt. Für den Sonderfall eines inkompressiblen Halbraums ($\nu = 0{,}5$) unter gleichzeitiger Beachtung der Starrheit des Stempels liegt ein elastisch entkoppeltes Problem vor ($\beta = 0$) und aus Gleichung (4.22) folgt die auf Sadowsky (1928) zurückgehende Lösung für den reibungsfreien Normalkontakt, Gleichung (3.31), während die Tangentialspannungen verschwinden.

Abb. 4.3 zeigt die normierte Druckverteilung für drei ausgewählte Poissonzahlen. Im Vergleich zum entkoppelten Fall ($\nu = 0{,}5$) fällt der Druck im Zentrum bei größtmöglicher Kopplung ($\nu = 0$) um ca. 15 % höher aus. Die ungerade Funktion der Tangentialspannungen ist im Bereich $x > 0$ für zwei verschiedene Poissonzahlen in Abb. 4.4 visualisiert.

Aus den Gleichungen (4.22) geht zudem hervor, dass die Druck- und Tangentialspannungen an den Kontakträndern oszillatorische Singularitäten aufweisen, d. h. bei der Annäherung an die Kontaktränder $x = \pm a$ wechseln die Spannungen unendlich oft das Vorzeichen. Diese unnatürlichen Oszillationen, die gleichzeitig eine Verletzung der Kontaktbedingung $p(x) > 0$ beinhalten, sind allerdings auf eine äußerst kleine Umgebung

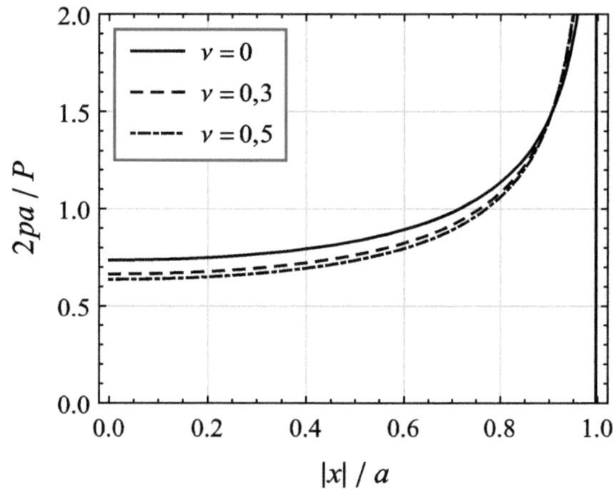

Abb. 4.3 Normierte Verläufe des Drucks $p(x)$ bei der Indentierung einer elastischen Halbebene durch einen starren Flachstempel für ausgewählte Poissonzahlen der Halbebene

Abb. 4.4 Normierte Verläufe der Tangentialspannungen $q(x)$ bei der Indentierung einer elastischen Halbebene durch einen starren Flachstempel für ausgewählte Poissonzahlen der Halbebene

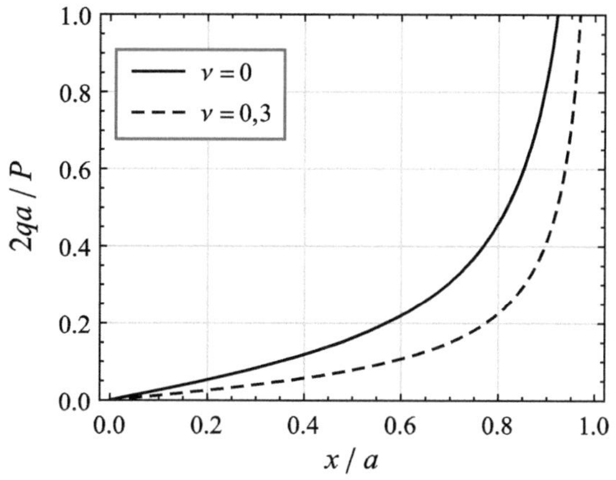

der Kontaktränder begrenzt. So wechseln die Normalspannungen nach Gleichung (4.22) erstmalig an den Stellen

$$|x| = a \tanh\left(\frac{\pi}{4\eta(\nu)}\right) \tag{4.23}$$

das Vorzeichen. Der betragsmäßig minimale Wert $|x| \approx 0{,}99975a$ ergibt sich für den Fall strenger Kopplung ($\nu = 0$). Aus diesem Grunde darf angenommen werden, dass die aus der linearen Elastizitätstheorie stammenden Lösungen (4.22) abgesehen von den randnahen Bereichen akzeptable Näherungswerte für die Druck- und Tangentialspannungen voraussagen. Zur Abbildung des Verhaltens an den Rändern müssen entweder Schlupf oder Plastifizierung berücksichtigt werden.

Zur Ermittlung der Steigung und Dehnung der Oberfläche außerhalb des Kontaktgebietes werden die Druck- und Tangentialspannungen aus Gleichung (4.21) in Gleichung (4.19) eingesetzt,

$$u'_x(t) - i u'_y(t) = \frac{2iP}{\pi^2 E^* \sqrt{1-\beta^2}} \int_{-1}^{1} \frac{1}{(t-s)\sqrt{1-s^2}} \left(\frac{1+s}{1-s}\right)^{i\eta} \mathrm{d}s. \tag{4.24}$$

Die Berechnung des Integrals führt beispielsweise Bufler (1959) aus. Nach geeigneter Substitution und Anwendung der Residuen-Methode ergibt sich die im Anhang gelistete Lösung. Aus Gleichung (4.24) folgt damit

$$u'_x(t) - i u'_y(t) = i \frac{2P}{\pi E^*} \frac{\operatorname{sgn}(t)}{\sqrt{t^2-1}} \left(\frac{t+1}{t-1}\right)^{i\eta}, \tag{4.25}$$

und nach Trennung der rechten Seite in Real- und Imaginärteil sowie Koeffizientenvergleich sind die Dehnung und Steigung der Oberfläche außerhalb des Kontaktgebietes bestimmt,

$$
\begin{aligned}
u'_x(x;P) &= -\frac{2P\operatorname{sgn}(x)}{\pi E^*\sqrt{x^2-a^2}}\sin\left[\eta\ln\left(\frac{x+a}{x-a}\right)\right],\\
u'_y(x;P) &= -\frac{2P\operatorname{sgn}(x)}{\pi E^*\sqrt{x^2-a^2}}\cos\left[\eta\ln\left(\frac{x+a}{x-a}\right)\right].
\end{aligned}
\tag{4.26}
$$

4.3.2 Der Flachstempel unter Einwirkung eines reinen Kippmoments (vollständiger Kontakt)

In dem in Abb. 4.5 skizzierten Kontaktproblem wird vorausgesetzt, dass die Unterseite des starren Flachstempels zunächst ohne Last mit der Oberfläche der Halbebene verklebt wurde, um unter Last einen vollständigen Kontakt sicherzustellen. Die anschließende Belastung des Flachstempels durch ein äußeres Moment (pro Länge) ruft eine Verdrehung der Kontaktfläche hervor, die über den Neigungswinkel α ausgedrückt wird.

Es sei angemerkt, dass das vorliegende Kontaktproblem als Teilproblem in einer Publikation von Bufler (1959) behandelt und auf exakt die gleiche Weise vorher von Söhngen (1954) gelöst wurde. Noch früher zeigte Muskhelishvili (1953, S. 467 ff.) einen alternativen Lösungsweg auf Basis seiner Theorie der komplexen Spannungsfunktionen auf.

Für kleine Neigungswinkel lauten die Verschiebungsrandbedingungen im Kontaktgebiet

$$
u'_x(x) = 0, \quad u'_y(x) = -\alpha, \quad |x| \le a. \tag{4.27}
$$

Da keinerlei Einzelkräfte auf den Stempel wirken, folgt $C = 0$ aus Gleichung (4.14). Mit dieser Information liefert Gleichung (4.13) nach Einsetzen der Verschiebungsrandbedingungen aus Gleichung (4.27) zunächst folgende Bestimmungsgleichung für die Druck- und Tangentialspannungen:

$$
p(t) + iq(t) = \frac{i\beta E^*\alpha}{2(1-\beta^2)} - \frac{1}{2\pi\sqrt{1-t^2}}\left(\frac{1+t}{1-t}\right)^{i\eta}\frac{E^*\alpha}{1-\beta^2}\int_{-1}^{1}\left(\frac{1-s}{1+s}\right)^{i\eta}\frac{\sqrt{1-s^2}}{t-s}\,\mathrm{d}s. \tag{4.28}
$$

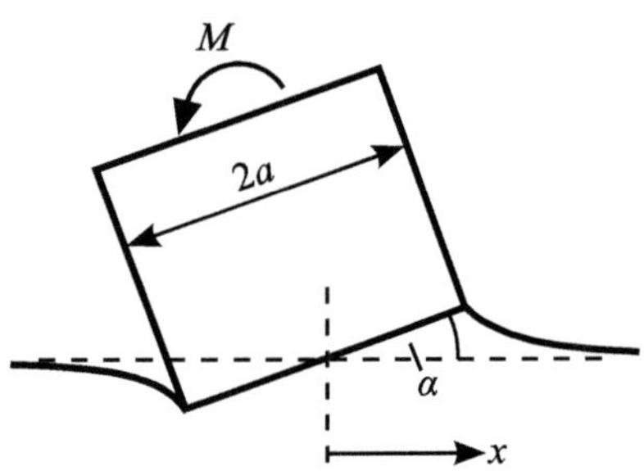

Abb. 4.5 Durch ein reines Moment belasteter starrer Flachstempel in vollständigem Kontakt mit einer elastischen Halbebene

Die Lösung des Integrals auf der rechten Seite gibt Söhngen (1954) an, als er in einem abschließenden Beispiel für die Anwendung der finiten Hilbert-Transformation die Bodenpressung einer Staumauer ermittelt. Damit folgt aus Gleichung (4.28)

$$p(t) + iq(t) = -\frac{\alpha E^*}{2\sqrt{1-\beta^2}} \frac{t - 2i\eta}{\sqrt{1-t^2}} \left(\frac{1+t}{1-t}\right)^{i\eta}, \tag{4.29}$$

und nach Trennung in Real- und Imaginärteil ergeben sich folgende Druck- und Tangentialspannungen:

$$\begin{aligned} p(x;\alpha) &= -\frac{\alpha E^*}{2\sqrt{1-\beta^2}\sqrt{a^2-x^2}} \left\{ x\cos\left[\eta \ln\left(\frac{a+x}{a-x}\right)\right] + 2\eta a \sin\left[\eta \ln\left(\frac{a+x}{a-x}\right)\right]\right\}, \\ q(x;\alpha) &= -\frac{\alpha E^*}{2\sqrt{1-\beta^2}\sqrt{a^2-x^2}} \left\{ x\sin\left[\eta \ln\left(\frac{a+x}{a-x}\right)\right] - 2\eta a \cos\left[\eta \ln\left(\frac{a+x}{a-x}\right)\right]\right\}. \end{aligned} \tag{4.30}$$

Das zu einem gegebenen Neigungswinkel α gehörende Moment wird aus dem Momentengleichgewicht des Stempels ermittelt,

$$M = -\int_{-a}^{a} x p(x;\alpha)\,\mathrm{d}x = \frac{\pi}{4} E^*\left(1 + 4\eta^2\right) a^2 \alpha. \tag{4.31}$$

Es ist leicht zu sehen, dass die in den Gleichungen (4.30) gegebene Funktion der Druckspannungen $p(x;\alpha)$ ungerade ist und für positive x negative Werte voraussagt, d. h. in diesem Bereich liegen in Wirklichkeit Zugspannungen vor. Für ausgewählte Poissonzahlen in normierter Darstellung ist der Verlauf in Abb. 4.6 visualisiert.

Die gerade Funktion der Tangentialspannungen nach den Gleichungen (4.30) zeigt Abb. 4.7. Auffällig ist, dass die Tangentialspannungen über ein breites inneres Gebiet

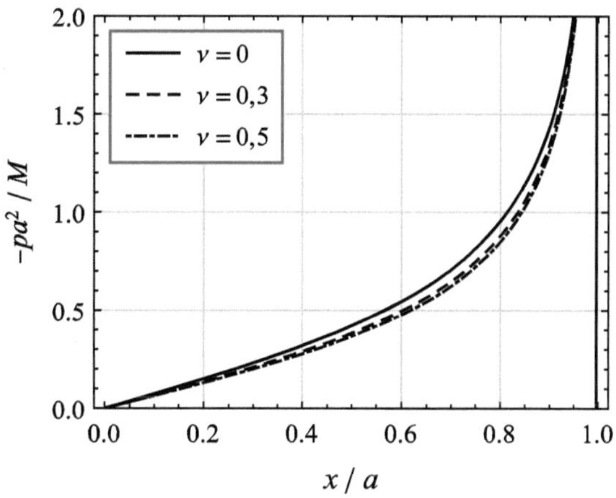

Abb. 4.6 Normierte Verläufe der Druckspannungen $p(x)$ für einen zunächst mit der Halbebene verklebten und anschließend durch ein Moment belasteten starren Flachstempel für ausgewählte Poissonzahlen der Halbebene

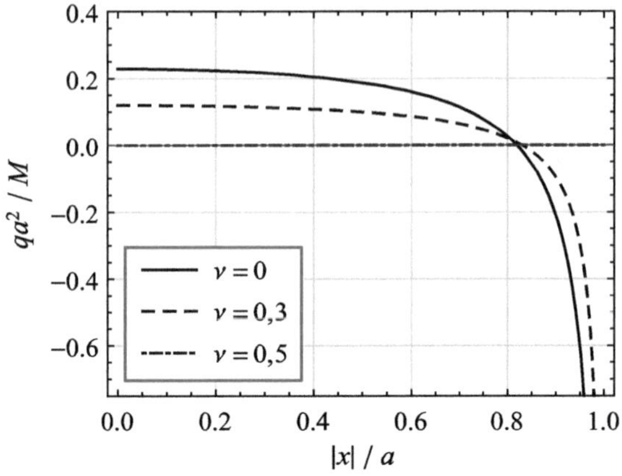

Abb. 4.7 Normierte Verläufe der Tangentialspannungen $q(x)$ für einen zunächst mit der Halbebene verklebten und anschließend durch ein Moment belasteten starren Flachstempel für ausgewählte Poissonzahlen der Halbebene

positiv sind bevor sie zum Rand hin ihre Wirkrichtung wechseln. Die maximalen (positiven) Werte stellen sich wie erwartet im Fall strenger Kopplung ($\nu = 0$) ein, während bei vollständiger Entkopplung ($\nu = 0{,}5$) keinerlei Tangentialspannungen auftreten. Die Normalkontaktproblemen ohne Gleiten inhärenten oszillatorischen Singularitäten der Druck- und Tangentialspannungen an den Kontakträndern sind auch in diesem Kontaktproblem vorhanden.

Zur Berechnung der Dehnung und Steigung der Oberfläche außerhalb des Kontaktgebietes werden die Druck- und Tangentialspannungen aus Gleichung (4.29) in Gleichung (4.19) eingesetzt,

$$u_x'(t) - iu_y'(t) = -\frac{a\alpha}{\pi\sqrt{1-\beta^2}} \int_{-1}^{1} \frac{2\eta + is}{(t-s)\sqrt{1-s^2}} \left(\frac{1+s}{1-s}\right)^{i\eta} \mathrm{d}s. \tag{4.32}$$

Nach geeigneter Aufspaltung des Integranden verbleiben Integrale, deren Lösungen im Anhang dokumentiert sind. Auf diese Weise erhält man

$$u_x'(t) - iu_y'(t) = a\alpha\left[i - (2\eta + it)\frac{\operatorname{sgn}(t)}{\sqrt{t^2-1}}\left(\frac{t+1}{t-1}\right)^{i\eta}\right], \tag{4.33}$$

und nach anschließender Trennung der rechten Seite in Real- und Imaginärteil sowie Koeffizientenvergleich sind die Dehnung und Steigung der Oberfläche außerhalb des Kontaktgebietes bestimmt,

$$\begin{aligned} u_x'(x;\alpha) &= -\frac{\alpha\operatorname{sgn}(x)}{\sqrt{x^2-a^2}}\left\{2\eta a\cos\left[\eta\ln\left(\frac{x+a}{x-a}\right)\right] - x\sin\left[\eta\ln\left(\frac{x+a}{x-a}\right)\right]\right\}, \\ u_y'(x;\alpha) &= -\alpha + \frac{\alpha\operatorname{sgn}(x)}{\sqrt{x^2-a^2}}\left\{x\cos\left[\eta\ln\left(\frac{x+a}{x-a}\right)\right] + 2\eta a\sin\left[\eta\ln\left(\frac{x+a}{x-a}\right)\right]\right\}. \end{aligned} \tag{4.34}$$

4.3.3 Der Flachstempel unter asymmetrischer Last (vollständiger Kontakt)

Im Folgenden behandeln wir das in Abb. 4.8 gezeigte Kontaktproblem zwischen einem exzentrisch durch eine normale Linienlast belasteten, starren Flachstempel und einer elastischen Halbebene. Der senkrechte Abstand der Linienlast von der Symmetrieachse des Stempels (Hebelarm) ist durch δ bezeichnet, α gibt den (als sehr klein vorausgesetzten) Neigungswinkel im Gleichgewicht an. Es sei wiederum vereinfachend angenommen, dass die Oberflächen des Flachstempels und der Halbebene bereits vor der Lastaufbringung verklebt wurden, so dass zu jeder Zeit vollständiger Kontakt herrscht.

Da die Wirkung der asymmetrisch angreifenden Linienlast der Wirkung einer symmetrisch angreifenden Linienlast gleicher Größe und einem Moment (pro Länge) der Größe $M = P\delta$ äquivalent ist, kann die Lösung des Problems aus einer einfachen Superposition der Lösungen der in den Abschn. 4.3.1 und 4.3.2 behandelten Kontaktprobleme gewonnen werden.

Für die Druck- und Tangentialspannungen ergeben sich unter Berücksichtigung der Gleichungen (4.22) und (4.30)

$$\begin{aligned} p(x) &= \frac{P}{\pi\sqrt{1-\beta^2}\sqrt{a^2-x^2}}\left\{\left(1-\frac{2\delta x}{(1+4\eta^2)a^2}\right)\cos\left[\eta\ln\left(\frac{a+x}{a-x}\right)\right]-\frac{4\delta\eta}{(1+4\eta^2)a}\sin\left[\eta\ln\left(\frac{a+x}{a-x}\right)\right]\right\}, \\ q(x) &= \frac{P}{\pi\sqrt{1-\beta^2}\sqrt{a^2-x^2}}\left\{\left(1-\frac{2\delta x}{(1+4\eta^2)a^2}\right)\sin\left[\eta\ln\left(\frac{a+x}{a-x}\right)\right]+\frac{4\delta\eta}{(1+4\eta^2)a}\cos\left[\eta\ln\left(\frac{a+x}{a-x}\right)\right]\right\}. \end{aligned} \tag{4.35}$$

Darin wurde zusätzlich vom Zusammenhang zwischen der Starrkörperrotation des Stempels (Neigungswinkel) und dem Kraftmoment Gebrauch gemacht, der aus Gleichung (4.31) übernommen werden kann,

$$\alpha = \frac{4P\delta}{\pi E^*(1+4\eta^2)a^2}. \tag{4.36}$$

Für den Fall strenger Kopplung ($\nu = 0$) sind in Abb. 4.9 für verschiedene Abstände der Last von der Symmetrieachse des Indenters die normierten Verläufe der auf Druck angesetzten Normalspannungen dargestellt.

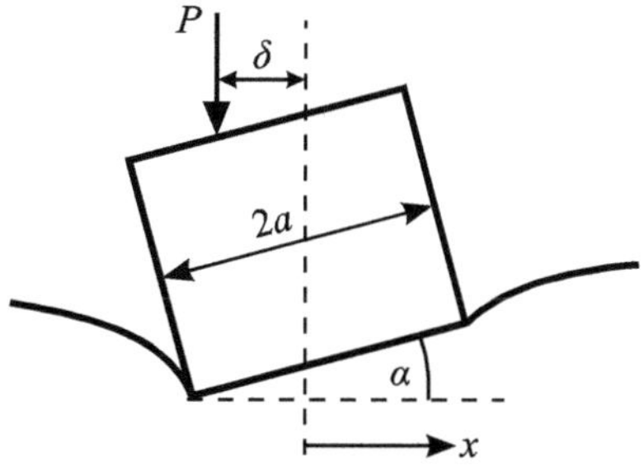

Abb. 4.8 Asymmetrisch belasteter starrer Flachstempel in vollständigem Kontakt mit einer elastischen Halbebene

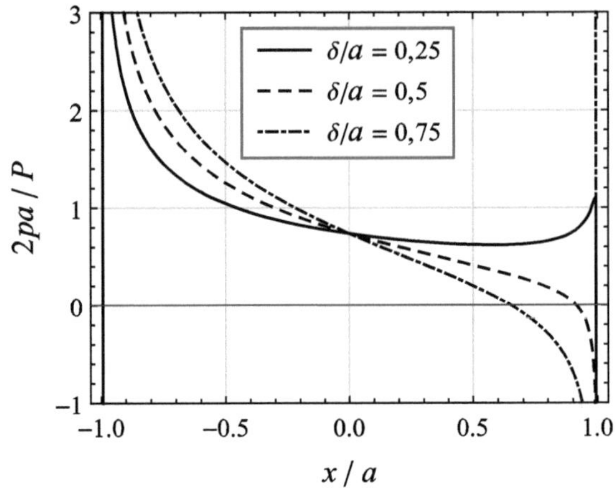

Abb. 4.9 Normierte Verläufe der Druckspannungen $p(x)$ für einen zunächst mit der Halbebene verklebten und anschließend durch eine exzentrisch angreifende Linienlast belasteten starren Flachstempel. Größtmögliche Kopplung wurde angenommen ($\nu = 0$) und zwischen drei ausgewählten Abständen der Last von der Symmetrieachse unterschieden

Lässt man die oszillatorischen Singularitäten an den Rändern außer Acht, sind die Druckspannungen für den kleinsten gewählten Hebelarm $\delta/a = 0{,}25$ überall positiv im Kontaktgebiet. Dies indiziert, dass auch ohne Verklebung der Oberflächen vollständiger Kontakt unter Belastung vorliegen würde. Größere Abstände der Wirkungslinie von der Symmetrieachse rufen hingegen auch Zugspannungen in der Kontaktfläche hervor. Mit Zunahme des Hebelarms vergrößern sich die Zugbereiche vom rechten Rand ausgehend ins Innere wachsend. Ohne Verklebung der Oberflächen käme es dann zu einem partiellen Abheben des Stempels, d. h. zu einem unvollständigen Kontakt. Es sei an dieser Stelle betont, dass aufgrund der eingangs dieses Kapitels diskutierten besonderen lateralen Verschiebungsrandbedingungen (Einfrieren der Dehnungen) die geführte Indentierung einer elastischen Halbebene durch einen Flachstempel mit geneigter Stirnfläche selbst im Falle des vollständigen Kontaktes auf abweichende Lösungen führen würde. Für den reibungsfreien Kontakt sind hingegen beide Problemstellungen äquivalent, was in den Abschn. 3.5.2 und 3.5.3 diskutiert wurde.

Für den Fall vollständiger Entkopplung ($\nu = 0{,}5$) vereinfacht sich die Druckverteilung in den Gleichungen (4.35) zu der von Schubert (1942) für den reibungsfreien (oder entkoppelten) Kontakt angegebenen Lösung[3]

$$p(x) = \frac{P}{\pi\sqrt{a^2 - x^2}}\left(1 - \frac{2\delta x}{a^2}\right). \tag{4.37}$$

Der vollständige Kontakt erfordert $\delta/a \leq 0{,}5$. In Abb. 4.10 sind die Verläufe für drei ausgewählte Hebelarme visualisiert. Da wir eine Verklebung der Oberflächen vorausgesetzt haben, können auch Zugspannungen in der Kontaktfläche übertragen werden, was für $\delta/a = 0{,}75$ der Fall ist. Im reibungsfreien Normalkontakt ohne Adhäsion würde es

[3] In diesem Fall verschwinden natürlich die Tangentialspannungen q.

dagegen zu einem partiellen Abheben des Indenters und damit zu einem unvollständigen Kontakt kommen.

Die auftretenden Tangentialspannungen bei strenger Kopplung ($\nu = 0$) sind in Abb. 4.11 für ausgewählte Abstände der Kraftwirkungslinie von der Symmetrieachse des Indenters veranschaulicht. Mit Verweis auf das Superpositionsprinzip verzichten wir auf die explizite Angabe der Dehnung und Steigung der Oberfläche außerhalb des Kontaktgebietes.

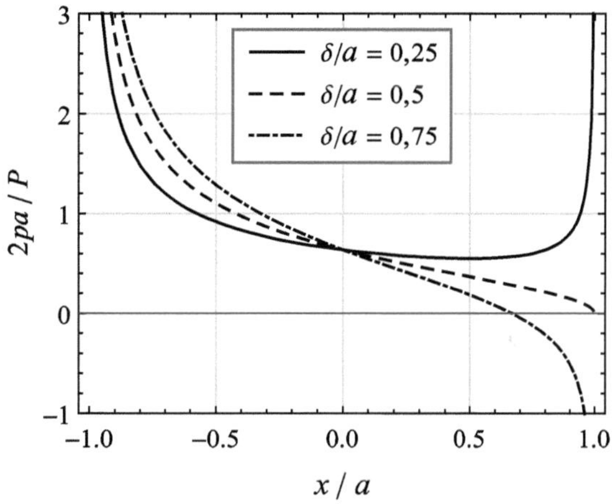

Abb. 4.10 Normierte Verläufe der Druckspannungen $p(x)$ für einen zunächst mit der Halbebene verklebten und anschließend durch eine exzentrisch angreifende Linienlast belasteten starren Flachstempel für den Fall vollständiger elastischer Entkopplung ($\nu = 0{,}5$) und verschiedene Abstände der Last von der Symmetrieachse

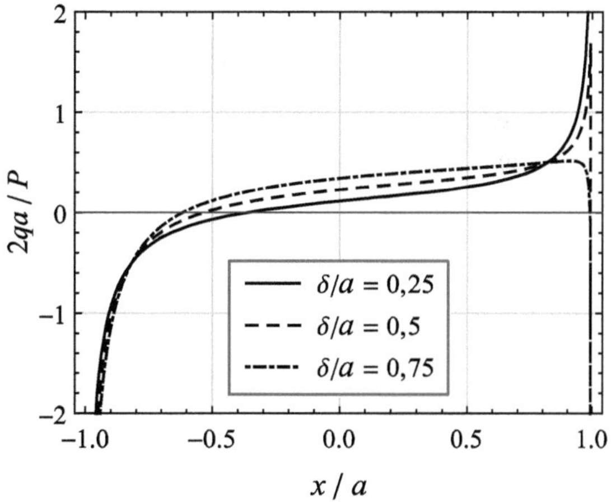

Abb. 4.11 Normierte Verläufe der Tangentialspannungen $q(x)$ für einen zunächst mit der Halbebene verklebten und anschließend durch eine exzentrisch angreifende Linienlast belasteten starren Flachstempel. Größtmögliche Kopplung wurde angenommen ($\nu = 0$) und zwischen drei ausgewählten Abständen der Last von der Symmetrieachse unterschieden

Abb. 4.12 Indentierung einer elastischen Halbebene durch einen starren, parabolischen Zylinder vom Krümmungsradius R

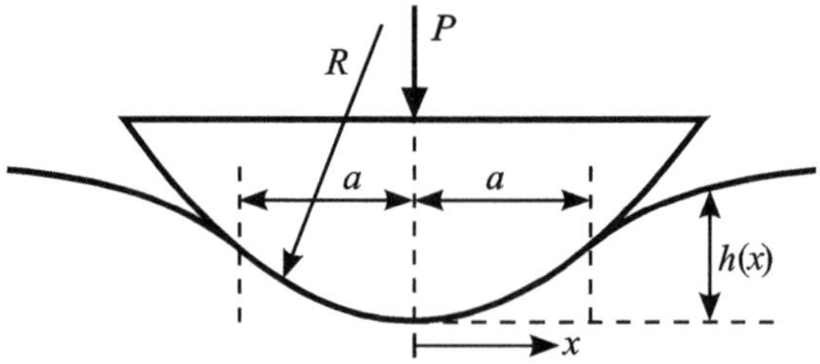

4.3.4 Der parabolische Zylinder

Vollständige Lösungen für den in Abb. 4.12 skizzierten Normalkontakt ohne Gleiten zwischen einem starren parabolischen Zylinder vom Krümmungsradius R lieferten unabhängig voneinander Zhupanska (2012) sowie Ma & Korsunsky (2012), siehe auch die spätere Arbeit von Ma & Korsunsky (2022). Unter Verwendung des auf Spence (1968) zurückgehenden Ansatzes der Selbstähnlichkeit des Kontaktproblems wurden die tangentialen Oberflächenverschiebungen im Kontaktgebiet konsistent zur Indenterform angenommen. Die Verschiebungsableitungen im Kontaktgebiet müssen demnach folgenden Randbedingungen genügen:

$$u_x'(x) = C_0|x|, \quad u_y'(x) = -f'(x) = -\frac{x}{R}, \quad |x| \leq a. \tag{4.38}$$

Die von der Kontakthalbbreite unabhängige Konstante C_0 soll dabei sicherstellen, dass sich die laterale Dehnung an einem beliebigen Punkt des Kontaktgebietes nicht ändert, wenn die Größe des Kontaktgebietes aufgrund einer ansteigenden Linienlast P wächst. Diese auch als *frozen-in* Dehnungskonstante bezeichnete Größe ist zunächst unbekannt und muss als Teil der Lösung aus der Forderung nach Beschränkung der Spannungen an den Kontakträndern, d. h. aus der Konsistenzbedingung (4.16), ermittelt werden. Einsetzen der Randbedingungen aus Gleichung (4.38) in die Konsistenzbedingung (4.16) führt auf

$$C_0 = -\frac{\frac{i}{R}\int_{-1}^{1}\frac{s}{\sqrt{1-s^2}}\left(\frac{1-s}{1+s}\right)^{i\eta}\mathrm{d}s}{\int_{-1}^{1}\frac{|s|}{\sqrt{1-s^2}}\left(\frac{1-s}{1+s}\right)^{i\eta}\mathrm{d}s} = -\frac{\frac{\eta}{R}\int_0^\infty[\cos(\eta u)/\cosh(u/2)]\mathrm{d}u}{1-\eta\int_0^\infty[\sin(\eta u)/\cosh(u/2)]\mathrm{d}u}. \tag{4.39}$$

Der Ausdruck auf der rechten Seite ergibt sich nach Ausnutzung von Symmetrien und anschließender Substitution $s = \tanh(u/2)$. Die Lösungen der verbleibenden Integrale in Zähler und Nenner sind in den Integraltafeln von Gradshteyn und Ryzhik (2014, S. 513) aufgelistet:[4]

[4] Die Lösungen der Ausgangsintegrale sind alternativ im Anhang dokumentiert.

$$\int_0^\infty \frac{\cos(\eta u)}{\cosh(u/2)}\mathrm{d}u = \frac{\pi}{\cosh(\pi\eta)},$$
$$\int_0^\infty \frac{\sin(\eta u)}{\cosh(u/2)}\mathrm{d}u = -\pi\tanh(\pi\eta) - i\left[\psi\left(\frac{1}{4}+i\frac{\eta}{2}\right) - \psi\left(\frac{1}{4}-i\frac{\eta}{2}\right)\right], \tag{4.40}$$

mit der im Anhang definierten Digamma-Funktion $\psi(\bullet)$. Nach Berücksichtigung der Lösungen der Teilintegrale (4.40) in Gleichung (4.39) ist die laterale Dehnungskonstante vollständig bestimmt:

$$C_0 = \frac{-\pi\eta}{R\cosh(\pi\eta)\left\{1+\pi\eta\tanh(\pi\eta)+i\eta\left[\psi\left(\frac{1}{4}+i\frac{\eta}{2}\right)-\psi\left(\frac{1}{4}-i\frac{\eta}{2}\right)\right]\right\}}. \tag{4.41}$$

Ersetzt man die Differenz der Digamma-Funktionen über Summenausdrücke, so ergibt sich alternativ

$$C_0 = \frac{-\pi\eta}{R\cosh(\pi\eta)\left(1+\pi\eta\tanh(\pi\eta)-16\eta^2\sum_{k=0}^{\infty}\frac{1}{(1+4k)^2+4\eta^2}\right)}. \tag{4.42}$$

Es sei erwähnt, dass die von Zhupanska (2012) sowie Ma und Korsunsky (2012) hergeleiteten Dehnungskonstanten alternierende Reihen enthalten und damit auf den ersten Blick von Gleichung (4.42) abweichen. Alle Formulierungen liefern aber für beliebige Materialparameter η identische Werte. Die weitere Lösungsprozedur von Zhupanska (2012) fußt auf den allgemeinen Papkovich-Neuber Lösungen, sieht die Einführung von Bipolarkoordinaten vor und verwendet die Fourier-Transformation. Davon abweichend werden wir zur Lösung die in Abschn. 4.2 definierten Bestimmungsgleichungen heranziehen, von denen auch Ma und Korsunsky (2012) ausgingen. Zur Berechnung der Linienlast P als Funktion der Kontakthalbbreite a müssen die Randbedingungen aus Gleichung (4.38) in Gleichung berücksichtigt werden. Die auftretenden Integrale können mittels partieller Integration und Substitution $s = \tanh(u/2)$ auf bereits bekannte Integralausdrücke reduziert werden.

$$P(a) = \frac{iE^*a^2}{2\sqrt{1-\beta^2}}\left\{iC_0\left[2\eta+\frac{1}{2}\left(1-4\eta^2\right)\int_0^\infty\frac{\sin(\eta u)}{\cosh(u/2)}du\right]-\frac{i}{2R}\left(1-4\eta^2\right)\int_0^\infty\frac{\cos(\eta u)}{\cosh(u/2)}du\right\}. \tag{4.43}$$

Unter Verwendung der Formulierung des Dehnungskoeffizienten C_0 über den Quotienten auf der rechten Seite in Gleichung (4.39) kann Gleichung (4.43) wesentlich vereinfacht werden,

$$P(a) = -\frac{E^*a^2C_0}{4\eta\sqrt{1-\beta^2}} = \frac{\pi E^*a^2}{4R}\left\{1+\pi\eta\tanh(\pi\eta)+i\eta\left[\psi\left(\frac{1}{4}+i\frac{\eta}{2}\right)-\psi\left(\frac{1}{4}-i\frac{\eta}{2}\right)\right]\right\}^{-1}. \tag{4.44}$$

Zhupanska (2012) gibt einen deutlich komplizierteren Ausdruck an, der allerdings bei numerischer Auswertung Resultate liefert, die mit jenen aus Gleichung (4.44) identisch sind.

Für den Fall vollständiger Entkopplung ($\eta = 0$) stimmt das Ergebnis (4.44) natürlich mit der Lösung (3.46) des reibungsfreien Kontaktes überein. Bei gleicher Linienlast P fällt die Kontakthalbbreite im Normalkontakt ohne Gleiten geringer aus als jene im reibungsfreien Kontakt, die nachfolgend mit a_0 bezeichnet wird. Dies belegt Abb. 4.13, in der das Verhältnis der Kontakthalbbreiten über den Betrag der zweiten Materialkonstante von Dundurs aufgetragen ist. Für $|\beta| = 0{,}5$ ist der Kopplungseffekt am größten. Hierfür stellt sich eine um ca. 10,4 % gegenüber dem reibungsfreien Kontakt reduzierte Kontakthalbbreite ein. Da obige Lösungen ausschließlich die verallgemeinerten Materialparameter E^* und β enthalten (η ist gemäß Gleichung allein über β definiert), gelten sie nicht nur für den Fall der Indentierung der elastischen Halbebene durch einen starren parabolischen Stempel, sondern gleichermaßen für den Normalkontakt zweier Körper aus unterschiedlichem elastischen Material.

Nun, da die Linienlast P als Funktion der Kontakthalbbreite bekannt ist, kann zur Berechnung der Druck- und Tangentialspannungen von Gleichung (4.18) Gebrauch gemacht werden. Unter Berücksichtigung von Gleichung (4.44) sowie partieller Integration ergibt sich zunächst

$$p(t) + iq(t) = \frac{2P}{\pi a\sqrt{1-\beta^2}}\left[\sqrt{1-t^2}\left(\frac{1+t}{1-t}\right)^{i\eta} + 2i\eta t\int_{|t|}^{1}\frac{1}{\sqrt{s^2-t^2}}\left(\frac{s+t}{s-t}\right)^{i\eta}\mathrm{d}s\right], \tag{4.45}$$

und nach geeigneter Substitution des verbleibenden Integrals

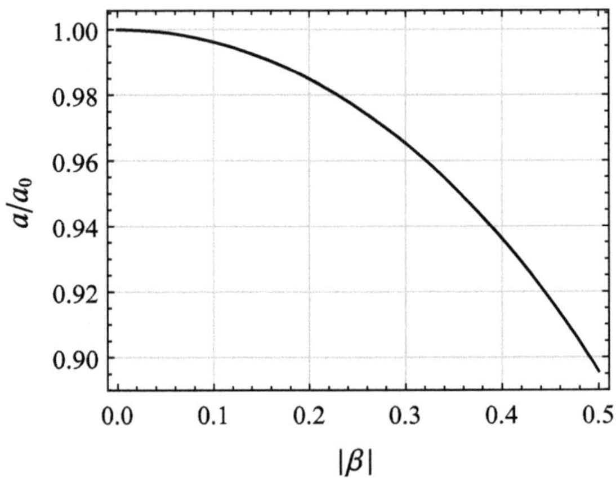

Abb. 4.13 Kontakthalbbreite a, normiert auf den entkoppelten Wert a_0, als Funktion des Betrages der zweiten Materialkonstante von Dundurs

$$p(t) + iq(t) = \frac{2P}{\pi a\sqrt{1-\beta^2}}\left\{\sqrt{1-t^2}\left(\frac{1+t}{1-t}\right)^{i\eta} + 2i\eta t\mathrm{B}\left(\frac{1-|t|}{1+|t|}; \frac{1}{2} - i\eta\mathrm{sgn}(t), 0\right)\right\}. \tag{4.46}$$

Hierin bezeichnet B(•; •, •) die unvollständige Beta-Funktion

$$\mathrm{B}(z; a, b) := \frac{z^a}{a}\,{}_2\mathrm{F}_1(a,\ 1-b;\ 1+a; z), \tag{4.47}$$

mit der Hypergeometrischen Funktion

$${}_2\mathrm{F}_1(a, b; c; z) := \sum_{k=0}^{\infty} \frac{(a)_k (b)_k}{(c)_k} \frac{z^k}{k!}, \quad (x)_k := \frac{\Gamma(x+k)}{\Gamma(x)}. \tag{4.48}$$

Setzt man diese Reihendarstellung ein und bildet den Real- und Imaginärteil, so ergibt sich nach einigen algebraischen Umformungen für die Druckverteilung

$$\begin{aligned} p(x; a) = \frac{2P(a)}{\pi a^2\sqrt{1-\beta^2}} \Bigg\{ & \left(\sqrt{a^2-x^2} - 2\eta^2|x| \sum_{k=0}^{\infty} \frac{1}{\left(\frac{1}{2}+k\right)^2+\eta^2} \left(\frac{a-|x|}{a+|x|}\right)^{\frac{1}{2}+k}\right) \cos\left[\eta \ln\left(\frac{a+x}{a-x}\right)\right] \\ & -2\eta x \left(\sum_{k=0}^{\infty} \frac{\frac{1}{2}+k}{\left(\frac{1}{2}+k\right)^2+\eta^2} \left(\frac{a-|x|}{a+|x|}\right)^{\frac{1}{2}+k}\right) \sin\left[\eta \ln\left(\frac{a+x}{a-x}\right)\right]\Bigg\}, \end{aligned} \tag{4.49}$$

und die Tangentialspannungen

$$\begin{aligned} q(x; a) = \frac{2P(a)}{\pi a^2\sqrt{1-\beta^2}} \Bigg\{ & \left(\sqrt{a^2-x^2} - 2\eta^2|x| \sum_{k=0}^{\infty} \frac{1}{\left(\frac{1}{2}+k\right)^2+\eta^2} \left(\frac{a-|x|}{a+|x|}\right)^{\frac{1}{2}+k}\right) \sin\left[\eta \ln\left(\frac{a+x}{a-x}\right)\right] \\ & +2\eta x \left(\sum_{k=0}^{\infty} \frac{\frac{1}{2}+k}{\left(\frac{1}{2}+k\right)^2+\eta^2} \left(\frac{a-|x|}{a+|x|}\right)^{\frac{1}{2}+k}\right) \cos\left[\eta \ln\left(\frac{a+x}{a-x}\right)\right]\Bigg\}. \end{aligned} \tag{4.50}$$

Für ausgewählte Materialparameter β bei gleicher aufgebrachter Linienlast P zeigt Abb. 4.14 die Verteilung der Druckspannungen im Kontaktgebiet. Dabei ist zu beachten, dass die Koordinate mit der Kontakthalbbreite $a_0$normiert wurde, die sich im entkoppelten Zustand einstellen würde. Die Druckverteilung wurde hingegen auf den mittleren Druck des jeweiligen gekoppelten Kontaktes bezogen, der größer ausfällt als im entkoppelten Kontakt. Während das normierte Druckmaximum im stark gekoppelten Fall $\beta = 0{,}5$ noch signifikant größer ist als im Kontakt zwischen Körpern aus elastisch ähnlichen Materialien ($\beta = 0$) fällt der Unterschied für realistische mittlere Werte $\beta \approx 0{,}2$–$0{,}3$ gering aus. Deshalb wird die Druckverteilung in diesem Bereich häufig durch die des reibungsfreien Kontaktes angenähert, was einer Vernachlässigung des Einflusses der Tangentialspannungen auf die Normalverschiebung gleichkommt (siehe das Unterkapitel 4.4).

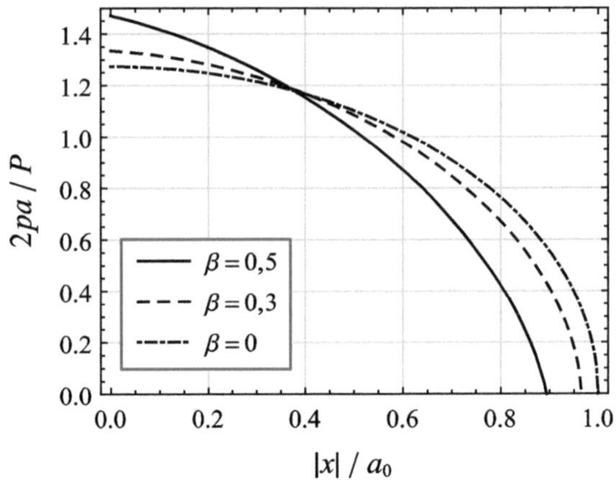

Abb. 4.14 Normierte Verläufe des Drucks $p(x)$ bei der Indentierung einer elastischen Halbebene durch einen elastischen parabolischen Zylinder mit dem Radius R für ausgewählte Werte der zweiten Materialkonstante von Dundurs

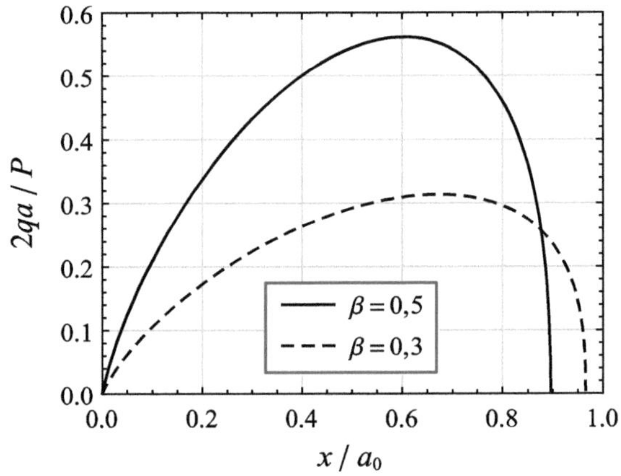

Abb. 4.15 Normierte Verläufe der Tangentialspannungen $q(x)$ bei der Indentierung einer elastischen Halbebene durch einen elastischen parabolischen Zylinder für ausgewählte Werte der zweiten Materialkonstante von Dundurs

Dass die Druckspannungen hingegen signifikant zur tangentialen Verschiebung beitragen und damit die Verteilung der Tangentialspannungen beeinflussen, untermauert Abb. 4.15. Der nur für positive Werte der Koordinate x gezeigte Verlauf ist punktsymmetrisch fortzusetzen.

4.3.5 Der Keil

In Abb. 4.16 wird ein symmetrischer Keil mit einem (kleinen) Steigungswinkel α in eine elastische Halbebene gedrückt. Sein Profil gehorcht der Funktion

$$f(x) = \tan\alpha|x| \approx \alpha|x|. \tag{4.51}$$

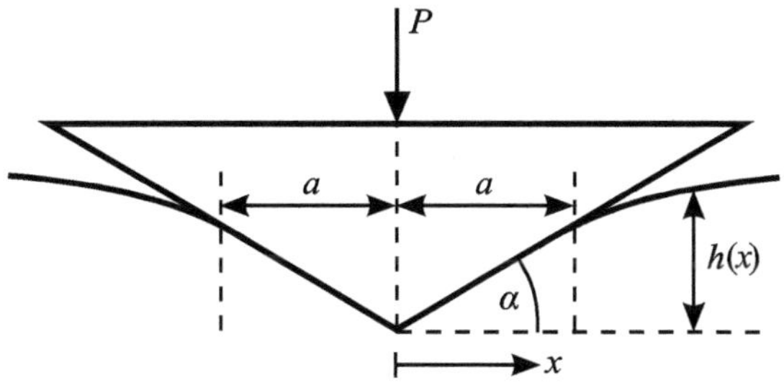

Abb. 4.16 Indentierung einer elastischen Halbebene durch einen starren Keil mit dem Steigungswinkel α

Unter Berücksichtigung der von Spence geäußerten Selbstähnlichkeit muss dann die Dehnung der Oberfläche konstant sein. Die Randbedingungen im Kontaktgebiet lauten somit

$$u'_x(x) = C_0, \quad u'_y(x) = -\alpha \operatorname{sgn}(x), \quad |x| \le a. \tag{4.52}$$

Zur Berechnung der noch unbekannten Dehnungskonstante C_0 werden die Randbedingungen in die Konsistenzbedingung (4.16) eingesetzt und nach Umformungen sowie Substitution mit $s = \tanh(u/2)$ verbleibt

$$C_0 = -i\alpha \frac{\int_{-1}^{1} \frac{\operatorname{sgn}(s)}{\sqrt{1-s^2}} \left(\frac{1-s}{1+s}\right)^{i\eta} \mathrm{d}s}{\int_{-1}^{1} \frac{1}{\sqrt{1-s^2}} \left(\frac{1-s}{1+s}\right)^{i\eta} \mathrm{d}s} = -\alpha \frac{\int_0^\infty [\sin(\eta u)/\cosh(u/2)]\mathrm{d}u}{\int_0^\infty [\cos(\eta u)/\cosh(u/2)]\mathrm{d}u}. \tag{4.53}$$

Die Lösungen der Integrale in Zähler und Nenner der rechten Seite sind durch die Gleichungen (4.40) gegeben. Damit ist die Dehnungskonstante bestimmt,

$$C_0 = \alpha \sinh(\pi\eta) + i\frac{\alpha}{\pi} \cosh(\pi\eta)\left[\psi\left(\frac{1}{4} + i\frac{\eta}{2}\right) - \psi\left(\frac{1}{4} - i\frac{\eta}{2}\right)\right], \tag{4.54}$$

worin $\psi(x)$ die Digamma-Funktion (siehe Anhang) bezeichnet. Zur Berechnung der Linienlast P als Funktion der Kontakthalbbreite a werden die Randbedingungen aus Gleichung (4.52) in Gleichung (4.15) eingesetzt,

$$P = -\frac{iE^*a}{2\sqrt{1-\beta^2}}\left[C_0 \int_{-1}^{1} \frac{s}{\sqrt{1-s^2}}\left(\frac{1-s}{1+s}\right)^{i\eta} \mathrm{d}s + i\alpha \int_{-1}^{1} \frac{|s|}{\sqrt{1-s^2}}\left(\frac{1-s}{1+s}\right)^{i\eta} \mathrm{d}s\right]. \tag{4.55}$$

Die Lösungen der Integrale sind im Anhang gegeben. Nach Einsetzen der Dehnungskonstante und einigen Umformungen ergibt sich

$$P(a) = \frac{\alpha E^* a}{\sqrt{1-\beta^2}}. \tag{4.56}$$

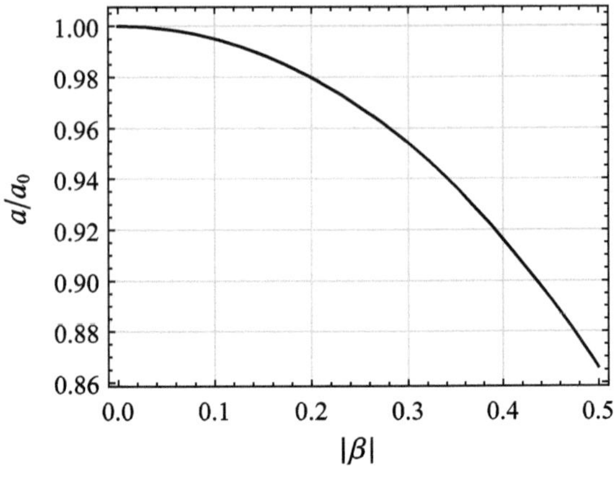

Abb. 4.17 Normierte Kontakthalbbreite als Funktion des Betrages der zweiten Materialkonstante von Dundurs

Abb. 4.17 illustriert die Abhängigkeit der Kontakthalbbreite vom Betrag der zweiten Materialkonstante von Dundurs. Dabei wurde auf die Kontakthalbbreite a_0 normiert, die sich für den entkoppelten Fall einstellt. Bei elastisch ungleichen Materialien führt die Unterdrückung weiterer tangentialer Relativverschiebungen von Punkten im Kontaktgebiet zu einer Verminderung der Kontakthalbbreite, die für $|\beta| = 0{,}5$ ca. 13,4 % beträgt.

Zur Berechnung der Druck- und Tangentialspannungen machen wir von Gleichung (4.18) Gebrauch. Unter Berücksichtigung von Gleichung (4.56) erhalten wir zunächst

$$p(t) + iq(t) = \frac{P}{\pi a\sqrt{1-\beta^2}} \int_{|t|}^{1} \frac{1}{\sqrt{s^2 - t^2}} \left(\frac{s+t}{s-t}\right)^{i\eta} \mathrm{d}s \tag{4.57}$$

und nach geeigneter Substitution

$$p(t) + iq(t) = \frac{P}{\pi a\sqrt{1-\beta^2}} \mathrm{B}\left(\frac{1-|t|}{1+|t|}; \frac{1}{2} - i\eta\,\mathrm{sgn}(t), 0\right), \tag{4.58}$$

worin $\mathrm{B}(\bullet; \bullet, \bullet)$ die unvollständige Beta-Funktion bezeichnet, die über die Gleichungen (4.47) und (4.48) erklärt ist. Nach Ausnutzung ihrer Reihendarstellung sowie Bildung von Real- und Imaginärteil erhält man für die Druckverteilung

$$\begin{aligned} p(x; a) = \frac{P(a)}{\pi a\sqrt{1-\beta^2}} &\left\{ \left(\sum_{k=0}^{\infty} \frac{\frac{1}{2}+k}{\left(\frac{1}{2}+k\right)^2 + \eta^2} \left(\frac{a-|x|}{a+|x|}\right)^{\frac{1}{2}+k} \right) \cos\left[\eta \ln\left(\frac{a+x}{a-x}\right)\right] \right. \\ &\left. -\mathrm{sgn}(x) \left(\sum_{k=0}^{\infty} \frac{\eta}{\left(\frac{1}{2}+k\right)^2 + \eta^2} \left(\frac{a-|x|}{a+|x|}\right)^{\frac{1}{2}+k} \right) \sin\left[\eta \ln\left(\frac{a+x}{a-x}\right)\right] \right\}, \end{aligned} \tag{4.59}$$

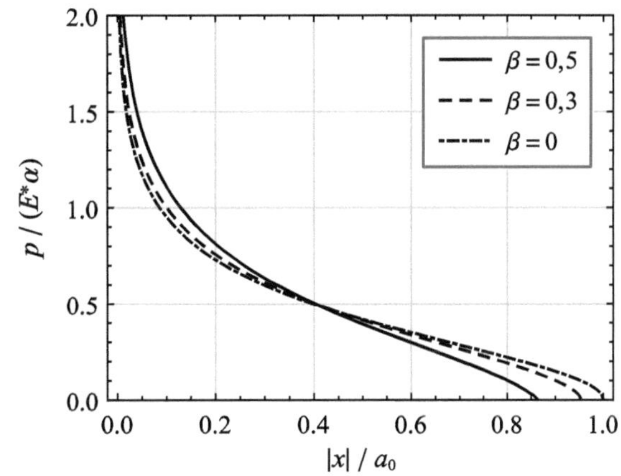

Abb. 4.18 Normierte Verläufe des Drucks $p(x)$ bei der Indentierung einer elastischen Halbebene durch einen elastischen Keil mit dem Steigungswinkel α für ausgewählte Werte der zweiten Materialkonstante von Dundurs

und die Verteilung der Tangentialspannungen

$$q(x;a) = \frac{P(a)}{\pi a \sqrt{1-\beta^2}} \left\{ \left(\sum_{k=0}^{\infty} \frac{\frac{1}{2}+k}{\left(\frac{1}{2}+k\right)^2 + \eta^2} \left(\frac{a-|x|}{a+|x|} \right)^{\frac{1}{2}+k} \right) \sin\left[\eta \ln\left(\frac{a+x}{a-x} \right) \right] \right.$$
$$\left. + \operatorname{sgn}(x) \left(\sum_{k=0}^{\infty} \frac{\eta}{\left(\frac{1}{2}+k\right)^2 + \eta^2} \left(\frac{a-|x|}{a+|x|} \right)^{\frac{1}{2}+k} \right) \cos\left[\eta \ln\left(\frac{a+x}{a-x} \right) \right] \right\}. \tag{4.60}$$

Für ausgewählte Materialparameter β zeigt Abb. 4.18 die Verteilung der Druckspannungen im Kontaktgebiet, die an der Spitze des keilförmigen Indenters eine Singularität aufweist. Die Koordinate wurde mit der Kontakthalbbreite a_0 normiert, die sich im entkoppelten Zustand einstellen würde. Abgesehen von der reduzierten Kontakthalbbreite zeigen die Kurven für verschiedene Materialpaarungskonstanten β keine signifikanten Unterschiede auf.

In der Verteilung der Tangentialspannungen nach Abb. 4.19 wird hingegen ein spezifisches Charakteristikum des elastisch gekoppelten Kontakts deutlich. Wenn man bedenkt, dass die Tangentialspannungen punktsymmetrisch zum Ursprung verteilt sind, dann ist an der Stelle $x = 0$ ein Sprung der Tangentialspannungen auszumachen (da die Spannungen nicht, wie z. B. in Abb. Abb. 4.15 für den parabolischen Kontakt, im Ursprung verschwinden), der auf die Nichtdifferenzierbarkeit des Profils an dieser Stelle zurückgeht.

4.3.6 Das Profil in der Form eines Potenzgesetzes

Analytische Lösungen für den in Abb. 4.20 skizzierten Normalkontakt ohne Gleiten zwischen einem Indenter mit einem Profil in der Form eines Potenzgesetzes

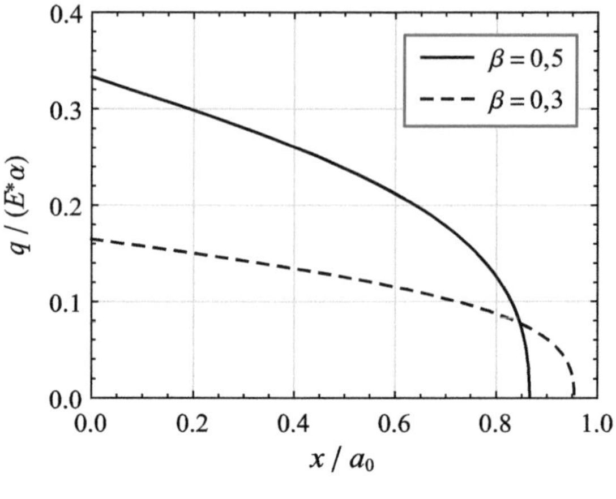

Abb. 4.19 Normierte Verläufe der Tangentialspannungen $q(x)$ bei der Indentierung einer elastischen Halbebene durch einen elastischen Keil mit dem Steigungswinkel α für ausgewählte Werte der zweiten Materialkonstante von Dundurs

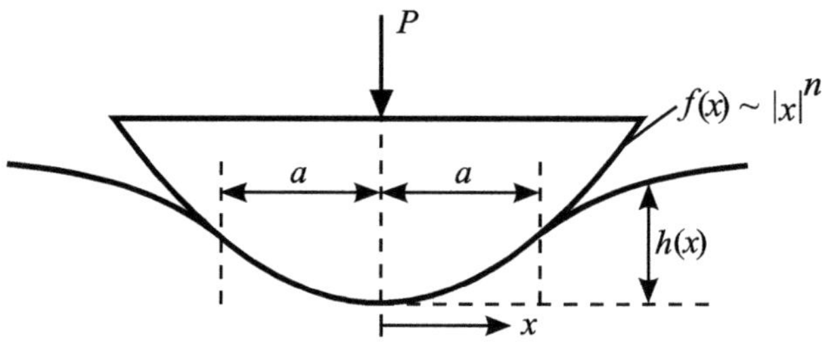

Abb. 4.20 Indentierung einer elastischen Halbebene durch einen starren Indenter mit einem Profil in der Form eines Potenzgesetzes

$$f(x) = A_n|x|^n, \quad A_n > 0, \quad n > 0 \tag{4.61}$$

und einer elastischen Halbebene wurden kürzlich von Heß (2023) publiziert. Darin wurde der klassische von Spence aufgezeigte Lösungsweg dem Lösungsweg mittels Superposition von inkrementellen Flachstempeleindrücken gegenübergestellt. Wir orientieren uns zunächst am klassischen Weg, wonach die Form der Dehnung der Oberfläche aufgrund der Selbstähnlichkeit proportional zu $|x|^{n-1}$ sein muss.
Damit lauten die Randbedingungen im Kontaktgebiet

$$u_x'(x) = nB_n|x|^{n-1}, \quad u_y'(x) = -nA_n|x|^{n-1}\text{sgn}(x), \quad |x| \leq a, \tag{4.62}$$

worin B_n *a priori* unbekannt ist und multipliziert mit dem Exponenten n die *frozen-in* Dehnungskonstante darstellt.

Einsetzen der Randbedingungen in die Konsistenzbedingung (4.16) führt auf

$$B_n = -iA_n\frac{L_{n-1}}{K_{n-1}} \tag{4.63}$$

mit den Integralabkürzungen

$$K_n := \int_{-1}^{1} \frac{|s|^n}{\sqrt{1-s^2}} \left(\frac{1-s}{1+s} \right)^{i\eta} \mathrm{d}s, \quad L_n := \int_{-1}^{1} \frac{|s|^n \mathrm{sgn}(s)}{\sqrt{1-s^2}} \left(\frac{1-s}{1+s} \right)^{i\eta} \mathrm{d}s. \tag{4.64}$$

Mithilfe partieller Integration kann man leicht nachweisen, dass folgende Rekursionsformeln gelten:

$$\begin{aligned} \{K, L\}_n &= \left(1 - \frac{1}{n}\right)\{K, L\}_{n-2} - \frac{2\eta i}{n}\{L, K\}_{n-1}, \; n \geq 2, \\ K_1 &= 2(1 - i\eta L_0), \quad L_1 = -2i\eta K_0. \end{aligned} \tag{4.65}$$

Die Lösungen der Integrale für höhere Exponenten n sind daher allein über die Lösungen der Grundintegrale bestimmt (siehe die entsprechende Tabelle im Anhang),

$$K_0 = \frac{\pi}{\cosh(\pi\eta)}, \quad L_0 = i\pi \tanh(\pi\eta) - \left[\psi\left(\frac{1}{4} + i\frac{\eta}{2}\right) - \psi\left(\frac{1}{4} - i\frac{\eta}{2}\right) \right]. \tag{4.66}$$

Hier bezeichnet $\psi(x)$ die im Anhang definierte Digamma-Funktion. Zur Bestimmung der Linienlast als Funktion der Kontakthalbbreite werden zunächst die Randbedingungen (4.62) in Gleichung (4.15) eingesetzt und im Anschluss die Beziehung (4.63) berücksichtigt,

$$P(a) = -\frac{iE^* n a^n}{2\sqrt{1-\beta^2}}(L_n B_n + iK_n A_n) = \frac{E^* a^n A_n n}{2\sqrt{1-\beta^2}} \left(\frac{K_n K_{n-1} - L_n L_{n-1}}{K_{n-1}} \right). \tag{4.67}$$

Aus den Rekursionsformeln (4.65) erschließt sich dabei leicht folgender Zusammenhang

$$n(K_n K_{n-1} - L_n L_{n-1}) = (n-1)(K_{n-1}K_{n-2} - L_{n-1}L_{n-2}) = K_1 K_0 - L_1 L_0 = 2K_0, \tag{4.68}$$

der eingesetzt in Gleichung (4.67) auf einen sehr einfachen Ausdruck für die Normalkraft als Funktion der Kontakthalbbreite führt,

$$P(a) = E^* n A_n \kappa(n, \beta) a^n, \quad \kappa(n, \beta) := \frac{\pi}{n K_{n-1}}, \tag{4.69}$$

wobei

$$\begin{aligned} K_{n-1} &= \Gamma(n)\Gamma\left(\frac{1}{2} - i\eta\right) {}_2\mathrm{F}_1\left(n, \frac{1}{2} - i\eta; \frac{1}{2} + n - i\eta; -1\right) / \Gamma\left(\frac{1}{2} + n - i\eta\right) \\ &+ \Gamma(n)\Gamma\left(\frac{1}{2} + i\eta\right) {}_2\mathrm{F}_1\left(n, \frac{1}{2} + i\eta; \frac{1}{2} + n + i\eta; -1\right) / \Gamma\left(\frac{1}{2} + n + i\eta\right) \end{aligned}. \tag{4.70}$$

Der Skalierungsfaktor $\kappa(n,\beta)$ ist für ausgewählte Exponenten und Betragswerte der zweiten Materialpaarungskonstante von Dundurs in Tab. 4.1 gegeben. Für elastisch ähnliche Materialien ($\beta = 0$) stimmen die Werte natürlich mit jenen aus Tab. 4.1 im dritten Kapitel überein.

Bei bekannter Linienlast als Funktion der Kontakthalbbreite nach Gleichung (4.69) kann Gleichung (4.18) zur Berechnung der Druck- und Tangentialspannungen verwendet

Tab. 4.1 Skalierungsfaktor $\kappa(n,\beta)$ für ausgewählte Betragswerte der zweiten Materialpaarungskonstante von Dundurs und Exponenten n der Formfunktion

		Exponent n der Potenzfunktion des Indenterprofils							
		1	2	3	4	5	6	7	8
Dundurs' Konstante $\|\beta\|$	0	1	0,7854	0,6667	0,5890	0,5333	0,4909	0,4571	0,4295
	0,3	1,0483	0,8429	0,7271	0,6504	0,5949	0,5523	0,5183	0,4903
	0,5	1,1547	0,9789	0,8771	0,8087	0,7590	0,7206	0,6900	0,6648

werden. Unter Berücksichtigung der Ableitung

$$P'(s) = nP(a)s^{n-1} \tag{4.71}$$

ergibt sich zunächst

$$p(t) + iq(t) = \frac{nP}{\pi a\sqrt{1-\beta^2}} \int_{|t|}^{1} \frac{s^{n-1}}{\sqrt{s^2-t^2}} \left(\frac{s+t}{s-t}\right)^{i\eta} \mathrm{d}s. \tag{4.72}$$

Wie von Heß (2023) gezeigt, kann das Integral mittels Substitution in eine Integraldarstellung der Appell-Funktion $\mathrm{F}_1(\ldots)$ überführt werden

$$p(t) + iq(t) = \frac{nP|t|^{n-1}}{\pi a\sqrt{1-\beta^2}} \frac{\mathrm{F}_1\left(\frac{1}{2} - i\eta\operatorname{sgn}(t), n, 1-n, \frac{3}{2} - i\eta\operatorname{sgn}(t); \frac{1-|t|}{1+|t|}, -\frac{1-|t|}{1+|t|}\right)}{1/2 - i\eta\operatorname{sgn}(t)} \left(\frac{1-|t|}{1+|t|}\right)^{\frac{1}{2}-i\eta\operatorname{sgn}(t)}. \tag{4.73}$$

Die Appell-Funktion als Verallgemeinerung der hypergeometrischen Funktion auf zwei Variable ist auch über die folgende Doppelreihe definiert

$$\mathrm{F}_1(a, b, b', c; x, y) := \sum_{k=0}^{\infty}\sum_{m=0}^{\infty} \frac{(a)_{k+m}(b)_k(b')_m}{(c)_{k+m}k!m!} x^k y^m, \quad |x| < 1, \quad |y| < 1, \quad (z)_k := \frac{\Gamma(z+k)}{\Gamma(z)}. \tag{4.74}$$

Wir belassen es bei der Angabe der Druck- und Tangentialspannungen in der kompakten, komplexen Form und verzichten auf weitere Vereinfachungen, die insbesondere für vorgegebene Exponenten möglich sind.

4.4 Goodman-Näherung

Es ist die Kopplung der beiden Integralgleichungen (4.1) und (4.2), die die Lösung von Normalkontakten ohne Gleiten im Vergleich zu reibungsfreien Normalkontakten deutlich erschwert. Tangentialspannungen erzeugen Normalverschiebungen, die die Druckverteilung beeinflussen und *vice versa*. Eine wesentliche Vereinfachung des Problems wurde von Goodman (1962) vorgeschlagen, der den Einfluss der Tangentialspannungen auf die Normalverschiebungen vernachlässigte, sodass sich die gleiche Druckverteilung wie im reibungsfreien Normalkontakt ergibt. Gerade wenn man berücksichtigt, dass für typische Materialpaarungen der Wert $|\beta| = 0{,}3$ nur selten überschritten wird, erscheint diese Annahme gerechtfertigt. Dies belegen auch die vorausgegangenen exakten Lösungen für die Druckverteilungen (siehe z. B. Abb. 4.14 für den parabolischen Kontakt). Die Goodman-Näherung führt also zur Entkopplung der Integralgleichungen (4.1) und (4.2). Nachdem allein aus Gleichung (4.2) (unter Vernachlässigung der Tangentialspannungen q) die Druckverteilung wie in Kap. 3 erläutert bestimmt wurde, kann sie in Gleichung (4.1) eingesetzt werden, was die ausstehende Berechnung der Tangentialspannungen erheblich vereinfacht, da nur noch eine Integralgleichung 1. Art zu invertieren ist. Diese lautet

$$\int_{-a}^{a} \frac{q(\xi)\mathrm{d}\xi}{x-\xi} = -\pi\beta p(x) - \frac{\pi E^*}{2} u_x'(x) \tag{4.75}$$

und ihre Lösung ist (Söhngen 1954)

$$q(x) = \frac{1}{\pi\sqrt{a^2-x^2}} \int_{-a}^{a} \frac{\sqrt{a^2-\xi^2}}{x-\xi} \left[\beta p(\xi) + \frac{E^*}{2} u_x'(\xi)\right] \mathrm{d}\xi, \quad |x| < a. \tag{4.76}$$

Darin wurde bereits berücksichtigt, dass keine resultierende tangentiale Linienlast Q wirkt. Sind die Tangentialspannungen an beiden Rändern gebunden, ist zudem die Konsistenzbedingung.

$$\int_{-a}^{a} \frac{1}{\sqrt{a^2-\xi^2}} \left[\beta p(\xi) + \frac{E^*}{2} u_x'(\xi)\right] \mathrm{d}\xi = 0 \tag{4.77}$$

zu erfüllen. Es sei erwähnt, dass sowohl durch die Ausnutzung von Symmetrie als auch die Berücksichtigung der Konsistenzbedingung im Falle von beidseitig gebundenen Rändern die Gleichung (4.76) noch modifiziert werden kann. Wir möchten stattdessen eine alternative Berechnungsmöglichkeit angeben, die die Bildung des Cauchy-Hauptwertes vermeidet, allerdings die Kenntnis der Linienlast P als Funktion der Kontakthalbbreite a voraussetzt. Letzteres ist im Rahmen der Goodman-Näherung immer der Fall, da die Druckverteilung aus dem reibungsfreien Kontakt übernommen wird und deren Integration über das Kontaktgebiet auf die genannte Beziehung führt. Die aus der Superposition von inkrementellen Flachstempeleindrücken resultierende Formel lautet (Heß 2023)

$$q(x) = \frac{\beta}{\pi^2} \int_{|x|}^{a} \frac{P'(\tilde{a})}{\sqrt{\tilde{a}^2-x^2}} \ln\left(\frac{\tilde{a}+x}{\tilde{a}-x}\right) \mathrm{d}\tilde{a}. \tag{4.78}$$

Da wir für zahlreiche Probleme bereits die exakte Lösung ermittelt haben, beschränken wir uns nachfolgend auf einige wenige Beispiele, anhand welcher die Vereinfachungen durch die Goodman-Näherung deutlich werden.

4.4.1 Näherungslösung für den Flachstempelkontakt

Zur näherungsweisen Berechnung der Tangentialspannungen im Flachstempelkontakt ohne Gleiten wird nach Gleichung (4.76) die Druckverteilung benötigt, die sich im reibungsfreien Kontakt einstellt. Dazu übernehmen wir Gleichung (3.31) aus Kap. 3,

$$p(x;\, P) = \frac{P}{\pi\sqrt{a^2 - x^2}}, \quad |x| < a. \tag{4.79}$$

Berücksichtigen wir zudem, dass gemäß der Randbedingungen keine relative Dehnung im Kontaktgebiet auftritt, ergeben sich folgende Tangentialspannungen:

$$q(x;\, P) = \frac{\beta P}{\pi^2\sqrt{a^2 - x^2}} \int_{-a}^{a} \frac{1}{x - \xi}\mathrm{d}\xi = \frac{\beta P}{\pi^2\sqrt{a^2 - x^2}} \ln\left(\frac{a + x}{a - x}\right). \tag{4.80}$$

Für $\beta = 0{,}3$ vergleicht Abb. 4.21 den genäherten Tangentialspannungsverlauf mit der exakten Lösung. Anhand der nur sehr geringfügigen Unterschiede in den Verläufen wird die Güte der Goodman-Näherung deutlich. Es sei bemerkt, dass die nur für positive Koordinaten skizzierten Verläufe punktsymmetrisch fortzusetzen sind.

Setzen wir die Tangentialspannungen nach Gleichung (4.80) ins Verhältnis zu den Druckspannungen nach Gleichung (4.79) ergibt sich

$$\frac{q(x)}{p(x)} = \frac{\beta}{\pi} \ln\left(\frac{a + x}{a - x}\right). \tag{4.81}$$

Dieses sowie das exakte Verhältnis, welches aus den Gleichungen (4.22) zu bilden ist, sind in Abb. 4.22 für $\beta = 0{,}3$ dargestellt und zeigen sehr gute Übereinstimmung. Da sie am Kontaktrand theoretisch unendlich hohe Werte voraussagen, und damit vollständiges Haften einen unendlich großen Reibungskoeffizienten verlangen würde, wird es praktisch immer zu Schlupf mindestens im randnahen Bereich kommen.

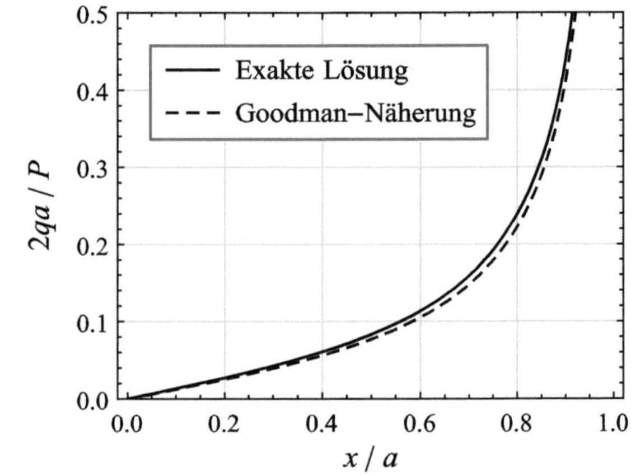

Abb. 4.21 Normierte Verläufe der Tangentialspannungen $q(x)$ beim Flachstempelkontakt für $\beta = 0{,}3$: Goodman-Näherung (4.80) im Vergleich mit der exakten Lösung aus den Gleichungen (4.22)

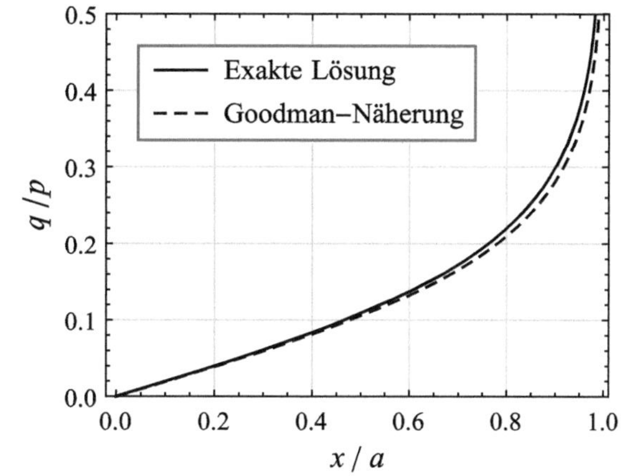

Abb. 4.22 Verhältnis der im Flachstempelkontakt ohne Gleiten auftretenden Tangentialspannungen zu den Druckspannungen für $\beta = 0{,}3$; Vergleich der Lösung im Rahmen der Goodman-Näherung mit dem exakten Ergebnis

4.4.2 Näherungslösung für den Normalkontakt mit einem parabolischen Zylinder

Zur näherungsweisen Berechnung der Tangentialspannungen im Normalkontakt ohne Gleiten zwischen einem elastischen parabolischen Zylinder mit dem Radius R und einer elastischen Halbebene übernehmen wir in einem ersten Schritt die Lösungen für die Druckverteilung p und die Linienlast P, jeweils als Funktion der Kontakthalbbreite a, die sich im reibungsfreien Normalkontakt ergeben, und die im dritten Kapitel (siehe Abschn. 3.4.3) dokumentiert sind,

$$\begin{aligned} p(x;a) &= \frac{E^*}{2R}\sqrt{a^2 - x^2}, \\ P(a) &= \frac{\pi}{4}\frac{E^* a^2}{R}. \end{aligned} \tag{4.82}$$

Ein möglicher Weg zur Berechnung der Tangentialspannungen bildet wiederum die Anwendung von Gleichung, die im Anschluss noch eine Auswertung der Konsistenzbedingung verlangt[5]. Dieser Weg ist im Buch von Johnson (1985, S. 120 f.) dokumentiert. Wir zeigen hier einen einfacheren Lösungsweg auf, indem wir von Gleichung (4.78) Gebrauch machen und so die Berechnung von Cauchy-Hauptwerten umgehen.

Unter Berücksichtigung der obigen Lösung für $P(a)$ und partieller Integration folgt

$$\begin{aligned} q(x) &= \frac{\beta E^*}{2\pi R}\int_{|x|}^{a} \frac{\tilde{a}}{\sqrt{\tilde{a}^2 - x^2}} \ln\left(\frac{\tilde{a}+x}{\tilde{a}-x}\right) \mathrm{d}\tilde{a} = \frac{\beta E^*}{2\pi R}\left[\sqrt{a^2 - x^2}\ln\left(\frac{a+x}{a-x}\right) + 2x\int_{|x|}^{a} \frac{1}{\sqrt{\tilde{a}^2 - x^2}}\,\mathrm{d}\tilde{a}\right] \\ &= \frac{\beta E^*}{2\pi R}\left[\sqrt{a^2 - x^2}\ln\left(\frac{a+x}{a-x}\right) + x\ln\left(\frac{a+\sqrt{a^2-x^2}}{a-\sqrt{a^2-x^2}}\right)\right]. \end{aligned} \tag{4.83}$$

[5] Aus dieser Bedingung kann bei Bedarf die *frozen-in* Konstante ermittelt werden.

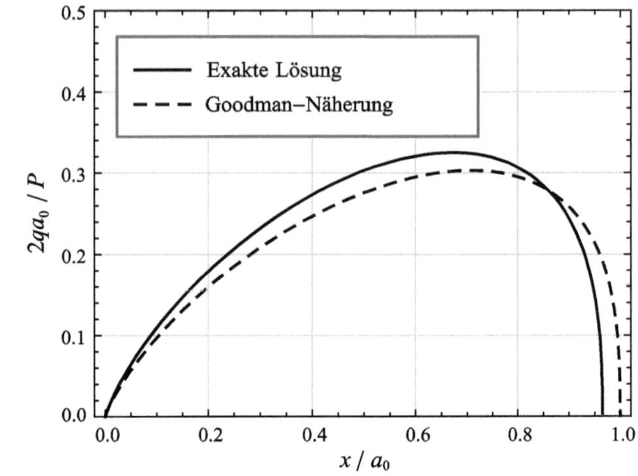

Abb. 4.23 Normierte Verläufe der Tangentialspannungen $q(x)$ im elastischen Normalkontakt zwischen einem parabolischen Zylinder und einer Halbebene für $\beta = 0{,}3$: Goodman-Näherung (4.83) im Vergleich mit der exakten Lösung (4.50)

Die Tangentialspannungen sind demnach proportional zur zweiten Materialkonstante von Dundurs, die die Verschiedenheit der elastischen Eigenschaften der Materialien der kontaktierenden Körper quantifiziert.

Abb. 4.23 vergleicht die Näherungslösung für die Tangentialspannungen mit der exakten Lösung aus Gleichung (4.50) für $\beta = 0{,}3$. Dabei wurde die Reduktion der Kontaktfläche gemäß Gleichung (4.44) bei gleicher Linienbelastung P berücksichtigt und auf den mittleren Druck im reibungsfreien Kontakt normiert; $a_0$bezeichnet die Kontakthalbbreite des reibungsfreien Kontaktes. Das Maximum der Goodman-Näherung ist nur ca. 6,8 % kleiner und geringfügig zum Kontaktrand hin verschoben.

Literatur

Abramov, B.M.: *The problem of contact of an elastic infinite half-plane with an absolutely rigid rough foundation.* Comptes Rendus de l'Académie des Sciences de l'URSS, **17**, 173–178 (1937)

Bufler, H.: *Einige strenge Lösungen für den Spannungszustand in ebenen Verbundkörpern.* ZAMM Zeitschrift für Angewandte Mathematik und Mechanik, **39**(5-6), 218–236 (1959) https://doi.org/10.1002/zamm.19590390507

Goodman, L. E.: *Contact stress analysis of normally loaded rough spheres.* Journal of Applied Mechanics, **29**(3), 515–522 (1962) https://doi.org/10.1115/1.3640599

Gradshteyn, I.S.; Ryzhik, I.M.: *Table of integrals, series, and products.* Academic press, 8th edition (2014).

Heß, M.: *Some remarks on the two-dimensional contact of dissimilar elastic solids under non-slipping boundary conditions.* Reports in Mechanical Engineering, **4**(1), 290–309 (2023) https://doi.org/10.31181/rme040129112023h

Johnson, K.L.: *Contact Mechanics.* Cambridge University Press, Cambridge (1985)

Ma, L., Korsunsky, A.M.: *Complex variable formulation for non-slipping plane strain contact of two elastic solids in the presence of interface mismatch eigenstrain.* International Journal of Solids and Structures, **49**(9), 1177–1188 (2012) https://doi.org/10.1016/j.ijsolstr.2012.02.002

Ma, L., Korsunsky, A.M.: *Interface mismatch eigenstrain of non-slipping contacts between dissimilar elastic solids.* International Journal of Solids and Structures, 253, 111760 (2022) https://doi.org/10.1016/j.ijsolstr.2022.111760

Muskhelishvili, N.I.: *Some basic problems of the mathematical theory of elasticity: fundamental equations, plane theory of elasticity, torsion, and bending.* P. Noordhoff Ltd, Groningen (1953), Übersetzung der 3. Auflage des russischen Originals von 1949 durch J.R.M. Radok

Nowell, D., Hills, D. A., Sackfield, A.: *Contact of dissimilar elastic cylinders under normal and tangential loading.* Journal of the Mechanics and Physics of Solids, **36**(1), 59–75 (1988) https://doi.org/10.1016/0022-5096(88)90020-8

Sadowsky, M.: *Zweidimensionale Probleme der Elastizitätstheorie.* ZAMM Zeitschrift für Angewandte Mathematik und Mechanik, **8**(2), 107–121 (1928) https://doi.org/10.1002/zamm.19280080203

Schubert, G.: *Zur Frage der Druckverteilung unter elastisch gelagerten Tragwerken.* Ingenieur-Archiv, **13**, 132–147 (1942) https://doi.org/10.1007/BF02095912

Söhngen, H.: *Zur Theorie der endlichen Hilbert-Transformation.* Mathematische Zeitschrift, **60**, 31–51 (1954) https://doi.org/10.1007/BF01187356

Spence, D.: *Self similar solutions to adhesive contact problems with incremental loading.* Proceedings of the Royal Society of London, Series A, Mathematical and Physical Sciences, **305**(1480), 55–80 (1968) https://doi.org/10.1098/rspa.1968.0105

Spence, D. A.: *An eigenvalue problem for elastic contact with finite friction.* In Mathematical Proceedings of the Cambridge Philosophical Society, **73**(1), 249–268 (1973) https://doi.org/10.1017/S0305004100047666

Zhupanska, O.I.: *Adhesive full stick contact of a rigid cylinder with an elastic half-space.* International Journal of Engineering Science, **55**, 54–65 (2012) https://doi.org/10.1016/j.ijengsci.2012.02.002

5 Normalkontakt mit Adhäsion

5.1 Einführung

Als Adhäsion bezeichnet man die, in der Regel anziehende, schnell mit dem Abstand abfallende Wechselwirkung elektrisch neutraler Festkörperoberflächen, z. B. durch van-der-Waals-Kräfte. Je nach der physikalischen Natur der Wechselwirkung lässt sich die Adhäsion lokal im Rahmen der Kontinuumsmechanik durch eine Spannung $\sigma = \sigma_{\text{adh}}(h)$ als Funktion des Abstands h der Oberflächen charakterisieren. Die Arbeit (pro Fläche), die nötig ist, um die Oberflächen aus dem Gleichgewichtsabstand h_0 gegen die Wirkung der adhäsiven Wechselwirkung vollständig voneinander zu trennen, bezeichnet man als relative Oberflächentrennungsarbeit $\Delta\gamma$,

$$\Delta\gamma = \int_{h_0}^{\infty} \sigma_{\text{adh}}(h)\mathrm{d}h. \tag{5.1}$$

Wenn die Reichweite der Kontaktwechselwirkung durch die (elastische) Deformation sehr viel größer ist als die charakteristische Reichweite h_1 des adhäsiven Potentials, spielt die genaue mathematische Form der adhäsiven Spannung keine Rolle; das einzige für die Kontaktmechanik relevante Charakteristikum der Adhäsion ist dann $\Delta\gamma$. Dies entspricht dem nach der bekannten Arbeit von **J**ohnson, **K**endall und **R**oberts (1971) benannten „JKR-Grenzfall“ der Adhäsion, der insbesondere für den Kontakt weicher Materialien relevant ist. Der entgegengesetzte Grenzfall einer sehr großen Reichweite der adhäsiven Wechselwirkung (die dann die Spannungsverteilung durch die Kontaktdeformation nur wenig beeinflusst) wurde von **D**erjaguin, **M**uller und **T**oporov (1975) untersucht und ist entsprechend als „DMT-Grenzfall“ bekannt.

V. L. Popov et al., *Handbuch der ebenen Kontaktmechanik*,
https://doi.org/10.1007/978-3-662-69001-7_5

Beide Theorien unterscheiden sich in ihren quantitativen Vorhersagen, z. B. für die Abzugskraft in einem parabolischen adhäsiven Kontakt. Dass sie tatsächlich korrekte – aber sehr unterschiedliche – Grenzfälle darstellen, wurde später von Tabor (1977) nachgewiesen.

Im Übergangsbereich zwischen der JKR- und der DMT-Theorie spielt die genaue mathematische Form $\sigma_{\text{adh}}(h)$ der adhäsiven Wechselwirkung dagegen eine Rolle. Ein etwas abstraktes Modell der Adhäsionsspannung – das aber alle relevanten qualitativen Charakteristika enthält – wurde zuerst von Dugdale (1960) vorgeschlagen, und beschreibt eine Spannung, die innerhalb einer bestimmten Reichweite konstant ist und für größere Abstände „spontan" verschwindet. Die erste exakte Lösung eines adhäsiven Kontaktproblems unter Verwendung dieser „Dugdale-Adhäsion" stammt von Maugis (1992).

Ein physikalisch etwas rigoroserer Ansatz besteht in der Herleitung der adhäsiven Spannung aus dem Kraftgesetz der zugrunde liegenden molekularen Wechselwirkung, z. B. dem Lennard–Jones-Potential. Muller et al. (1980) ermittelten unter Verwendung eines Lennard–Jones-(12,6)-Potentials den Ausdruck

$$\sigma_{\text{adh}}(h) = \frac{8\Delta\gamma}{3h_0}\left[\left(\frac{h_0}{h}\right)^3 - \left(\frac{h_0}{h}\right)^9\right]. \tag{5.2}$$

Allerdings wird die exakte Behandlung adhäsiver Kontaktprobleme unter der Verwendung von Gleichung (5.2) so schwierig, dass eine vollständige Lösung der Aufgabe nur noch numerisch möglich ist, siehe beispielsweise die Arbeit von Greenwood (1997).

Adhäsionskräfte spielen in vielen technischen, biotechnologischen oder biologischen Kontakten eine wesentliche Rolle. Klassische Beispiele sind Kleber, die Haftmechanismen zahlreicher Insekten oder Echsen, und praktisch alle Systeme der Nanoskala, z. B. die Spitze eines Rasterkraftmikroskops. Die Adhäsion wird für den Kontakt besonders relevant, wenn die kontaktierenden Oberflächen sehr glatt sind – z. B. bei optischen oder mikroelektronischen Systemen – oder wenn mindestens ein Kontaktpartner aus einem sehr weichen Material – z. B. Gummi oder einem biologischen Medium – besteht.

5.2 Einzelne Kontakte unendlicher Länge mit JKR-Adhäsion

In diesem Unterkapitel werden einzelne JKR-adhäsive Kontakte unendlicher Länge behandelt. Da der JKR-Kontakt (wie unten ausgeführt) als Superposition des nicht-adhäsiven (reibungsfreien) Normalkontakts mit einer bestimmten negativen Indentierung durch einen starren flachen Stempel verstanden werden kann, entsprechen die Kontaktlösungen im Wesentlichen der Summe aus den im dritten Kapitel ausführlich dargestellten und diskutierten nicht-adhäsiven Lösungen mit einer Lösung für den Flachstempelkontakt. Die charakteristische Eigenschaft des adhäsiven Kontaktes (die ihn qualitativ von dem nicht-adhäsiven Kontakt unterscheidet) ist allerdings die mögliche Instabilität des elastischen Gleichgewichts und die dadurch bedingte spontane Auflösung oder unendliche Ausbreitung des Kontakts; dieses Phänomen steht im Mittelpunkt der folgenden Abschnitte.

5.2.1 Allgemeine Lösung für einzelne symmetrische Kontakte unendlicher Länge

Im JKR-Grenzfall der Adhäsion hat die adhäsive Wechselwirkung keine Reichweite, die adhäsiven Spannungen wirken also nur im Gebiet des direkten Kontakts.[1] Da die Verschiebungen der Oberfläche des elastischen Mediums innerhalb des Kontaktgebiets bis auf eine beliebige Konstante durch die Form des Eindruckkörpers vorgegeben sind, ist deswegen klar, dass der JKR-adhäsive Kontakt als Superposition des nicht-adhäsiven Kontaktes mit einer bestimmten Starrkörper-Anhebung des Kontaktgebiets als Ganzes (d. h. mit einer negativen Indentierung durch einen starren Flachstempel) verstanden werden kann. Mit den nicht-adhäsiven Lösungen für einzelne Kontakte unendlicher Länge aus den Unterkapiteln 3.4 und 3.5, und insbesondere der für die Indentierung durch einen starren Flachstempel aus Abschn. 3.4.1, erhält man daher sehr einfach die Kontaktlösung für das JKR-adhäsive Problem.

Die Linienlast P, die Druckverteilung $p(x)$, die Position $h(x)$ der Oberfläche des deformierten Mediums außerhalb des Kontaktes, gemessen vom tiefsten Punkt des Eindrucks, und das Muskhelishvili-Potential $\phi(\zeta)$ zur Bestimmung der elastischen Spannungen im Inneren sind wegen der beschriebenen Superpositionsidee als Funktionen der Halbbreite a des Kontaktes durch die Relationen

$$\begin{aligned}
P(a) &= P_{\text{n.a.}}(a) - P_1(a),\\
p(x;a) &= p_{\text{n.a.}}(x;a) - \frac{P_1(a)}{\pi\sqrt{a^2-x^2}}, \quad |x|<a,\\
h(x;a) &= h_{\text{n.a.}}(x;a) - \frac{2P_1(a)}{\pi E^*}\ln\left(\frac{|x|}{a}+\sqrt{\frac{x^2}{a^2}-1}\right), \quad |x|\geq a,\\
\phi(\zeta;a) &= \phi_{\text{n.a.}}(\zeta;a) + \frac{P_1(a)}{2\pi\sqrt{a^2-\zeta^2}}, \quad \zeta := x+iy, \quad i=\sqrt{-1},
\end{aligned} \tag{5.3}$$

gegeben, wobei der Index „n.a.“ die jeweilige nicht-adhäsive Lösung bezeichnet, die man im dritten Kapitel nachschlagen kann.

Noch unbestimmt in den obigen Gleichungen (5.3) ist der Wert der Linienlast $P_1(a)$ für die korrekte negative Flachstempel-Indentierung durch die Wirkung der Adhäsion. Dieser

[1] Die JKR-Theorie geht außerdem von der Abwesenheit tangentialer Kontaktspannungen – also Reibungsfreiheit oder elastischer Ähnlichkeit der Kontaktpartner – aus.

ergibt sich aus der näheren Betrachtung der Kontaktgrenze. Falls sich die Halbbreite des Kontaktes frei einstellen kann (im Fall des nicht-adhäsiven Kontaktes muss dann der Druck am Rand des Kontaktes verschwinden), ergibt sich die Position der Kontaktgrenze nach dem Kriterium von Griffith (1921) aus dem Gleichgewicht der Grenzlinie zwischen der elastischen Energie-Freisetzungsrate G und der effektiven Oberflächentrennungsarbeit gegen die Adhäsion, $\Delta\gamma$,[2]

$$G = \Delta\gamma. \tag{5.4}$$

Da die Druckverteilung des nicht-adhäsiven Problems, wie erwähnt, verschwindet, ist die Druckverteilung in der Umgebung der Kontaktgrenze

$$p\left(x \to a^-; a\right) = -\frac{P_1(a)}{\pi\sqrt{a^2 - x^2}} \approx -\frac{P_1(a)}{\pi\sqrt{2as}} = -\frac{K_\mathrm{I}}{\sqrt{2\pi s}}, \quad s = a - x \ll a, \tag{5.5}$$

mit dem Spannungsintensitätsfaktor K_I für den Rissmodus I. Aus der linear-elastischen Bruchmechanik erhält man daraus die elastische Energie-Freisetzungsrate,

$$G = \frac{K_\mathrm{I}^2}{2E^*}, \tag{5.6}$$

und daher aus der Gleichgewichtsbedingung (5.4)

$$P_1(a) = \sqrt{2\pi a E^* \Delta\gamma}. \tag{5.7}$$

Die allgemeine Kontaktlösung für das JKR-adhäsive Problem lautet damit wie folgt:

$$\begin{aligned}
P(a) &= P_{\text{n.a.}}(a) - \sqrt{2\pi a E^* \Delta\gamma}, \\
p(x; a) &= p_{\text{n.a.}}(x; a) - \frac{\sqrt{2aE^*\Delta\gamma}}{\sqrt{\pi}\sqrt{a^2 - x^2}}, \quad |x| < a, \\
h(x; a) &= h_{\text{n.a.}}(x; a) - 2\frac{\sqrt{2a\Delta\gamma}}{\sqrt{\pi E^*}} \ln\left(\frac{|x|}{a} + \sqrt{\frac{x^2}{a^2} - 1}\right), \quad |x| \geq a, \\
\phi(\zeta; a) &= \phi_{\text{n.a.}}(\zeta; a) + \frac{\sqrt{2\pi a E^* \Delta\gamma}}{2\pi\sqrt{a^2 - \zeta^2}}, \quad \zeta := x + iy, \quad i = \sqrt{-1}.
\end{aligned} \tag{5.8}$$

Das so ermittelte Gleichgewicht ist allerdings nur stabil, solange $P'(a) \geq 0$. Für die kritische Konfiguration mit der Halbbreite a_c, bei der der Kontakt seine Stabilität verliert und sich ablöst, erhält man daher die Bedingung.

[2] In der Arbeit von Johnson et al. (1971) wird das makroskopische Gleichgewicht durch die Minimierung der Gesamtenergie bestimmt. Dieser Ansatz ist aber für ebene Kontakte nicht praktikabel, da man wegen der divergierenden Verschiebungen keine elastischen Energien „pro Länge" definieren kann.

$$\left.\frac{\mathrm{d}P_{\mathrm{n.a.}}(a)}{\mathrm{d}a}\right|_{a=a_c} = \sqrt{\frac{\pi \Delta\gamma E^*}{2a_c}}. \tag{5.9}$$

Wenn a durch eine scharfe Kante des Eindruckkörpers vorgegeben ist, bestimmt die Bedingung (5.4) den Grenzfall, bis zu dem der Kontakt an der scharfen Kante aufrecht erhalten werden kann.

5.2.2 Der Flachstempel

Die Lösung für den adhäsiven Normalkontakt mit einem starren Flachstempel mit der Halbbreite a ist elementar. Da die Adhäsion nach der JKR-Theorie selbst als eine (negative) Indentierung durch einen flachen Stempel interpretiert werden kann und die Superposition zweier Stempel-Lösungen mit der gleichen Halbbreite wiederum eine Stempel-Lösung darstellt, sind die Lösungen des Kontaktproblems mit und ohne Adhäsion im Fall des starren Flachstempels gleich. Die Ergebnisse für die Druckverteilung p, die Position h der deformierten Oberfläche, gemessen von der flachen Stirnfläche des Stempels, und das Muskhelishvili-Potential $\phi(\zeta)$ zur Bestimmung der elastischen Spannungen im Inneren, jeweils als Funktionen der Linienlast P, sind durch die Relationen

$$\begin{aligned}
p(x; P) &= \frac{P}{\pi\sqrt{a^2 - x^2}}, \quad |x| < a, \\
h(x; P) &= \frac{2P}{\pi E^*} \ln\left(\frac{x}{a} + \sqrt{\frac{x^2}{a^2} - 1}\right), \quad x \geq a, \\
\phi(\zeta; P) &= -\frac{P}{2\pi\sqrt{a^2 - \zeta^2}}, \quad \zeta := x + iy, \quad i = \sqrt{-1},
\end{aligned} \tag{5.10}$$

gegeben. Die Spannungen im Inneren der elastischen Halbebene ergeben sich durch Einsetzen des Potentials in die allgemeinen Gleichungen (3.26).

Der Unterschied zum nicht-adhäsiven Kontakt besteht darin, dass die Linienlast auch negative Werte annehmen kann. Die kritische Halbbreite des Kontaktes ist durch die Halbbreite des Stempels vorgegeben. Die kritische Linienlast, bei der der Kontakt seine Stabilität verliert, ist daher

$$P_c = -\sqrt{2\pi a E^* \Delta\gamma}. \tag{5.11}$$

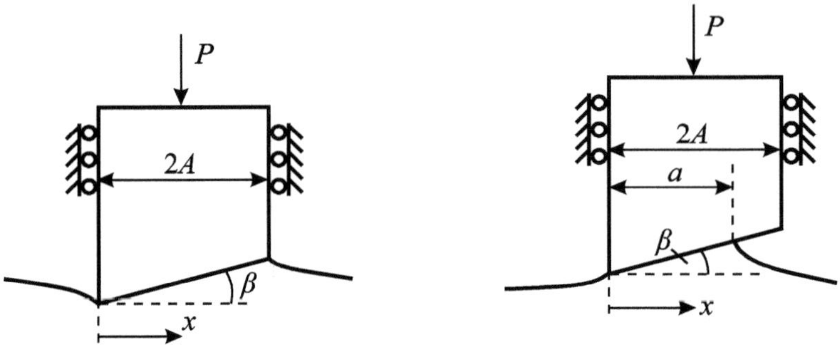

Abb. 5.1 Adhäsive Indentierung einer elastischen Halbebene durch einen schiefen Flachstempel mit dem Neigungswinkel β; **links:** Kontaktkonfiguration mit vollständigem Kontakt **rechts:** Kontaktkonfiguration mit rechts variablem Kontaktrand; um die Wirkung der Adhäsion deutlich zu machen, sind jeweils Konfigurationen mit negativer Linienlast P skizziert

5.2.3 Der geführte schiefe Flachstempel

Auch für den geführten schiefen Flachstempel lässt sich das JKR-adhäsive Normalkontaktproblem auf der Grundlage des nicht-adhäsiven Problems ohne große Schwierigkeiten lösen. Das Kontaktproblem ist zwar nicht symmetrisch, die Gleichungen (5.8) sind daher nicht direkt anwendbar, aber der Lösungsweg ist der gleiche wie bei der in Abschn. 5.2.1 gezeigten allgemeinen Lösung für symmetrische Probleme.

Der Neigungswinkel der Stirnfläche des Stempels sei β[3], seine Breite sei 2 A. Wie im Fall des nicht-adhäsiven Kontaktes (siehe Abschn. 3.5.2) gibt es Kontaktkonfigurationen mit vollständigem und mit unvollständigem Kontakt, die unterschieden werden müssen (siehe die Skizze in Abb. 5.1).

Betrachten wir zunächst den Fall des vollständigen Kontaktes. Wie für den im obigen Abschn. 5.2.2 diskutierten geraden Flachstempel unterscheiden sich die nicht-adhäsive und die JKR-adhäsive Lösung für den Zusammenhang zwischen der Druckverteilung $p(x)$ und der Linienlast P nicht, man erhält also wie im nicht-adhäsiven Fall

$$p(x; P) = \frac{1}{\pi\sqrt{x}\sqrt{2A-x}}\left[P - \frac{\pi}{2}E^*\beta(x-A)\right], \quad 0 < x < 2A. \tag{5.12}$$

Allerdings beeinflusst die Adhäsion die Kontaktbedingung. Der vollständige Kontakt kann solange aufrecht erhalten werden, bis die Spannungskonzentration am höheren Rand $x = 2$ A ausreicht, um die Adhäsion zu überwinden. Die Spannung in der Umgebung dieses Randes ist

[3] Die Annahme kleiner Verformungen erfordert, dass β klein ist. Die folgende Lösung ist näherungsweise auch für große Neigungswinkel korrekt; man muss in diesem Fall aber tatsächlich überall tan β anstatt β verwenden.

$$p(s,P) = \frac{1}{\pi\sqrt{s}\sqrt{2A-s}}\left[P - \frac{\pi}{2}E^*\beta(A-s)\right] \approx \frac{1}{\pi\sqrt{2As}}\left[P - \frac{\pi}{2}E^*\beta A\right], \quad s := 2A - x \ll A. \tag{5.13}$$

Aus der Gleichgewichtsbedingung der Linear-elastischen Bruchmechanik,

$$\Delta\gamma = G = \frac{p^2 \pi s}{E^*}, \tag{5.14}$$

erhält man für die kritische Kraft, bei der der Kontakt beginnt, sich am Rand abzulösen,

$$P_{c,1} = \frac{\pi}{2}E^*\beta A - \sqrt{2\pi A E^* \Delta\gamma}, \tag{5.15}$$

bzw. in normierten Größen,

$$\frac{2P_{c,1}}{\pi E^*\beta A} = 1 - 2\sqrt{\kappa}, \quad \kappa := \frac{2\Delta\gamma}{\pi E^* A \beta^2}. \tag{5.16}$$

Für $P < P_{c,1}$ (also bei Zugkräften pro Länge, die betragsmäßig größer sind als $|P_{c,1}|$) ist der Kontakt unvollständig und hat die variable Länge $a < 2$ A. Analog zur allgemeinen Betrachtung des symmetrischen Problems in Abschn. 5.2.1 ergibt sich die Lösung des JKR-adhäsiven Normalkontaktproblems aus einer Superposition des nicht-adhäsiven Problems mit einer bestimmten Starrkörper-Anhebung des Kontaktgebiets als Ganzes. Mit der nicht-adhäsiven Lösung aus Abschn. 3.5.2 erhält man daher

$$\begin{aligned} P(a) &= \frac{\pi}{4}E^*\beta a - P_1(a), \\ p(x;a) &= \frac{E^*\beta}{2}\sqrt{\frac{a}{x} - 1} - \frac{P_1(a)}{\pi\sqrt{x}\sqrt{a-x}}, \quad 0 < x < a. \end{aligned} \tag{5.17}$$

Die Betrachtung der Spannungskonzentration am freien Rand des Kontaktes liefert außerdem[4]

$$P_1(a) = \sqrt{\pi a E^* \Delta\gamma}. \tag{5.18}$$

Führt man die normierten Größen

$$\overline{a} := \frac{a}{2A}, \quad \overline{P} := \frac{2P}{\pi E^* \beta A}, \tag{5.19}$$

ein, ist der Zusammenhang zwischen Linienlast und der Kontaktlänge in normierten Variablen durch

$$\overline{P}(\overline{a}) = \overline{a} - 2\sqrt{\kappa \overline{a}} \tag{5.20}$$

gegeben. Die kritische Kontaktkonfiguration, bei der der Kontakt seine Stabilität verliert und sich ablöst, ist durch das Wertepaar

[4] Dieses Ergebnis stimmt mit Gleichung (5.7) überein.

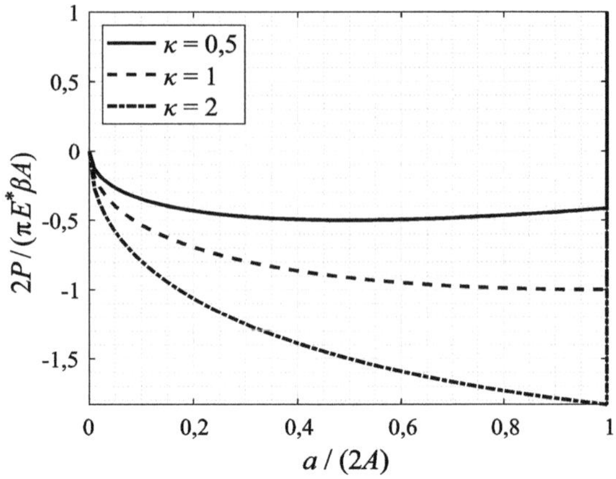

Abb. 5.2 Linienlast P als Funktion der Kontaktlänge a für die JKR-adhäsive Indentierung einer elastischen Halbebene durch einen starren schiefen Flachstempel in normierten Größen bei verschiedenen Werten des Adhäsionsparameters κ – siehe Gleichung (5.16); nur die Kurvenabschnitte mit $\mathrm{d}P/\mathrm{d}a > 0$ sind stabil

$$\overline{a}_c = \kappa, \quad \overline{P}_{c,2} = -\kappa \tag{5.21}$$

charakterisiert. Stabile Konfigurationen mit unvollständigem Kontakt sind daher nur möglich, falls

$$\kappa < 1, \tag{5.22}$$

wobei man sich in diesem Fall auch leicht davon überzeugt, dass $P_{c,2} = -\Delta\gamma/\beta < P_{c,1}$.

Abb. 5.2 zeigt die Linienlast als Funktion der Kontaktlänge in normierten Variablen für verschiedene Werte des Adhäsionsparameters κ.

Es ist eine interessante Frage, ob die Spannungskonzentration am linken Rand ausreichen kann, um den Kontakt dort gegen die Wirkung der Adhäsion aufzulösen. Die Spannung in der Umgebung des linken Kontaktrands ist

$$p(x \to 0; a) \approx \frac{1}{\pi\sqrt{ax}}\left[\frac{\pi}{2}E^*\beta a - \sqrt{\pi\Delta\gamma E^* a}\right], \quad x \ll a, \tag{5.23}$$

und mit Gleichung (5.6) ist damit die Bedingung für ein Ablösen des linken Kontaktrands

$$\sqrt{\frac{1}{\pi E^* a}}\left[\frac{\pi}{2}E^*\beta a - \sqrt{\pi\Delta\gamma E^* a}\right] = -\sqrt{\Delta\gamma}, \tag{5.24}$$

was nur durch $a = 0$ erfüllt wird; die Spannungskonzentration ist also nie ausreichend, um die Ablösung des linken Kontaktrands einzuleiten. Abb. 5.3 zeigt die Druckverteilung in normierten Größen für $\kappa = 0{,}5$ bei den beiden kritischen Kontaktkonfigurationen – am Ende des vollständigen Kontaktes ($P = P_{c,1}$) und bei der endgültigen Auflösung des Kontaktes ($P = P_{c,2}$).

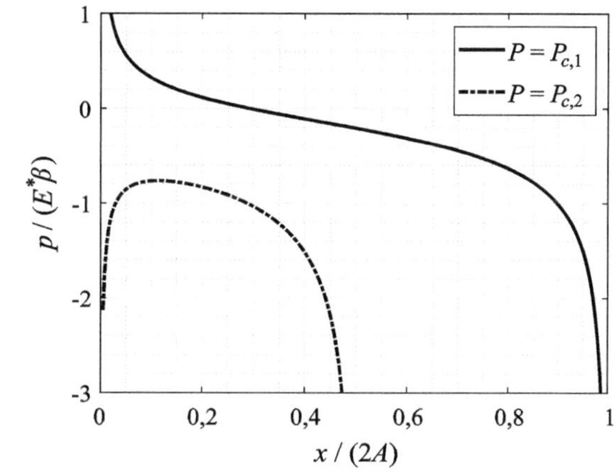

Abb. 5.3 Druckverteilung $p(x)$ in normierten Variablen für die JKR-adhäsive Indentierung einer elastischen Halbebene durch einen schiefen Flachstempel für $\kappa = 0{,}5$ – siehe Gleichung (5.16) – am Ende des vollständigen Kontaktes ($P = P_{c,1}$) und bei der endgültigen Auflösung des Kontaktes ($P = P_{c,2}$)

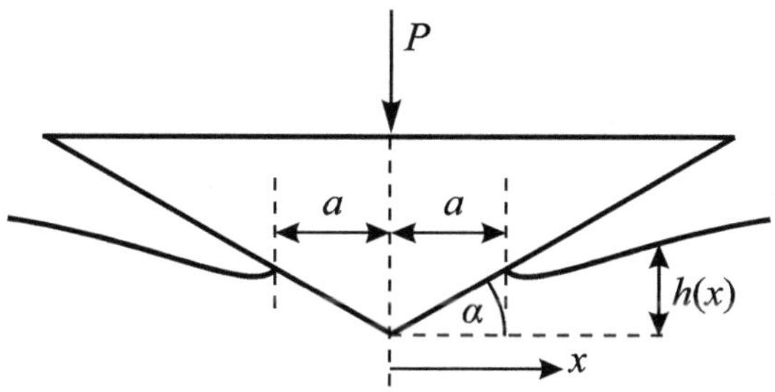

Abb. 5.4 Adhäsive Indentierung einer elastischen Halbebene durch einen starren Keil mit dem Steigungswinkel α

5.2.4 Der Keil

Wie im Fall des entsprechenden flachen Stempels wurde die Lösung für den reibungsfreien JKR-adhäsiven Normalkontakt zwischen einem (theoretisch) unendlichen langen starren Keil mit dem Steigungswinkel α und einem elastischen Halbraum (siehe die Skizze in Abb. 5.4) nicht separat publiziert. Sie ergibt sich aber als einfacher Grenzfall der von Leng et al. (1999) gefundenen Lösung für den Keil mit flacher Stirnfläche (siehe Abschn. 5.2.8).

Das Kontaktproblem wird durch die Angabe der Linienlast P, der Druckverteilung p, der Position h der deformierten Oberfläche, gemessen vom tiefsten Punkt des Eindrucks, und des Muskhelishvili-Potentials $\phi(\zeta)$ zur Bestimmung der elastischen Spannungen im Inneren, jeweils als Funktionen der Halbbreite a des Kontakts, vollständig gelöst. Mit den Ergebnissen aus dem dritten Kapitel (Abschn. 3.4.2) und den Gleichungen (5.8) erhält man[5]

[5] Die exakte Anwendbarkeit der linearen Elastizität erfordert wiederum kleine Steigungswinkel des Keils. Es ist trotzdem möglich, die folgende Lösung zumindest näherungsweise auch für große Steigungswinkel zu benutzen; man muss in diesem Fall überall tan α anstatt α verwenden.

$$\begin{aligned}
P(a) &= E^*\alpha a - \sqrt{2\pi a E^* \Delta\gamma}, \\
p(x;a) &= \frac{E^*\alpha}{\pi}\operatorname{artanh}\left(\sqrt{1-\frac{x^2}{a^2}}\right) - \frac{\sqrt{2aE^*\Delta\gamma}}{\sqrt{\pi}\sqrt{a^2-x^2}}, \quad |x|<a, \\
h(x;a) &= \frac{2\alpha}{\pi}|x|\arcsin\left(\frac{a}{|x|}\right) + \left(\frac{2\alpha a}{\pi} - 2\frac{\sqrt{2a\Delta\gamma}}{\sqrt{\pi E^*}}\right)\ln\left(\frac{|x|}{a}+\sqrt{\frac{x^2}{a^2}-1}\right), \quad |x|\geq a, \\
\phi(\zeta;a) &= -\frac{iE^*\alpha}{2\pi}\arcsin\left(\frac{a}{\zeta}\right) + \frac{\sqrt{2\pi a E^*\Delta\gamma}}{2\pi\sqrt{a^2-\zeta^2}}, \quad \zeta := x+iy, \quad i=\sqrt{-1},
\end{aligned} \tag{5.25}$$

mit dem *Areatangens hyperbolicus* – siehe Gleichung (3.39). Die Spannungen im Inneren der elastischen Halbebene ergeben sich durch Einsetzen des Potentials in die allgemeinen Gleichungen (3.26).

Aus Gleichung (5.9) erhält man für die kritische Halbbreite des Kontaktes, bei der der Kontakt seine Stabilität verliert und sich spontan ablöst, die Bedingung

$$E^*\alpha = \sqrt{\frac{\pi\Delta\gamma E^*}{2a_c}} \quad \Rightarrow \quad a_c = \frac{\pi\Delta\gamma}{2E^*\alpha^2}. \tag{5.26}$$

Die dazugehörige kritische Linienlast,

$$P_c = -\frac{\pi\Delta\gamma}{2\alpha}, \tag{5.27}$$

hängt, bemerkenswerterweise, nicht von den elastischen Eigenschaften ab. Führt man die normierten Größen

$$\overline{a} := \frac{a}{a_c}, \quad \overline{P} := \frac{P}{|P_c|}, \tag{5.28}$$

ein, ist der Zusammenhang zwischen Linienlast und der Halbbreite des Kontaktes in normierten Variablen durch

$$\overline{P}(\overline{a}) = \overline{a} - 2\sqrt{\overline{a}} \tag{5.29}$$

gegeben. Dieser Zusammenhang ist in Abb. 5.5 grafisch dargestellt.

Abb. 5.6 zeigt die Druckverteilung in normierten Größen für verschiedene Werte des Verhältnisses a / a_c (in der gewählten normierten Darstellung hängt die Druckverteilung nur von diesem Parameter ab); $a = a_c$ ist natürlich die kritische Kontaktkonfigurationen, $a = 4a_c$ entspricht der Situation ohne äußere Linienlast.

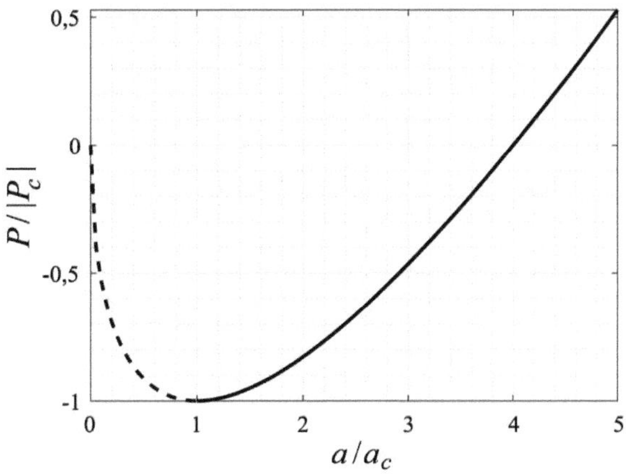

Abb. 5.5 Linienlast P als Funktion der Halbbreite a des Kontaktes für die JKR-adhäsive Indentierung einer elastischen Halbebene durch einen starren Keil. Alle Größen sind auf die Werte in der kritischen Konfiguration, bei der der Kontakt seine Stabilität verliert, normiert. Der gestrichelte Teil der Kurve bezeichnet instabile Kontaktkonfigurationen.

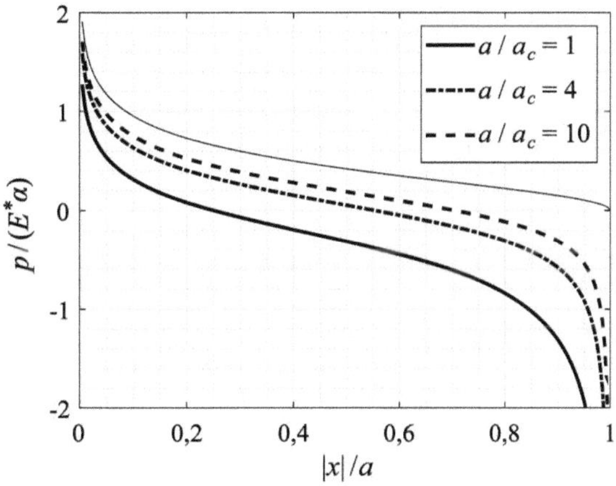

Abb. 5.6 Druckverteilung $p(x)$ in normierten Variablen für die JKR-adhäsive Indentierung einer elastischen Halbebene durch einen starren Keil bei verschiedenen Kontaktkonfigurationen; die dünne durchgezogene Linie bezeichnet die nicht-adhäsive Lösung.

5.2.5 Der Zylinder und der ebene Hertzsche Kontakt

Das JKR-adhäsive ebene Normalkontaktproblem für einen starren Zylinder mit dem Radius R (siehe die Skizze in Abb. 5.7) wurde in der parabolischen Näherung von Barquins (1988) und für den „echten" Zylinder von Chen und Peng (2009) gelöst. Wie betrachten zunächst die parabolische Näherung, also den ebenen Hertzschen Kontakt.

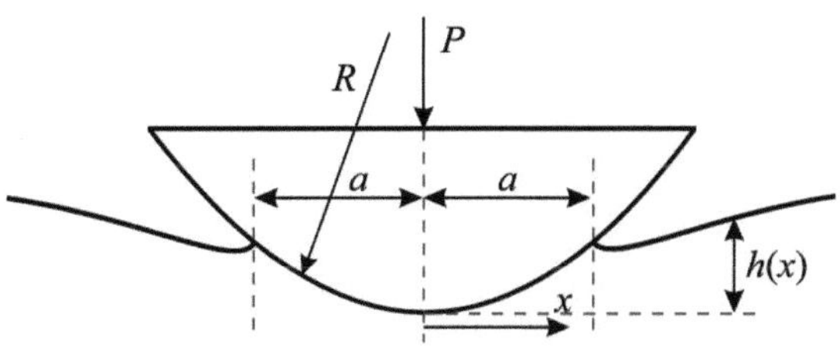

Abb. 5.7 Adhäsive Indentierung einer elastischen Halbebene durch einen starren Zylinder mit dem Radius R

Mit den Ergebnissen aus dem dritten Kapitel (Abschn. 3.4.3) und den Gleichungen (5.8) erhält man für die Linienlast P, die Druckverteilung p, die Position h der deformierten Oberfläche, gemessen vom tiefsten Punkt des Eindrucks, und das Muskhelishvili-Potential $\phi(\zeta)$ zur Bestimmung der elastischen Spannungen im Inneren, jeweils als Funktionen der Halbbreite a des Kontakts, die Ausdrücke

$$\begin{aligned}
P(a) &= \frac{\pi}{4}\frac{E^* a^2}{R} - \sqrt{2\pi a E^* \Delta\gamma},\\
p(x;a) &= \frac{E^*}{2R}\sqrt{a^2-x^2} - \frac{\sqrt{2aE^*\Delta\gamma}}{\sqrt{\pi}\sqrt{a^2-x^2}}, \quad |x|<a,\\
h(x;a) &= \frac{x^2-|x|\sqrt{x^2-a^2}}{2R} + \left(\frac{a^2}{2R} - 2\frac{\sqrt{2a\Delta\gamma}}{\sqrt{\pi E^*}}\right)\ln\left(\frac{|x|}{a}+\sqrt{\frac{x^2}{a^2}-1}\right), \quad |x|\geq a,\\
\phi(\zeta;a) &= -\frac{E^*}{4R}\left(i\zeta+\sqrt{a^2-\zeta^2}\right) + \frac{\sqrt{2\pi a E^*\Delta\gamma}}{2\pi\sqrt{a^2-\zeta^2}}, \quad \zeta := x+iy, \quad i=\sqrt{-1}.
\end{aligned} \tag{5.30}$$

Die Spannungen im Inneren der elastischen Halbebene ergeben sich durch Einsetzen des Potentials in die allgemeinen Gleichungen (3.26).

Aus Gleichung (5.9) erhält man für die kritische Halbbreite des Kontaktes, bei der der Kontakt seine Stabilität verliert und sich spontan ablöst, die Bedingung

$$\frac{\pi E^* a_c}{2R} = \sqrt{\frac{\pi\Delta\gamma E^*}{2a_c}} \quad \Rightarrow \quad a_c = \left(\frac{2R^2\Delta\gamma}{\pi E^*}\right)^{1/3}. \tag{5.31}$$

Die dazugehörige kritische Linienlast ist

$$P_c = -3\left(\frac{\pi\Delta\gamma^2 R E^*}{16}\right)^{1/3}. \tag{5.32}$$

Abb. 5.8 zeigt die Druckverteilung in normierten Größen für verschiedene Werte des Verhältnisses $a\,/\,a_c$ (in der gewählten normierten Darstellung hängt die Druckverteilung nur von diesem Parameter ab). Mit den normierten Variablen

$$\overline{a} := \frac{a}{a_c}, \quad \overline{P} := \frac{P}{|P_c|}, \tag{5.33}$$

ist außerdem der normierte Zusammenhang zwischen Linienlast und Halbbreite des Kontaktes

$$\overline{P}(\overline{a}) = \frac{1}{3}\left(\overline{a}^2 - 4\sqrt{\overline{a}}\right). \tag{5.34}$$

Für den „echten“ Zylinder ist die Lösung des Kontaktproblems ohne Adhäsion in Abschn. 3.4.5 gegeben. Aus der ersten der Gleichungen (5.8) erhält man damit im Fall

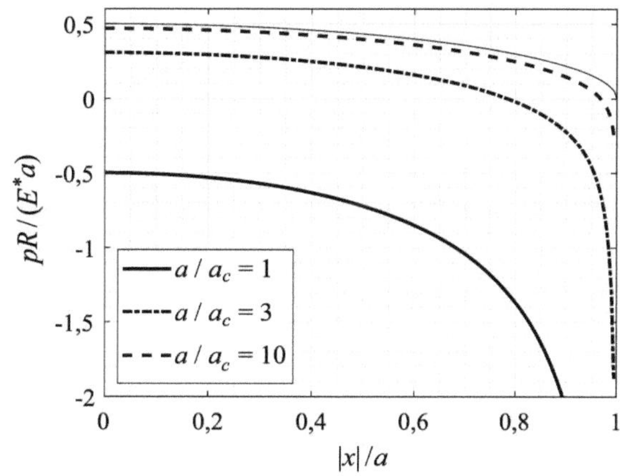

Abb. 5.8 Druckverteilung $p(x)$ in normierten Variablen für die JKR-adhäsive Indentierung einer elastischen Halbebene durch einen starren Zylinder in der parabolischen Näherung bei verschiedenen Kontaktkonfigurationen; die dünne durchgezogene Linie bezeichnet die nicht-adhäsive Lösung.

des JKR-adhäsiven Problems die folgende Lösung für den Zusammenhang zwischen Linienlast und Kontaktradius:

$$P(a) = E^*R\left[\mathrm{K}\left(\frac{a}{R}\right) - \mathrm{E}\left(\frac{a}{R}\right)\right] - \sqrt{2\pi a E^* \Delta\gamma}, \quad a < R, \tag{5.35}$$

mit den vollständigen elliptischen Integralen erster und zweiter Art[6],

$$\mathrm{K}(k) := \int_0^{\pi/2} \frac{\mathrm{d}\varphi}{\sqrt{1-k^2\sin^2\varphi}}, \quad 0 \le k < 1,$$
$$\mathrm{E}(k) := \int_0^{\pi/2} \sqrt{1-k^2\sin^2\varphi}\, \mathrm{d}\varphi, \quad 0 \le k \le 1. \tag{5.36}$$

Die kritische Konfiguration, bei der der Kontakt seine Stabilität verliert und sich spontan ablöst, ergibt sich daher wegen Gleichung (5.9) aus der Lösung der transzendenten Gleichung

$$\frac{\alpha^{3/2}}{1-\alpha^2}\mathrm{E}(\alpha) - \beta = 0, \quad \alpha := \frac{a_c}{R}, \quad \beta := \sqrt{\frac{\pi\Delta\gamma}{2E^*R}}. \tag{5.37}$$

Die dazugehörige kritische Linienlast ist

$$P_c = E^*R\left\{\mathrm{K}[\alpha(\beta)] - \mathrm{E}[\alpha(\beta)] - 2\beta\sqrt{\alpha(\beta)}\right\}. \tag{5.38}$$

Abb. 5.9 zeigt den in Gleichung (5.35) gegebenen Zusammenhang zwischen Linienlast und Halbbreite des Kontaktes (zum Zweck der Einheitlichkeit mit den Primärpublikationen mit der Linienlast auf der Abszisse) in normierten Variablen für verschiedene normierte Werte der Stärke der Adhäsion. Die dünnen durchgezogenen Linien bezeichnen

[6] In manchen mathematischen Datenbanken wird auch $m = k^2$ als Argument der elliptischen Integrale verwendet.

Abb. 5.9 Normierter Zusammenhang zwischen Kontakt-Halbbreite a und Linienlast P für verschiedene normierte Werte der Adhäsionsstärke β – siehe Gleichung (5.37) – bei der JKR-adhäsiven Indentierung einer elastischen Halbebene durch einen starren Zylinder; die dünnen durchgezogenen Linien bezeichnen die jeweilige Lösung in der parabolischen Näherung.

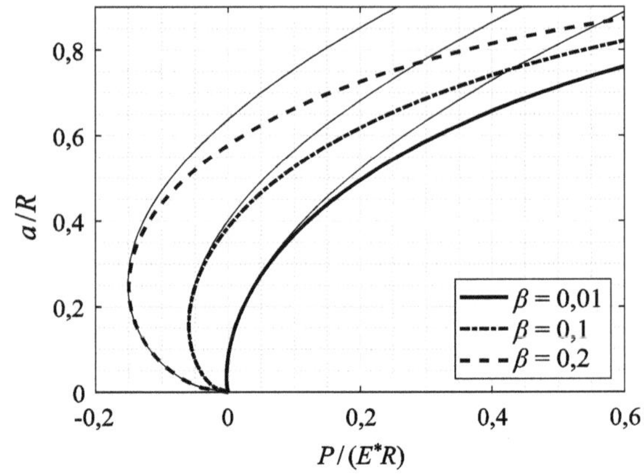

die entsprechende Lösung, wenn der Zylinder durch die parabolische Näherung beschrieben wird. Man erkennt, dass bis zu Werten der Kontakt-Halbbreite von $a = 0{,}2R$, die die fundamentale Annahme kleiner Deformationen bereits recht grob verletzen, keine bemerkbaren Unterschiede zwischen der „exakten" Lösung und der parabolischen Näherung bestehen. Nur die Kurvenabschnitte mit $\mathrm{d}P/\mathrm{d}a > 0$ sind stabil.

5.2.6 Das Profil in der Form eines Potenzgesetzes

Es soll nun ein allgemeiner Indenter mit dem Profil (siehe die Skizze in Abb. 5.10)

$$f(x) = c_n|x|^n, \quad c_n > 0, \quad n > 0, \tag{5.39}$$

mit einer beliebigen Konstante c_n und einem positiven reellen Exponenten n, betrachtet werden. Im Gegensatz zu den Ergebnissen ohne Adhäsion ergibt sich für den JKR-adhäsiven Kontakt qualitativ unterschiedliches Verhalten für die Fälle $n > 0{,}5$ und $n < 0{,}5$ (analog zum entsprechenden axialsymmetrischen Problem). Wir wenden uns zunächst dem Fall $n > 0{,}5$ zu.

Die Lösung des Kontaktproblems wurde zuerst von Popov (2018) angegeben. Mit der entsprechenden Lösung des nicht-adhäsiven Problems aus dem dritten Kapitel

Abb. 5.10 Adhäsive Indentierung einer elastischen Halbebene durch einen starren Indenter mit einem Profil in der Form eines Potenzgesetzes

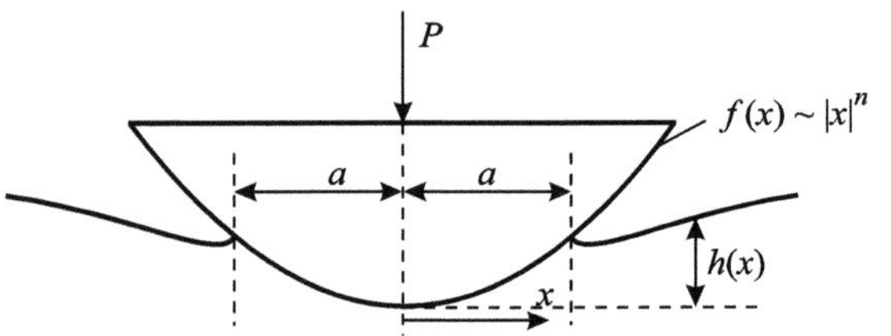

(Abschn. 3.4.6) ergeben sich aus den Gleichungen (5.8) die folgenden Relationen für die Linienlast P, die Druckverteilung p und die Position h der deformierten Oberfläche, gemessen vom tiefsten Punkt des Eindrucks, jeweils als Funktionen der Halbbreite a des Kontakts,

$$
\begin{aligned}
P(a) &= E^* n c_n \kappa(n) a^n - \sqrt{2\pi a E^* \Delta\gamma}, \quad \kappa(n) := \frac{\sqrt{\pi}}{2}\frac{\Gamma[(n+1)/2]}{\Gamma(n/2+1)}, \\
p(x;a) &= \frac{n^2\kappa(n)}{\pi} E^* c_n \int_{|x|}^{a} \frac{\tilde{a}^{n-1}\mathrm{d}\tilde{a}}{\sqrt{\tilde{a}^2 - x^2}} - \frac{\sqrt{2aE^*\Delta\gamma}}{\sqrt{\pi}\sqrt{a^2-x^2}}, \quad |x| < a, \\
h(x;a) &= \frac{2An\kappa(n)}{\pi}\left[a^n \ln\left(\frac{|x|}{a} + \sqrt{\frac{x^2}{a^2} - 1}\right) + |x| \int_0^a \frac{\tilde{a}^{n-1}\,\mathrm{d}\tilde{a}}{\sqrt{x^2 - \tilde{a}^2}}\right] - 2\frac{\sqrt{2a\Delta\gamma}}{\sqrt{\pi E^*}} \ln\left(\frac{|x|}{a} + \sqrt{\frac{x^2}{a^2} - 1}\right), \quad |x| \geq a,
\end{aligned}
\tag{5.40}
$$

mit der Gamma-Funktion

$$
\Gamma(z) := \int_0^\infty t^{z-1} \exp(-t)\,\mathrm{d}t. \tag{5.41}
$$

Die in $p(x;a)$ und $h(x;a)$ auftretenden Integrale können mithilfe nicht-elementarer Funktionen geschlossen analytisch ausgewertet werden, wie in dem entsprechenden Abschnitt des dritten Kapitels ausführlich gezeigt wurde. Aus Platzgründen verzichten wir an dieser Stelle auf die Darstellung.

Aus Gleichung (5.9) erhält man für die kritische Halbbreite des Kontaktes, bei der der Kontakt seine Stabilität verliert und sich spontan ablöst, die Bedingung

$$
E^* n^2 c_n \kappa(n) a_c^{n-1} = \sqrt{\frac{\pi\Delta\gamma E^*}{2a_c}} \quad \Rightarrow \quad a_c^{2n-1} = \frac{\pi\Delta\gamma}{2E^* n^4 [c_n\kappa(n)]^2}. \tag{5.42}
$$

Die dazugehörige kritische Linienlast ist

$$
P_c = (1-2n)\left[\frac{(\pi\Delta\gamma)^n (E^*)^{n-1}}{2^n n^{1+2n} c_n \kappa(n)}\right]^{1/(2n-1)}. \tag{5.43}
$$

Mit den normierten Variablen

$$
\overline{a} := \frac{a}{a_c}, \quad \overline{P} := \frac{P}{|P_c|}, \tag{5.44}
$$

ist der normierte Zusammenhang zwischen Linienlast und Halbbreite des Kontaktes

$$
\overline{P}(\overline{a}) = \frac{1}{2n-1}\left(\overline{a}^n - 2n\sqrt{\overline{a}}\right). \tag{5.45}
$$

Dieser Zusammenhang ist für verschiedene Exponenten n in Abb. 5.11 grafisch dargestellt (man muss bedenken, dass nur die Kurvenabschnitte mit $\mathrm{d}P/\mathrm{d}a > 0$ stabil sind).

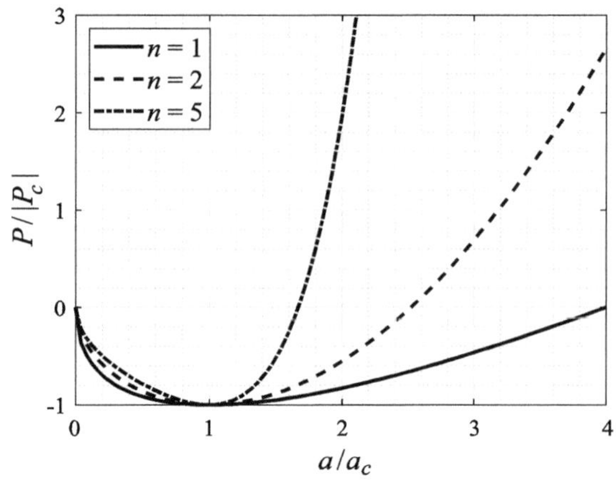

Abb. 5.11 Linienlast P als Funktion der Halbbreite a des Kontaktes für die JKR-adhäsive Indentierung einer elastischen Halbebene durch einen starren Indenter mit einem Profil in der Form eines Potenzgesetzes, bei verschiedenen Exponenten n des Potenzgesetzes. Alle Größen sind auf die Werte in der kritischen Konfiguration, bei der der Kontakt seine Stabilität verliert, normiert.

Für $n = 1$ ergeben sich natürlich die Ergebnisse des Keils aus Abschn. 5.2.4 und für $n = 2$ die Ergebnisse des ebenen Hertzschen Kontaktes aus Abschn. 5.2.5.

Die obigen Ergebnisse können auch für spitze Eindruckkörper mit $n < 0{,}5$ verwendet werden, allerdings trennt in diesem Fall die kritische Konfiguration stabile Kontaktkonfigurationen (mit $a < a_c$) von der instabilen (und theoretisch unbegrenzten) Ausbreitung des Kontaktgebiets. Ein spezieller Fall ist $n = 0{,}5$ mit $\kappa(0{,}5) \approx 1{,}2$. Falls

$$c_{0,5} < c_{\text{crit}} := \frac{2}{\kappa(0,5)}\sqrt{\frac{2\pi\Delta\gamma}{E^*}} \approx 4,2\sqrt{\frac{\Delta\gamma}{E^*}}, \tag{5.46}$$

wird sich der Kontakt bei der ersten Berührung der Indenterspitze mit der elastischen Halbebene sofort instabil und unbegrenzt ausbreiten.

5.2.7 Der Flachstempel mit abgerundeten Kanten (parabolische Näherung)

Als nächstes betrachten wir den JKR-adhäsiven, ebenen Normalkontakt zwischen einem elastischen Medium und einem starren Flachstempel mit abgerundeten Kanten (siehe die Skizze in Abb. 5.12). Die Halbbreite der flachen Stirnfläche des Stempels sei b und der Krümmungsradius der abgerundeten Kanten R.

Im dritten Kapitel (Abschn. 3.4.8) wurde die Lösung des entsprechenden nichtadhäsiven Kontaktproblems angegeben. Mit den Gleichungen (5.8) erhält man daraus für die Linienlast P, die Druckverteilung p, die Position h der deformierten Oberfläche, gemessen vom tiefsten Punkt des Eindrucks, und das Muskhelishvili-Potential $\phi(\zeta)$ zur Bestimmung der elastischen Spannungen im Inneren, jeweils als Funktionen der Halbbreite a des Kontakts, die Lösung

Abb. 5.12 Adhäsive Indentierung einer elastischen Halbebene durch einen starren Flachstempel mit abgerundeten Kanten

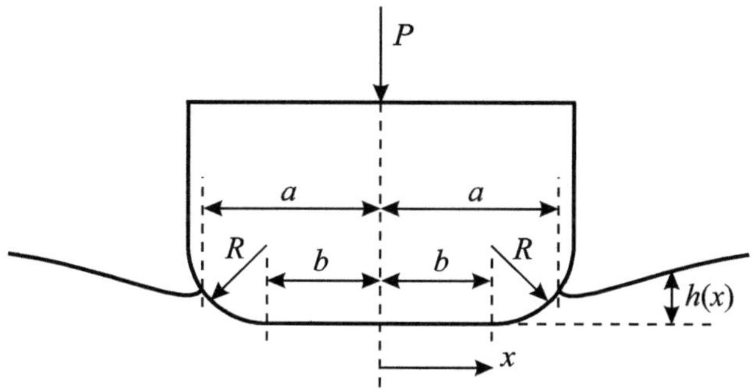

$$
\begin{aligned}
P(a) &= \frac{E^*}{2R}\left[a^2 \arccos\left(\frac{b}{a}\right) - b\sqrt{a^2-b^2}\right] - \sqrt{2\pi a E^* \Delta\gamma}, \quad b \le a. \\
p(x;a) &= p_{\mathrm{n.a.}}(x;a) - \frac{\sqrt{2aE^*\Delta\gamma}}{\sqrt{\pi}\sqrt{a^2-x^2}}, \quad |x| < a, \\
h(x;a) &= h_{\mathrm{n.a.}}(x;a) - 2\frac{\sqrt{2a\Delta\gamma}}{\sqrt{\pi E^*}} \ln\left(\frac{|x|}{a} + \sqrt{\frac{x^2}{a^2}-1}\right), \quad |x| \ge a, \\
\phi(\zeta;a) &= \phi_{\mathrm{n.a.}}(\zeta;a) + \frac{\sqrt{2\pi a E^*\Delta\gamma}}{2\pi\sqrt{a^2-\zeta^2}}, \quad \zeta := x + iy, \quad i = \sqrt{-1}.
\end{aligned} \tag{5.47}
$$

Aus Platzgründen wurde auf die erneute Angabe der nicht-adhäsiven Lösungen für $p(x;a)$, $h(x;a)$ und $\phi(\zeta;a)$ verzichtet; diese können in den Gleichungen (3.86), (3.87) und (3.89) nachgeschlagen werden. Die Spannungen im Inneren der elastischen Halbebene ergeben sich durch Einsetzen des Potentials in die allgemeinen Gleichungen (3.26).

Aus Gleichung (5.9) erhält man für die kritische Halbbreite des Kontaktes, bei der der Kontakt seine Stabilität verliert und sich spontan ablöst, die Bedingung

$$
\frac{E^*}{R} a_c \arccos\left(\frac{b}{a_c}\right) = \sqrt{\frac{\pi\Delta\gamma E^*}{2a_c}}, \tag{5.48}
$$

was sich in normierten Variablen als

$$
\sqrt{\overline{a}_c^3} \arccos\left(\frac{1}{\overline{a}_c}\right) - \beta = 0, \quad \overline{a}_c := \frac{a_c}{b}, \quad \beta := \sqrt{\frac{\pi R^2 \Delta\gamma}{2E^* b^3}}, \tag{5.49}
$$

schreiben lässt. Die dazugehörige kritische Linienlast ist

$$
P_c = -\frac{E^* b^2}{2R}\left[3\beta\sqrt{\overline{a}_c(\beta)} + \sqrt{\overline{a}_c^2(\beta) - 1}\right]. \tag{5.50}
$$

Für sehr kleine Werte von β haben die Gleichungen (5.49) und (5.50) die asymptotischen Näherungslösungen

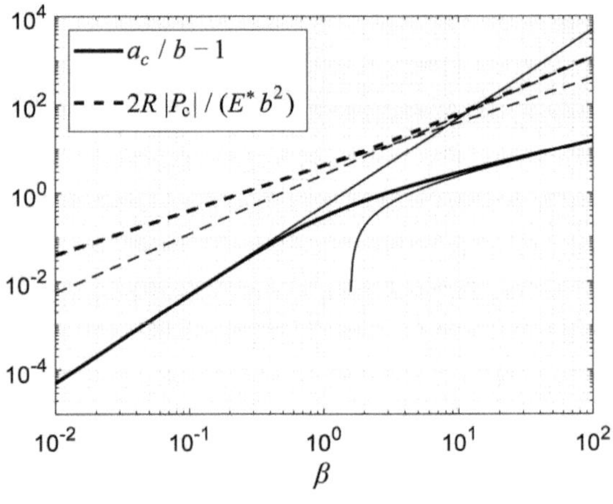

Abb. 5.13 Kritische Werte der Kontakthalbbreite a und der Linienlast P in normierten Größen als Funktionen des Adhäsionsparameters β – siehe Gleichung (5.49) – für die JKR-adhäsive Indentierung einer elastischen Halbebene durch einen flachen Stempel mit abgerundeten Kanten; die dünnen Linien bezeichnen die jeweiligen asymptotischen Näherungslösungen für kleine und große Werte von β aus den Gleichungen (5.51) und (5.52).

$$\overline{a}_c \approx 1 + \frac{\beta^2}{2}, \quad \frac{2RP_c}{E^*b^2} \approx -4\beta = \frac{2RP(a=b)}{E^*b^2}. \tag{5.51}$$

Für sehr große Werte von β erhält man dagegen als asymptotische Näherung die Lösungen für den ebenen Hertzschen Kontakt aus den Gleichungen (5.31) und (5.32),

$$\overline{a}_c \approx \left(\frac{2\beta}{\pi}\right)^{2/3}, \quad \frac{2RP_c}{E^*b^2} \approx -3\left(\frac{2}{\pi}\right)^{1/3} \beta^{4/3}. \tag{5.52}$$

In Abb. 5.13 sind die kritischen Werte von a und P in normierten Variablen als Funktionen des Adhäsionsparameters β, gemeinsam mit den beiden asymptotischen Lösungen, in doppel-logarithmischer Darstellung grafisch gezeigt.

Abb. 5.14 zeigt die Linienlast als Funktion der Kontakthalb nach der ersten der Gleichungen (5.47) in normierten Variablen für verschiedene Werte des Adhäsionsparameters β.

5.2.8 Der abgeschnittene Keil

Für den Keil mit flacher Stirnfläche (siehe die Skizze in Abb. 5.15) wurde das JKR-adhäsive Normalkontaktproblem zuerst von Leng et al. (1999) gelöst. Die Halbbreite der flachen Stirnfläche sei b und der Steigungswinkel des Keils α.

Mit der Lösung des entsprechenden nicht-adhäsiven Kontaktproblems aus dem dritten Kapitel (Abschn. 3.4.9) erhält man aus den allgemeinen Gleichungen (5.8) folgende Lösung des JKR-adhäsive Problems für die Linienlast P, die Druckverteilung p, die Position h der deformierten Oberfläche, gemessen vom tiefsten Punkt des Eindrucks, und das Muskhelishvili-Potential $\phi(\zeta)$ zur Bestimmung der elastischen Spannungen im Inneren, jeweils als Funktionen der Halbbreite a des Kontakts:

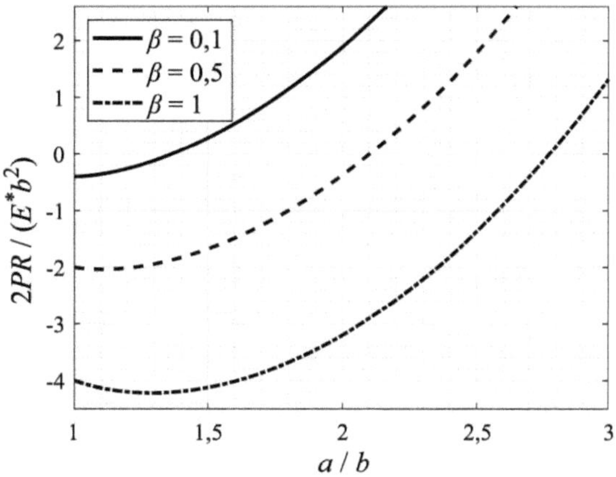

Abb. 5.14 Linienlast P als Funktion der Halbbreite des Kontaktes a in normierten Variablen für verschiedene Werte des Adhäsionsparameters β – siehe Gleichung (5.49) – bei der JKR-adhäsiven Indentierung einer elastischen Halbebene durch einen flachen Stempel mit abgerundeten Kanten

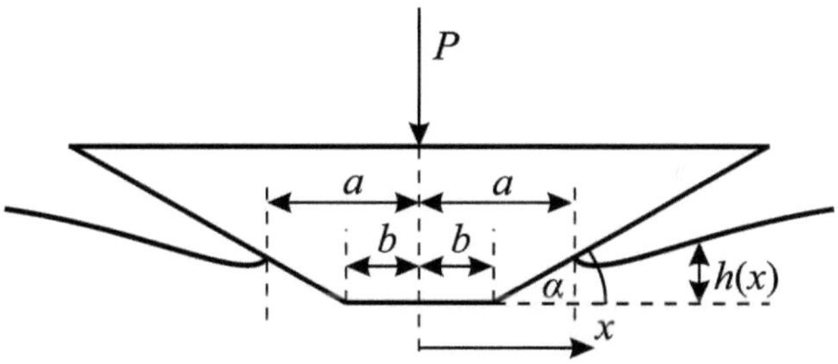

Abb. 5.15 Adhäsive Indentierung einer elastischen Halbebene durch einen starren Keil mit flacher Stirnfläche

$$
\begin{aligned}
P(a) &= E^*\alpha\sqrt{a^2-b^2} - \sqrt{2\pi a E^* \Delta\gamma}, \quad b \le a. \\
p(x;a) &= p_{\text{n.a.}}(x;a) - \frac{\sqrt{2aE^*\Delta\gamma}}{\sqrt{\pi}\sqrt{a^2-x^2}}, \quad |x| < a, \\
h(x;a) &= h_{\text{n.a.}}(x;a) - 2\frac{\sqrt{2a\Delta\gamma}}{\sqrt{\pi E^*}} \ln\left(\frac{|x|}{a} + \sqrt{\frac{x^2}{a^2}-1}\right), \quad |x| \ge a, \\
\phi(\zeta;a) &= -\frac{iE^*\alpha}{2\pi}\arcsin\left(\frac{\sqrt{a^2-b^2}}{\sqrt{\zeta^2-b^2}}\right) + \frac{\sqrt{2\pi a E^*\Delta\gamma}}{2\pi\sqrt{a^2-\zeta^2}}, \quad \zeta := x+iy, \quad i = \sqrt{-1}.
\end{aligned}
\tag{5.53}
$$

Aus Platzgründen wurde auf die erneute Angabe der nicht-adhäsiven Lösungen für $p(x;a)$ und $h(x;a)$ verzichtet; diese können in den Gleichungen (3.92) und (3.93) nachgeschlagen werden. Die Spannungen im Inneren der elastischen Halbebene ergeben sich durch Einsetzen des Potentials in die allgemeinen Gleichungen (3.26).

Führt man die normierten Größen

$$\bar{a} := \frac{a}{b}, \quad \bar{P} = \frac{2P}{E^*\alpha b}, \tag{5.54}$$

ist der Zusammenhang zwischen Linienlast und Kontaktbreite durch die Gleichung

$$\overline{P}(\overline{a}) = 2\sqrt{\overline{a}^2 - 1} - 4\beta\sqrt{\overline{a}}, \quad \beta := \sqrt{\frac{\pi\Delta\gamma}{2E^*b\alpha^2}}, \tag{5.55}$$

gegeben. Diese Relation ist in Abb. 5.16 für verschiedene Werte von β grafisch dargestellt. Man erkennt, dass für ausreichend kleine Werte von β alle Kontaktkonfigurationen mit $a > b$ stabil sind.

Die kritische Kontaktkonfiguration ergibt sich wegen Gleichung (5.9) aus der Lösung der kubischen Gleichung

$$\overline{a}_c^{3/2} = \beta\sqrt{\overline{a}_c^2 - 1} \quad \Rightarrow \quad \overline{a}_c^3 - \beta^2\left(\overline{a}_c^2 - 1\right) = 0. \tag{5.56}$$

Diese hat reelle positive Lösungen, falls

$$\beta \geq \beta_{\text{crit}} := \sqrt{\frac{3}{2}\sqrt{3}} \approx 1,6, \tag{5.57}$$

wobei sich im Grenzfall dieser Ungleichung eine doppelte Nullstelle bei $\overline{a}_c = \sqrt{3}$ ergibt. Für $\beta < \beta_{\text{crit}}$ erreicht der Kontakt beim Ablösen ein stabiles Gleichgewicht mit $a = b$ und die kritische Konfiguration ergibt sich aus der entsprechenden Lösung für starren Flachstempel aus Gleichung (5.11) (wobei $a = b$).

Für $\beta > \beta_{\text{crit}}$ hat Gleichung (5.56) eine Lösung im Intervall $]\,1; \sqrt{3}\,[$ und eine Lösung mit $\overline{a}_c > \sqrt{3}$. Dabei erkennt man bereits aus Abb. 5.16, dass dann alle Kontaktkonfigurationen zwischen diesen beiden Nullstellen instabil sind. Die kubische Gleichung kann geschlossen analytisch gelöst werden. Dazu definieren wir C als *alle* (komplexwertigen) dritten Wurzeln der Gleichung

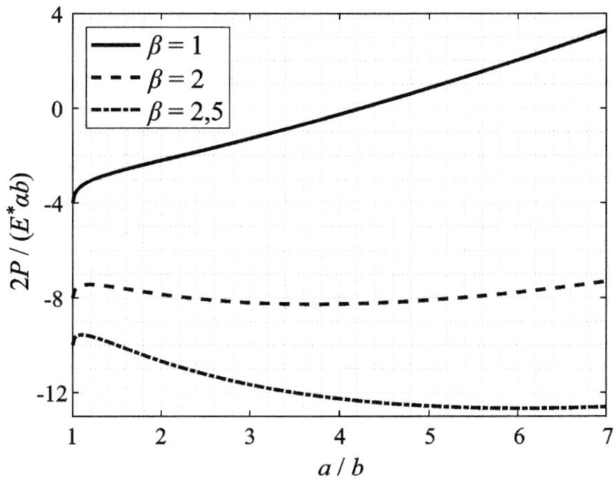

Abb. 5.16 Linienlast P als Funktion der Halbbreite des Kontaktes, a, in normierten Variablen für den JKR-adhäsiven Normalkontakt zwischen einer elastischen Halbebene und einem starren abgeschnittenen Keil, bei verschiedenen Werten des Adhäsionsparameters β – siehe Gleichung (5.55)

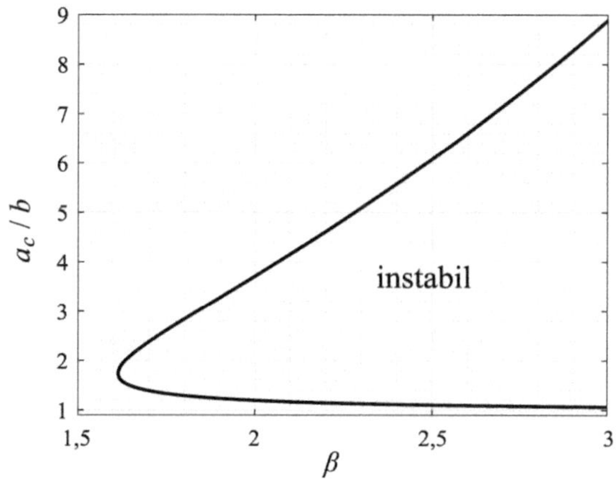

Abb. 5.17 Die kritischen Kontakthalbbreiten als Funktion des Adhäsionsparameters β – siehe Gleichung (5.55) – für die JKR-adhäsive Indentierung einer elastischen Halbebene durch einen starren Keil mit flacher Stirnfläche; alle Kontaktkonfigurationen zwischen dem oberen und unteren Teil der Kurve sind instabil.

$$C^3 = \frac{\beta^6}{27} - \frac{\beta^2}{2} + i\beta^2\sqrt{\frac{4\beta^4 - 27}{108}}, \quad i = \sqrt{-1}. \tag{5.58}$$

Die drei reellen Lösungen von Gleichung (5.56) (von denen eine grundsätzlich negativ und daher irrelevant ist) sind dann

$$\overline{a}_c = C(\beta) + \frac{\beta^4}{9C(\beta)} + \frac{\beta^2}{3}. \tag{5.59}$$

Die beiden relevanten Nullstellen sind als Funktion von β in Abb. 5.17 gezeigt. Für große Werte von β sind die asymptotischen Werte der beiden Nullstellen $\overline{a}_c = 1$ und $\overline{a}_c = \beta^2$ (das ist der kritische Wert für den vollständigen Keil aus Abschn. 5.2.4).

5.2.9 Der abgeschnittene Zylinder (parabolische Näherung)

Betrachten wir nun den JKR-adhäsiven Normalkontakt zwischen einem starren Zylinder mit flacher Stirnfläche und einer elastischen Halbebene (siehe die Skizze in Abb. 5.18). Die Halbbreite der flachen Stirnfläche sei b und der Radius des Zylinders R.

Mit der Lösung des entsprechenden nicht-adhäsiven Kontaktproblems aus dem dritten Kapitel (Abschn. 3.4.10) erhält man aus den allgemeinen Gleichungen (5.8) folgende Lösung des JKR-adhäsive Problems für die Linienlast P als Funktion der Halbbreite a des Kontakts:

$$P(a) = \frac{E^*}{2R}\left[a^2 \arccos\left(\frac{b}{a}\right) + b\sqrt{a^2 - b^2}\right] - \sqrt{2\pi a E^* \Delta\gamma}, \quad b \leq a. \tag{5.60}$$

Auf die Angabe der Druckverteilung $p(x)$, der Position $h(x)$ der deformierten Oberfläche und des Muskhelishvili-Potentials $\phi(\zeta)$ zur Bestimmung der elastischen Spannungen im

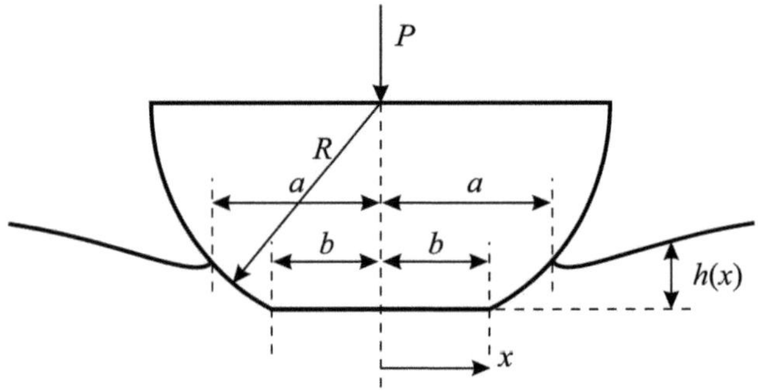

Abb. 5.18 Adhäsive Indentierung einer elastischen Halbebene durch einen starren Zylinder mit flacher Stirnfläche

Inneren wurde an dieser Stelle aus Platzgründen verzichtet; diese können aber problemlos aus der allgemeinen Lösung (5.8) und den entsprechenden nicht-adhäsiven Relationen aus Abschn. 3.4.10 konstruiert werden.

Führt man die normierten Größen

$$\overline{a} := \frac{a}{b}, \quad \overline{P} = \frac{2PR}{E^* b^2}, \tag{5.61}$$

ein, ist der Zusammenhang zwischen Linienlast und Kontaktlänge durch die Gleichung

$$\overline{P}(\overline{a}) = \overline{a}^2 \arccos\left(\frac{1}{\overline{a}}\right) + \sqrt{\overline{a}^2 - 1} - 4\beta\sqrt{\overline{a}}, \quad \beta := \sqrt{\frac{\pi R^2 \Delta\gamma}{2E^* b^3}}, \tag{5.62}$$

gegeben. Diese Relation ist in Abb. 5.19 für verschiedene Werte von β grafisch dargestellt.

Man erkennt, dass für kleine Werte von β alle Kontaktkonfigurationen mit $a > b$ stabil sind. Die kritische Kontaktkonfiguration ergibt sich wegen Gleichung (5.9) aus der Lösung der transzendenten Gleichung

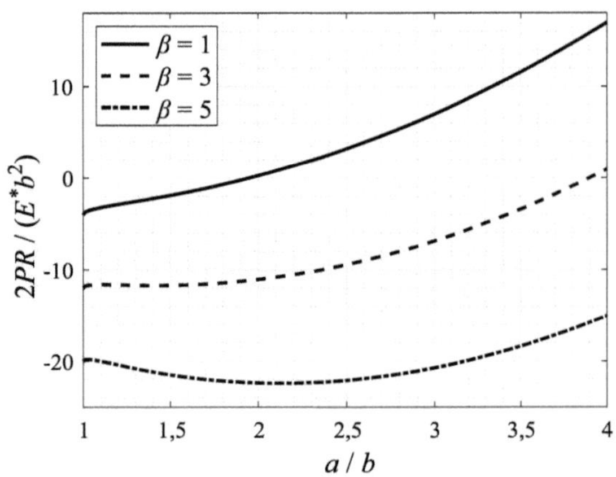

Abb. 5.19 Linienlast P als Funktion der Halbbreite des Kontaktes, a, in normierten Variablen für den JKR-adhäsiven Normalkontakt zwischen einer elastischen Halbebene und einem starren abgeschnittenen Zylinder, bei verschiedenen Werten des Adhäsionsparameters β – siehe Gleichung (5.62)

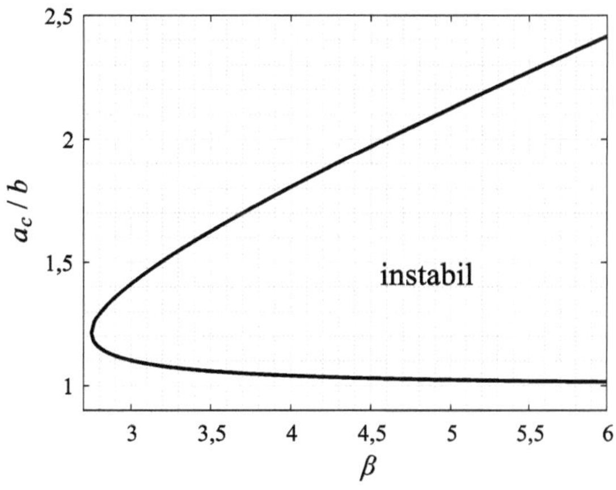

Abb. 5.20 Die kritischen Kontakthalbbreiten als Funktion des Adhäsionsparameters β – siehe Gleichung (5.62) – für die JKR-adhäsive Indentierung einer elastischen Halbebene durch einen starren Zylinder mit flacher Stirnfläche; alle Kontaktkonfigurationen zwischen dem oberen und unteren Teil der Kurve sind instabil.

$$\overline{a}_c^{3/2}\left[\arccos\left(\frac{1}{\overline{a}_c}\right)+\frac{1}{\sqrt{\overline{a}_c^2-1}}\right]-\beta=0. \tag{5.63}$$

Diese hat reelle positive Lösungen, falls

$$\beta \geq \beta_{\text{crit}} \approx 2,75. \tag{5.64}$$

Für $\beta < \beta_{\text{crit}}$ erreicht der Kontakt beim Ablösen ein stabiles Gleichgewicht mit $a = b$ und die kritische Konfiguration ergibt sich aus der entsprechenden Lösung für starren Flachstempel aus Gleichung (5.11) (wobei $a = b$). Für $\beta > \beta_{\text{crit}}$ hat Gleichung (5.63) eine Lösung im Intervall]1;1,213[und eine Lösung mit $\overline{a}_c > 1,213$. Dabei erkennt man bereits aus Abb. 5.19, dass dann alle Kontaktkonfigurationen zwischen diesen beiden Nullstellen instabil sind. Die beiden Nullstellen sind als Funktion von β in Abb. 5.20 gezeigt. Für große Werte von β sind die asymptotischen Werte der beiden Nullstellen $\overline{a}_c = 1$ und $\overline{a}_c = (2\beta/\pi)^{2/3}$ (das ist der kritische Wert für den vollständigen Zylinder in der parabolischen Näherung aus Abschn. 5.2.5).

5.2.10 Der Keil mit abgerundeter Spitze

Betrachten wir nun das JKR-adhäsive Kontaktproblem zwischen einer elastischen Halbebene und einem starren Keil mit abgerundeter Spitze (siehe die Skizze in Abb. 5.21). Der Steigungswinkel des Keils sei α, und b die Stelle, an der die parabolische Kappe stetig differenzierbar in den keilförmigen Grundkörper übergeht.

Mit der Lösung des entsprechenden nicht-adhäsiven Kontaktproblems aus dem dritten Kapitel (Abschn. 3.4.11) erhält man aus den allgemeinen Gleichungen (5.8) folgende Lösung des JKR-adhäsive Problems für die Linienlast P als Funktion der Halbbreite a

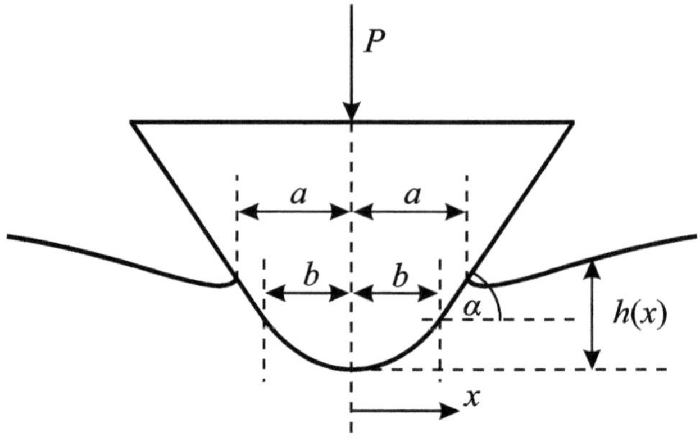

Abb. 5.21 Adhäsive Indentierung einer elastischen Halbebene durch einen starren Keil mit abgerundetem Grat

des Kontakts:

$$P(a) = -\sqrt{2\pi a E^* \Delta\gamma} + \frac{E^*\alpha}{2b} \begin{cases} \frac{a^2\pi}{2}, & a < b, \\ a^2 \arcsin\left(\frac{b}{a}\right) + b\sqrt{a^2 - b^2}, & b \le a. \end{cases} \tag{5.65}$$

Auf die Angabe der Druckverteilung $p(x)$, der Position $h(x)$ der deformierten Oberfläche und des Muskhelishvili-Potentials $\phi(\zeta)$ zur Bestimmung der elastischen Spannungen im Inneren wurde an dieser Stelle aus Platzgründen verzichtet; diese können aber problemlos aus der allgemeinen Lösung (5.8) und den entsprechenden nicht-adhäsiven Relationen aus Abschn. 3.4.11 konstruiert werden.

Führt man die normierten Größen

$$\overline{a} := \frac{a}{b}, \quad \overline{P} = \frac{2P}{E^*\alpha b}, \tag{5.66}$$

ein, ist der Zusammenhang zwischen Linienlast und Kontaktlänge durch die Gleichung

$$\overline{P}(\overline{a}) = -4\beta\sqrt{\overline{a}} + \begin{cases} \frac{\pi}{2}\overline{a}^2, & \overline{a} < 1, \\ \overline{a}^2 \arcsin\left(\frac{1}{\overline{a}}\right) + \sqrt{\overline{a}^2 - 1}, & 1 \le \overline{a}, \end{cases} \quad \beta := \sqrt{\frac{\pi\Delta\gamma}{2E^* b\alpha^2}}, \tag{5.67}$$

gegeben. Diese Relation ist in Abb. 5.22 für verschiedene Werte von β grafisch dargestellt.

Bereits in dieser Darstellung erkennt man, dass das Stabilitätsverhalten dieses adhäsiven Kontaktes nicht trivial ist (obwohl die erste Ableitung des Zusammenhangs $P = P(a)$ auch an der Übergangsstelle $a = b$ stetig ist). Die kritische Kontaktkonfiguration bei der instabilen Ablösung von dem keilförmigen Grundkörper ergibt sich wegen Gleichung (5.9) aus der Lösung der transzendenten Gleichung

$$\sqrt{\overline{a}_c^3} \arcsin\left(\frac{1}{\overline{a}_c}\right) - \beta = 0, \quad \overline{a}_c := \frac{a_c}{b}. \tag{5.68}$$

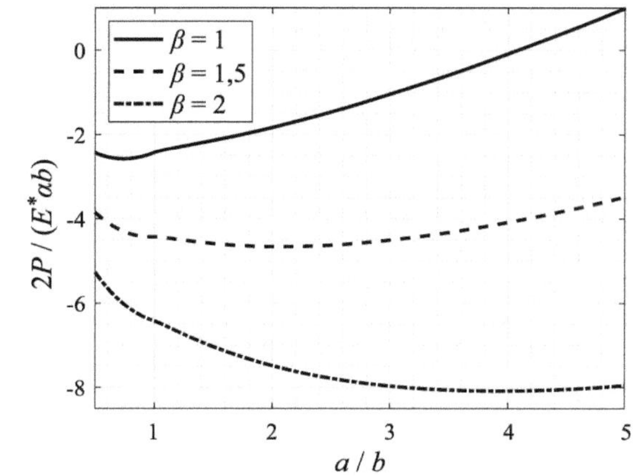

Abb. 5.22 Linienlast P als Funktion der Halbbreite des Kontaktes, a, in normierten Variablen für den JKR-adhäsiven Normalkontakt zwischen einer elastischen Halbebene und einem starren Keil mit abgerundetem Grat, bei verschiedenen Werten des Adhäsionsparameters β – siehe Gleichung (5.67)

Die kritische Kontaktkonfiguration für die Ablösung von der parabolischen Spitze ergibt sich dagegen durch die entsprechende Lösung für das ebene Hertzsche Kontaktproblem (siehe Abschn. 5.2.5),

$$\overline{a}_c^{\text{Spitze}} = \left(\frac{2\beta}{\pi}\right)^{2/3}. \tag{5.69}$$

Abhängig von dem Wert von β hat Gleichung (5.68) keine (für $\beta < 1{,}295$), eine (für $\beta > \pi/2$), oder zwei (für $1{,}295 < \beta < \pi/2$) reelle positive Lösungen. Die Grenzkurve zwischen stabilen und instabilen Kontaktkonfigurationen weist daher zwei Verzweigungspunkte auf. Für sehr große Werte von β ist die asymptotische Lösung von Gleichung (5.68) durch das entsprechende Ergebnis für den vollständigen Keil (siehe Abschn. 5.2.4) gegeben,

$$\overline{a}_c \approx \beta^2. \tag{5.70}$$

Alle kritischen Kontaktkonfigurationen sind in Abb. 5.23 gezeigt.

5.2.11 Der parabolisch-konkave Stempel (vollständiger Kontakt)

Als letztes Kontaktproblem in diesem Unterkapitel behandeln wir den JKR-adhäsiven Normalkontakt mit einem parabolisch-konkaven Stempel (siehe Abb. 5.24); die Halbbreite des Stempels sei a, der Krümmungsradius der konkaven Stirnfläche sei R.

Wenn der vollständige Kontakt durch eine ausreichende (positive) Linienlast hergestellt wurde, kann der Kontakt gegen die Wirkung der Adhäsion nur durch eine Spannungskonzentration aufgelöst werden. Wie im Fall des Flachstempels ist die Druckverteilung des JKR-adhäsiven Problems als Funktion der Linienlast die gleiche wie für den nicht-adhäsiven Kontakt. Mit dem Ergebnis aus Abschn. 3.4.12 ist also

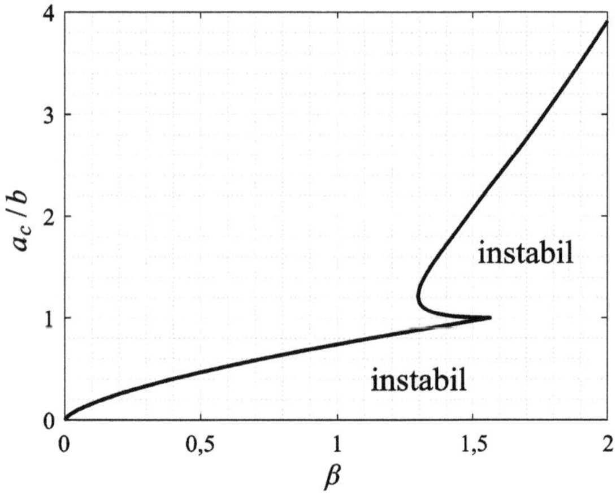

Abb. 5.23 Die kritischen Kontakthalbbreiten als Funktion des Adhäsionsparameters β – siehe Gleichung (5.67) – für die JKR-adhäsive Indentierung einer elastischen Halbebene durch einen starren Keil mit abgerundetem Grat; alle Kontaktkonfigurationen rechts, bzw. unterhalb der Kurve sind instabil.

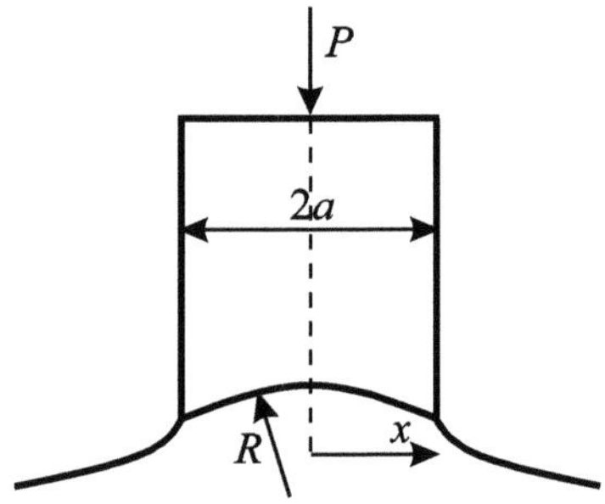

Abb. 5.24 Adhäsive Indentierung einer elastischen Halbebene durch einen parabolisch-konkaven Stempel

$$p(x; P) = \frac{1}{\pi\sqrt{a^2 - x^2}}\left[P - \frac{\pi E^* a^2}{4R}\left(1 - 2\frac{x^2}{a^2}\right)\right], \quad |x| < a. \tag{5.71}$$

Der Unterschied zum nicht-adhäsiven Kontakt besteht darin, dass P auch negative Werte annehmen kann.

In der Mitte des Kontaktes gibt es keine Spannungskonzentration, der Kontakt kann sich also nur an den scharfen Kanten des Stempels ablösen. In der Umgebung der Kanten ist

$$p(s, P) \approx \frac{1}{\pi\sqrt{2as}}\left[P + \frac{\pi E^* a^2}{4R}\right], \quad s := a - x \ll a. \tag{5.72}$$

Aus der Gleichgewichtsbedingung der Linear-elastischen Bruchmechanik,

$$\Delta\gamma = G = \frac{p^2 \pi s}{E^*}, \tag{5.73}$$

erhält man für die kritische Kraft, bei der der Kontakt beginnt, sich am Rand abzulösen,

$$P_c = -\frac{\pi E^* a^2}{4R} - \sqrt{2\pi A E^* \Delta\gamma}. \tag{5.74}$$

Die maximale Abzugskraft ist also betragsmäßig größer als im Fall des Flachstempels; insbesondere ist dieser Zuwachs unabhängig von der Oberflächenenergie.

5.3 Reibungsfreier Normalkontakt mit Dugdale-Maugis-Adhäsion

Betrachten wir nun den adhäsiven Normalkontakt mit einer endlichen Stärke und nichtverschwindenden Reichweite der adhäsiven Wechselwirkung. Ebene Kontaktprobleme mit einer solchen Wechselwirkung wurden analytisch gelöst, nachdem die Grundsteine der entsprechenden physikalischen Modellierung anhand axialsymmetrischer Kontakte demonstriert wurde.

Bekanntlich geht die erste rigorose Lösung eines adhäsiven elastischen Normalkontaktproblems unter Berücksichtigung der Reichweite der Adhäsion auf Maugis (1992) zurück, der mithilfe bruchmechanischer Methoden eine exakte Kontakttheorie für den Hertzschen Kontakt unter der Wirkung des von Dugdale (1960) eingeführten Modellpotentials der adhäsiven Spannung als Funktion des Abstands h der wechselwirkenden Flächen,

$$\sigma(h) = \sigma_0, \quad h \leq H, \tag{5.75}$$

mit dem Betrag σ_0 und der Reichweite H der adhäsiven Spannung, formulierte. Aufbauend auf der Arbeit von Maugis gaben Baney und Hui (1997) sowie Johnson und Greenwood (2008) exakte Lösungen des analogen ebenen Problems an. Wie aus der Interpretation dieser Lösung von Jin und Yue (2020) als Summe äquivalenter Indentierungen hervorgeht, lässt sich die Lösung – die noch von Morrow und Lovell (2005) um Kontaktkonfigurationen ohne direkten Kontakt ergänzt wurde – ohne Schwierigkeiten für beliebige symmetrische Profile verallgemeinern.

Greenwood und Johnson (1998) schlugen für den adhäsiven Hertzschen Kontakt eine Alternative zu der Theorie von Maugis vor, bei der die adhäsive Zugspannung durch eine Superposition von Hertzschen Druckverteilungen dargestellt wird. Dadurch wird die Kontaktmechanik, auf Kosten der Rigorosität der Beschreibung der adhäsiven Wechselwirkung, gezielt trivialisiert. Jin et al. (2014) gaben die entsprechende Lösung für den ebenen Kontakt an. Da sich die Vorhersagen der beiden Beschreibungen (nach Maugis und nach dem „Doppel-Hertz"-Modell) kaum unterscheiden und das „Doppel-Hertz"-Modell einige etwas merkwürdige Eigenschaften der physikalischen Beschreibung aufweist, werden wir im Folgenden nur die Anwendung der Dugdale-Maugis-Theorie auf das ebene Kontaktproblem diskutieren.

5.3.1 Allgemeine Lösung für symmetrische Profile

Wie in der JKR-Theorie des adhäsiven Kontaktproblems lässt sich die Druckverteilung des adhäsiven Problems als die Superposition.

$$p(x;a,b) = p_{\text{n.a.}}(x;a) + p_{\text{adh}}(x;a,b) \tag{5.76}$$

der entsprechenden nicht-adhäsiven Lösung (charakterisiert durch den Index „n.a.") mit einer passenden adhäsiven Zugspannung auffassen. Für die adhäsive Verteilung gelten nach der Dugdale-Beschreibung (5.75) folgende Vorgaben: die Spannung ist konstant in $a < |x| < b$, und sie erzeugt keinen Gradienten der deformierten Oberfläche in $|x| < a$ (da die Position der deformierten Oberfläche dort, wie im nicht-adhäsiven Fall, durch den Eindruckkörper vorgegeben ist). Mithilfe der Methoden der ebenen Bruchmechanik erhält man aus diesen beiden Bedingungen folgende Lösung für die adhäsive Druckverteilung:

$$p_{\text{adh}}(x) = -\sigma_0 \begin{cases} 1, & a \le |x| \le b \\ \frac{2}{\pi}\arctan\left(\frac{\sqrt{b^2-a^2}}{\sqrt{a^2-x^2}}\right), & |x| < a \end{cases}. \tag{5.77}$$

Für die Linienlast gilt natürlich eine zu Gleichung (5.76) analoge Superposition; aus der Integration von Gleichung (5.76) erhält man.

$$P(a,b) = P_{\text{n.a.}}(a) + P_{adh}(a,b) = P_{\text{n.a.}}(a) - 2\sigma_0\sqrt{b^2-a^2}. \tag{5.78}$$

Um das Gleichungssystem zu schließen, benötigt man noch eine Beziehung zwischen den Halbbreiten a und b. Diese ergibt sich aus der Forderung, dass der Abstand zwischen den deformierten Oberflächen bei $|x| = b$ genau der Reichweite H der adhäsiven Wechselwirkung entspricht. Für die Verschiebungen aus der adhäsiven Zugspannung (5.77) erhält man nach einiger Rechnung

$$\Delta w_{\text{adh}}(b) = \frac{4\sigma_0}{\pi E^*}\left[\sqrt{b^2-a^2}\operatorname{arcosh}\left(\frac{b}{a}\right) - b\ln\left(\frac{b}{a}\right)\right]. \tag{5.79}$$

Mit Gleichung (3.19) aus dem dritten Kapitel für den Abstand der deformierten Oberflächen durch die nicht-adhäsive Druckverteilung ergibt sich damit die Forderung.

$$\begin{aligned} \frac{\pi}{2}E^*H =& b\int_a^b \frac{P_{\text{n.a.}}(\tilde{a})\mathrm{d}\tilde{a}}{\tilde{a}\sqrt{b^2-\tilde{a}^2}} - P_{\text{n.a.}}(a)\operatorname{arcosh}\left(\frac{b}{a}\right) \\ &+ 2\sigma_0\left[\sqrt{b^2-a^2}\operatorname{arcosh}\left(\frac{b}{a}\right) - b\ln\left(\frac{b}{a}\right)\right]. \end{aligned} \tag{5.80}$$

5.3.2 Der JKR-Grenzfall für symmetrische Profile

Im JKR-Grenzfall hat die adhäsive Wechselwirkung eine verschwindende Reichweite – bei einer konstanten Oberflächentrennungsarbeit

$$\Delta\gamma = \sigma_0 H. \tag{5.81}$$

Das der adhäsiven Zugspannung unterliegende Gebiet außerhalb des direkten Kontakts wird verschwindend klein, also sind die Werte von a und b annähernd gleich. Indem wir einen kleinen Parameter $\varepsilon = (b - a)/a$ einführen, und Gleichung (5.80) nach Potenzen von $\varepsilon^{1/2}$ entwickeln, ergibt sich nach einiger Rechnung die Näherung

$$\frac{\pi}{4}E^*H \approx \frac{a}{3}\frac{\mathrm{d}P_{n.a.}(a)}{\mathrm{d}a}\sqrt{2\varepsilon^3} + \sigma_a a\varepsilon. \tag{5.82}$$

Für kleine ε dominiert auf der rechten Seite dieser Gleichung der lineare Term und man erhält, unabhängig von der Profilgeometrie, den Zusammenhang

$$\varepsilon \approx \frac{\pi E^* H}{4\sigma_0 a}. \tag{5.83}$$

Für den adhäsiven Beitrag zur Linienlast ergibt sich außerdem die Näherung

$$P_{adh}(a,\varepsilon) \approx -2\sigma_0 a\sqrt{2\varepsilon} \approx -\sqrt{2\pi\,\Delta\gamma E^* a}, \tag{5.84}$$

was mit dem JKR-Ergebnis (5.7) übereinstimmt.

5.3.3 Der ebene Hertzsche Kontakt

Für den zylindrischen (parabolischen) Kontakt mit dem Krümmungsradius R erhält man mit der entsprechenden nicht-adhäsiven Lösung aus dem dritten Kapitel (Abschn. 3.4.3) und der allgemeinen Lösung (5.78) für den Zusammenhang zwischen der Linienlast und den relevanten Halbbreiten des Kontaktproblems das Ergebnis

$$P(a,b) = \frac{\pi}{4}\frac{E^* a^2}{R} - 2\sigma_0\sqrt{b^2 - a^2}. \tag{5.85}$$

Der Zusammenhang zwischen a und b ergibt sich wegen Gleichung (5.80) als Lösung der Gleichung

$$H = \frac{1}{2R}\left[b\sqrt{b^2 - a^2} - a^2\operatorname{arcosh}\left(\frac{b}{a}\right)\right] + \frac{4\sigma_0}{\pi E^*}\left[\sqrt{b^2 - a^2}\operatorname{arcosh}\left(\frac{b}{a}\right) - b\ln\left(\frac{b}{a}\right)\right]. \tag{5.86}$$

Wenn wir normierte Größen

$$\overline{a} := \frac{a}{a_c^{\mathrm{JKR}}}, \quad \overline{P} := \frac{P}{\left|P_c^{\mathrm{JKR}}\right|}, \quad \kappa := \frac{b}{a}, \tag{5.87}$$

mit den entsprechenden kritischen Werten des JKR-Grenzfalls aus den Gleichungen (5.31) und (5.32),

$$a_c = \left(\frac{2R^2\Delta\gamma}{\pi E^*}\right)^{1/3}, \quad P_c = -3\left(\frac{\pi\Delta\gamma^2 R E^*}{16}\right)^{1/3}, \tag{5.88}$$

einführen, erhält man die folgenden dimensionsfreien Formulierungen der Gleichungen (5.85) und (5.86):

$$\begin{aligned} 3\overline{P}(\overline{a},\kappa) &= \overline{a}^2 - 4\Lambda\overline{a}\sqrt{\kappa^2-1}, \\ 1 &= \frac{\Lambda\overline{a}^2}{2}\left(\kappa\sqrt{\kappa^2-1} - \operatorname{arcosh}\kappa\right) + 2\Lambda^2\overline{a}\left(\sqrt{\kappa^2-1}\,\operatorname{arcosh}\kappa - \kappa\ln\kappa\right), \end{aligned} \tag{5.89}$$

mit dem Tabor-Parameter

$$\Lambda = \left(\frac{4\sigma_0^3 R}{\pi^2\Delta\gamma E^{*2}}\right)^{1/3}. \tag{5.90}$$

Der JKR-Grenzfall

Der JKR-Fall entspricht dem Grenzübergang $\Lambda \to \infty$, wobei $\kappa \to 1$. Indem wir den kleinen Parameter $\varepsilon = \kappa - 1$ einführen, ergibt sich aus der zweiten der Gleichungen (5.89) die asymptotische Näherung

$$\Lambda \approx (2\overline{a}\varepsilon)^{-1/2}. \tag{5.91}$$

Da außerdem $\sqrt{\kappa^2-1} \approx \sqrt{2\varepsilon}$, ergibt sich damit für die Linienlast die asymptotische Näherung

$$3\overline{P}(\overline{a}) = \overline{a}^2 - 4\sqrt{\overline{a}}, \tag{5.92}$$

die mit Gleichung (5.34) übereinstimmt. Abb. 5.25 zeigt den durch die Gleichungen (5.89) implizit definierten Zusammenhang zwischen normierter Linienlast und normierter Halbbreite des Kontakts, für verschiedene Werte des Tabor-Parameters, gemeinsam mit dem JKR-Grenzfall (5.92). Bereits für einen Tabor-Parameter $\Lambda = 5$ ist die Maugis-adhäsive Kurve praktisch nicht von dem JKR-Grenzfall zu unterscheiden. Das entspricht dem Wert, der auch im axialsymmetrischen Fall für die Verwendung der JKR-Theorie als hinreichend betrachtet wird.

Der „DMT-Grenzfall"

Den Grenzfall $\Lambda \to 0$ identifiziert man in der Regel mit dem „DMT-Grenzfall" der Adhäsion. Als asymptotische Näherung der zweiten der Gleichungen (5.89) ergibt sich dann

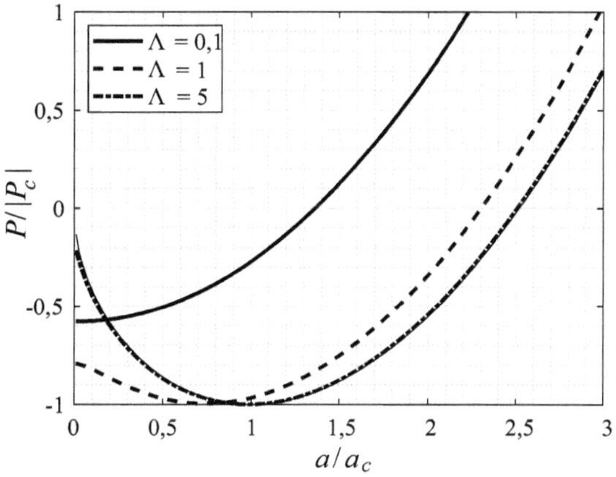

Abb. 5.25 Normierter Zusammenhang zwischen Kontakt-Halbbreite a und Linienlast P für verschiedene Werte des Tabor-Parameters für den Dugdale-Maugis-adhäsiven elastischen Normalkontakt von Zylindern. Die dünne durchgezogene Linie bezeichnet den JKR-Grenzfall. Nur Kurvenabschnitte mit positiver Steigung sind stabil.

$$1 \approx \frac{\Lambda}{2}(\overline{a}\kappa)^2 + 2\Lambda^2 \ln 2(\overline{a}\kappa), \tag{5.93}$$

mit der asymptotischen Lösung für kleine Tabor-Parameter

$$\overline{a}\kappa \approx \sqrt{\frac{2}{\Lambda}}. \tag{5.94}$$

Eingesetzt in die erste der Gleichungen (5.89) erhält man dann für den Zusammenhang zwischen P und a,

$$3\overline{P}(\overline{a}) = \overline{a}^2 - 4\sqrt{2\Lambda}. \tag{5.95}$$

Anders als im axialsymmetrischen Fall ist die Abzugskraft in diesem Grenzfall – also das Minimum von P für $a = 0$ – interessanterweise nicht konstant (wie in der klassischen DMT-Theorie), sondern skaliert mit der Wurzel des Tabor-Parameters. Der tatsächliche Grenzübergang $\Lambda \rightarrow 0$ entspricht dann einfach der nicht-adhäsiven (Hertzschen) Lösung.

5.4 Periodische symmetrische Kontakte mit JKR-Adhäsion

Nach einem bekannten Zitat von Kendall ist die interessante Frage nicht, warum feste Oberflächen adhäsiv aneinander haften, sondern warum das für viele reale Festkörper eben gerade nicht der Fall ist. Ein Grund ist in diesem Zusammenhang die mikroskopische Rauheit fester Oberflächen, die die Adhäsion „stört", da sie das reale Kontaktgebiet auf ein Netzwerk einzelner „Mikrokontakte" beschränkt. Dieses Unterkapitel liefert eine sehr einfache (wiewohl mathematisch rigorose) kontaktmechanische Erklärung für dieses tribologische Phänomen, indem einige periodische ebene Normalkontaktprobleme unter der Wirkung von Adhäsion in der JKR-Beschreibung exakt gelöst werden.

Die Lösung erfolgt dabei in enger Analogie zu der in Abschn. 5.2.1 dargestellten allgemeinen Lösung für einzelne JKR-adhäsive Normalkontakte. Wie im Fall eines einzelnen Kontaktes kann man den periodischen JKR-adhäsiven Normalkontakt als eine Superposition des nicht-adhäsiven Problems mit einer starren Anhebung des (periodischen) Kontaktgebiets auffassen. Das entspricht aber der negativen Indentierung durch eine periodische Folge von starren Flachstempeln. Mit der in Gleichung (3.166) gegebenen Druckverteilung für dieses Problem, lautet die Druckverteilung p und die Linienlast pro Kontaktsegment P für den JKR-adhäsiven periodischen Kontakt, in Analogie zu den Gleichungen (5.3) wie folgt:

$$\begin{aligned} &P(a) = P_{\text{n.a.}}(a) - P_1(a), \\ &p(x;a) = p_{\text{n.a.}}(x;a) - \frac{P_1(a)}{L}\cos\left(\frac{\pi x}{L}\right)\left[\sin^2\left(\frac{\pi a}{L}\right) - \sin^2\left(\frac{\pi x}{L}\right)\right]^{-1/2}, \\ &|x - mL| < a, \quad m \in \mathbb{Z}, \end{aligned} \tag{5.96}$$

Dabei bezeichnet der Index „n.a.“ die jeweilige nicht-adhäsive Lösung und L die Periodenlänge des Problems.

Wie im Fall des einzelnen Kontakts ergibt sich die noch unbestimmte negative Indentierung $P_1(a)$ aus dem Gleichgewicht der Grenzlinie zwischen der elastischen Energie-Freisetzungsrate G und der effektiven Oberflächentrennungsarbeit gegen die Adhäsion. Für den Spannungsintensitätsfaktor K_I der Druckverteilung unter einer periodischen Folge von Flachstempeln erhält man

$$K_\text{I} = -\lim_{x\to a}\left[p(x)\sqrt{2\pi(a-x)}\right] = \frac{P_1(a)}{\sqrt{L\tan(\pi a/L)}}, \tag{5.97}$$

und damit aus den Gleichungen (5.4) und (5.6)

$$P_1(a) = \sqrt{2E^* L\Delta\gamma\tan(\pi a/L)}. \tag{5.98}$$

Im Grenzfall $L \to \infty$ ergibt sich natürlich das Kriterium (5.7) für den einzelnen Kontakt.

5.4.1 Periodisches System von Flachstempeln

Wie für alle Flachstempel-Kontakte sind die Druckverteilungen des nicht-adhäsiven und des JKR-adhäsiven Kontaktes mit einer periodischen Folge von starren Flachstempeln (siehe Abb. 5.26) gleich. Die Druckverteilung für das adhäsive Problem ist damit bereits durch die in Gleichung (3.166) gegebene Lösung des entsprechenden nicht-adhäsiven Problems bestimmt.

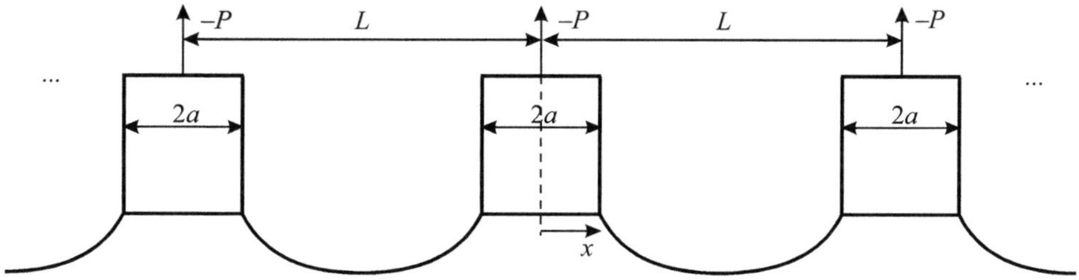

Abb. 5.26 Adhäsives Abziehen einer periodischen Folge von starren Flachstempeln mit der Halbbreite a und der Periodenlänge L von einer elastischen Halbebene

Der Unterschied zum nicht-adhäsiven Kontakt besteht darin, dass die Linienlast P auf einem einzelnen Segment des Kontaktgebiets auch negative Werte annehmen kann. Die kritische Halbbreite des Kontaktsegmentes ist durch die Halbbreite der Stempel vorgegeben. Die kritische Linienlast (pro Kontaktsegment), bei der der Kontakt seine Stabilität verliert, ist daher wegen Gleichung (5.98)

$$P_c = \sqrt{2E^*L\Delta\gamma \tan(\pi a/L)}. \tag{5.99}$$

Dieser Wert ist grundsätzlich größer als das entsprechende Ergebnis (5.11) für einen einzelnen Kontakt, da der Spannungsintensitätsfaktor (5.97) – bezogen auf die Linienlast – für den periodischen Fall kleiner ist, und deswegen eine größere Linienlast aufgebracht werden muss, um den Kontakt zu lösen.

5.4.2 Periodisches System von Keilen

Für den adhäsiven Normalkontakt einer elastischen Halbebene mit einem periodischen System von Keilen – bzw. einer keilförmig periodischen starren Oberfläche, siehe Abb. 5.27 – kann ohne weiteres die allgemeine Lösung (5.96) zur Behandlung des Kontaktproblems herangezogen werden. Die Periodenlänge des Systems sei L und der (kleine) Steigungswinkel der Keile θ.

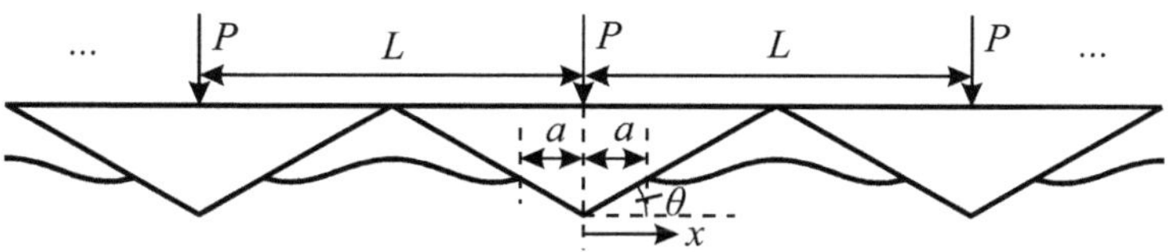

Abb. 5.27 Adhäsiver Normalkontakt zwischen einer starren, keilförmig gewellten Oberfläche mit der Periodenlänge L und dem Steigungswinkel θ und einer elastischen Halbebene

Mit der im dritten Kapitel (siehe Abschn. 3.6.3) gezeigten Lösung für das entsprechende nicht-adhäsive Kontaktproblem erhält man mithilfe der allgemeinen Gleichungen (5.96) und (5.98) folgende Zusammenhänge zwischen der Linienlast P und der Halbbreite a eines einzelnen Kontaktsegments, sowie für die Druckverteilung, im Fall des adhäsiven Kontakts:

$$\begin{aligned} P(a) &= \frac{E^*\theta L}{\pi}\operatorname{artanh}\left[\sin\left(\frac{\pi a}{L}\right)\right] - \sqrt{2E^*\Delta\gamma L\tan(\pi a/L)}, \\ p(x;a) &= \frac{E^*\theta}{\pi}\operatorname{artanh}\left(\sqrt{1-\frac{\tan^2(\pi x/L)}{\tan^2(\pi a/L)}}\right) - \\ &\quad - \sqrt{\frac{2E^*\Delta\gamma\tan(\pi a/L)}{L}}\cos\left(\frac{\pi x}{L}\right)\left[\sin^2\left(\frac{\pi a}{L}\right)-\sin^2\left(\frac{\pi x}{L}\right)\right]^{-1/2}, \\ &\quad |x-mL|<a, \quad m\in\mathbb{Z}. \end{aligned} \tag{5.100}$$

Der Zusammenhang zwischen P und a ist in normierten Variablen in Abb. 5.28 für verschiedene Werte des Parameters

$$\alpha = \sqrt{\frac{2\Delta\gamma}{E^*\theta^2 L}} \tag{5.101}$$

gezeigt; α ist dabei das Analogon des Johnson-Parameters (5.105) einer harmonisch gewellten Oberfläche für den hier diskutierten Fall einer keilförmigen periodischen Oberfläche.

Je nach dem Wert von α kann der Kontakt qualitativ sehr unterschiedliches Verhalten an den Tag legen. Für

$$\alpha < \alpha_1 \approx 0,34 \tag{5.102}$$

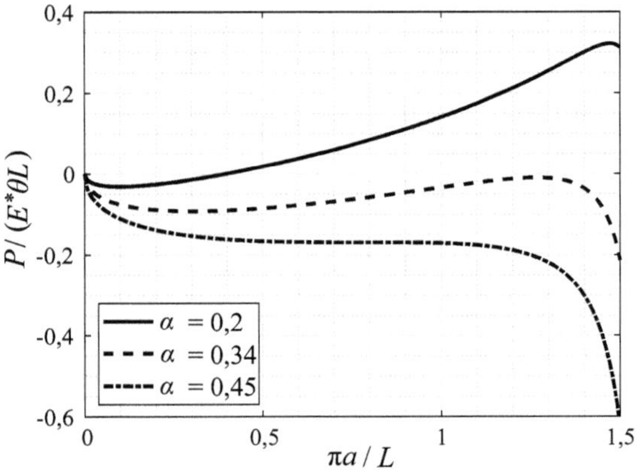

Abb. 5.28 Linienlast P pro Kontaktsegment als Funktion der Halbbreite a eines einzelnen Kontaktsegments in normierten Variablen für den JKR-adhäsiven Normalkontakt zwischen einer starren, keilförmig gewellten Oberfläche und einer elastischen Halbebene, für verschiedene Werte des Johnson-Parameters α. Nur Kurvenabschnitte mit positiver Steigung sind stabil.

gibt es stabile Abschnitte der $P(a)$-Kurve mit positiven Linienlasten. Bringt man also die gewellte Oberfläche mit der elastischen Halbebene in Kontakt, wird sich spontan ein Kontaktgebiet mit $a < L/2$ bilden. Erhöht man anschließend die Linienlast, vergrößert sich das Kontaktgebiet stabil und reversibel bis das Maximum der $P(a)$-Kurve erreicht wird, und die Halbebene instabil in den vollständigen Kontakt springt. Für

$$\alpha_1 \leq \alpha < \alpha_2 = \frac{\sqrt{2}}{\pi} \approx 0,45 \tag{5.103}$$

gibt es stabile Abschnitte der $P(a)$-Kurve, allerdings nur für negative Linienlasten, d. h., bei einer Zugbelastung. Wird der Kontakt mit $P = 0$ hergestellt, springt die Halbebene also spontan und instabil in den vollständigen Kontakt. Für $\alpha > \alpha_2$ gibt es keine stabilen Abschnitte der $P(a)$-Kurve mehr.

5.4.3 Kontakt mit einer harmonisch gewellten Oberfläche

Der JKR-adhäsive Kontakt zwischen einer starren, harmonisch gewellten Oberfläche und einer elastischen Halbebene (siehe Abb. 5.29) wurde von Johnson (1995) zuerst gelöst.

Mithilfe der allgemeinen Gleichungen (5.96) und (5.98) sowie der in Abschn. 3.6.4 dargestellten Lösung des entsprechenden nicht-adhäsiven Problems erhält man für die Zusammenhänge zwischen der Halbbreite a eines einzelnen Kontaktsegments, der Linienlast P auf einem einzelnen Kontaktsegment und der Druckverteilung die Ausdrücke

$$\begin{aligned} P(a) &= \pi E^* h_0 \sin^2\left(\frac{\pi a}{L}\right) - \sqrt{2E^* \Delta\gamma L \tan(\pi a/L)}, \\ p(x;a) &= \frac{2\pi E^* h_0}{L} \cos\left(\frac{\pi x}{L}\right)\sqrt{\sin^2\left(\frac{\pi a}{L}\right) - \sin^2\left(\frac{\pi x}{L}\right)} - \\ &\quad - \sqrt{\frac{2E^* \Delta\gamma \tan(\pi a/L)}{L}} \cos\left(\frac{\pi x}{L}\right)\left[\sin^2\left(\frac{\pi a}{L}\right) - \sin^2\left(\frac{\pi x}{L}\right)\right]^{-1/2}, \\ &\quad |x - mL| < a, \quad m \in \mathbb{Z}. \end{aligned} \tag{5.104}$$

Der Zusammenhang zwischen P und a ist in normierten Variablen in Abb. 5.30 für verschiedene Werte des Johnson-Parameters

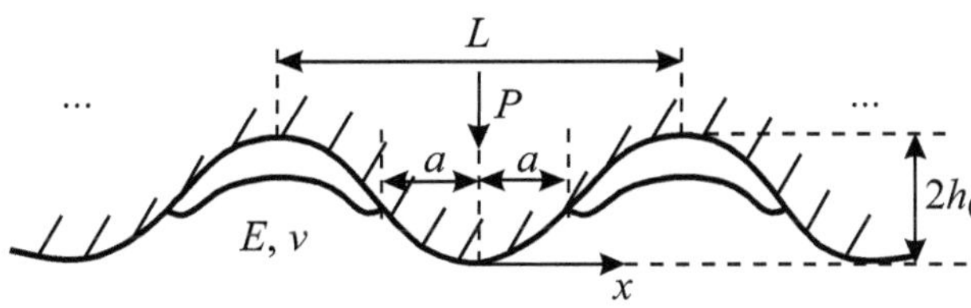

Abb. 5.29 Adhäsiver Normalkontakt zwischen einer starren, harmonisch gewellten Oberfläche und einer elastischen Halbebene

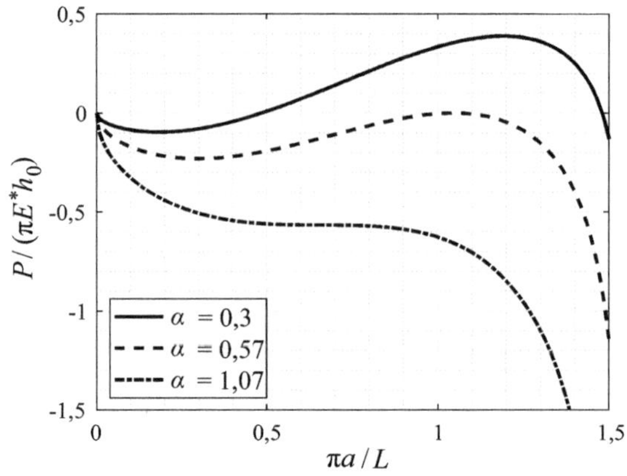

Abb. 5.30 Linienlast P pro Kontaktsegment als Funktion der Halbbreite a eines einzelnen Kontaktsegments in normierten Variablen für den JKR-adhäsiven Normalkontakt zwischen einer starren, harmonisch gewellten Oberfläche und einer elastischen Halbebene, für verschiedene Werte des Johnson-Parameters α. Nur Kurvenabschnitte mit positiver Steigung sind stabil.

$$\alpha = \sqrt{\frac{2L\Delta\gamma}{\pi^2 E^* h_0^2}} \tag{5.105}$$

grafisch dargestellt.

Je nach dem Wert von α kann der Kontakt qualitativ sehr unterschiedliches Verhalten an den Tag legen. Für

$$\alpha < \alpha_1 = \frac{\sqrt[4]{27}}{4} \approx 0,57 \tag{5.106}$$

gibt es stabile Abschnitte der $P(a)$-Kurve mit positiven Linienlasten. Bringt man also die gewellte Oberfläche mit der elastischen Halbebene in Kontakt, wird sich spontan ein Kontaktgebiet mit $a < L/2$ bilden. Erhöht man anschließend die Linienlast, vergrößert sich das Kontaktgebiet stabil und reversibel bis das Maximum der $P(a)$-Kurve erreicht wird, und die Halbebene instabil in den vollständigen Kontakt springt. Für

$$\alpha_1 \leq \alpha < \alpha_2 = \frac{5}{16}\sqrt[4]{135} \approx 1,065 \tag{5.107}$$

gibt es stabile Abschnitte der $P(a)$-Kurve, allerdings nur für negative Linienlasten, d. h., bei einer Zugbelastung. Wird der Kontakt mit $P = 0$ hergestellt, springt die Halbebene also spontan und instabil in den vollständigen Kontakt. Für $\alpha > \alpha_2$ gibt es keine stabilen Abschnitte der $P(a)$-Kurve mehr.

Ist der vollständige Kontakt hergestellt, gibt es in Johnsons Theorie keine Möglichkeit mehr, den Kontakt aufzulösen, die Festigkeit der Verbindung entspricht dann der theoretischen Festigkeit der kontaktierenden Materialien. In Wirklichkeit wird es allerdings immer Einschlüsse oder Unreinheiten in der Verbindungsfläche geben, die als Ausgangspunkte von Mikrorissen fungieren können, durch die der Kontakt deutlich vor der theoretischen Festigkeit aufgelöst wird. Die reale Festigkeit des vollständigen Kontakts hängt daher grundsätzlich von der Größe und Verteilung dieser Einschlüsse ab.

Abschließend sei noch angemerkt, dass von Hui et al. (2001), Adams (2004) und Jin et al. (2016) auch der Dugdale-Maugis-adhäsive Normalkontakt zwischen einer elastischen Halbebene und einer harmonisch gewellten starren Oberfläche untersucht wurde. Die Darstellung der entsprechenden Lösungen würde allerdings den Rahmen dieses Buches sprengen.

Literatur

Adams, G.G.: *Adhesion at the Wavy Contact Interface Between Two Elastic Bodies.* Journal of Applied Mechanics, **71**(6), 851–856 (2004) https://doi.org/10.1115/1.1794702

Baney, J.M.; Hui, C.-Y.: *A cohesive zone model for the adhesion of cylinders.* Journal of Adhesion Science and Technology, **11**(3), 393–406 (1997) https://doi.org/10.1163/156856197X00778

Barquins, M.: *Adherence and Rolling Kinetics of a Rigid Cylinder in Contact with a Natural Rubber Surface.* The Journal of Adhesion, **26**(1), 1–12 (1988) https://doi.org/10.1080/00218468808071271

Chen, S.; Peng, Z.: *An Extension of the Two-Dimensional JKR Theory to the Case with a Large Contact Width.* Chinese Physics Letters, **26**(12), 124601 (2009) https://doi.org/10.1088/0256-307X/26/12/124601

Derjaguin, B.V.; Muller, V.M.; Toporov, Y.P.: *Effect of contact deformations on the adhesion of particles.* Journal of Colloid and Interface Science, **53**(2), 314–326 (1975) https://doi.org/10.1016/0021-9797(75)90018-1

Dugdale, D.S.: *Yielding of steel sheets containing slits.* Journal of the Mechanics and Physics of Solids, **8**(2), 100–104 (1960) https://doi.org/10.1016/0022-5096(60)90013-2

Greenwood, J.A.: *Adhesion of Elastic Spheres.* Proceedings of the Royal Society of London, Series A, **453**, 1277–1297 (1997) https://doi.org/10.1098/rspa.1997.0070

Greenwood, J.A.; Johnson, K.L.: *An alternative to the Maugis model of adhesion between elastic spheres.* Journal of Physics D: Applied Physics, **31**(22), 3279–3290 (1998) https://doi.org/10.1088/0022-3727/31/22/017

Griffith, A.A.: *The Phenomena of Rupture and Flow in Solids.* Philosophical Transactions of the Royal Society of London, Series A, **221**, 163–198 (1921) https://doi.org/10.1098/rsta.1921.0006

Hui, C.Y., Lin, Y.Y.; Baney, J.M.; Kramer, E.J.: *The Mechanics of Contact and Adhesion of Periodically Rough Surfaces.* Journal of Polymer Science: Part B: Polymer Physics, **39**, 1195–1214 (2001) https://doi.org/10.1002/polb.1094

Jin, F.; Zhang, W.; Zhang, S.; Guo, X.: *Adhesion between elastic cylinders based on the double-Hertz model.* International Journal of Solids and Structures, 51(14), 2706–2712 (2014) https://doi.org/10.1016/j.ijsolstr.2014.04.003

Jin, F.; Guo, X.; Wan, Q.: *Revisiting the Maugis–Dugdale Adhesion Model of Elastic Periodic Wavy Surfaces.* Journal of Applied Mechanics, **83**(10), 101007 (2016) https://doi.org/10.1115/1.4034119

Jin, F.; Yue, D.: *An Equivalent Indentation Method for the External Crack with a Dugdale Cohesive Zone.* Journal of Elasticity, **141**, 31–49 (2020) https://doi.org/10.1007/s10659-020-09773-w

Johnson, K.L.; Kendall, K; Roberts, A.D.: *Surface Energy and the Contact of Elastic Solids.* Proceedings of the Royal Society of London, Series A, **324**, 301–313 (1971) https://doi.org/10.1098/rspa.1971.0141

Johnson, K.L.: *The adhesion of two elastic bodies with slightly wavy surfaces.* International Journal of Solids and Structures, **32**(3-4), 423–430 (1995) https://doi.org/10.1016/0020-7683(94)00111-9

Johnson, K.L.; Greenwood, J.A: *A Maugis analysis of adhesive line contact.* Journal of Physics D: Applied Physics, **41**(15), 155315 (2008) https://doi.org/10.1088/0022-3727/41/15/155315

Leng, Y.; Hu, Y.; Zheng, L.: *Adhesive Contact of Flat-Ended Wedges: Theory and Computer Experiments.* Journal of Tribology, **121**(1), 128–132 (1999) https://doi.org/10.1115/1.2833793

Maugis, D.: *Adhesion of spheres: The JKR-DMT-transition using a Dugdale model.* Journal of Colloid and Interface Science, **150**(1), 243–269 (1992) https://doi.org/10.1016/0021-9797(92)90285-T

Morrow, C.A.; Lovell, M.R.: An Extension to a Cohesive Zone Solution for Adhesive Cylinders. Journal of Tribology, **127**(2), 447–450 (2005) https://doi.org/10.1115/1.1828456

Muller, V.M.; Yushchenko, V.S.; Derjaguin, B.V.: *On the influence of molecular forces on the deformation of an elastic sphere and its sticking to a rigid plane.* Journal of Colloid and Interface Science, **77**(1), 91–101 (1980). https://doi.org/10.1016/0021-9797(80)90419-1

Popov, V.L.: *Mapping of Two-Dimensional Contact Problems on a Problem with a One-Dimensional Parametrization.* Physical Mesomechanics, **21**, 80–84 (2018) https://doi.org/10.1134/S10299599 18010113

Tabor, D.: *Surface forces and surface interactions.* Journal of Colloid and Interface Science, **58**(1), 2–13 (1977) https://doi.org/10.1016/0021-9797(77)90366-6

Tangentialkontakt

6

6.1 Einführung

Viele tribologische Phänomene in trockenen Kontakten, die sich unter den sehr weiten Kategorien „Reibung" und „Verschleiß" zusammenfassen lassen – z. B. Energiedissipation und Hysterese, Materialabtrag und -transport, oder die Änderung der Oberflächentopografie durch den Kontakt – existieren nur durch ein Zusammenspiel von normaler und tangentialer äußerer Belastung des Kontaktes.

Das normale und das tangentiale Kontaktproblem sind dabei auf mehrere Arten gekoppelt: einerseits durch das Reibgesetz, das in der Regel Abhängigkeiten zwischen lokalen Normal- und Reibspannungen im Kontaktgebiet festlegt, aber andererseits im Allgemeinen auch durch die elastische (oder elasto-plastische, viskoelastische etc.) Wechselwirkung. So geht bereits aus den fundamentalen Gleichungen (2.11) hervor, dass im Fall von Kontakten elastisch unterschiedlicher Medien, für die Dundurs' zweite Konstante β – siehe Gleichung (2.10) – nicht verschwindet, eine reine Normalbelastung des Kontakts auch eine relative Tangentialverschiebung der sich berührenden Oberflächen hervorruft und *vice versa.*

Einige Aspekte dieser elastischen Kopplung (in Bezug auf den reibungsbehafteten Normalkontakt) wurden im vierten Kapitel ausführlich diskutiert. Für den überlagerten Normal- und Tangentialkontakt ist die exakte Behandlung des elastisch gekoppelten Problems – mit anderen Worten, die Lösung der gekoppelten Gleichungen (2.11) – allerdings mathematisch so kompliziert, dass eine numerische Lösung fast immer vorzuziehen sein wird. Entsprechend beschränken wir uns in dem vorliegenden Kapitel grundsätzlich auf den elastisch entkoppelten Fall (mit $\beta = 0$).

Das Kontaktgebiet in einem reibungsbehafteten Tangentialkontakt zerfällt im Allgemeinen in einen haftenden Teil und ein Gleitgebiet, in dem die kontaktierenden Oberflächen lokal aneinander abgleiten (bereits bevor der ganze Kontakt global zu gleiten

V. L. Popov et al., *Handbuch der ebenen Kontaktmechanik*,
https://doi.org/10.1007/978-3-662-69001-7_6

beginnt). Im Gegensatz zum (reibungsfreien oder elastisch entkoppelten) reinen Normalkontakt ist die Kontaktkonfiguration deswegen nicht nur von der momentanen äußeren Belastung abhängig, sondern im Allgemeinen von der gesamten Belastungsgeschichte, da der Kontakt im Haftgebiet Teile seiner Belastungsgeschichte „speichert"; erst durch ein vollständiges Gleiten wird dieses „Gedächtnis" gelöscht, da die gleitende Kontaktkonfiguration – zumindest im Rahmen des Amontons-Coulomb-Reibgesetzes – universal ist.

Historisch und praktisch bedingt, beziehen sich exakte Lösungen von Tangentialkontaktproblemen mit Reibung dabei in der Regel auf die einfachste Belastungsgeschichte einer konstanten Normallast (durch die ein bestimmtes Kontaktgebiet festgelegt wird) und einer anschließend aufgebrachten, monoton wachsenden Tangentiallast (durch die sich innerhalb des festen Kontaktgebiets ein lokales Gleitgebiet ausbreitet, bis der Kontakt vollständig gleitet). Nach den Pionier-Arbeiten von Cattaneo (1938) und Mindlin (1949), die unabhängig voneinander für diese Belastungsgeschichte den Hertzschen Kontakt unter tangentialer Last untersuchten, bezeichnen wir diese Klasse von Kontaktproblemen als „Cattaneo-Mindlin-Probleme"; diesen ist der überwiegende Teil dieses Kapitels gewidmet. In vielen Fällen lässt sich allerdings die Lösung für komplexere Belastungsgeschichten durch eine geeignete Superposition von „Elementarlösungen" (für das entsprechende Cattaneo-Mindlin-Problem) konstruieren; diesen Aspekt diskutieren wir im Unterkapitel 6.6.

6.2 Cattaneo-Mindlin-Probleme für einzelne Kontakte von unendlicher Länge

6.2.1 Das Ciavarella-Jäger-Prinzip

Wie im zweiten Kapitel gezeigt, lauten die elastisch entkoppelten Integralgleichungen für die ebenen elastischen Verschiebungen u zwischen einem starren Eindruckkörper und einem elastischen Halbraum in tangentialer Richtung x und normaler Richtung y wie folgt:

$$\begin{aligned}\frac{\mathrm{d}u_x}{\mathrm{d}x} &= -\frac{2}{\pi E^*}\int \frac{q(\xi)\mathrm{d}\xi}{x-\xi},\\ \frac{\mathrm{d}u_y}{\mathrm{d}x} &= -\frac{2}{\pi E^*}\int \frac{p(\xi)\mathrm{d}\xi}{x-\xi}.\end{aligned} \tag{6.1}$$

Dabei bezeichnet q die tangentialen Kontaktspannungen, p die Druckverteilung und E^* den effektiven Elastizitätsmodul – siehe Gleichung (2.9).

Da das Problem elastisch entkoppelt ist, kann man das reine Normalkontaktproblem – also die Bestimmung des Zusammenhangs zwischen der normalen Linienlast P und der geometrischen Struktur des Kontaktgebiets, sowie der Druckverteilung aus der Lücke

$f(x)$ zwischen den Kontaktpartnern im Moment des ersten Kontakts – mit den im dritten Kapitel dargestellten Methoden und Lösungen behandeln.

Zur Lösung des Tangentialkontaktproblems nehmen wir außerdem an, dass in jedem Punkt des Kontaktgebiets ein lokales Amontons-Coulomb-Reibgesetz mit einem konstanten Reibungskoeffizienten μ Gültigkeit habe. Das Kontaktgebiet zerfällt im Allgemeinen in einen Bereich lokalen Haftens und ein Gebiet, in dem die kontaktierenden Oberflächen lokal aneinander abgleiten. Die gemischten Randbedingungen für das tangentiale Problem sind dann

$$\begin{aligned} \frac{\mathrm{d}u_x}{\mathrm{d}x} = 0 \quad \text{und} \quad |q| \leq \mu p \quad &\text{im Haftgebiet,} \\ |q| = \mu p \quad &\text{im Gleitgebiet.} \end{aligned} \tag{6.2}$$

Außerdem müssen die Reibspannungen im Gleitgebiet den relativen Verschiebungen entgegengerichtet sein.

Die Lösung des Tangentialkontaktproblems hängt nicht nur von der momentanen Kontaktkonfiguration ab, sondern im Allgemeinen von der ganzen vorherigen Belastungsgeschichte des Kontakts. Sofern nicht anders ausgeführt, beziehen wir uns nur auf die einfachste Belastungsgeschichte einer konstanten Normallast P und einer anschließend aufgebrachten, monoton wachsenden Tangentiallast Q.

Ciavarella (1998a, b) und Jäger (1998) haben gezeigt, dass sich für diese Belastungsgeschichte die erste der Integralgleichungen (6.1) mit den Randbedingungen (6.2) durch eine tangentiale Spannungsverteilung

$$q(x; P, Q) = \mu\big[p(x; P) - p(x; P_1)\big], \quad \text{mit} \quad P_1 := P - \frac{|Q|}{\mu}, \tag{6.3}$$

lösen lässt. Dabei bezeichnet $p(x;P)$ die Druckverteilung unter der tatsächlich aufgebrachten Normallast P und $p(x;P_1)$ die Druckverteilung, die sich für denselben Kontakt unter der fiktiven Last P_1 ergäbe. Die Lösung des tangentialen Kontaktproblems ist damit auf die Lösung des entsprechenden reibungsfreien Normalkontaktproblems zurückgeführt. Die Lösung (6.3) ist dabei auch für Probleme korrekt, bei denen sich das Kontaktgebiet aus mehreren getrennten Teilkontaktgebieten zusammensetzt. Im Folgenden nehmen wir ohne Beschränkung der Allgemeinheit an, dass $Q > 0$.

Falls das Normalkontaktproblem durch einen expliziten Zusammenhang $P(a)$ zwischen der Linienlast und der Kontakthalbbreite a gelöst werden kann (insbesondere gilt das für einzelne, geometrisch symmetrische Kontaktprobleme), vereinfacht sich die Lösung zu[1]

[1] In der Regel werden die Längen a und c keine Kontrollgrößen der Aufgabe sein. Wir formulieren die Lösung trotzdem in Abhängigkeit dieser beiden Variablen, da dies die kompakteste Darstellung erlaubt. Es bereitet keine Schwierigkeiten, die Lösung durch Umstellen der Gleichungen in Abhängigkeit der Linienlasten P und Q zu formulieren.

$$
\begin{aligned}
q(x; a, c) &= \mu\big[p(x; a) - p(x; c)\big],\\
Q(a, c) &= \mu[P(a) - P(c)].
\end{aligned}
\tag{6.4}
$$

Dabei bezeichnet c die Halbbreite des Haftgebiets. Wie für das Normalkontaktproblem sind auch für das Tangentialkontaktproblem die absoluten Werte der tangentialen Verschiebungen unbestimmt. Allerdings lassen sich eindeutige Werte für die *relativen* tangentialen Verschiebungen zwischen dem Eindruckkörper und der elastischen Halbebene angeben. Im dritten Kapitel haben wir für die Normalverschiebungen der elastischen Halbebene außerhalb des Kontaktes, gemessen vom tiefsten Punkt des Eindrucks, die Notation $h(x)$ eingeführt. Aus dem Ciavarella-Jäger-Prinzip in der Form (6.4) folgt dann, dass sich die relativen tangentialen Verschiebungen Δu_x (nicht zu verwechseln mit den Verschiebungen u_x[2], die, wie gesagt, nicht in absoluten Werten bestimmt sind) durch

$$
\Delta u_x(x; a, c) = \mu \begin{cases} 0, & |x| \leq c, \\ f(x) - h(x; c), & c < |x| \leq a \\ h(x; a) - h(x; c), & |x| > a, \end{cases}
\tag{6.5}
$$

gegeben. In der Regel werden wir wegen der praktischen Relevanz in Bezug auf die Energiedissipation durch Reibung diese Verschiebungen nur im Gleitgebiet angeben, mithilfe von Gleichung (6.5) kann man sie aber ohne Schwierigkeiten auch außerhalb des Kontaktes bestimmen.

6.2.2 Bestimmung der Spannungen im Inneren

Mithilfe der im Unterkapitel 2.4 aufgeführten allgemeinen Gleichungen lässt sich auch der Spannungszustand im Inneren der elastischen Halbebene bestimmen, wenn die Druckverteilung $p(x)$ und die Verteilung der Tangentialspannungen $q(x)$ bekannt sind. Dazu führen wir zunächst die Hilfspotentiale des tatsächlichen (mit der Linienlast P) und des fiktiven (mit der Linienlast P_1) Normalkontaktproblems ein,

$$
\begin{aligned}
\phi_0(\zeta) &:= -\frac{1}{2\pi i}\int_{-\infty}^{\infty} \frac{p(\xi; P)}{\xi - \zeta}\,\mathrm{d}\xi, \quad \zeta := x + iy, \quad i = \sqrt{-1},\\
\phi_1(\zeta) &:= -\frac{1}{2\pi i}\int_{-\infty}^{\infty} \frac{p(\xi; P_1)}{\xi - \zeta}\,\mathrm{d}\xi, \quad P_1 = P - \frac{Q}{\mu}.
\end{aligned}
\tag{6.6}
$$

Wegen des Ciavarella-Jäger-Prinzips in der Form (6.3) lässt sich das Muskhelishvili-Potential aus den Gleichungen (2.12) dann wie folgt durch die beiden Hilfspotentiale

[2] Im zweiten Kapitel haben wir im Fall des Kontaktes zweier elastischer Körper für u_x ebenfalls die Bezeichnung „relative Verschiebungen" gebraucht. Dies ist in einem raumfesten Referenzsystem gemeint; da im Zuge der Belastung die Körper global gegeneinander verschoben werden, sind auch hier u_x nicht die materiellen relativen Verschiebungen (die durch Δu_x gegeben sind).

ausdrücken:

$$\begin{aligned}\phi(\zeta) &= \phi_0(\zeta) - i\mu[\phi_0(\zeta) - \phi_1(\zeta)],\\ \overline{\phi}(\zeta) &= -\phi_0(\zeta) - i\mu[\phi_0(\zeta) - \phi_1(\zeta)].\end{aligned} \tag{6.7}$$

Aus den Gleichungen (2.13) und (2.14) ergeben sich dann nach einiger Rechnung folgende Ausdrücke für die ebenen Komponenten des Spannungstensors:

$$\begin{aligned}\sigma_{xx}(x,y) &= 2\big[\mathrm{Re}\{\phi_0(\zeta)\} - y\mathrm{Im}\{\phi_0'(\zeta)\} + 2\mu\mathrm{Im}\{\phi_0(\zeta) - \phi_1(\zeta)\} + \mu y\mathrm{Re}\{\phi_0'(\zeta) - \phi_1'(\zeta)\}\big],\\ \sigma_{yy}(x,y) &= 2\big[\mathrm{Re}\{\phi_0(\zeta)\} + y\mathrm{Im}\{\phi_0'(\zeta)\} - \mu y\mathrm{Re}\{\phi_0'(\zeta) - \phi_1'(\zeta)\}\big],\\ \sigma_{xy}(x,y) &= 2\big[-y\mathrm{Re}\{\phi_0'(\zeta)\} + \mu\mathrm{Re}\{\phi_0(\zeta) - \phi_1(\zeta)\} - \mu y\mathrm{Im}\{\phi_0'(\zeta) - \phi_1'(\zeta)\}\big].\end{aligned} \tag{6.8}$$

Dabei bezeichnet der Hochstrich wie immer die Ableitung nach dem jeweiligen Funktionsargument. Wie im dritten Kapitel bereits ausgeführt, werden wir im Allgemeinen nur die Potentiale für $x \geq 0$ angeben. Die Symmetrierelationen für die Beiträge zum Spannungszustand *aus der tangentialen Belastung* (d. h. die Terme in den Gleichungen (6.8), die proportional zum Reibungskoeffizienten μ sind) lauten

$$\begin{aligned}\sigma_{xx,\mu}(-x,y) &= -\sigma_{xx,\mu}(x,y),\\ \sigma_{yy,\mu}(-x,y) &= -\sigma_{yy,\mu}(x,y),\\ \sigma_{xy,\mu}(-x,y) &= \sigma_{xy,\mu}(x,y).\end{aligned} \tag{6.9}$$

Die Symmetrierelationen für die Beiträge zum Spannungszustand aus der reinen Normalbelastung wurden bereits im dritten Kapitel in den Gleichungen (3.29) angegeben.

Schließlich ist außerdem, wie immer im Fall des ebenen Verzerrungszustands,

$$\sigma_{zz} = \nu\big(\sigma_{xx} + \sigma_{yy}\big). \tag{6.10}$$

6.3 Explizite Lösungen für symmetrische ebene Cattaneo-Mindlin-Probleme

Basierend auf der Rückführung des allgemeinen ebenen Cattaneo-Mindlin-Problems auf das entsprechende reibungsfreie Normalkontaktproblem mithilfe des oben skizzierten Ciavarella-Jäger-Prinzips und der im dritten Kapitel gegebenen entsprechenden Normalkontaktlösungen sind im Folgenden die exakten Lösungen des ebenen Cattaneo-Mindlin-Problems für verschiedene Eindruckkörper dargestellt.

6.3.1 Der Flachstempel

Die Lösung des reibungsfreien Normalkontaktproblems für die Indentierung durch einen starren Flachstempel mit der Halbbreite a ist laut Kap. 3 (siehe Abschn. 3.4.1) durch

$$p(x; P) = \frac{P}{\pi\sqrt{a^2 - x^2}}, \quad |x| < a, \tag{6.11}$$

gegeben. Hier bezeichnet P die Linienlast und p die Druckverteilung. Wegen der perfekten Analogie zwischen den beiden Gleichungen (6.1) ist klar, dass die Verteilung der Tangentialspannungen für das Tangentialkontaktproblem (siehe Abb. 6.1) durch

$$q(x; Q) = \frac{Q}{P} p(x; P) = \frac{Q}{\pi\sqrt{a^2 - x^2}}, \quad |x| < a, \tag{6.12}$$

gegeben ist. Der Kontakt wird entweder vollständig haften (für $Q < \mu P$) oder global gleiten. Aus diesem Grund ist auch die direkte Anwendung des Ciavarella-Jäger-Prinzips zur Bestimmung des Spannungszustands im Inneren der elastischen Halbebene wenig sinnvoll. Man erhält aber aus der perfekten Analogie zwischen den beiden Verteilungen für den Druck und die tangentiale Spannung im Kontaktgebiet sofort folgende Ausdrücke für das Muskhelishvili-Potential:

$$\begin{aligned} \phi(\zeta) &= \phi_0(\zeta)\left(1 - \frac{iQ}{P}\right), \quad \zeta := x + iy, \quad i = \sqrt{-1}, \\ \overline{\phi}(\zeta) &= -\phi_0(\zeta)\left(1 + \frac{iQ}{P}\right), \end{aligned} \tag{6.13}$$

mit dem aus dem dritten Kapitel (siehe Abschn. 3.4.1) bekannten Potential des entsprechenden reibungsfreien Normalkontaktproblems,

$$\phi_0(\zeta) = -\frac{P}{2\pi\sqrt{a^2 - \zeta^2}}. \tag{6.14}$$

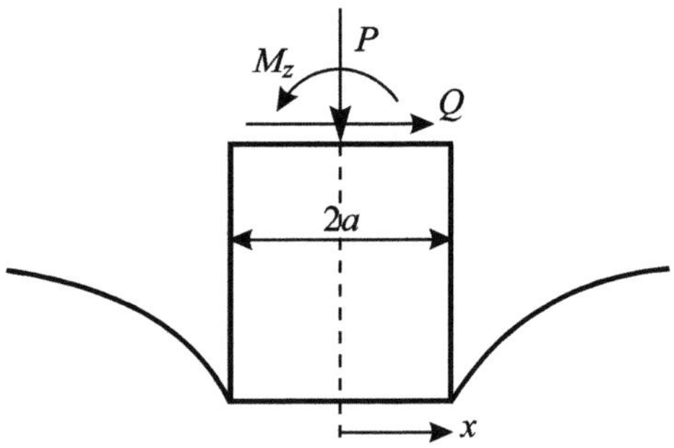

Abb. 6.1 Tangentialkontakt zwischen einem starren Flachstempel mit der Halbbreite a und einer elastischen Halbebene

Wegen der Gleichungen (2.13) und (2.14) sind die ebenen Komponenten des Spannungstensors dann durch (der Hochstrich bezeichnet die Ableitung nach dem jeweiligen Funktionsargument)

$$\begin{aligned}\sigma_{xx}(x,y) &= 2\left[\mathrm{Re}\{\phi_0(\zeta)\} - y\mathrm{Im}\{\phi_0'(\zeta)\} + 2\frac{Q}{P}\mathrm{Im}\{\phi_0(\zeta)\} + y\frac{Q}{P}\mathrm{Re}\{\phi_0'(\zeta)\}\right],\\ \sigma_{yy}(x,y) &= 2\left[\mathrm{Re}\{\phi_0(\zeta)\} + y\mathrm{Im}\{\phi_0'(\zeta)\} - y\frac{Q}{P}\mathrm{Re}\{\phi_0'(\zeta)\}\right],\\ \sigma_{xy}(x,y) &= 2\left[-y\mathrm{Re}\{\phi_0'(\zeta)\} + \frac{Q}{P}\mathrm{Re}\{\phi_0(\zeta)\} - y\frac{Q}{P}\mathrm{Im}\{\phi_0'(\zeta)\}\right],\end{aligned} \tag{6.15}$$

mit

$$\begin{aligned}\mathrm{Re}\{\phi_0(\zeta)\} &= -\frac{P}{2\pi}A^{-1/2}\cos\left(\frac{\varphi}{2}\right),\\ \mathrm{Im}\{\phi_0(\zeta)\} &= \frac{P}{2\pi}A^{-1/2}\sin\left(\frac{\varphi}{2}\right),\\ \mathrm{Re}\{\phi_0'(\zeta)\} &= -\frac{P}{2\pi}A^{-3/2}\left[x\cos\left(\frac{3\varphi}{2}\right) + y\sin\left(\frac{3\varphi}{2}\right)\right],\\ \mathrm{Im}\{\phi_0'(\zeta)\} &= -\frac{P}{2\pi}A^{-3/2}\left[y\cos\left(\frac{3\varphi}{2}\right) - x\sin\left(\frac{3\varphi}{2}\right)\right],\end{aligned} \tag{6.16}$$

wobei A und φ Betrag und Argument der komplexen Zahl

$$A\exp(i\varphi) := a^2 - x^2 + y^2 - 2ixy, \quad i := \sqrt{-1}, \tag{6.17}$$

darstellen, gegeben[3]. Außerdem ist, wie immer im Fall des ebenen Verzerrungszustands,

$$\sigma_{zz} = \nu\left(\sigma_{xx} + \sigma_{yy}\right). \tag{6.18}$$

Es sei angemerkt, dass die Ausdrücke in den Gleichungen (6.16) bereits alle nötigen Symmetrie-Relationen erfüllen, sie sind also auch für negative Werte von x gültig.

Abb. 6.2 zeigt ein Konturlinien-Diagramm der sich ergebenden Mises-Vergleichsspannung in der elastischen Halbebene, normiert auf den mittleren Druck P / $(2a)$, in Abhängigkeit der normierten Koordinaten x und y für eine Poissonzahl $\nu = 0{,}3$ und eine tangentiale Last $Q = 0{,}5P$. Man erkennt, dass die Singularität der Vergleichsspannung an den Rändern des Kontaktgebiets durch die tangentiale Belastung deutlich stärker ausgeprägt ist als im Fall der reinen Normalbelastung (vergleiche mit Abb. 3.4). Interessanterweise bildet sich in der Umgebung von $x = y = 0{,}5a$ ein lokales Minimum der Vergleichsspannung. Existenz und eventuelle Lage dieses Minimums hängen allerdings stark von der tangentialen Last und der Poissonzahl ab.

---

[3] Für $y = 0$ und $x > a$ muss man allerdings $\varphi = -\pi$ verwenden; für $y = 0$ und $x < -a$ ergibt sich aus Gleichung das korrekte Argument $\varphi = \pi$.

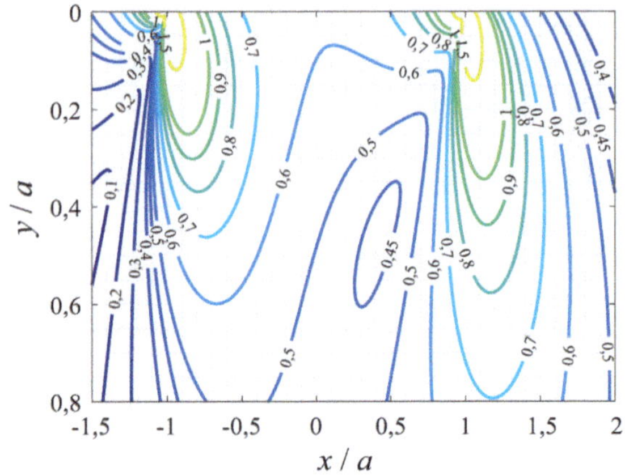

Abb. 6.2 Konturlinien-Diagramm der Mises-Vergleichsspannung in der elastischen Halbebene, normiert auf den mittleren Druck P / $(2a)$, in Abhängigkeit der normierten Koordinaten x und y für den Tangentialkontakt zwischen einer elastischen Halbebene mit Poissonzahl $\nu = 0{,}3$ und einem starren flachen Stempel mit der Halbbreite a mit $Q = 0{,}5P$

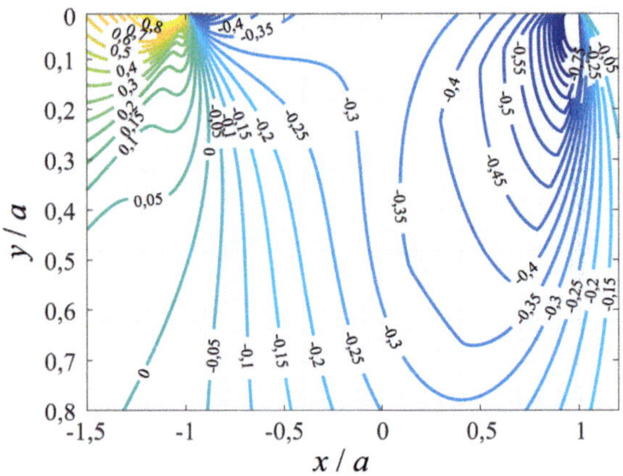

Abb. 6.3 Konturlinien-Diagramm der größten Hauptspannung in der elastischen Halbebene, normiert auf den mittleren Druck P / $(2a)$, in Abhängigkeit der normierten Koordinaten x und y für den Tangentialkontakt zwischen einer elastischen Halbebene mit Poissonzahl $\nu = 0{,}3$ und einem starren flachen Stempel mit der Halbbreite a mit $Q = 0{,}5P$

Abb. 6.3 zeigt ein Konturlinien-Diagramm der sich ergebenden größten Hauptspannung in der elastischen Halbebene, normiert auf den mittleren Druck P / $(2a)$, in Abhängigkeit der normierten Koordinaten x und y für eine Poissonzahl $\nu = 0{,}3$ und eine tangentiale Last $Q = 0{,}5P$. Man erkennt den Bereich lokalen Zugs links außerhalb des Kontaktes und die sehr scharf ausgeprägte Drucksingularität am rechten Kontaktrand.

6.3.2 Der Keil

Für die Indentierung durch einen Keil mit dem Neigungswinkel α wurden im dritten Kapitel (Abschn. 3.4.2) für das reibungsfreie Normalkontaktproblem folgende Zusammenhänge zwischen der Linienlast P, der Halbbreite des Kontaktes a, der Druckverteilung p und den normalen Verschiebungen h der elastischen Halbebene außerhalb des Kontaktes, gemessen vom tiefsten Punkt des Eindrucks, gefunden:

$$
\begin{aligned}
P(a) &= E^*\alpha a,\\
p(x;a) &= \frac{E^*\alpha}{\pi}\operatorname{artanh}\left(\sqrt{1-\frac{x^2}{a^2}}\right), \quad |x|\le a,\\
h(x;a) &= \frac{2\alpha}{\pi}\left[a\ln\left(\frac{|x|}{a}+\sqrt{\frac{x^2}{a^2}-1}\right)+|x|\arcsin\left(\frac{a}{|x|}\right)\right], \quad |x|\ge a.
\end{aligned} \tag{6.19}
$$

Die Lösung des Tangentialkontaktproblems (siehe Abb. 6.4), also die Zusammenhänge zwischen der Halbbreite des Haftgebiets c, der tangentialen Linienlast Q, den tangentialen Spannungen q und den relativen Verschiebungen im Gleitgebiet Δu_x, die zuerst von Truman et al. (1995) publiziert wurde, lautet dann mithilfe der Gleichungen (6.4) und (6.5) wie folgt:

$$
\begin{aligned}
Q(a,c) &= \mu E^*\alpha(a-c),\\
q(x;a,c) &= \frac{\mu E^*\alpha}{\pi}\begin{cases}\operatorname{artanh}\left(\sqrt{1-\frac{x^2}{a^2}}\right)-\operatorname{artanh}\left(\sqrt{1-\frac{x^2}{c}}\right), & |x|\le c\\ \operatorname{artanh}\left(\sqrt{1-\frac{x^2}{a^2}}\right), & c<|x|\le a,\end{cases}\\
\Delta u_x(x;a,c) &= \frac{2\mu\alpha}{\pi}\left[|x|\arccos\left(\frac{c}{|x|}\right)-c\ln\left(\frac{|x|}{c}+\sqrt{\frac{x^2}{c^2}-1}\right)\right], \quad c<|x|\le a.
\end{aligned} \tag{6.20}
$$

Der endliche Wert der Tangentialspannung in der Mitte beträgt

$$
\lim_{|x|\to 0} q(x) = \frac{\mu E^*\alpha}{\pi}\lim_{|x|\to 0}\left[\operatorname{arcosh}\left(\frac{a}{|x|}\right)-\operatorname{arcosh}\left(\frac{c}{|x|}\right)\right] = \frac{\mu E^*\alpha}{\pi}\ln\left(\frac{a}{c}\right). \tag{6.21}
$$

Die Tangentialspannungen sind in normierter Form für verschiedene Werte von c in Abb. 6.5 dargestellt.

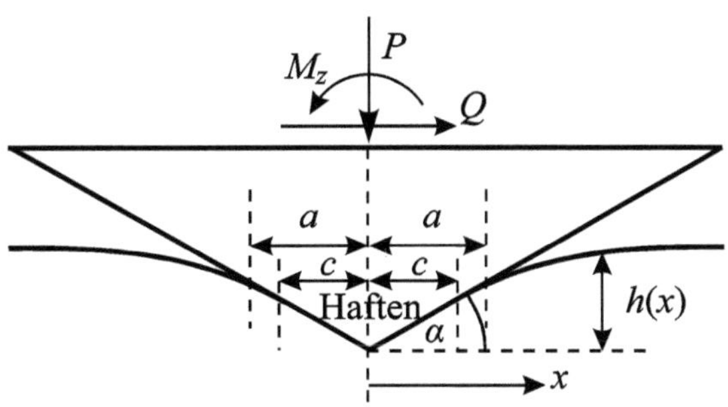

Abb. 6.4 Tangentialkontakt zwischen einem starren keilförmigen Indenter und einer elastischen Halbebene

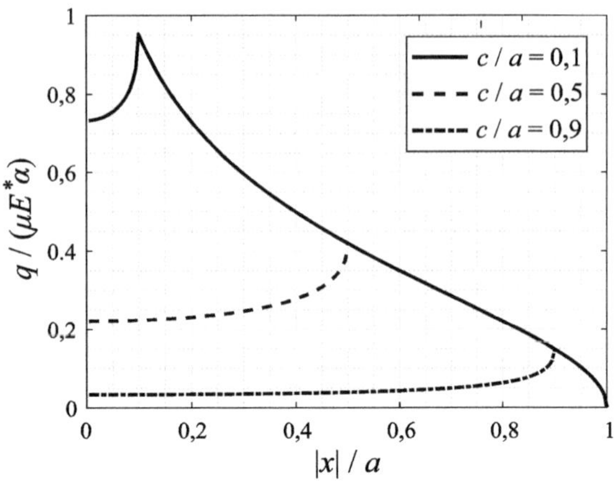

Abb. 6.5 Normierte Verteilung der Tangentialspannungen $q(x)$ für den Tangentialkontakt zwischen einem keilförmigen Indenter und einer elastischen Halbebene bei verschiedenen Werten der normierten Halbbreite des Haftgebiets c

Im dritten Kapitel (siehe Abschn. 3.4.2) wurde das Muskhelishvili-Potential für den reibungsfreien Normalkontakt zwischen einem keilförmigen Indenter und einer elastischen Halbebene angegeben. Die Hilfspotentiale aus den Gleichungen sind damit durch

$$\phi_0(\zeta) = -\frac{iE^*\alpha}{\pi}\arcsin\left(\frac{a}{\zeta}\right), \quad \phi_1(\zeta) = -\frac{iE^*\alpha}{2\pi}\arcsin\left(\frac{c}{\zeta}\right), \quad \zeta := x + iy, \quad i = \sqrt{-1}, \tag{6.22}$$

gegeben und die Spannungen im Inneren ergeben sich anschließend durch Auswertung der allgemeinen Gleichungen (6.8) und (6.10).

Abb. 6.6 zeigt ein Konturlinien-Diagramm der sich ergebenden Mises-Vergleichsspannung in der elastischen Halbebene, normiert auf den mittleren Druck $P\,/\,(2a)$, in Abhängigkeit der normierten Koordinaten x und y mit $\mu = 0{,}5$ und $\nu = 0{,}3$. Man erkennt, dass die Singularität der Vergleichsspannung in der Mitte des Kontaktgebiets durch die tangentiale Belastung deutlich stärker ausgeprägt ist als im Fall der reinen Normalbelastung (vergleiche mit Abb. 3.7). Abb. 6.7 zeigt ein Konturliniendiagramm der dazugehörigen größten Hauptspannung mit dem üblichen Zugbereich am linken Kontaktrand.

6.3.3 Der ebene Hertzsche Kontakt

Für die Indentierung durch einen Zylinder mit dem Radius R (in der parabolischen Näherung) wurden im dritten Kapitel (Abschn. 3.4.3) für das reibungsfreie Normalkontaktproblem folgende Zusammenhänge zwischen der Linienlast P, der Halbbreite des Kontaktes a, der Druckverteilung p und den normalen Verschiebungen h der elastischen Halbebene außerhalb des Kontaktes, gemessen vom tiefsten Punkt des Eindrucks,

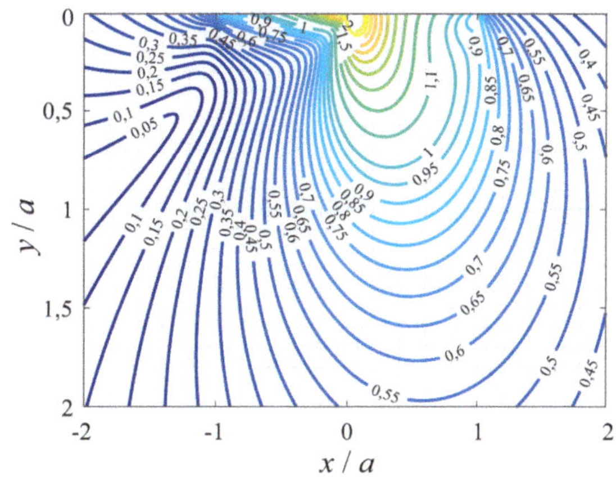

Abb. 6.6 Konturlinien-Diagramm der Mises-Vergleichsspannung in der elastischen Halbebene, normiert auf den mittleren Druck $P / (2a)$, in Abhängigkeit der normierten Koordinaten x und y für den vollständig gleitenden Tangentialkontakt ($\mu = 0{,}5$) zwischen einer elastischen Halbebene mit Poissonzahl $\nu = 0{,}3$ und einem starren Keil

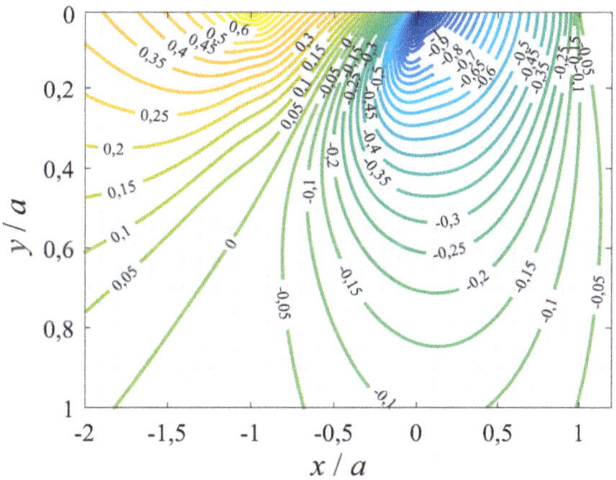

Abb. 6.7 Konturlinien-Diagramm der größten Hauptspannung in der elastischen Halbebene, normiert auf den mittleren Druck $P / (2a)$, in Abhängigkeit der normierten Koordinaten x und y für den vollständig gleitenden Tangentialkontakt ($\mu = 0{,}5$) zwischen einer elastischen Halbebene mit Poissonzahl $\nu = 0{,}3$ und einem starren Keil

gefunden:

$$
\begin{aligned}
P(a) &= \frac{\pi}{4} \frac{E^* a^2}{R}, \\
p(x; a) &= \frac{E^*}{2R} \sqrt{a^2 - x^2}, \quad |x| \leq a, \\
h(x; a) &= \frac{1}{2R} \left[a^2 \ln \left(\frac{|x|}{a} + \sqrt{\frac{x^2}{a^2} - 1} \right) + x^2 - |x| \sqrt{x^2 - a^2} \right], \quad |x| \geq a.
\end{aligned}
\tag{6.23}
$$

Die Lösung des Tangentialkontaktproblems (siehe Abb. 6.8), also die Zusammenhänge zwischen der Halbbreite des Haftgebiets c, der tangentialen Linienlast Q, den tangentialen Spannungen q und den relativen Verschiebungen im Gleitgebiet Δu_x, lautet dann mithilfe der Gleichungen (6.4) und (6.5) wie folgt:

$$
\begin{aligned}
Q(a,c) &= \frac{\mu\pi E^*}{4R}\left(a^2-c^2\right),\\
q(x;a,c) &= \frac{\mu E^*}{2R}\begin{cases}\sqrt{a^2-x^2}-\sqrt{c^2-x^2}, & |x|\le c\\ \sqrt{a^2-x^2}, & c<|x|\le a,\end{cases}\\
\Delta u_x(x;a,c) &= \frac{\mu}{2R}\left[|x|\sqrt{x^2-c^2}-c^2\ln\left(\frac{|x|}{c}+\sqrt{\frac{x^2}{c^2}-1}\right)\right], \quad c<|x|\le a.
\end{aligned}
\tag{6.24}
$$

Die Tangentialspannungen sind in normierter Form für verschiedene Werte von c in Abb. 6.9 dargestellt.

Im dritten Kapitel (siehe Abschn. 3.4.3) wurde außerdem das Muskhelishvili-Potential für den ebenen Hertzschen Kontakt angegeben. Die Hilfspotentiale aus den Gleichungen (6.6) sind damit durch

$$
\phi_0(\zeta) = -\frac{E^*}{4R}\left(i\zeta+\sqrt{a^2-\zeta^2}\right),\quad \phi_1(\zeta) = -\frac{E^*}{4R}\left(i\zeta+\sqrt{c^2-\zeta^2}\right),\quad \zeta := x+iy,\quad i=\sqrt{-1},
\tag{6.25}
$$

mit

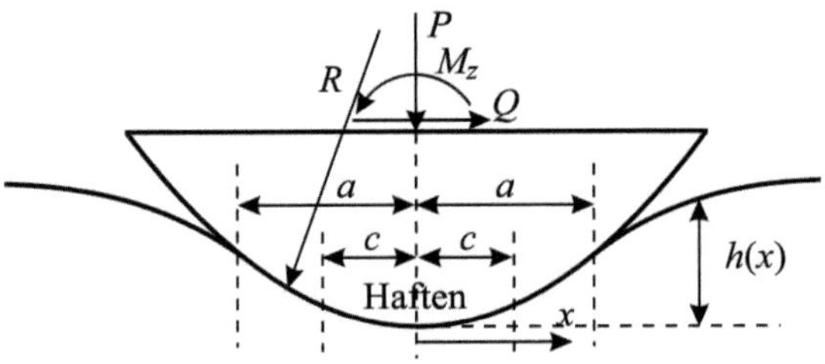

Abb. 6.8 Tangentialkontakt zwischen einem starren Zylinder mit dem Radius R und einer elastischen Halbebene

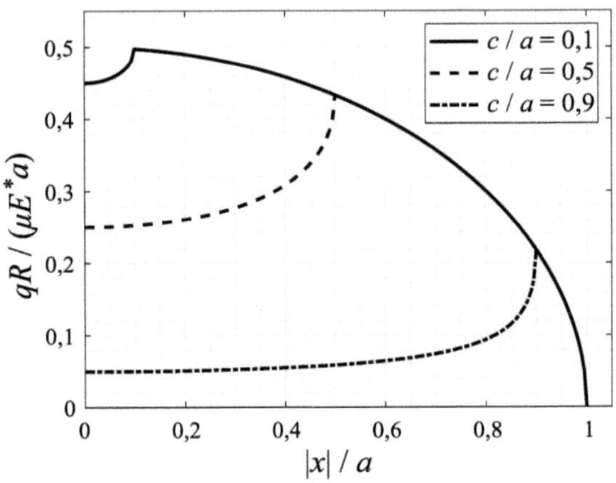

Abb. 6.9 Normierte Verteilung der Tangentialspannungen $q(x)$ für den Tangentialkontakt zwischen einem zylindrischen Indenter und einer elastischen Halbebene bei verschiedenen Werten der normierten Halbbreite des Haftgebiets c

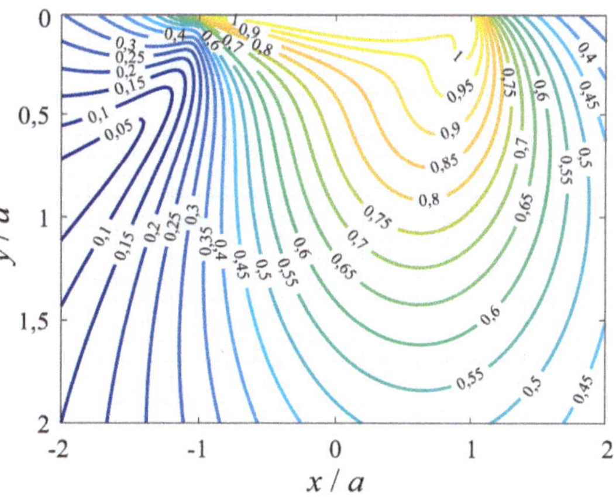

Abb. 6.10 Konturlinien-Diagramm der Mises-Vergleichsspannung in der elastischen Halbebene, normiert auf den mittleren Druck $P / (2a)$, in Abhängigkeit der normierten Koordinaten x und y für den vollständig gleitenden Tangentialkontakt ($\mu = 0{,}5$) zwischen einer elastischen Halbebene mit Poissonzahl $\nu = 0{,}3$ und einem starren Zylinder

$$
\begin{aligned}
\mathrm{Re}\{\phi_0(\zeta)\} &= -\frac{E^*}{4R}\left[A^{1/2}\cos\left(\frac{\varphi}{2}\right) - y\right],\\
\mathrm{Im}\{\phi_0(\zeta)\} &= -\frac{E^*}{4R}\left[A^{1/2}\sin\left(\frac{\varphi}{2}\right) + x\right],\\
\mathrm{Re}\{\phi_0'(\zeta)\} &= \frac{E^*}{4R}A^{-1/2}\left[x\cos\left(\frac{\varphi}{2}\right) + y\sin\left(\frac{\varphi}{2}\right)\right],\\
\mathrm{Im}\{\phi_0'(\zeta)\} &= -\frac{E^*}{4R}\left\{1 - A^{-1/2}\left[y\cos\left(\frac{\varphi}{2}\right) - x\sin\left(\frac{\varphi}{2}\right)\right]\right\},
\end{aligned}
\tag{6.26}
$$

wobei A und φ Betrag und Argument der komplexen Zahl

$$A\exp(i\varphi) := a^2 - x^2 + y^2 - 2ixy, \quad i := \sqrt{-1}, \tag{6.27}$$

darstellen[4], gegeben[5] und die Spannungen im Inneren ergeben sich anschließend durch Auswertung der allgemeinen Gleichungen (6.8) und (6.10).

Es sei angemerkt, dass die Ausdrücke in den Gleichungen (6.26) bereits die nötigen Symmetrierelationen erfüllen, sie sind also auch für negative Werte von x gültig.

Abb. 6.10 zeigt ein Konturlinien-Diagramm der Mises-Vergleichsspannung in der elastischen Halbebene, normiert auf den mittleren Druck, in Abhängigkeit der normierten Koordinaten x und y für den vollständig gleitenden Tangentialkontakt mit $\mu = 0{,}5$ und Poissonzahl $\nu = 0{,}3$. Durch die tangentiale Belastung ist das Maximum der Vergleichsspannung (das für die reine Normalbelastung auf der Symmetrieachse und unterhalb der Oberfläche liegt, siehe Abb. 3.10) an die Oberfläche gewandert. Abb. 6.11 zeigt ein Konturliniendiagramm der dazugehörigen größten Hauptspannung. Man erkennt den üblichen Zugbereich am linken Kontaktrand.

[4] Für die entsprechenden Ausdrücke von ϕ_1 muss natürlich nur a durch c ersetzt werden.

[5] Für $y = 0$ und $x > a$ muss man allerdings $\varphi = -\pi$ verwenden; für $y = 0$ und $x < -a$ ergibt sich aus Gleichung (6.17) das korrekte Argument $\varphi = \pi$.

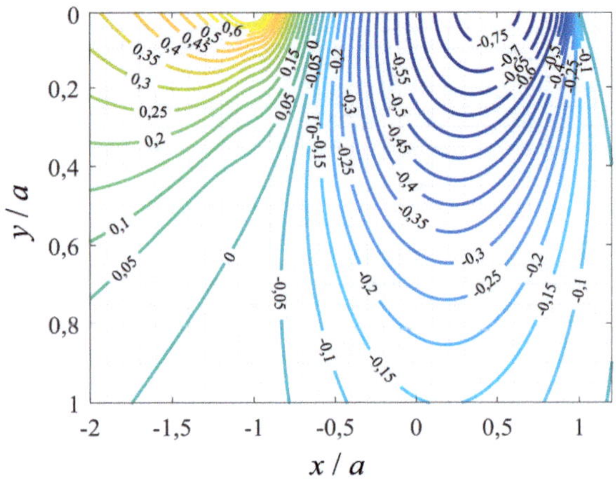

Abb. 6.11 Konturlinien-Diagramm der größten Hauptspannung in der elastischen Halbebene, normiert auf den mittleren Druck $P / (2a)$, in Abhängigkeit der normierten Koordinaten x und y für den vollständig gleitenden Tangentialkontakt ($\mu = 0{,}5$) zwischen einer elastischen Halbebene mit Poissonzahl $\nu = 0{,}3$ und einem starren Zylinder

6.3.4 Das Profil in der Form eines Potenzgesetzes

Im dritten Kapitel (siehe Abschn. 3.4.6) wurde die Lösung des Normalkontaktproblems für einen Eindruckkörper mit einem allgemeinen Profil in der Form eines Potenzgesetzes

$$f(x) = b_n|x|^n, \quad b_n > 0, \quad n > 0, \tag{6.28}$$

hergeleitet. Um den Vorfaktor in dieser Funktionsvorschrift nicht mit der Halbbreite des Haftgebiets, c, zu verwechseln, bezeichnen wir ihn, im Gegensatz zu den vorigen Kapiteln, als b_n. Das entsprechende Tangentialkontaktproblem wurde zuerst von Jäger (1998) und Ciavarella (1998c) gelöst. Es ergaben sich bei der Lösung des Normalkontaktproblems die Ausdrücke

$$\begin{aligned} P(a) &= E^* n b_n \kappa(n) a^n, \quad \kappa(n) := \frac{\sqrt{\pi}}{2} \frac{\Gamma[(n+1)/2]}{\Gamma(n/2+1)}, \\ p(x;a) &= \frac{n^2\kappa(n)}{2\pi} E^* b_n |x|^{n-1} \left[\mathrm{B}\left(1; \frac{1-n}{2}, \frac{1}{2}\right) - \mathrm{B}\left(\frac{x^2}{a^2}; \frac{1-n}{2}, \frac{1}{2}\right) \right], \quad 0 < |x| \le a, \\ h(x;a) &= \frac{2b_n a^n n\kappa(n)}{\pi} \left[\ln\left(\frac{|x|}{a} + \sqrt{\frac{x^2}{a^2} - 1} \right) + \frac{1}{n}\, {}_2\mathrm{F}_1\left(\frac{1}{2}, \frac{n}{2}; \frac{n+2}{2}; \frac{a^2}{x^2} \right) \right], \quad |x| \ge a, \end{aligned} \tag{6.29}$$

für die Zusammenhänge zwischen der Linienlast P, der Halbbreite des Kontaktes a, der Druckverteilung p und den normalen Verschiebungen h der elastischen Halbebene außerhalb des Kontaktes, gemessen vom tiefsten Punkt des Eindrucks. Die in den Gleichungen (6.29) auftretenden Spezialfunktionen sind die Gamma-Funktion

$$\Gamma(z) := \int_0^\infty t^{z-1} \exp(-t)\, \mathrm{d}t, \tag{6.30}$$

die unvollständige Beta-Funktion

$$\mathrm{B}(z;\,a,b) := \frac{z^a}{a}\,{}_2\mathrm{F}_1(a,\;1-b;\;1+a;\,z), \tag{6.31}$$

und die Hypergeometrischen Funktion

$${}_2\mathrm{F}_1(a,b;\,c;\,z) := \sum_{n=0}^{\infty} \frac{(a)_n (b)_n}{(c)_n} \frac{z^n}{n!}, \quad (x)_n := \frac{\Gamma(x+n)}{\Gamma(x)}. \tag{6.32}$$

Damit ergibt sich bei der zuerst von Jäger (1998) publizierten Lösung des Tangentialkontaktproblems aus der zweiten der Gleichungen (6.4) folgende Beziehung zwischen der tangentialen Linienlast Q und der Halbbreite c des Haftgebiets:

$$Q(a,c) = \mu E^* n b_n \kappa(n)\big(a^n - c^n\big). \tag{6.33}$$

Die Verteilung der tangentialen Spannungen im Kontaktgebiet ist wegen der ersten der Gleichungen (6.4) durch

$$q(x;\,a,c) = \frac{n^2\kappa(n)}{2\pi}\mu E^* b_n |x|^{n-1} \begin{cases} \mathrm{B}\left(\frac{x^2}{c^2};\,\frac{1-n}{2},\frac{1}{2}\right) - \mathrm{B}\left(\frac{x^2}{a^2};\,\frac{1-n}{2},\frac{1}{2}\right), & 0 < |x| \le c, \\ \mathrm{B}\left(1;\,\frac{1-n}{2},\frac{1}{2}\right) - \mathrm{B}\left(\frac{x^2}{a^2};\,\frac{1-n}{2},\frac{1}{2}\right), & c < |x| \le a, \end{cases} \tag{6.34}$$

gegeben und die relative tangentiale Verschiebung im Gleitgebiet beträgt wegen Gleichung (6.5)

$$\Delta u_x(x;\,a,c) = \mu b_n \left\{ |x|^n - \frac{2c^n n\kappa(n)}{\pi}\left[\ln\left(\frac{|x|}{c} + \sqrt{\frac{x^2}{c^2} - 1}\right) + \frac{1}{n}\,{}_2\mathrm{F}_1\left(\frac{1}{2},\frac{n}{2};\,\frac{n+2}{2};\,\frac{c^2}{x^2}\right)\right]\right\}, \tag{6.35}$$

$c < |x| \le a$.

Für eine ausführlichere Diskussion der Lösung für die Spannungen in Ausdrücken der Beta-Funktion sei auf Abschn. 3.4.6 verwiesen.

6.3.5 Der Flachstempel mit abgerundeten Kanten (parabolische Näherung)

Das tangentiale Kontaktproblem eines ebenen flachen Stempels mit abgerundeten Kanten (siehe Abb. 6.12) wurde in der parabolischen Näherung zuerst von Ciavarella et al. (1998a) gelöst. Der Krümmungsradius der abgerundeten Kanten sei R und die Halbbreite der flachen Stirnfläche des Stempels sei b. Die Lösung des entsprechenden reibungsfreien Normalkontaktproblems ist im dritten Kapitel gegeben (siehe Abschn. 3.4.8). Für

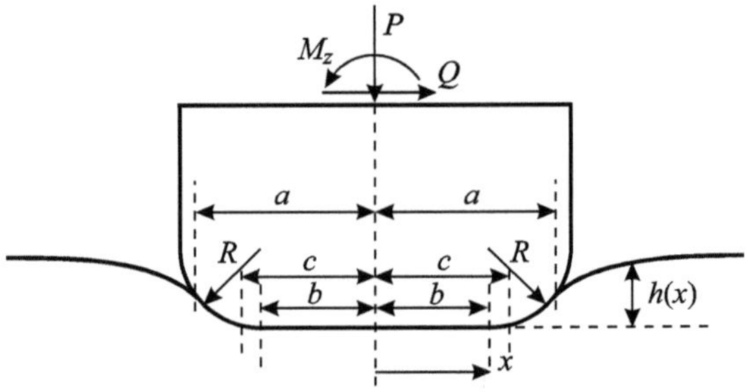

Abb. 6.12 Tangentialkontakt zwischen einem starren Flachstempel mit abgerundeten Kanten und einer elastischen Halbebene

den Zusammenhang zwischen der Linienlast P und der Halbbreite des Kontaktes a ergab sich:

$$P(a) = \frac{E^*}{2R}\left[a^2 \arccos\left(\frac{b}{a}\right) - b\sqrt{a^2 - b^2}\right], \quad b \leq a. \tag{6.36}$$

Bei einer tangentialen Belastung des Kontaktes kann die Halbbreite des Haftgebiets c nicht kleiner sein als $c = b$, da der Kontakt bei diesem Wert bereits beginnt, vollständig zu gleiten. Damit erhält man für die tangentiale Linienlast Q den Ausdruck

$$Q(a,c) = \frac{\mu E^*}{2R}\left[a^2 \arccos\left(\frac{b}{a}\right) - b\sqrt{a^2 - b^2} - c^2 \arccos\left(\frac{b}{c}\right) + b\sqrt{c^2 - b^2}\right], \quad b \leq c \leq a. \tag{6.37}$$

Die Verteilung der tangentialen Spannungen $q(x)$ ergibt sich sofort durch Einsetzen der exakten Lösung für die Druckverteilung $p(x)$ aus Gleichung (3.86),

$$\begin{aligned}
&\frac{2\pi R}{bE^*} p(\phi) = (\pi - 2\phi_0)\frac{\cos\phi}{\sin\phi_0} + \frac{\sin\phi}{\sin\phi_0} \ln\left|\frac{\sin(\phi + \phi_0)}{\sin(\phi - \phi_0)}\right| + \ln\left|\tan\left(\frac{\phi + \phi_0}{2}\right)\tan\left(\frac{\phi - \phi_0}{2}\right)\right|, \\
&\phi := \arcsin\left(\frac{x}{a}\right), \quad \phi_0 := \arcsin\left(\frac{b}{a}\right),
\end{aligned} \tag{6.38}$$

in die allgemeine Lösung (6.4); aus Platzgründen sei an dieser Stelle auf die vollständige explizite Darstellung verzichtet. Eine etwas „greifbarere" integrale Darstellung der tangentialen Spannungen ist

$$q(x;a,c) = \frac{\mu E^*}{\pi R}\begin{cases} \int_c^a \frac{\tilde{a}}{\sqrt{\tilde{a}^2 - x^2}} \arccos\left(\frac{b}{\tilde{a}}\right) d\tilde{a}, & |x| \leq c \\ \int_{|x|}^a \frac{\tilde{a}}{\sqrt{\tilde{a}^2 - x^2}} \arccos\left(\frac{b}{\tilde{a}}\right) d\tilde{a}, & c < |x| \leq a. \end{cases} \tag{6.39}$$

Abb. 6.13 zeigt einige normierte Verläufe der Tangentialspannung für $b = 0{,}49a$; in Abb. 6.14 sind exemplarische Verläufe für $b = 0{,}84a$ dargestellt.

Die relative tangentiale Verschiebung im Gleitgebiet ist wegen der Gleichungen und (3.87) in integraler Form durch

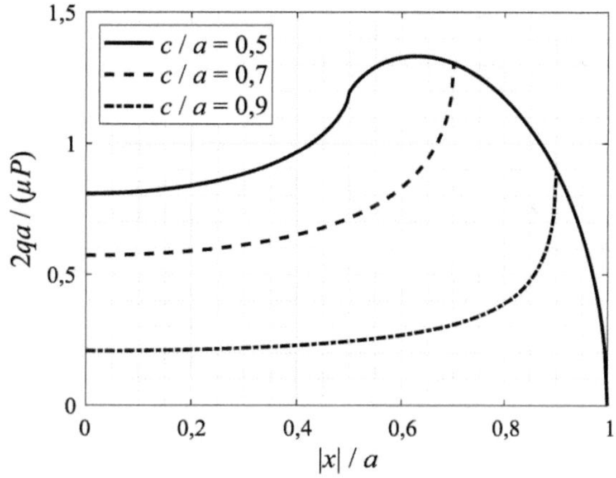

Abb. 6.13 Normierte Verteilung der Tangentialspannungen $q(x)$ für den Tangentialkontakt zwischen einem starren Flachstempel mit abgerundeten Kanten und einer elastischen Halbebene bei verschiedenen Werten der normierten Halbbreite des Haftgebiets c mit $b = 0{,}49a$

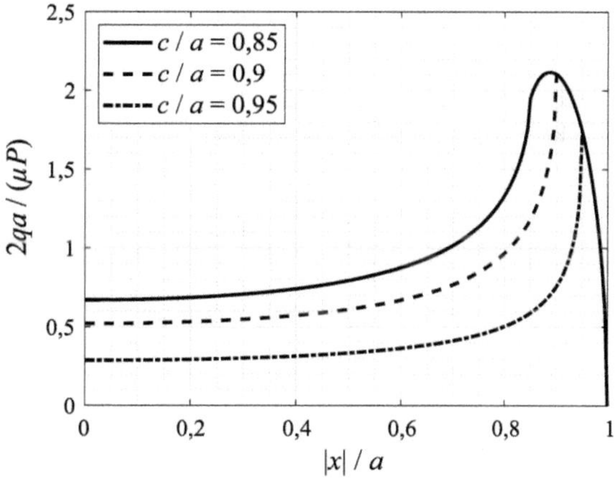

Abb. 6.14 Normierte Verteilung der Tangentialspannungen $q(x)$ für den Tangentialkontakt zwischen einem starren Flachstempel mit abgerundeten Kanten und einer elastischen Halbebene bei verschiedenen Werten der normierten Halbbreite des Haftgebiets c mit $b = 0{,}84a$

$$\Delta u_x(x;a,c) = \mu\left\{\frac{(|x|-b)^2}{2R} - \frac{2}{\pi E^*}\left[P(c)\ln\left(\frac{|x|}{c}+\sqrt{\frac{x^2}{c^2}-1}\right) + |x|\int_b^c \frac{P(\tilde{a})\mathrm{d}\tilde{a}}{\tilde{a}\sqrt{x^2-\tilde{a}^2}}\right]\right\}, \tag{6.40}$$

$b \leq c \leq |x| \leq a$, gegeben.

Im dritten Kapitel (siehe Abschn. 3.4.8) wurde das Muskhelishvili-Potential für den reibungsfreien Normalkontakt angegeben. Die Hilfspotentiale aus den Gleichungen (6.6) sind damit durch ($\zeta := x + iy,\quad i = \sqrt{-1}$)

$$\begin{aligned}
\phi_0(\zeta) &= -\frac{E^*}{2\pi R}\left[\sqrt{a^2-\zeta^2}\arccos\left(\frac{b}{a}\right) + i\zeta\arcsin\left(\frac{\zeta}{a}\frac{\sqrt{a^2-b^2}}{\sqrt{\zeta^2-b^2}}\right) - ib\arcsin\left(\frac{\sqrt{a^2-b^2}}{\sqrt{\zeta^2-b^2}}\right)\right],\\
\phi_1(\zeta) &= -\frac{E^*}{2\pi R}\left[\sqrt{c^2-\zeta^2}\arccos\left(\frac{b}{c}\right) + i\zeta\arcsin\left(\frac{\zeta}{c}\frac{\sqrt{c^2-b^2}}{\sqrt{\zeta^2-b^2}}\right) - ib\arcsin\left(\frac{\sqrt{c^2-b^2}}{\sqrt{\zeta^2-b^2}}\right)\right],
\end{aligned} \tag{6.41}$$

gegeben und die Spannungen im Inneren ergeben sich anschließend durch Auswertung der allgemeinen Gleichungen (6.8) und (6.10).

6.3.6 Der abgeschnittene Keil

Im Folgenden werden zwei weitere Indenter betrachtet, die, beispielsweise durch Verschleiß, eine flachgeschliffene Stirnfläche aufweisen. Wir untersuchen zunächst den Fall des abgeschnittenen Keils. Die Halbbreite der flachen Stirnfläche sei b und der Steigungswinkel des Grundkeils sei α. Die Lösung des entsprechenden reibungsfreien Normalkontaktproblems kann man im dritten Kapitel (siehe Abschn. 3.4.9) nachschlagen. Für die Linienlast P als Funktion der Halbbreite der Kontaktes a ergab sich der Zusammenhang

$$P(a) = E^*\alpha\sqrt{a^2 - b^2}, \quad b \leq a. \tag{6.42}$$

Bei einer tangentialen Belastung des Kontaktes (siehe Abb. 6.15) kann die Halbbreite des Haftgebiets c nicht kleiner sein als $c = b$, da der Kontakt bei diesem Wert bereits beginnt, vollständig zu gleiten. Damit erhält man für die tangentiale Linienlast Q den Ausdruck

$$Q(a, c) = \mu E^*\alpha\left[\sqrt{a^2 - b^2} - \sqrt{c^2 - b^2}\right], \quad b \leq c \leq a. \tag{6.43}$$

Für die Druckverteilung p wurde im dritten Kapitel die Lösung

$$p(x; a) = \frac{E^*\alpha}{\pi}\begin{cases} \ln\left(\frac{\sqrt{a^2-x^2}+\sqrt{a^2-b^2}}{\sqrt{b^2-x^2}}\right), & |x| < b, \\ \ln\left(\frac{\sqrt{a^2-x^2}+\sqrt{a^2-b^2}}{\sqrt{x^2-b^2}}\right), & b < |x| \leq a, \end{cases} \tag{6.44}$$

hergeleitet. Die Verteilung der tangentialen Spannungen q ergibt sich dann sofort aus der ersten der Gleichungen (6.4); mithilfe der Additionseigenschaften des natürlichen Logarithmus erhält man

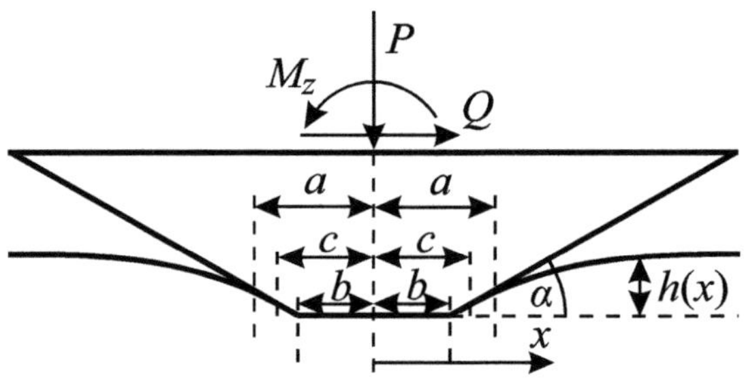

Abb. 6.15 Tangentialkontakt zwischen einem starren Keil mit flachem Grat und einer elastischen Halbebene

$$q(x;\,a,c) = \frac{\mu E^*\alpha}{\pi}\begin{cases} \ln\left(\frac{\sqrt{a^2-x^2}+\sqrt{a^2-b^2}}{\sqrt{c^2-x^2}+\sqrt{c^2-b^2}}\right), & |x| \le c, \\ \ln\left(\frac{\sqrt{a^2-x^2}+\sqrt{a^2-b^2}}{\sqrt{x^2-b^2}}\right), & c < |x| \le a. \end{cases} \tag{6.45}$$

Abb. 6.16 zeigt einige normierte Verläufe der Tangentialspannung für $b = 0{,}09a$; in Abb. 6.17 sind exemplarische Verläufe für $b = 0{,}49a$ dargestellt.

Die relative tangentiale Verschiebung im Gleitgebiet ist wegen der Gleichungen und (3.93):

$$\Delta u_x(x;\,a,c) = \frac{2\mu\alpha}{\pi}\left[-\sqrt{c^2-b^2}\ln\left(\frac{|x|}{c}+\sqrt{\frac{x^2}{c^2}-1}\right) - b\arctan\left(\frac{b\sqrt{x^2-c^2}}{|x|\sqrt{c^2-b^2}}\right) + |x|\arcsin\left(\frac{\sqrt{x^2-c^2}}{\sqrt{x^2-b^2}}\right)\right],$$
$$c \le |x| \le a. \tag{6.46}$$

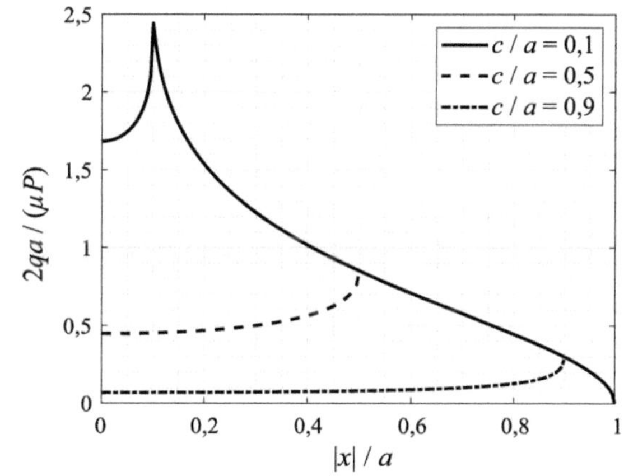

Abb. 6.16 Normierte Verteilung der Tangentialspannungen $q(x)$ für den Tangentialkontakt zwischen einem starren Keil mit flachem Grat und einer elastischen Halbebene bei verschiedenen Werten der Halbbreite des Haftgebiets c mit $b = 0{,}09a$

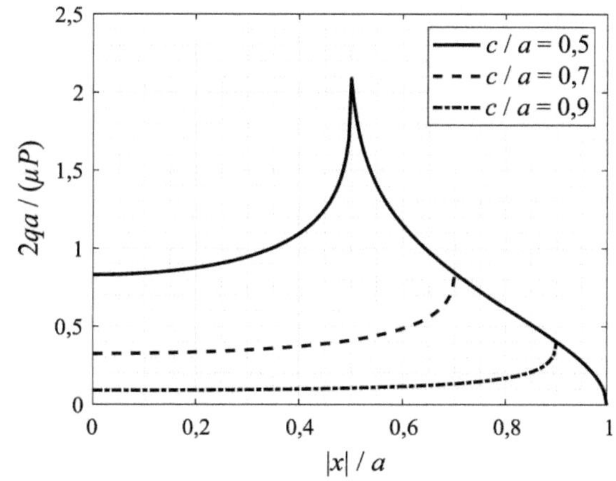

Abb. 6.17 Normierte Verteilung der Tangentialspannungen $q(x)$ für den Tangentialkontakt zwischen einem starren Keil mit flachem Grat und einer elastischen Halbebene bei verschiedenen Werten der Halbbreite des Haftgebiets c mit $b = 0{,}49a$

Im dritten Kapitel (siehe Abschn. 3.4.9) wurde das Muskhelishvili-Potential für den reibungsfreien Normalkontakt angegeben. Die Hilfspotentiale aus den Gleichungen sind damit durch

$$\phi_0(\zeta) = -\frac{iE^*\alpha}{2\pi}\arcsin\left(\frac{\sqrt{a^2-b^2}}{\sqrt{\zeta^2-b^2}}\right), \quad \phi_1(\zeta) = -\frac{iE^*\alpha}{2\pi}\arcsin\left(\frac{\sqrt{c^2-b^2}}{\sqrt{\zeta^2-b^2}}\right), \quad \zeta := x+iy, \quad i=\sqrt{-1}, \tag{6.47}$$

gegeben und die Spannungen im Inneren ergeben sich anschließend durch Auswertung der allgemeinen Gleichungen (6.8) und (6.10) – siehe auch die Arbeit von Willert (2022).

6.3.7 Der abgeschnittene Zylinder (parabolische Näherung)

Für den Normalkontakt zwischen einem starren Zylinder mit flacher Stirnfläche (der Radius des Zylinders sei R, die Halbbreite der flachen Stirnfläche sei b) wurde im dritten Kapitel (siehe Abschn. 3.4.10) folgender Zusammenhang zwischen der Linienlast P und der Halbbreite a des Kontaktes hergeleitet:

$$P(a) = P_{\text{SAK}}(a;R) + P_{\text{AK}}\left(a;\alpha=\frac{b}{R}\right) = \frac{E^*a^2}{2R}\left[\arccos\left(\frac{b}{a}\right)+\frac{b}{a}\sqrt{1-\frac{b^2}{a^2}}\right], \quad b\le a. \tag{6.48}$$

Dabei bezeichnet P_{SAK} die entsprechende Lösung für den Flachstempel mit abgerundeten Kanten aus Abschn. 3.4.8 und P_{AK} die entsprechende Lösung für den abgeschnittenen Keil mit dem Steigungswinkel α aus Abschn. 3.4.9. Bei einer tangentialen Belastung des Kontaktes (siehe Abb. 6.18) gilt die in Gleichung (6.48) zum Ausdruck kommende Superposition wegen der Linearität aller zugrunde liegenden Gleichungen auch für tangentiale Linienlast Q,

$$\begin{aligned} Q(a,c) &= Q_{\text{SAK}}(a,c;R) + Q_{\text{AK}}\left(a,c;\alpha=\frac{b}{R}\right) \\ &= \frac{\mu E^*}{2R}\left[a^2\arccos\left(\frac{b}{a}\right)+b\sqrt{a^2-b^2}-c^2\arccos\left(\frac{b}{c}\right)-b\sqrt{c^2-b^2}\right], \quad b\le c\le a, \end{aligned} \tag{6.49}$$

mit der Halbbreite c des Haftgebiets, und die Verteilung der tangentialen Spannungen q.

Eine integrale Darstellung für q ist[6]

[6] Eine vollständige explizite Darstellung ist mithilfe der exakten Lösungen für die Druckverteilungen unter einem Flachstempel mit abgerundeten Kanten und unter einem abgeschnittenen Keil – siehe die Gleichungen (3.86) und (3.92) – möglich, aber sehr unhandlich.

Abb. 6.18 Tangentialkontakt zwischen einem starren Zylinder mit flachem Grat und einer elastischen Halbebene

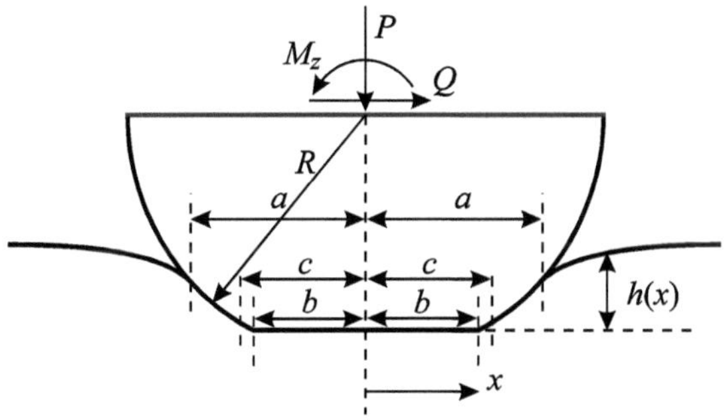

$$q(x;a,c)=\frac{\mu E^*}{\pi R}\begin{cases}\int_c^a \frac{\tilde a}{\sqrt{\tilde a^2-x^2}}\left[\arccos\left(\frac{b}{\tilde a}\right)+\frac{b}{\sqrt{\tilde a^2-b^2}}\right]\mathrm{d}\tilde a, & |x|\le c\\ \int_{|x|}^a \frac{\tilde a}{\sqrt{\tilde a^2-x^2}}\left[\arccos\left(\frac{b}{\tilde a}\right)+\frac{b}{\sqrt{\tilde a^2-b^2}}\right]\mathrm{d}\tilde a, & c<|x|\le a.\end{cases} \tag{6.50}$$

Abb. 6.19 zeigt einige normierte Verläufe der Tangentialspannung für $b = 0{,}09a$; in Abb. 6.20 sind exemplarische Verläufe für $b = 0{,}49a$ dargestellt. Die Superposition in Gleichung (6.48) gilt natürlich auch für die relativen Verschiebungen im Gleitgebiet; man benutze dafür die entsprechenden Lösungen (6.40) und (6.46), auf eine explizite Angabe sei an dieser Stelle aus Platzgründen verzichtet. Im dritten Kapitel (siehe Abschn. 3.4.10) wurde das Muskhelishvili-Potential für den reibungsfreien Normalkontakt angegeben. Die Hilfspotentiale aus den Gleichungen (6.6) sind damit durch

$$\begin{aligned}\phi_0(\zeta)&=-\frac{E^*}{2\pi R}\left[\sqrt{a^2-\zeta^2}\arccos\left(\frac{b}{a}\right)+i\zeta\arcsin\left(\frac{\zeta}{a}\frac{\sqrt{a^2-b^2}}{\sqrt{\zeta^2-b^2}}\right)\right],\quad \zeta:=x+iy,\quad i=\sqrt{-1},\\ \phi_1(\zeta)&=-\frac{E^*}{2\pi R}\left[\sqrt{c^2-\zeta^2}\arccos\left(\frac{b}{c}\right)+i\zeta\arcsin\left(\frac{\zeta}{c}\frac{\sqrt{c^2-b^2}}{\sqrt{\zeta^2-b^2}}\right)\right],\end{aligned} \tag{6.51}$$

Abb. 6.19 Normierte Verteilung der Tangentialspannungen $q(x)$ für den Tangentialkontakt zwischen einem starren Zylinder mit flachem Grat und einer elastischen Halbebene bei verschiedenen Werten der Halbbreite des Haftgebiets c mit $b = 0{,}09a$

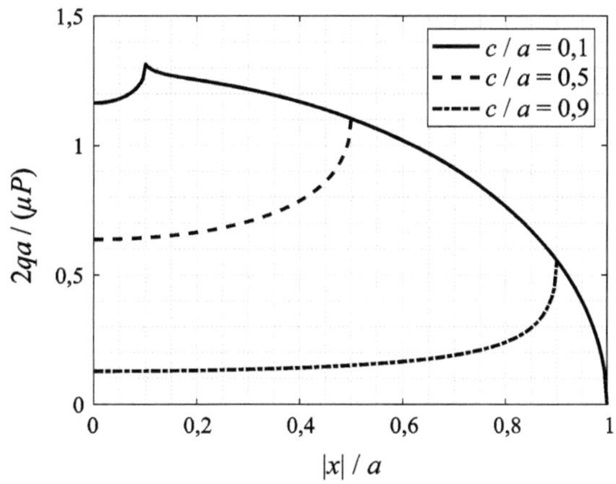

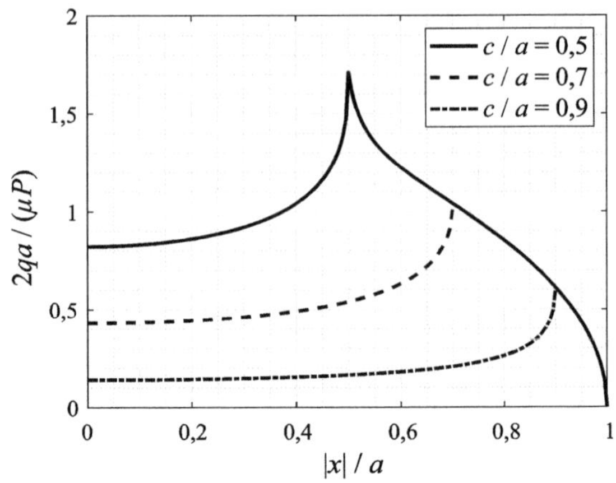

Abb. 6.20 Normierte Verteilung der Tangentialspannungen $q(x)$ für den Tangentialkontakt zwischen einem starren Zylinder mit flachem Grat und einer elastischen Halbebene bei verschiedenen Werten der Halbbreite des Haftgebiets c mit $b = 0{,}49a$

gegeben und die Spannungen im Inneren ergeben sich anschließend durch Auswertung der allgemeinen Gleichungen (6.8) und (6.10) – siehe auch die Arbeit von Willert (2022).

6.3.8 Der Keil mit abgerundeter Spitze

Das tangentiale Kontaktproblem eines ebenen starren Keils mit abgerundeter Spitze (der Neigungswinkel des Keils sei α, die Stelle, an der die parabolische Kappe stetig differenzierbar in den keilförmigen Grundkörper übergeht, sei b) (siehe Abb. 6.21) wurde zuerst von Ciavarella et al. (1998b) gelöst. Für den entsprechenden Normalkontakt wurde im dritten Kapitel (siehe Abschn. 3.4.11) folgender Zusammenhang zwischen der Linienlast P und der Halbbreite a des Kontaktes hergeleitet:

$$P(a) = P_{\mathrm{H}}\left(a; R = \frac{b}{\alpha}\right) - P_{\mathrm{SAK}}\left(a; R = \frac{b}{\alpha}\right) = \frac{E^*\alpha}{2b}\begin{cases} \frac{a^2\pi}{2}, & a < b, \\ a^2 \arcsin\left(\frac{b}{a}\right) + b\sqrt{a^2 - b^2}, & b \leq a, \end{cases} \tag{6.52}$$

Dabei bezeichnet P_{H} die entsprechende Lösung für den ebenen Hertzschen Kontakt aus Abschn. 3.4.3 und P_{SAK} die entsprechende Lösung für den Flachstempel mit abgerundeten Kanten aus Abschn. 3.4.8.

Bei einer tangentialen Belastung des Kontaktes (siehe Abb. 6.21) gilt die in Gleichung (6.48) zum Ausdruck kommende Superposition wegen der Linearität aller zugrunde liegenden Gleichungen auch für tangentiale Linienlast Q,

$$Q(a, c) = Q_{\mathrm{H}}\left(a, c; R = \frac{b}{\alpha}\right) - Q_{\mathrm{SAK}}\left(a, c; R = \frac{b}{\alpha}\right), \tag{6.53}$$

mit der Halbbreite c des Haftgebiets. Im Gegensatz zu den Problemen aus den vorherigen Abschnitten können sowohl c als auch a kleiner sein als b. Dabei ist für $a < b$ nur die

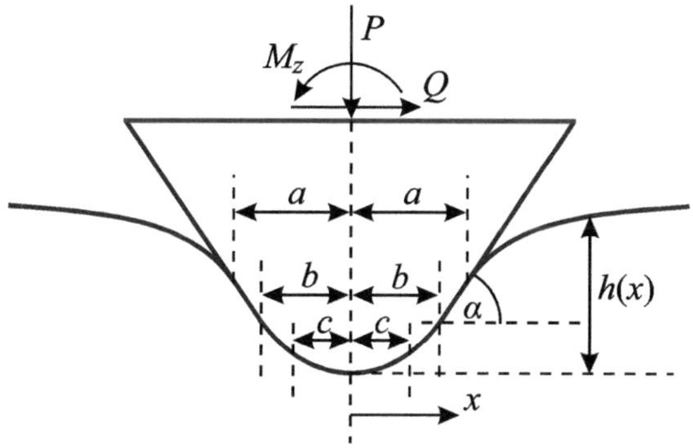

Abb. 6.21 Tangentialkontakt zwischen einem starren Keil mit abgerundeter Spitze und einer elastischen Halbebene

parabolische Spitze des Eindruckkörpers im Kontakt und das Problem reduziert sich auf den in Abschn. 6.3.3 geschilderten Fall. Diese „triviale" Möglichkeit wollen wir im Folgenden außer Acht lassen. Für c müssen in jedem Fall zwei Fälle unterschieden werden: partielles Gleiten mit $c > b$ und partielles Gleiten mit $c \leq b$.

Fall 1: partielles Gleiten mit $c > b$

In diesem Fall ist die Anwendung des Ciavarella-Jäger-Theorems elementar und man erhält für die tangentiale Linienlast

$$Q(a, c) = \frac{\mu E^* \alpha}{2b}\left[a^2 \arcsin\left(\frac{b}{a}\right) + b\sqrt{a^2 - b^2} - c^2 \arcsin\left(\frac{b}{c}\right) - b\sqrt{c^2 - b^2}\right]. \quad (6.54)$$

Eine integrale Darstellung für die Verteilung der tangentialen Spannungen q ist[7]

$$q(x; a, c) = \frac{\mu E^* \alpha}{2b}\begin{cases} \sqrt{a^2 - x^2} - \sqrt{c^2 - x^2} - \frac{2}{\pi}\int_c^a \frac{\tilde{a}}{\sqrt{\tilde{a}^2 - x^2}} \arccos\left(\frac{b}{\tilde{a}}\right) d\tilde{a}, & |x| \leq c \\ \sqrt{a^2 - x^2} - \frac{2}{\pi}\int_{|x|}^a \frac{\tilde{a}}{\sqrt{\tilde{a}^2 - x^2}} \arccos\left(\frac{b}{\tilde{a}}\right) d\tilde{a}, & c < |x| \leq a. \end{cases} \quad (6.55)$$

Die in Gleichung (6.52) zum Ausdruck kommende Superposition gilt auch für die Verteilung der relativen Verschiebungen im Gleitgebiet und für das Muskhelishvili-Potential zur Bestimmung der Spannungen im Inneren der elastischen Halbebene. Im dritten Kapitel (siehe Abschn. 3.4.11) wurde das Muskhelishvili-Potential für den reibungsfreien Normalkontakt angegeben. Die Hilfspotentiale aus den Gleichungen sind damit durch ($\zeta := x + iy, \quad i = \sqrt{-1}$)

[7] Eine vollständige explizite Darstellung ist mithilfe der exakten Lösung für die Druckverteilung unter einem Flachstempel mit abgerundeten Kanten – siehe die Gleichung (3.86) – möglich, aber unhandlich.

$$\phi_0(\zeta) = -\frac{E^*\alpha}{2\pi b}\left[\sqrt{a^2-\zeta^2}\arcsin\left(\frac{b}{a}\right) + i\zeta\arccos\left(\frac{\zeta}{a}\frac{\sqrt{a^2-b^2}}{\sqrt{\zeta^2-b^2}}\right) + ib\arcsin\left(\frac{\sqrt{a^2-b^2}}{\sqrt{\zeta^2-b^2}}\right)\right],$$
$$\phi_1(\zeta) = -\frac{E^*\alpha}{2\pi b}\left[\sqrt{c^2-\zeta^2}\arcsin\left(\frac{b}{c}\right) + i\zeta\arccos\left(\frac{\zeta}{c}\frac{\sqrt{c^2-b^2}}{\sqrt{\zeta^2-b^2}}\right) + ib\arcsin\left(\frac{\sqrt{c^2-b^2}}{\sqrt{\zeta^2-b^2}}\right)\right], \tag{6.56}$$

gegeben und die Spannungen im Inneren ergeben sich anschließend durch Auswertung der allgemeinen Gleichungen (6.8) und (6.10).

Fall 2: partielles Gleiten mit $c \leq b$

Das Prinzip von Ciavarella und Jäger fordert an dieser Stelle, dass die Lösung des Tangentialproblems durch die Differenz der Lösungen folgender zwei Normalkontaktprobleme gegeben ist: erstens die Indentierung bis zu einer Kontakthalbbreite a und zweitens die Indentierung des gleichen Indenters bis zu einer Kontakthalbbreite c. Letzteres entspricht aber einem ebenen Hertzschen Kontakt, da nur die parabolische Spitze des Indenters in Kontakt ist. Damit lautet die gesuchte Lösung:

$$Q(a,c) = \frac{\mu E^*\alpha}{2b}\left[a^2\arcsin\left(\frac{b}{a}\right) + b\sqrt{a^2-b^2} - \frac{\pi}{2}c^2\right] \tag{6.57}$$

und

$$q(x;a,c) = \frac{\mu E^*\alpha}{2b}\begin{cases}\sqrt{a^2-x^2} - \sqrt{c^2-x^2} - \frac{2}{\pi}\int_b^a \frac{\tilde{a}}{\sqrt{\tilde{a}^2-x^2}}\arccos\left(\frac{b}{\tilde{a}}\right)d\tilde{a}, & |x| \leq c,\\ \sqrt{a^2-x^2} - \frac{2}{\pi}\int_{\max(|x|,b)}^a \frac{\tilde{a}}{\sqrt{\tilde{a}^2-x^2}}\arccos\left(\frac{b}{\tilde{a}}\right)d\tilde{a}, & c < |x| \leq a.\end{cases} \tag{6.58}$$

Die Hilfspotentiale aus den Gleichungen (6.6) sind in diesem Fall

$$\phi_0(\zeta) = -\frac{E^*\alpha}{2\pi b}\left[\sqrt{a^2-\zeta^2}\arcsin\left(\frac{b}{a}\right) + i\zeta\arccos\left(\frac{\zeta}{a}\frac{\sqrt{a^2-b^2}}{\sqrt{\zeta^2-b^2}}\right) + ib\arcsin\left(\frac{\sqrt{a^2-b^2}}{\sqrt{\zeta^2-b^2}}\right)\right],$$
$$\phi_1(\zeta) = -\frac{E^*\alpha}{4b}\left(\sqrt{c^2-\zeta^2} + i\zeta\right), \quad \zeta := x+iy, \quad i = \sqrt{-1}. \tag{6.59}$$

Abb. 6.22 zeigt einige normierte Verläufe der Tangentialspannung für $b = 0{,}1a$; in Abb. 6.23 sind exemplarische Verläufe für $b = 0{,}5a$ dargestellt.

6.4 Explizite Lösungen für asymmetrische ebene Cattaneo-Mindlin-Probleme

Wir betrachten im Folgenden noch einige asymmetrische Probleme. Wie in dem entsprechenden Unterkapitel 3.5 zum reibungsfreien Normalkontakt resultiert dabei die Asymmetrie nicht aus der Geometrie der Eindruckkörper – obwohl exakte Lösungen von solchen Problemen durchaus möglich sind, wurden sie, mangels größerer technischer

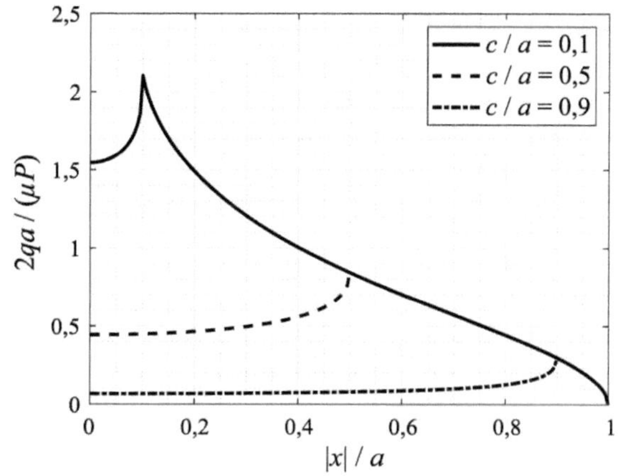

Abb. 6.22 Normierte Verteilung der Tangentialspannungen $q(x)$ für den Tangentialkontakt zwischen einem starren Keil mit runder Spitze und einer elastischen Halbebene bei verschiedenen Werten der Halbbreite des Haftgebiets c mit $b = 0{,}1a$

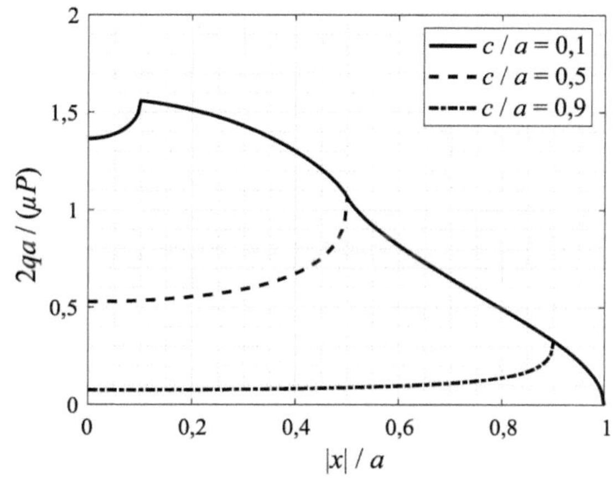

Abb. 6.23 Normierte Verteilung der Tangentialspannungen $q(x)$ für den Tangentialkontakt zwischen einem starren Keil mit runder Spitze und einer elastischen Halbebene bei verschiedenen Werten der Halbbreite des Haftgebiets c mit $b = 0{,}5a$

Relevanz, in der Literatur bisher nicht berücksichtigt – sondern aus einem Kippmoment und einer damit einhergehenden starren Rotation des (ansonsten symmetrischen) Indenters um die laterale Achse[8]. Da das Ciavarella-Jäger-Prinzip zur Reduktion des Tangentialkontaktproblems mit Reibung auf ein entsprechendes reibungsfreies Normalkontaktproblem nicht an die Symmetrie des Problems gebunden ist – es nutzt nur die völlig analoge Form der beiden fundamentalen Integralgleichungen (6.1) – erfolgt die Lösung auf dem gleichen Weg wie im vorigen Unterkapitel.

[8] Der entsprechende Kippwinkel β muss wie immer klein sein, um die Annahme kleiner elastischer Verformungen nicht zu verletzen. Es ist möglich, die folgende Lösung zumindest näherungsweise auch für große Kippwinkel zu benutzen; man muss in diesem Fall aber tatsächlich überall $\tan\beta$ anstatt β verwenden.

6.4.1 Der Flachstempel mit Kippmoment

Das tangentiale Kontaktproblem zwischen einer elastischen Halbebene und einem starren Flachstempel mit der Halbbreite A, der durch ein äußeres Moment um die laterale Achse gekippt wird (siehe Abb. 6.24), wurde zuerst von Sackfield et al. (2001), siehe auch die Publikation von Grimaldi et al. (2016), gelöst. Das Kippmoment kann dabei aus einer Verschiebung der Linienlasten P und Q (gegenüber der Konfiguration des reinen Tangentialkontakts) resultieren – wie im Abschn. 3.5.3 des vorliegenden Buches oder der Arbeit von Grimaldi et al. (2016) – oder aus einem zusätzlichen reinen Moment.

Da wir weiterhin nur elastisch entkoppelte Probleme betrachten, kann man das reine Normalkontaktproblem völlig analog zu den Abschn. 3.5.2 und 3.5.3 behandeln; die Lösung des tangentialen Problems ergibt sich dann sehr einfach aus dem Ciavarella-Jäger-Prinzip. Man muss allerdings mehrere mögliche, qualitativ unterschiedliche Kontaktkonfigurationen unterscheiden. Wie bereits bei der Lösung des reibungsfreien Normalkontaktproblems ausgeführt, ist der Kontakt für ausreichend kleine Kippmomente vollständig – d. h. die ganze flache Stirnseite des Stempels ist im Kontakt – während die Kontaktgrenze für größere Kippmomente auf der Stirnseite liegt, der Kontakt ist dann einseitig gebunden. Vollständige Kontakte können außerdem vollständig haften oder partiell (bzw. vollständig) gleiten, während für unvollständige Kontakte nur Konfigurationen mit partiellem (bzw. vollständigem) Gleiten möglich sind. Sackfield et al. (2001) haben darüber hinaus gezeigt, dass ein Haftgebiet – falls es existiert – immer die tieferliegende Kante des Stempels einschließt.

Fall 1: vollständiger Kontakt

Völlig analog zu den Abschn. 3.5.2 und 3.5.3 erhält man im Fall des vollständigen Kontaktes für die Druckverteilung als Funktion der Linienlast P und des Kippmoments (pro Länge) M_z den Ausdruck

$$p(x; P, M_z) = \frac{1}{\pi\sqrt{2Ax - x^2}}\left[P - \frac{2M_z}{A^2}(x - A)\right], \quad 0 < x < 2A. \tag{6.60}$$

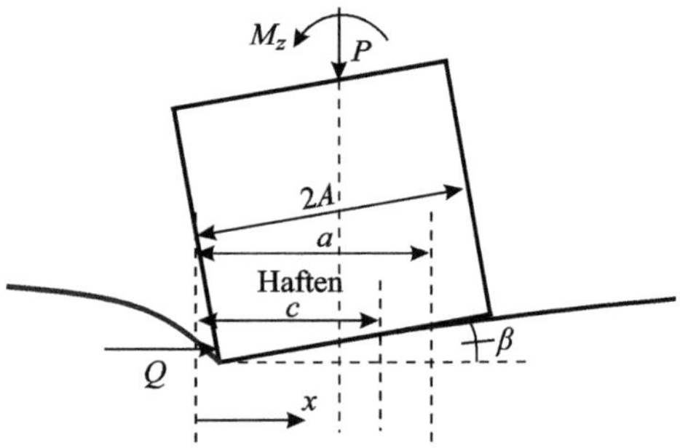

Abb. 6.24 Tangentialkontakt zwischen einem starren Flachstempel mit der Halbbreite A und einer elastischen Halbebene unter Wirkung eines Kippmoments. Dargestellt ist eine Konfiguration mit unvollständigem Kontakt und partiellem Gleiten

Da dieser Druck an der höher liegenden Kante nicht negativ sein darf, ist der Kontakt vollständig, falls $2M_z \leq PA$. Der Kippwinkel beträgt

$$\beta = \frac{4M_z}{\pi E^* A^2}. \tag{6.61}$$

Für den vollständig haftenden Kontakt ist die Verteilung der tangentialen Spannungen elementarerweise durch

$$q(x; Q) = \frac{Q}{\pi \sqrt{2Ax - x^2}}, \quad 0 < x < 2A, \tag{6.62}$$

gegeben, d. h. der Kontakt wird vollständig haften, falls

$$|Q| \leq \mu \left[P - \frac{2M_z}{A} \right]. \tag{6.63}$$

Entsprechend gibt es für

$$\mu \left[P - \frac{2M_z}{A} \right] < |Q| < \mu P \tag{6.64}$$

ein lokales Gleitgebiet, welches sich für eine zunehmende tangentiale Linienlast[9] von der höher-liegenden Kante des Stempels ausbreitet. Im Gleitgebiet ergeben sich die tangentialen Spannungen aus dem Reibgesetz in lokaler Form, $|q| = \mu p$; im Haftgebiet ist die Verteilung der tangentialen Spannungen wegen des Ciavarella-Jäger-Prinzips in der Form (6.3) und der Lösung des Normalkontaktproblems für den unvollständigen Kontakt – siehe Gleichung (3.127) – durch

$$|q(x; P, M_z, c)| = \mu \left\{ \frac{1}{\pi \sqrt{2Ax - x^2}} \left[P - \frac{2M_z}{A^2}(x - A) \right] - \frac{2M_z}{\pi A^2} \sqrt{\frac{c - x}{x}} \right\}, \quad 0 < x \leq c, \tag{6.65}$$

gegeben. Dabei ist die Breite des Haftgebiets, gemessen von der tieferliegenden Kante des Stempels

$$c = \frac{A^2}{M_z} \left[P - \frac{|Q|}{\mu} \right]. \tag{6.66}$$

Fall 2: unvollständiger Kontakt

Für $2M_z > PA$ ist der Kontakt unvollständig. Aus Gleichung (3.127) erhält man für die Druckverteilung den Ausdruck

[9] Wir betrachten immer noch nur das Cattaneo-Mindlin-Problem, d. h. eine konstante normale Linienlast und eine anschließend aufgebrachte, monoton wachsende tangentiale Linienlast.

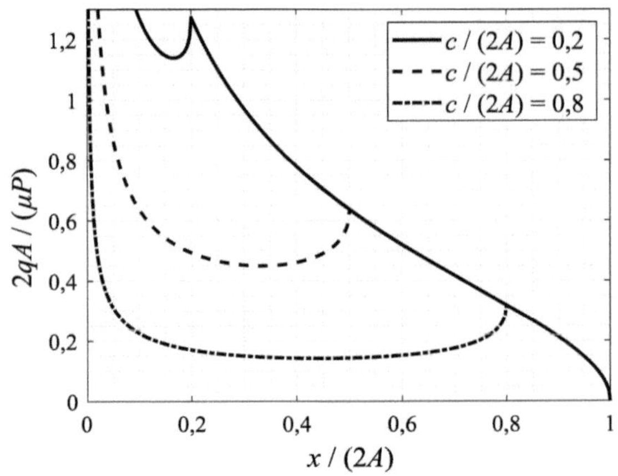

Abb. 6.25 Normierte Verteilung der Tangentialspannungen $q(x)$ für den Tangentialkontakt zwischen einem starren Flachstempel und einer elastischen Halbebene bei verschiedenen Werten der Halbbreite des Haftgebiets c unter der Wirkung eines Kippmoments $M = 0{,}5PA$

$$p(x; a, \beta) = \frac{E^*\beta}{2}\sqrt{\frac{a-x}{x}}, \quad 0 < x \le a, \tag{6.67}$$

wobei die Kontaktbreite a und der Kippwinkel wegen des Kräfte- und Momentengleichgewichts durch

$$a(P, M_z) = 4\left(A - \frac{M_z}{P}\right), \quad \beta(P, M_z) = \frac{P^2}{\pi E^*(PA - M_z)}, \tag{6.68}$$

gegeben sind. Offensichtlich ist der Kontakt nur möglich, solange $M_z \le PA$, für $M_z > PA$ wird der Stempel überkippen. Für die Verteilung der Tangentialspannungen im Haftgebiet und die tangentiale Linienlast, als Funktionen der Länge c des Haftgebiets, erhält man aus dem Ciavarella-Jäger-Prinzip in der Form (6.4) die Relationen

$$\begin{aligned} |q(x; a, c, \beta)| &= \frac{\mu E^*\beta}{2}\left[\sqrt{\frac{a-x}{x}} - \sqrt{\frac{c-x}{x}}\right], \quad 0 < x \le c, \\ |Q(P, a, c)| &= \mu P\left(1 - \frac{c}{a}\right). \end{aligned} \tag{6.69}$$

In Abb. 6.25 sind einige normierte Verläufe der Tangentialspannungen für den Fall $M_z = 0{,}5PA$ gezeigt.

6.4.2 Der Keil mit Kippmoment

Das tangentiale Kontaktproblem zwischen einem starren Keil mit dem Neigungswinkel α, der durch die Wirkung eines äußeren Moments um die laterale Achse gekippt wird, und einer elastischen Halbebene wurde zuerst von Adibnazari et al. (2008) gelöst. Die

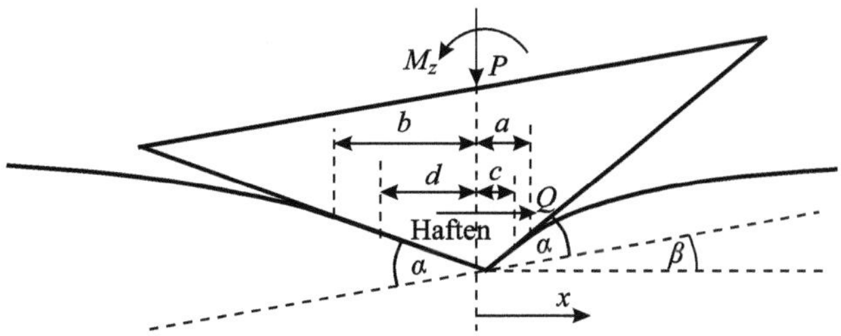

Abb. 6.26 Tangentialkontakt zwischen einem starren Keil mit dem Neigungswinkel α und einer elastischen Halbebene unter Wirkung eines Kippmoments

Notationen können Abb. 6.26 entnommen werden. Sowohl α als auch der Kippwinkel $\beta < \alpha$ müssen im Rahmen der Halbraumnäherung klein sein.

Aufgrund der Asymmetrie der Belastung liegen sowohl das Kontaktgebiet als auch das Haftgebiet asymmetrisch bezüglich der Spitze des Keils, welche den Ursprung der x-Achse bildet. Das Kontaktgebiet ist $-b \leq x \leq a$ (mit $a \leq b$) und das Haftgebiet ist $-d \leq x \leq c$ (mit $c \leq d$). Wir wiederholen zunächst die im dritten Kapitel (siehe Abschn. 3.5.4) hergeleitete Lösung des reibungsfreien Normalkontaktproblems. Die Druckverteilung als Funktion der beiden Längen a und b lautet

$$p(x; a, b) = \frac{2E^*\alpha}{\pi} \begin{cases} \operatorname{artanh}\left(\frac{\sqrt{ab+ax}}{\sqrt{ab-bx}}\right), & -b \leq x < 0, \\ \operatorname{artanh}\left(\frac{\sqrt{ab-bx}}{\sqrt{ab+ax}}\right), & 0 < x \leq a. \end{cases} \tag{6.70}$$

Die Linienlast P und das Kippmoment M_z (pro Länge) sind

$$\begin{aligned} P &= E^*\alpha\sqrt{ab}, \\ M_z &= E^*\alpha\sqrt{ab}\,\frac{b-a}{4}. \end{aligned} \tag{6.71}$$

Außerdem unterliegen die Längen a und b der Konsistenzbedingung

$$\frac{b}{a} = \frac{1+\sin\varphi}{1-\sin\varphi}, \quad \varphi := \frac{\pi\beta}{2\alpha}. \tag{6.72}$$

Damit stehen zur Bestimmung der drei unbekannten makroskopischen Größen a, b und β aus den Belastungen P und M_z drei Gleichungen zur Verfügung. Insbesondere ist der Kippwinkel β vollständig durch das Normalkontaktproblem bestimmt. Das fiktive Normalkontaktproblem mit der reduzierten Linienlast $P_1 = P - Q/\mu$, mit dessen Hilfe auf Grundlage des Ciavarella-Jäger-Prinzips das tangentiale Kontaktproblem gelöst wird, bezieht sich daher auf einen Kontakt mit dem gleichen Kippwinkel. Die Längen c und d unterliegen daher der Gleichung (6.72) analogen Konsistenzbedingung

$$\frac{d}{c} = \frac{1+\sin\varphi}{1-\sin\varphi}. \tag{6.73}$$

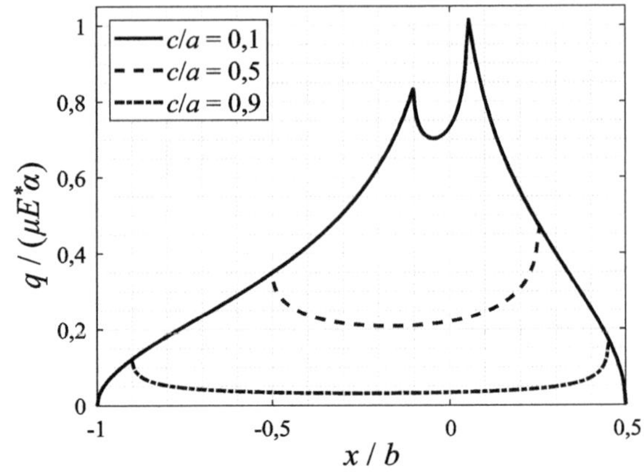

Abb. 6.27 Normierte Verteilung der Tangentialspannungen $q(x)$ für den Tangentialkontakt zwischen einem starren gekippten Keil und einer elastischen Halbebene für $b = 2a$ und verschiedene Verhältnisse c/a

Für die tangentiale Linienlast erhält man aus dem Ciavarella-Jäger-Prinzip in der Form (6.3) und der Lösung des Normalkontaktproblems das Ergebnis

$$|Q| = \mu E^*\alpha\left(\sqrt{ab} - \sqrt{cd}\right) = \mu E^*\alpha\sqrt{\frac{1+\sin\varphi}{1-\sin\varphi}}(a-c) = \mu P\left(1-\frac{c}{a}\right) = \mu P\left(1-\frac{d}{b}\right). \tag{6.74}$$

Damit stehen mit den Relationen (6.73) und (6.74) zwei Gleichungen zur Bestimmung der unbekannten Längen c und d zur Verfügung. Die Verteilung der tangentialen Spannungen q ist wegen des Ciavarella-Jäger-Prinzips durch

$$|q(x)| = \mu\left[p(x;a,b) - p(x;c,d)\right] \tag{6.75}$$

gegeben, wobei man für beide Druckverteilungen das Ergebnis aus Gleichung (6.70) (mit den Parametern a und b, bzw. c und d) verwenden kann. In Abb. 6.27 sind einige beispielhafte Verläufe der Tangentialspannung in normierten Variablen für $b = 2a$ und verschiedene Werte des Verhältnisses c/a dargestellt.

6.4.3 Der Flachstempel mit abgerundeten Kanten und Kippmoment

Betrachten wir nun den Tangentialkontakt zwischen einem starren, durch ein äußeres Moment um die laterale Achse gekippten Flachstempel mit abgerundeten Kanten und einer elastischen Halbebene. Die Halbbreite der flachen Stirnseite des Stempels sei c und der Radius der gerundeten Ecken R. Das Kontaktproblem wurde zuerst von Goryacheva et al. (2002) und Sackfield et al. (2005) gelöst. Die Notationen und eine schematische Darstellung des Kontaktes können Abb. 6.28 entnommen werden.

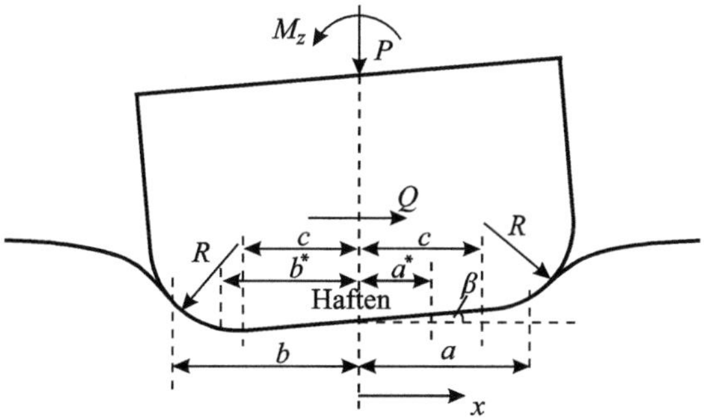

Abb. 6.28 Tangentialkontakt zwischen einem starren Flachstempel mit abgerundeten Ecken und einer elastischen Halbebene unter der Wirkung eines Kippmoments. Gezeigt ist eine Kontaktkonfiguration, bei der beide gerundeten Kanten im Kontakt sind, das Haftgebiet aber auf der flachen Stirnseite des Stempels endet.

Die Lösung des Kontaktproblems ist etwas umständlich, da man mehrere Varianten der Kontaktkonfiguration unterscheiden muss. Das Kontaktgebiet sei $-b \leq x \leq a$ und das Haftgebiet[10] entsprechend $-b^* \leq x \leq a^*$ (selbstverständlich ist $b^* \leq b$ und $a^* \leq a$).

Wir wiederholen zunächst ausführlich die im dritten Kapitel (siehe Abschn. 3.5.5) hergeleitete Lösung des reibungsfreien Normalkontaktproblems und führen dabei für eine einfachere Notation die Längen

$$\hat{a} := \frac{b+a}{2}, \quad d := \frac{b-a}{2} \quad \Leftrightarrow \quad b = \hat{a} + d, \quad a = \hat{a} - d, \tag{6.76}$$

ein. Für die Kontaktkonfiguration sind drei verschiedene Fälle möglich: bei ausreichend großen normalen Linienlasten (oder ausreichend kleinen Kippmomenten) ist auch die höher liegende gerundete Kante des Stempels im Kontakt, d. h. $a > c$; weiterhin existiert die Möglichkeit, dass der Kontakt auf der flachen Stirnseite des Stempels endet, d. h. $-c < a \leq c$; und schließlich sind extreme Konfigurationen möglich, bei denen sich nur die tiefer liegende gerundete Kante im Kontakt befindet, d. h. $a \leq -c$ (in diesem Fall handelt es sich um den elementaren Fall des ebenen Hertzschen Kontakts unter der Wirkung eines Kippmoments, siehe Abschn. 3.4.4). In jedem Fall stehen mit der Konsistenzbedingung und dem Kraft- sowie Momentengleichgewicht drei Gleichungen zur Bestimmung der beiden unbekannten Kontaktlängen und des unbekannten Kippwinkels zur Verfügung. Leider ist es schwierig, Bedingungen für die Belastungen anzugeben, um *a priori* festzustellen, welcher Kontaktfall eintritt; man ist daher bei der Lösung des Normalkontaktproblems gezwungen zu prüfen, welches der unten aufgeführten Gleichungssysteme mit den gegebenen Lasten physikalische Lösungen aufweist.

Fall 1: $a > c$

Die Konsistenzbedingung ist

---

[10] Es sei angemerkt, dass von Goryacheva et al. (2002) gezeigt wurde, dass tatsächlich nur ein einziges zusammenhängendes Haftgebiet im Kontakt existieren kann.

$$\frac{\beta\pi R}{\hat{a}} = \sqrt{1-\gamma_1^2} - \sqrt{1-\gamma_2^2} - \gamma_1 \arccos\gamma_1 + \gamma_2 \arccos\gamma_2, \quad \gamma_1 := \frac{c-d}{\hat{a}}, \quad \gamma_2 := \frac{c+d}{\hat{a}}, \tag{6.77}$$

für die Linienlast P erhält man

$$P = \frac{E^*\hat{a}^2}{4R}\left[\arccos\gamma_1 - \gamma_1\sqrt{1-\gamma_1^2} + \arccos\gamma_2 - \gamma_2\sqrt{1-\gamma_2^2}\right], \tag{6.78}$$

und das Moment (pro Länge) beträgt

$$M_z = Pd + \frac{E^*\hat{a}^3}{12R}\left[\left(1-\gamma_1^2\right)^{3/2} - \left(1-\gamma_2^2\right)^{3/2}\right]. \tag{6.79}$$

Fall 2: $-c < a \leq c$

In diesem Fall kann man die obigen drei Gleichungen verwenden, wobei überall $\gamma_2 = 1$ gesetzt werden muss.

Fall 3: $a \leq -c$

Das entspricht, wie gesagt, dem ebenen Hertzschen Kontakt; die Konsistenzbedingung vereinfacht sich zu

$$\beta R = \frac{M_z}{P} - c, \tag{6.80}$$

und die beiden gesuchten Kontaktlängen betragen

$$\hat{a} = \sqrt{\frac{4RP}{\pi E^*}} \quad \text{und} \quad d = \frac{M_z}{P}. \tag{6.81}$$

Man erkennt, dass sich in diesem Fall sogar eine explizite Bedingung für die Lasten formulieren lässt, die zu einer solchen Kontaktkonfiguration führen, nämlich

$$\sqrt{\frac{4RP}{\pi E^*}} \leq \frac{M_z}{P} - c. \tag{6.82}$$

Betrachten wir nun das tangentiale Kontaktproblem. Dabei ist zu beachten, dass der Kippwinkel β durch das Normalkontaktproblem bereits festgelegt ist; die Konsistenzbedingung (für die Längen b^* und a^*) sowie das Kräftegleichgewicht in tangentialer Richtung liefern daher zwei Gleichungen zur Bestimmung der beiden Längen, die die Ausdehnung des Haftgebiets charakterisieren. Für letzteres müssen wiederum die obigen drei Fälle unterschieden werden. Analog zu Gleichung(6.76) führen wir für eine vereinfachte Notation die Längen

$$\hat{a}^* := \frac{b^*+a^*}{2}, \quad d^* := \frac{b^*-a^*}{2} \quad \Leftrightarrow \quad b^* = \hat{a}^* + d^*, \quad a^* = \hat{a}^* - d^*, \tag{6.83}$$

ein.

Fall I: $a^* > c$

Solche Konfigurationen sind nur möglich, falls a selbst größer ist als c. Die Konsistenzbedingung lautet in Analoge zu Gleichung (6.77)

$$\frac{\beta\pi R}{\hat{a}^*} = \sqrt{1-\gamma_3^2} - \sqrt{1-\gamma_4^2} - \gamma_3 \arccos\gamma_3 + \gamma_4 \arccos\gamma_4, \quad \gamma_3 := \frac{c-d^*}{\hat{a}^*}, \quad \gamma_4 := \frac{c+d^*}{\hat{a}^*}. \tag{6.84}$$

Das Ciavarella-Jäger-Prinzip in der Form (6.3) liefert mit Gleichung (6.78) außerdem die Bedingung

$$P - \frac{|Q|}{\mu} = \frac{E^*(\hat{a}^*)^2}{4R}\left[\arccos\gamma_3 - \gamma_3\sqrt{1-\gamma_3^2} + \arccos\gamma_4 - \gamma_4\sqrt{1-\gamma_4^2}\right]. \tag{6.85}$$

Im Grenzfall $a^* = c$ ist $\gamma_4 = 1$ und außerdem

$$c = \frac{1+\gamma_3}{2}\hat{a}^* = \frac{1+\gamma_3}{2}\frac{\beta\pi R}{\sqrt{1-\gamma_3^2} - \gamma_3 \arccos\gamma_3}. \tag{6.86}$$

Das ist eine Bestimmungsgleichung für den kritischen Wert von γ_3 und damit für den entsprechenden Wert der tangentialen Linienlast $|Q|$.

Fall II: $-c < a^* \leq c$

In diesem Fall kann man die obigen Gleichungen und verwenden, wobei überall $\gamma_4 = 1$ gesetzt werden muss. Im Grenzfall $a^* = -c$ ist $\gamma_3 = -1$ und damit

$$P - \frac{|Q|}{\mu} = \frac{\pi E^*(\beta R)^2}{4R}. \tag{6.87}$$

Fall III: $a^* \leq -c$

Die Konsistenzbedingung vereinfacht sich in Analogie zu Gleichung zu

$$d^* = \beta R + c \tag{6.88}$$

und die Halbbreite des Haftgebiets ergibt sich aus der Beziehung

$$P - \frac{|Q|}{\mu} = \frac{\pi E^*(\hat{a}^*)^2}{4R}. \tag{6.89}$$

Die exakte Bestimmung der Verteilungen des Drucks p und der Reibspannungen q im Kontakt ist analytisch möglich, aber im Rahmen dieses Buches zu aufwändig; es sei allerdings in diesem Zusammenhang auf die am Anfang dieses Abschnitts genannten Publikationen hingewiesen.

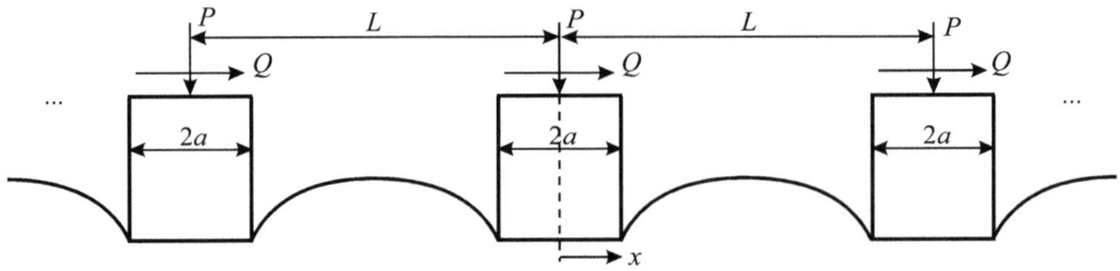

Abb. 6.29 Tangentialkontakt zwischen einer elastischen Halbebene und einer periodischen Folge von starren Flachstempeln mit der Halbbreite a und der Periodenlänge L

6.5 Periodische symmetrische ebene Cattaneo-Mindlin-Probleme

Die Reduktion des allgemeinen ebenen Cattaneo-Mindlin-Problems (Tangentialkontakt mit konstanter Normallast und monoton wachsender Tangentiallast) auf das entsprechende reibungsfreie Normalkontaktproblem durch das Prinzip von Jäger und Ciavarella (siehe Abschn. 6.2.1) beruht nur auf der mathematischen Struktur der allgemeinen Gleichungen (6.1); sie ist daher unabhängig von der Struktur des Kontaktgebiets möglich, wir können also die allgemeine Ciavarella-Jäger-Lösung (6.4) für einzelne symmetrische Kontakte auch für periodische symmetrische Kontakte verwenden.

6.5.1 Periodisches System von Flachstempeln

Das Tangentialkontaktproblem zwischen einer elastischen Halbebene und einer periodischen Folge von starren Flachstempeln mit der Halbbreite a und der Periodenlänge L wurde zuerst von Ciavarella (1998c) gelöst (siehe Abb. 6.29).

Wegen der perfekten Analogie der beiden Gleichungen (6.1) können wir, ausgehend von der in Abschn. 3.6.2 dokumentierten Lösung des reinen Normalkontaktproblems, sofort auf die Verteilung der Reibspannungen q schließen:

$$q(x; Q) = \frac{Q}{L}\cos\left(\frac{\pi x}{L}\right)\left[\sin^2\left(\frac{\pi a}{L}\right) - \sin^2\left(\frac{\pi x}{L}\right)\right]^{-1/2}, \quad |x - mL| < a, \quad m \in \mathbb{Z}. \quad (6.90)$$

Der Kontakt wird entweder vollständig haften (für $Q < \mu P$) oder global gleiten.

6.5.2 Periodisches System von Keilen

Für die Indentierung einer elastischen Halbebene durch eine periodische Folge von starren Keilen mit dem Neigungswinkel α und der Periodenlänge L (oder äquivalent, den Kontakt

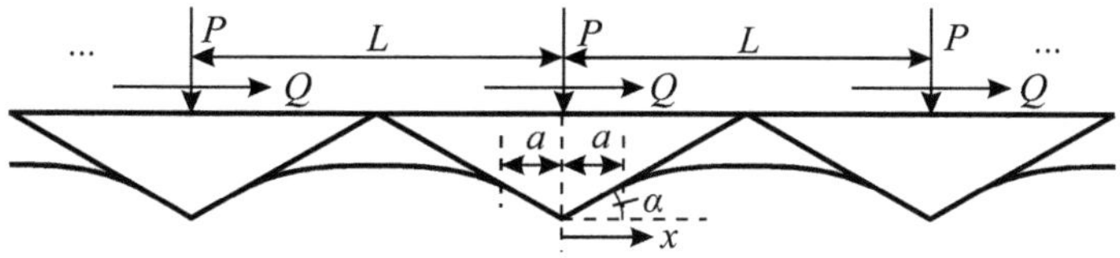

Abb. 6.30 Tangentialkontakt zwischen einer elastischen Halbebene und einer periodischen Folge von starren Keilen mit der Periodenlänge L

mit einer sägezahnförmigen starren Oberfläche) wurden im dritten Kapitel (Abschn. 3.6.3) für das reibungsfreie Normalkontaktproblem folgende Zusammenhänge zwischen der Linienlast P, der Halbbreite des Kontaktes a und der Druckverteilung p gefunden:

$$
\begin{aligned}
P(a) &= \frac{E^*\alpha L}{\pi}\operatorname{artanh}\left[\sin\left(\frac{\pi a}{L}\right)\right], \quad a < \frac{L}{2}, \\
p(x;a) &= \frac{E^*\alpha}{\pi}\operatorname{artanh}\left(\sqrt{1-\frac{\tan^2(\pi x/L)}{\tan^2(\pi a/L)}}\right), \quad |x-mL| < a, \quad m \in \mathbb{Z}.
\end{aligned} \tag{6.91}
$$

Die von Block und Keer (2008) publizierte Lösung des Tangentialkontaktproblems (siehe Abb. 6.30), also die Zusammenhänge zwischen der Halbbreite des Haftgebiets c, der tangentialen Linienlast Q und den tangentialen Spannungen q, lautet dann mithilfe der Gleichungen (6.4) wie folgt:

$$
\begin{aligned}
Q(a,c) &= \frac{\mu E^*\alpha L}{\pi}\left\{\operatorname{artanh}\left[\sin\left(\frac{\pi a}{L}\right)\right] - \operatorname{artanh}\left[\sin\left(\frac{\pi c}{L}\right)\right]\right\}, \\
q(x;a,c) &= \frac{\mu E^*\alpha}{\pi}\begin{cases} \operatorname{artanh}\left(\sqrt{1-\frac{\tan^2(\pi x/L)}{\tan^2(\pi a/L)}}\right) - \operatorname{artanh}\left(\sqrt{1-\frac{\tan^2(\pi x/L)}{\tan^2(\pi c/L)}}\right), & |x-mL| \le c, \\ \operatorname{artanh}\left(\sqrt{1-\frac{\tan^2(\pi x/L)}{\tan^2(\pi a/L)}}\right), & c < |x-mL| \le a, \quad m \in \mathbb{Z}. \end{cases}
\end{aligned} \tag{6.92}
$$

Die Tangentialspannungen sind in normierter Form für $L = 2{,}5a$ und verschiedene Werte von c in Abb. 6.31 dargestellt.

6.5.3 Kontakt mit einer harmonisch gewellten Oberfläche

Für die Indentierung einer elastischen Halbebene durch eine harmonisch gewellte Oberfläche mit der Periodenlänge L und der Amplitude h_0 wurden im dritten Kapitel (Abschn. 3.6.4) für das reibungsfreie Normalkontaktproblem folgende Zusammenhänge zwischen der Linienlast P, der Halbbreite des Kontaktes a und der Druckverteilung p gefunden:

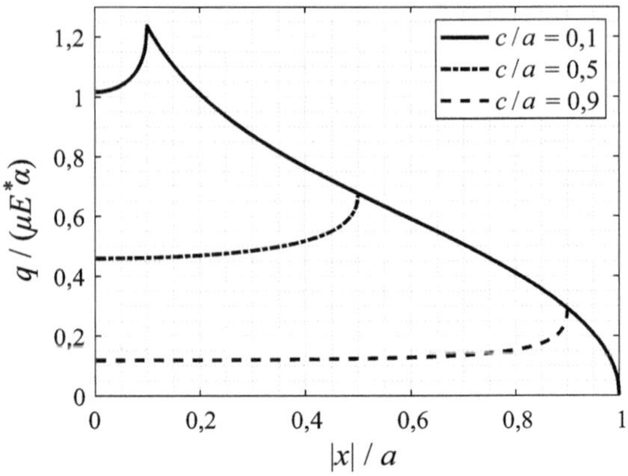

Abb. 6.31 Normierte Verteilung der Tangentialspannungen $q(x)$ für den Tangentialkontakt einer elastischen Halbebene und einer periodischen Folge von starren Keilen mit der Periodenlänge $L = 2{,}5a$ bei verschiedenen Werten der normierten Halbbreite des Haftgebiets c

$$p(x;a) = \frac{2\pi E^* h_0}{L}\cos\left(\frac{\pi x}{L}\right)\sqrt{\sin^2\left(\frac{\pi a}{L}\right) - \sin^2\left(\frac{\pi x}{L}\right)}, \quad |x - mL| < a, \quad m \in \mathbb{Z},$$
$$P(a) = \pi E^* h_0 \sin^2\left(\frac{\pi a}{L}\right). \tag{6.93}$$

Die Lösung des Tangentialkontaktproblems (siehe Abb. 6.32), also die Zusammenhänge zwischen der Halbbreite des Haftgebiets c, der tangentialen Linienlast Q und den tangentialen Spannungen q, die zuerst von Ciavarella (1998c) publiziert wurde, lautet dann mithilfe der Gleichungen (6.4) wie folgt:

$$Q(a,c) = \mu\pi E^* h_0\left[\sin^2\left(\frac{\pi a}{L}\right) - \sin^2\left(\frac{\pi c}{L}\right)\right],$$
$$q(x;a,c) = \frac{2\pi\mu E^* h_0}{L}\cos\left(\frac{\pi x}{L}\right)\begin{cases}\sqrt{\sin^2\left(\frac{\pi a}{L}\right) - \sin^2\left(\frac{\pi x}{L}\right)} - \sqrt{\sin^2\left(\frac{\pi c}{L}\right) - \sin^2\left(\frac{\pi x}{L}\right)}, & |x - mL| \leq c,\\ \sqrt{\sin^2\left(\frac{\pi a}{L}\right) - \sin^2\left(\frac{\pi x}{L}\right)}, & c < |x - mL| \leq a, \quad m \in \mathbb{Z}.\end{cases} \tag{6.94}$$

Die Tangentialspannungen sind in normierter Form für $L = 3a$ und verschiedene Werte von c in Abb. 6.33 dargestellt.

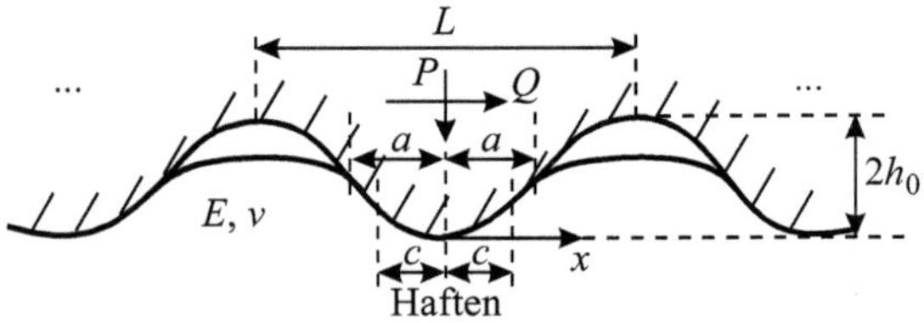

Abb. 6.32 Tangentialkontakt zwischen einer elastischen Halbebene und einer starren, harmonisch gewellten Oberfläche mit Periodenlänge L

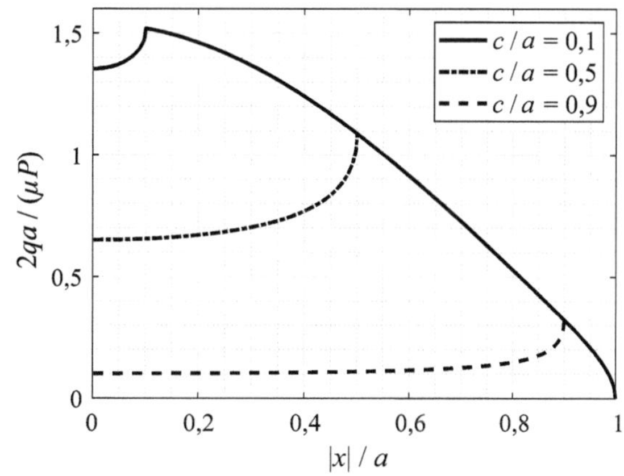

Abb. 6.33 Normierte Verteilung der Tangentialspannungen $q(x)$ für den Tangentialkontakt einer elastischen Halbebene und einer starren, harmonisch gewellten Oberfläche mit Periodenlänge $L = 3a$ bei verschiedenen Werten der normierten Halbbreite des Haftgebiets c

6.6 Weitere Belastungsgeschichten

Die in den bisherigen Teilen dieses Kapitels gezeigten Lösungen sind in der Regel nur für eine sehr bestimmte Belastungsgeschichte gültig, nämlich eine konstante Normallast und eine anschließend aufgebrachte, monoton wachsende Tangentiallast. Dieser Lastfall wurde für den Hertzschen Kontakt zuerst von Cattaneo (1938) und Mindlin (1949) behandelt, und wir bezeichnen ihn daher als „Cattaneo-Mindlin-Belastung".

Da im Allgemeinen Teile des Kontaktgebiets bei tangentialer Belastung lokal haften oder gleiten und der Kontakt durch das Haften daher Teile seiner Belastungsgeschichte „speichern" kann, ist die Konfiguration des Reibkontakts in der Regel nicht nur von der momentanen Belastung bestimmt – wie das beispielsweise für den reibungsfreien Normalkontakt der Fall ist – sondern hängt im Allgemeinen auch von der Geschichte ab, wie diese Belastung zustande gekommen ist; der Tangentialkontakt weist in diesem Sinne ein „Gedächtnis" auf; durch die Energiedissipation im Gleitgebiet kommt es außerdem zur Hysterese.

Die Angabe geschlossen analytischer Lösungen des Tangentialkontaktproblems ist nur für wenige Belastungsgeschichten in einfacher Form möglich, da die tangentiale Kontaktkonfiguration – je nach Belastungsgeschichte und je nachdem, welche Teile der Belastungsgeschichte der Kontakt durch lokales Haften speichert – im Grunde beliebig kompliziert werden kann; es ist aber ohne größere Schwierigkeiten möglich, algorithmische Lösungen zu formulieren (und zu implementieren), bei denen die tangentiale Kontaktlösung durch stückweise Verfolgung der Lastgeschichte konstruiert wird. Zum ersten Mal wurden solche algorithmischen Lösungen für den Hertzschen Kontakt von Mindlin & Deresiewicz (1953) formuliert. Basierend auf der Beobachtung, dass die Ciavarella-Jäger-Lösung sehr einfache und nützliche Superpositionseigenschaften aufweist, gelang es Jäger (1997), das Verfahren von Mindlin & Deresiewicz für beliebige (elastisch entkoppelte, symmetrische) ebene Kontakte zu verallgemeinern, wenn die

Lastgeschichte als eine endliche Folge gerader Abschnitte im P-Q-Diagramm geschrieben werden kann. Barber et al. (2011) betrachteten außerdem allgemeine periodische Lastgeschichten von entkoppelten ebenen Tangentialkontakten.

6.6.1 Periodische Tangentialbelastung bei konstanter Normalbelastung

Ein verbreiteter Fall einer allgemeineren Belastungsgeschichte für einen Tangentialkontakt ist der einer oszillierenden Tangentiallast Q, während die Normallast P konstant gehalten wird. Typischerweise werden solche Belastungsgeschichten als Pfade in einem P-Q-Diagramm aufgezeichnet. Letzteres ist für die in dem vorliegenden Abschnitt behandelte Lasthistorie in Abb. 6.34 gezeigt. Der genaue Zeitverlauf der Oszillation der tangentialen Linienlast ist nicht von Bedeutung, da man die Lösung des Kontaktproblems vollständig in Abhängigkeit der Lasten formulieren kann, explizite Zeitabhängigkeiten treten nicht auf.

Zunächst erreichen wir durch eine einzelne Cattaneo-Mindlin-Belastung den Punkt A im Lastdiagramm. Wegen des Ciavarella-Jäger-Prinzips in der Form (6.3) ist die Verteilung der Reibspannungen q im Kontaktgebiet durch

$$q_{\mathrm{A}}(x) = \mu\left[p(x; P_0) - p(x; P_1)\right], \quad P_1 = P_0 - \frac{Q_0}{\mu}, \tag{6.95}$$

gegeben. Dabei bezeichnet p die Druckverteilung; wie immer in diesem Kapitel setzen wir voraus, dass das reibungsfreie Normalkontaktproblem bereits gelöst wurde und dementsprechend die Lösung für $p(x;P)$ bekannt ist.

Anschließend beginnt die eigentliche Oszillation der Tangentiallast. Bis zum Punkt B im Lastdiagramm wird die tangentiale Linienlast weiter monoton erhöht, es handelt ich also bis einschließlich B um ein einfaches Cattaneo-Mindlin-Problem und die Verteilung der Reibspannungen ist am Punkt B daher

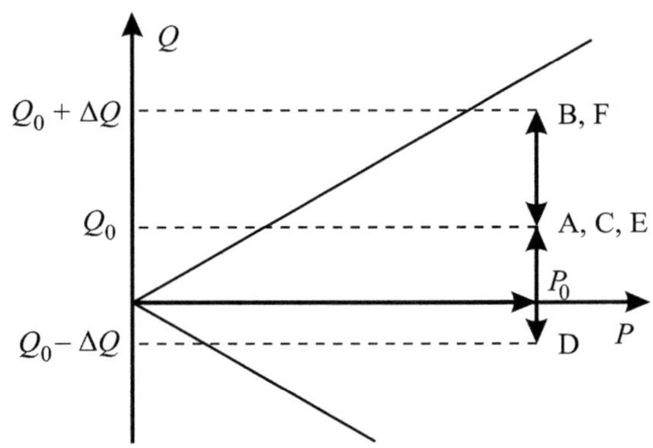

Abb. 6.34 Lastendiagramm für eine konstante Normallast und anschließend aufgebrachte, periodische Tangentiallast. Die dünnen durchgezogenen Linien bezeichnen die Grenze globalen Gleitens, $|Q| = \mu P$

$$q_{\mathrm{B}}(x) = \mu\big[p(x; P_0) - p(x; P_2)\big], \quad P_2 = P_0 - \frac{Q_0 + \Delta Q}{\mu}. \tag{6.96}$$

Dann wird das Vorzeichen der Änderung von Q umgekehrt. Am „Umkehrpunkt“ B gibt es einen spontanen Zustand vollständigen Haftens des Kontaktgebiets, da sich jeder Punkt des Gleitgebiets – nach dem Reibgesetz – im „Grenzzustand“ des Haftens, $|q| = \mu p$, befindet. Danach breitet sich wiederum ein neues Gleitgebiet vom Rand des Kontaktes aus. Da sich in diesem Gleitgebiet die Richtung der Reibspannungen umgekehrt hat, ihr Betrag aber weiterhin durch das Reibgesetz festgelegt ist, kann eine einfache Cattaneo-Mindlin-Lösung linear superponiert werden. Die Verteilung der Reibspannungen auf dem „Weg“ von B nach D ist daher wegen des Ciavarella-Jäger-Prinzips in der Form (6.3)

$$q(x) = q_{\mathrm{B}}(x) - 2\mu\big[p(x; P_0) - p\big(x; P^*\big)\big], \quad P^* = P_0 - \frac{Q_0 + \Delta Q - Q}{2\mu}. \tag{6.97}$$

Insbesondere erhält man für den Punkt C, wenn die tangentiale Linienlast wieder den Wert Q_0 erreicht,

$$q_{\mathrm{C}}(x) = \mu\big[2p(x; P_3) - p(x; P_0) - p(x; P_2)\big], \quad P_3 = P_0 - \frac{\Delta Q}{2\mu}. \tag{6.98}$$

Die Verteilung am zweiten „Umkehrpunkt“ D beträgt

$$q_{\mathrm{D}}(x) = \mu\big[2p(x; P_4) - p(x; P_0) - p(x; P_2)\big], \quad P_4 = P_0 - \frac{\Delta Q}{\mu}. \tag{6.99}$$

An diesem „Umkehrpunkt“ der Tangentiallast gibt es wiederum einen spontanen Zustand vollständigen Haftens, nach dem sich wieder ein neues Gleitgebiet (mit der ursprünglichen Ausrichtung der Reibspannungen) vom Rand des Kontaktes ausbreitet. Es wird also noch einmal eine Cattaneo-Mindlin-Lösung linear superponiert; auf dem „Weg“ von D nach F ist daher die Verteilung der Reibspannungen wegen des Ciavarella-Jäger-Prinzips in der Form (6.3) durch

$$q(x) = q_{\mathrm{D}}(x) + 2\mu\big[p(x; P_0) - p\big(x; P^{**}\big)\big], \quad P^{**} = P_0 - \frac{Q - Q_0 + \Delta Q}{2\mu} \tag{6.100}$$

gegeben. Insbesondere erhält man für den Punkt E, wenn die tangentiale Linienlast wieder den Wert Q_0 erreicht,

$$q_{\mathrm{E}}(x) = \mu\big[2p(x; P_4) + p(x; P_0) - 2p(x; P_3) - p(x; P_2)\big]. \tag{6.101}$$

Am Punkt F im Lastdiagramm ist die Verteilung der Reibspannungen

$$q_{\mathrm{F}}(x) = q_{\mathrm{D}}(x) + 2\mu\big[p(x; P_0) - p(x; P_4)\big] = q_{\mathrm{B}}(x). \tag{6.102}$$

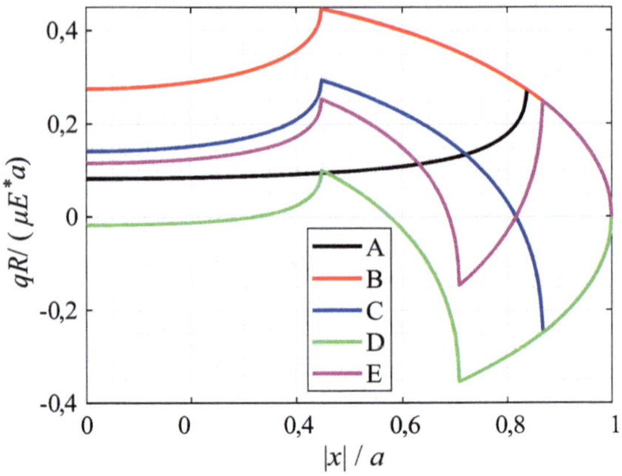

Abb. 6.35 Verteilungen der Reibspannungen in normierten Variablen für einen ebenen Hertzschen Kontakt mit dem Krümmungsradius R unter der in Abb. 6.34 dargestellten Lastgeschichte für $Q_0 = 0{,}3\mu P_0$ und $\Delta Q = 0{,}5\mu P_0$

Da der Punkt F dem vorher erreichten Extremum der tangentialen Linienlast am Punkt B entspricht, wurde die „Geschichte" des Kontaktes zwischen diesen beiden Extrema (d. h., der gesamte Oszillationszyklus zwischen B und F) vollständig gelöscht, und ein neuer Oszillationszyklus beginnt mit der gleichen Kontaktkonfiguration.

In Abb. 6.35 sind die Verteilungen der Reibspannung an charakteristischen Punkten der Belastung für einen ebenen Hertzschen Kontakt mit dem Krümmungsradius R, und mit den Werten $Q_0 = 0{,}3\mu P_0$ und $\Delta Q = 0{,}5\mu P_0$, in normierten Variablen gezeigt (a ist die Halbbreite des Kontakts).

6.6.2 Gleichphasige periodische Normal- und Tangentialbelastung

Eine weitere Belastungsgeschichte, die eine analytische Lösung des Kontaktproblems zulässt, ist eine synchrone, periodische Änderung der Normal- und Tangentiallast,

$$P(t) = P_0 + f(t)\Delta P, \quad Q(t) = Q_0 + f(t)\Delta Q, \quad f(t+T) = f(t), \quad \frac{\Delta Q}{\Delta P} \le \mu. \tag{6.103}$$

Der genaue Zeitverlauf $f(t)$ der Oszillation spielt keine Rolle, solange er für beide Lasten gleich ist. Wir wollen außerdem annehmen, dass der „Ausgangspunkt" A der Oszillation (mit den Lasten P_0 und Q_0) durch eine einzelne Cattaneo-Mindlin-Belastung zustande gekommen ist[11]; das Lastdiagramm für die in dem vorliegenden Abschnitt behandelte Belastungsgeschichte ist in Abb. 6.36 gezeigt.

[11] Unter den getroffenen Annahmen beeinflusst der genaue „Pfad" aus dem unbelasteten Zustand zum Punkt A nur den Spannungszustand in A, aber nicht die Änderung des Spannungszustands während der synchronen Oszillation.

Abb. 6.36 Lastendiagramm für eine gleichphasig-periodische Änderung der Normal- und Tangentiallast

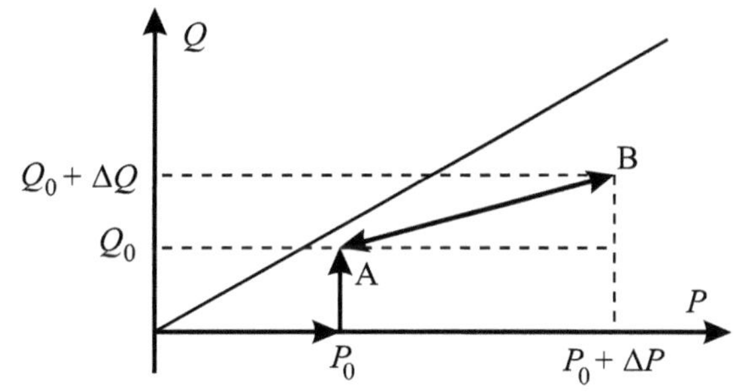

Da der Lastpunkt A aus einer elementaren Cattaneo-Mindlin-Belastung resultieren soll, ist die entsprechende Verteilung der Reibspannungen q wegen des Ciavarella-Jäger-Theorems in der Form (6.3) durch

$$q_A(x) = \mu\left[p(x; P_0) - p(x; P_1)\right], \quad P_1 = P_0 - \frac{Q_0}{\mu} \tag{6.104}$$

gegeben. Dabei bezeichnet p die Druckverteilung; wie immer in diesem Kapitel setzen wir voraus, dass das reibungsfreie Normalkontaktproblem bereits gelöst wurde und dementsprechend die Lösung für $p(x;P)$ bekannt ist.

Anschließend werden zunächst beide Lasten simultan erhöht. Wegen der völlig analogen Form der beiden fundamentalen Integralgleichungen (6.1) sind bei vollständigem Haften des Kontaktgebiets die inkrementellen Änderungen der Verteilungen des Drucks und der Reibspannungen funktional gleich,

$$\mathrm{d}q\left(x; \tilde{P}\right) = \frac{\mathrm{d}Q\left(\tilde{P}\right)}{\mathrm{d}\tilde{P}}\mathrm{d}p\left(x; \tilde{P}\right) = \frac{\Delta Q}{\Delta P}\mathrm{d}p\left(x; \tilde{P}\right). \tag{6.105}$$

Da $\Delta Q \leq \mu \Delta P$ sein soll, ist damit klar, dass das gesamte Kontaktgebiet auf dem „Weg" von A nach B haften kann; die inkrementelle Formulierung (6.105) ist daher korrekt. Integriert man diese Gleichung zwischen dem Punkt A und einem beliebigen Lastpunkt zwischen A und B, ergibt sich für die Verteilung der Reibspannungen

$$q(x) = \mu\left[p(x; P_0) - p(x; P_1)\right] + \frac{\Delta Q}{\Delta P}\left[p(x; P) - p(x; P_0)\right]. \tag{6.106}$$

Insbesondere ist am Punkt B

$$q_B(x) = \mu\left[p(x; P_0) - p(x; P_1)\right] + \frac{\Delta Q}{\Delta P}\left[p(x; P_0 + \Delta P) - p(x; P_0)\right]. \tag{6.107}$$

Wird nach dem „Umkehrpunkt" die Normallast wieder auf den Wert P^* reduziert, muss für die Lösung des Kontaktproblems zunächst das Gebiet, welches im Zuge dieser Reduktion den Kontakt verlässt, von Reibspannungen befreit werden, während das verbleibende Kontaktgebiet haftet. Dazu ist wegen des Ciavarella-Jäger-Theorems eine Änderung der

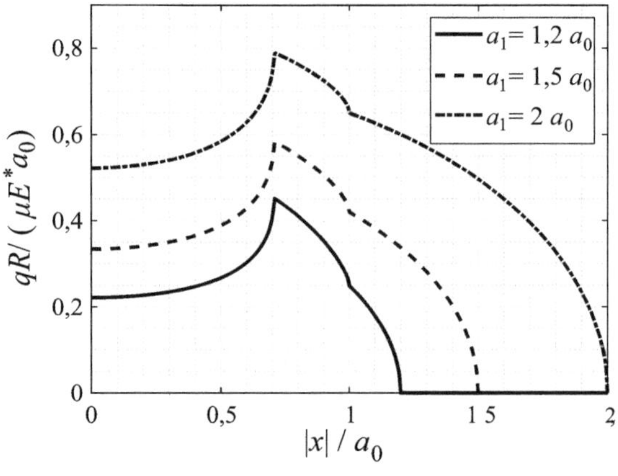

Abb. 6.37 Verteilungen der Reibspannungen in normierten Variablen für einen ebenen Hertzschen Kontakt mit dem Krümmungsradius R unter der in Abb. 6.36 dargestellten Lastgeschichte für $Q_0 = 0{,}5\mu P_0$ und $\Delta Q = 0{,}75\mu \Delta P$

Reibspannungen

$$\Delta q(x) = \frac{\Delta Q}{\Delta P}\left[p\left(x;\, P^*\right) - p(x;\, P_0 + \Delta P)\right] \tag{6.108}$$

nötig. Nach diesem „Zwischenschritt" ist die Verteilung der Reibspannungen

$$q(x) = q_{\mathrm{B}}(x) + \Delta q(x) = \mu\left[p(x;\, P_0) - p(x;\, P_1)\right] + \frac{\Delta Q}{\Delta P}\left[p\left(x;\, P^*\right) - p(x;\, P_0)\right]. \tag{6.109}$$

Das entspricht aber bereits genau der Konfiguration, die der Kontakt im ersten Halbzyklus bei der Normallast P^* hatte; mit anderen Worten, der Kontakt bewegt sich während des zweiten Halbzyklus' „rückwärts" durch die gleichen Gleichgewichtszustände wie während des ersten Halbzyklus, und kann deswegen auch während des zweiten Halbzyklus' vollständig haften. Die Lösung (6.106) ist daher auch für den zweiten Halbzyklus korrekt.

In Abb. 6.37 sind die Verteilungen der Reibspannung an einigen Punkten der Belastung für einen ebenen Hertzschen Kontakt mit dem Krümmungsradius R, sowie $Q_0 = 0{,}5\mu P_0$ und $\Delta Q = 0{,}75\mu \Delta P$, in normierten Variablen gezeigt (a_0 ist die Halbbreite des Kontakts bei der Normallast P_0).

6.7 Effekt von globalen Vorspannungen

In zahlreichen Kontakten können neben den Spannungsfeldern durch die Kontaktlasten auch Spannungen durch Lasten, die weit entfernt vom Kontakt (bezogen auf die charakteristische Länge des Kontaktgebiets) aufgebracht werden, vorliegen. Da diese globalen Vorspannungen das lokale Gleichgewicht in der Umgebung des Kontaktes verändern, haben sie auch einen Einfluss auf die Lösung des Kontaktproblems. Wir wollen allerdings umgekehrt annehmen, dass die Vorspannungen konstant und von der Kontaktkonfiguration unabhängig sind.

Da die Vorspannungen das lokale Gleichgewicht verschieben, verändern sie die Formulierung des Kontaktproblems bereits auf der Ebene der Feldgleichungen, bzw. deren Fundamentallösungen. Im Allgemeinen ist deswegen die geschlossene analytische Behandlung eines Kontaktproblems unter der Wirkung äußerer Vorspannungen sehr aufwändig, selbst für Kontakte elastischer Körper, die den Anforderungen der Halbraum-Näherung genügen.

Ein Fall, der die exakte Lösung relativ einfach zulässt, entsteht allerdings, wenn ein ebener (im Idealfall elastisch entkoppelter) Tangentialkontakt in x-Richtung (also der Richtung der tangentialen Belastung) vorgespannt wird. Wir betrachten den Kontakt zweier elastischer Körper (mit den Indizes „1" und „2"), die globalen Vorspannungen $\sigma_{1/2}$ in x-Richtung unterworfen sind. Die fundamentale Integralgleichung für die tangentialen Verschiebungen hat im elastisch entkoppelten Fall die Form (Barber 2018, S. 179)

$$\frac{\mathrm{d}u_x}{\mathrm{d}x} = -\frac{2}{\pi E^*}\int \frac{q(\xi)\mathrm{d}\xi}{x-\xi} + \gamma, \quad \gamma := \frac{\sigma_1\left(1-\nu_1^2\right)}{E_1} - \frac{\sigma_2\left(1-\nu_2^2\right)}{E_2}. \tag{6.110}$$

Wenn man γ bestimmt hat, kann man im Übrigen wieder im üblichen Framework des Kontaktes zwischen einem starren Eindruckkörper mit dem ebenen Profil $f(x)$ und einer elastischen Halbebene arbeiten.

6.7.1 Das Ciavarella-Jäger-Prinzip für den Fall ausreichend kleiner Vorspannungen

Gleichung (6.110) unterscheidet sich von der ersten der Gleichungen (6.1) nur durch die Konstante γ. Eine (kleine) zusätzliche Konstante in der Ableitung der Verschiebungen entspricht allerdings für das Normalkontaktproblem (wie im dritten Kapitel mehrfach diskutiert) einfach einer (kleinen) Starrkörperrotation des Eindruckkörpers um die laterale z-Achse. Wir verallgemeinern daher den Ciavarella-Jäger-Ansatz (6.3) zu (Barber 2018, S. 182)

$$q(x;P,Q,\gamma) = \mu\left[p(x;P,\beta=0) - p(x;P_1,\beta(\gamma))\right], \quad \text{mit} \quad P_1 := P - \frac{Q}{\mu}. \tag{6.111}$$

Dabei ist $p(x;P_1,\beta(\gamma))$ die Druckverteilung in einem fiktiven Normalkontaktproblem mit der Linienlast P_1 und einem Winkel β der Starrkörperrotation, der noch bestimmt werden muss. Wie für den Fall ohne Vorspannungen entspricht das Kontaktgebiet in diesem fiktiven Normalkontaktproblem dem Haftgebiet in dem tatsächlich zu lösenden Tangentialkontaktproblem. Im Haftgebiet ergibt sich mit dem Ansatz (6.111) aus der Fundamentallösung (6.110) unter der Verwendung der zweiten der Gleichungen (6.1) die Beziehung

$$\frac{du_x}{dx} = 0 = \mu\left[-f'(x) + f'(x) + \beta\right] + \gamma \quad \Leftrightarrow \quad \beta = -\frac{\gamma}{\mu}. \tag{6.112}$$

Diese Lösung funktioniert aber nur, solange das Kontaktgebiet unter der fiktiven Last P_1 und β (d. h. das Haftgebiet) vollständig Teil des tatsächlichen Kontaktgebiets ist. Dies ist im Allgemeinen nur für ausreichend kleine Vorspannungen der Fall.

6.7.2 Der Flachstempel

Für den ebenen Flachstempel mit der Breite 2A wurden im dritten Kapitel die Fälle der geraden und der geneigten Indentierung dargestellt. Die Druckverteilung p bei der geraden Indentierung (siehe Abschn. 3.4.1) ist (der Ursprung der x-Koordinate sei die linke Kante des Stempels)

$$p(x; P) = \frac{P}{\pi\sqrt{2Ax - x^2}}, \quad 0 < x < 2A. \tag{6.113}$$

mit der Linienlast P. Für die Druckverteilung bei der schiefen Indentierung (siehe Abschn. 3.5.1) muss man die Fälle des vollständigen und des unvollständigen Kontaktes unterscheiden. Für den vollständigen Kontakt ist

$$p(x; P_1, \beta) = \frac{1}{\pi\sqrt{2Ax - x^2}}\left[P_1 - \frac{\pi}{2}E^*\beta(x - A)\right], \quad 0 < x < 2A. \tag{6.114}$$

Vollständiger Kontakt dieses fiktiven Normalkontaktproblems entspricht dem vollständigen Haften in dem vorgespannten Tangentialkontakt. Der Kontakt wird daher vollständig Haften, falls

$$|Q| \leq \mu P - \frac{\pi}{2}E^*A|\gamma|, \tag{6.115}$$

wobei wir annehmen müssen, dass die Vorspannung ausreichend klein ist, damit die rechte Seite dieser Ungleichung positiv ist. Der Rand des Stempels, an dem der Kontakt bei einer Verletzung dieser Bedingung beginnen wird zu gleiten, bestimmt sich durch die Richtung von Q und das Vorzeichen von γ: Für $\gamma > 0$ zeigt Q von dem gleitenden Rand weg, für $\gamma < 0$ zeigt Q auf den gleitenden Rand. Die Verteilung der tangentialen Spannungen ist im Fall des vollständigen Haftens wegen Gleichung (6.111) durch[12]

$$q(x; Q, \gamma) = \frac{1}{\pi\sqrt{2Ax - x^2}}\left[Q - \frac{\pi}{2}E^*\gamma(x - A)\right], \quad 0 < x < 2A, \tag{6.116}$$

gegeben.

[12] Das gleiche Ergebnis ergibt sich auch durch direkte Lösung von Gleichung (6.111).

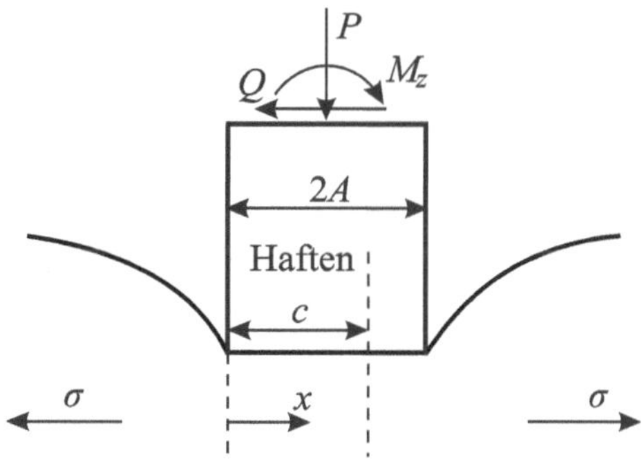

Abb. 6.38 Tangentialkontakt zwischen einem starren Flachstempel mit der Halbbreite A und einer in x-Richtung vorgespannten elastischen Halbebene. Die tangentiale Linienlast Q wurde in negative Richtung angetragen, damit das Haftgebiet sich im Bild links befindet

Partielles Gleiten (siehe Abb. 6.38) entspricht dem unvollständigen Kontakt in dem fiktiven Normalkontaktproblem, wofür in Abschn. 3.5.1 die Druckverteilung

$$p(x; P_1, \beta) = \frac{E^*\beta}{2}\sqrt{\frac{c}{x} - 1}, \quad 0 < x \le c, \quad \text{mit} \quad P_1 = \frac{\pi}{4}E^*\beta c, \tag{6.117}$$

hergeleitet wurde. Dabei muss bedacht werden, dass hier die x-Koordinate vom haftenden Rand gemessen ist. Wie oben erläutert bedeutet das, dass für $\gamma > 0$ die Richtungen von x und Q entgegengesetzt sind; für $\gamma < 0$ sind sie dagegen gleichgerichtet. Die Verteilung der Reibspannungen im Haftgebiet ist durch

$$q(x; P, c, \gamma) = -\frac{\operatorname{sgn}(\gamma)\mu P}{\pi\sqrt{2Ax - x^2}} + \frac{E^*\gamma}{2}\sqrt{\frac{c}{x} - 1}, \quad 0 < x < c, \tag{6.118}$$

mit der Vorzeichenfunktion $\operatorname{sgn}(z)$, gegeben. Die Länge des Haftgebiets ergibt sich aus der Beziehung

$$|Q| = \mu P - \frac{\pi}{4}E^* c|\gamma|. \tag{6.119}$$

Abb. 6.39 zeigt einige exemplarische Verteilungen der Tangentialspannung in normierten Variablen. Es kann interessanterweise sein, dass im Fall des partiellen Gleitens q in der Umgebung des haftenden Kontaktrands sein Vorzeichen ändert. Man überzeugt sich allerdings davon, dass auch in diesen Fällen – unter der Annahme, dass die rechte Seite der Ungleichung (6.115) positiv ist – nirgendwo im Haftgebiet die lokale Haftbedingung $|q| \le \mu p$ verletzt wird.

6.7.3 Der Keil

Für den starren Keil mit dem Steigungswinkel α wurden im dritten Kapitel die Fälle der geraden und der geneigten Indentierung dargestellt. Die Linienlast P und die Druckverteilung p bei der geraden Indentierung (siehe Abschn. 3.4.2) sind

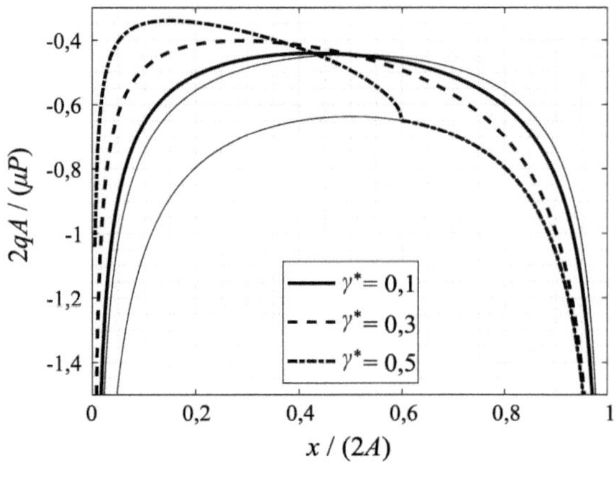

Abb. 6.39 Normierte Verteilung der Tangentialspannungen $q(x)$ für $|Q| = 0{,}7\mu P$ und verschiedene Werte der normierten Vorspannung $\gamma^* = (\pi E^* A\gamma)/(2\mu P)$ für den Tangentialkontakt zwischen einem starren Flachstempel und einer in x-Richtung vorgespannten elastischen Halbebene. Die dünnen durchgezogenen Linien bezeichnen die Spannungsverteilungen für den Kontakt ohne Vorspannung und den vollständig gleitenden Kontakt.

$$P(a) = E^*\alpha a.$$
$$p(x; a) = \frac{E^*\alpha}{\pi}\operatorname{artanh}\left(\sqrt{1 - \frac{x^2}{a^2}}\right), \quad |x| \leq a. \tag{6.120}$$

Im vorgespannten Tangentialkontakt (siehe Abb. 6.40) wird sich ein Haftgebiet $-c < x < b$ ausbilden. Die Relation zwischen c und b hängt von den Vorzeichen der Vorspannung und der tangentialen Linienlast ab; ohne Beschränkung der Allgemeinheit wollen wir annehmen, dass $b > c$ (das entspricht unter anderem dem Fall einer positiven Vorspannung und einer positiven tangentialen Linienlast), der Rotationswinkel β des fiktiven Normalkontaktproblems aus der Gleichung (6.111) zeigt dann im Uhrzeigersinn, ist also mathematisch negativ. Aus der Lösung des rotierten Normalkontaktproblems (siehe Abschn. 3.5.2),

$$\frac{b}{c} = \frac{1 + \sin\phi}{1 - \sin\phi}, \quad \phi := \frac{\pi|\beta|}{2\alpha} = \frac{\pi\gamma}{2\mu\alpha}, \quad |\gamma| < \mu\alpha,$$
$$P_1(b, c) = E^*\alpha\sqrt{bc},$$
$$p(x; b, c) = \frac{2E^*\alpha}{\pi}\begin{cases} \operatorname{artanh}\left(\frac{\sqrt{cb+bx}}{\sqrt{cb-cx}}\right), & -c \leq x < 0, \\ \operatorname{artanh}\left(\frac{\sqrt{cb-cx}}{\sqrt{cb+bx}}\right), & 0 < x \leq b, \end{cases} \tag{6.121}$$

erhält man aus Gleichung (6.111) für das vorgespannte Tangentialkontaktproblem

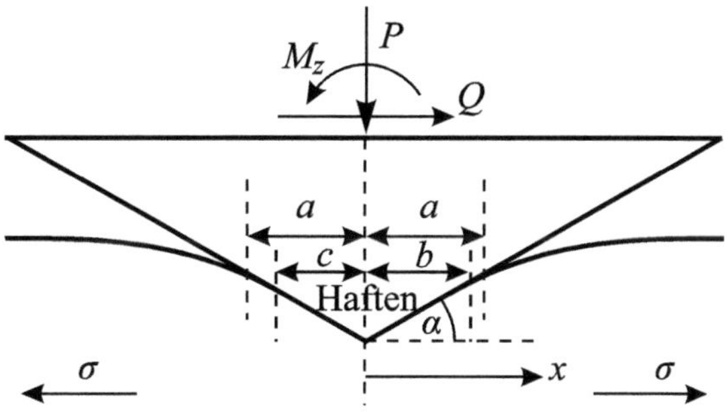

Abb. 6.40 Tangentialkontakt zwischen einem starren keilförmigen Indenter und einer in x-Richtung vorgespannten elastischen Halbebene

$$Q(a, b, c) = \mu E^* \alpha \left(a - \sqrt{bc}\right),$$

$$q(x; a, c, b) = \frac{\mu E^* \alpha}{\pi} \begin{cases} \operatorname{artanh}\left(\sqrt{1 - \frac{x^2}{a^2}}\right), & -a \leq x < -c \text{ und } b < x \leq a, \\ \operatorname{artanh}\left(\sqrt{1 - \frac{x^2}{a^2}}\right) - 2\operatorname{artanh}\left(\frac{\sqrt{cb+bx}}{\sqrt{cb-cx}}\right), & -c \leq x < 0, \\ \operatorname{artanh}\left(\sqrt{1 - \frac{x^2}{a^2}}\right) - 2\operatorname{artanh}\left(\frac{\sqrt{cb-cx}}{\sqrt{cb+bx}}\right), & 0 < x \leq b. \end{cases} \tag{6.122}$$

Mit den jeweils ersten der Gleichungen und stehen zwei Gleichungen zur Bestimmung von b und c bereit. Explizit erhält man

$$b = a\sqrt{\frac{1 + \sin\phi}{1 - \sin\phi}}\left(1 - \frac{Q}{\mu P}\right), \quad c = a\sqrt{\frac{1 - \sin\phi}{1 + \sin\phi}}\left(1 - \frac{Q}{\mu P}\right). \tag{6.123}$$

Für $\gamma = 0$ ergeben sich natürlich die Ergebnisse aus Abschn. 6.3.2 Abb. 6.41 zeigt einige exemplarische Verteilungen der Tangentialspannung in normierten Variablen.

Diese Lösung mithilfe des Ciavarella-Jäger-Prinzips ist nur korrekt, solange in den obigen Gleichungen $b \leq a$. Das führt auf die Bedingung

$$\phi = \frac{\pi\gamma}{2\mu\alpha} \leq \phi_0 := \arcsin\left(\frac{a - c}{a + c}\right) = \arcsin\left(\frac{(\mu P)^2 - (\mu P - Q)^2}{(\mu P)^2 + (\mu P - Q)^2}\right). \tag{6.124}$$

6.7.4 Der ebene Hertzsche Kontakt

Für den starren Zylinder mit dem Radius R wurden im dritten Kapitel die Fälle der geraden und der geneigten Indentierung (beide sind bis auf ein starres „Abrollen" des Zylinders gleich) dargestellt. Die Linienlast P und die Druckverteilung p bei der geraden Indentierung (siehe Abschn. 3.4.3) sind

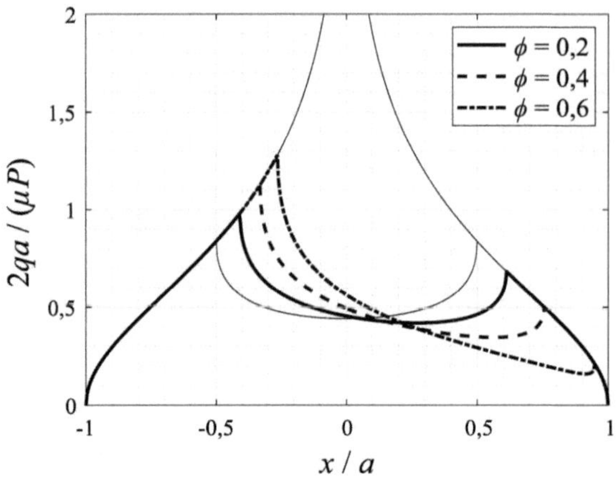

Abb. 6.41 Normierte Verteilung der Tangentialspannungen $q(x)$ für $Q = 0{,}5\mu P$ und verschiedene Werte der normierten Vorspannung ϕ – siehe Gleichung (6.121) – für den Tangentialkontakt zwischen einem starren Keil und einer in x-Richtung vorgespannten elastischen Halbebene. Die dünnen durchgezogenen Linien bezeichnen die Spannungsverteilungen für den Kontakt ohne Vorspannung und den vollständig gleitenden Kontakt.

$$\begin{aligned} P(a) &= \frac{\pi}{4}\frac{E^* a^2}{R}, \\ p(x;a) &= \frac{E^*}{2R}\sqrt{a^2 - x^2}, \quad |x| \leq a. \end{aligned} \tag{6.125}$$

Im vorgespannten Tangentialkontakt (siehe Abb. 6.42) wird sich ein Haftgebiet $-c < x < b$ ausbilden. Die Relation zwischen c und b hängt von den Vorzeichen der Vorspannung und der tangentialen Linienlast ab; ohne Beschränkung der Allgemeinheit wollen wir annehmen, dass $b > c$ (das entspricht unter anderem dem Fall einer positiven Vorspannung und einer positiven tangentialen Linienlast), der Rotationswinkel β des fiktiven Normalkontaktproblems aus der Gleichung (6.111) zeigt dann im Uhrzeigersinn, ist also mathematisch negativ.

Aus der Lösung des rotierten Normalkontaktproblems (siehe Abschn. 3.4.4),

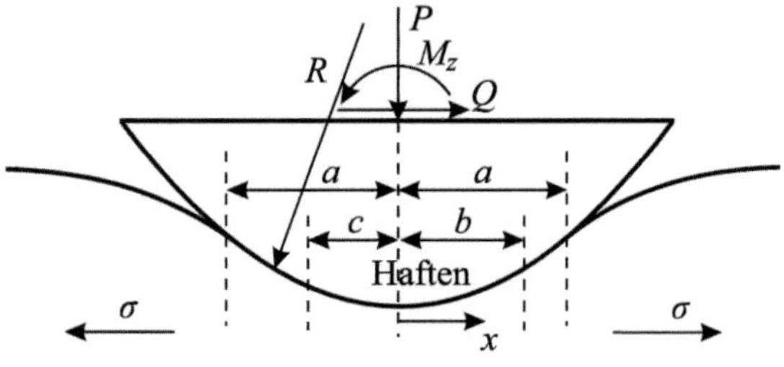

Abb. 6.42 Tangentialkontakt zwischen einem starren Zylinder und einer in x-Richtung vorgespannten elastischen Halbebene

$$
\begin{aligned}
b - c = 2|\beta|R &= \frac{2\gamma R}{\mu}, \\
P_1(b, c) &= \frac{\pi E^*}{4R}\left(\frac{b+c}{2}\right)^2, \\
p(x; b, c) &= \frac{E^*}{2R}\sqrt{b-x}\sqrt{c+x}, \quad -c \le x \le b,
\end{aligned}
\tag{6.126}
$$

erhält man aus Gleichung (6.111) für das vorgespannte Tangentialkontaktproblem

$$
\begin{aligned}
Q(a, b, c) &= \frac{\mu\pi E^*}{4R}\left[a^2 - \left(\frac{b+c}{2}\right)^2\right], \\
q(x; a, c, b) &= \frac{\mu E^*}{2R}\begin{cases} \sqrt{a^2-x^2}, & -a \le x \le -c \text{ und } b < x \le a, \\ \sqrt{a^2-x^2} - \sqrt{b-x}\sqrt{c+x}, & -c \le x \le b. \end{cases}
\end{aligned}
\tag{6.127}
$$

Das entspricht für $b = a$ der (im folgenden Kapitel ausführlich diskutierten) Lösung von Carter (1926) für den Kontakt mit einem rollenden Zylinder, da nach Gleichung (6.110) die aus q resultierenden Dehnungen ε_{xx} im Haftgebiet konstant sind; das ist aber gerade die kinematische Randbedingung im Haftgebiet des Rollkontakts.

Mit den jeweils ersten der Gleichungen und stehen zwei Gleichungen zur Bestimmung von b und c bereit. Explizit erhält man

$$
b = \frac{\gamma R}{\mu} + \sqrt{\frac{4R(\mu P - Q)}{\mu\pi E^*}}, \quad c = -\frac{\gamma R}{\mu} + \sqrt{\frac{4R(\mu P - Q)}{\mu\pi E^*}}. \tag{6.128}
$$

Abb. 6.43 zeigt einige exemplarische Verteilungen der Tangentialspannung in normierten Variablen. Die Lösung mithilfe des Ciavarella-Jäger-Prinzips ist nur korrekt, solange in den obigen Gleichungen $b \le a$. Das führt auf die Bedingung

$$
\gamma \le \sqrt{\frac{4\mu}{\pi R E^*}}\left(\sqrt{\mu P} - \sqrt{\mu P - Q}\right). \tag{6.129}
$$

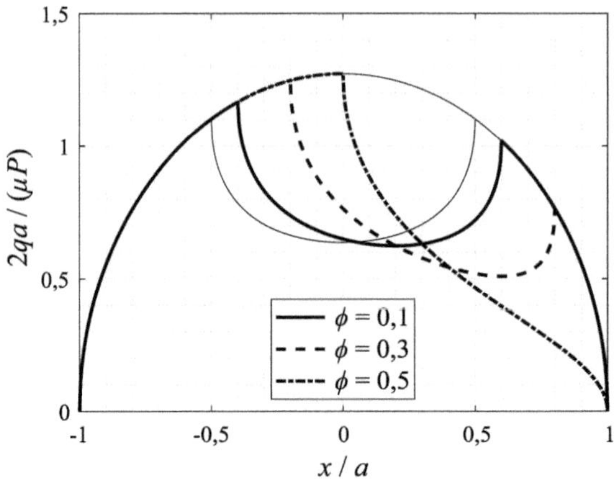

Abb. 6.43 Normierte Verteilung der Tangentialspannungen $q(x)$ für $Q = 0{,}75\mu P$ und verschiedene Werte der normierten Vorspannung $\phi = \gamma R/(\mu a)$ für den Tangentialkontakt zwischen einem starren Zylinder und einer in x-Richtung vorgespannten elastischen Halbebene. Die dünnen durchgezogenen Linien bezeichnen die Spannungsverteilungen für den Kontakt ohne Vorspannung und den vollständig gleitenden Kontakt.

Literatur

Adibnazari, S.; Naderi, D.; Sharafbafi, F.: *Analytical solution for contact problem between a tilted wedge and half-plane under partial slip condition.* Materials & Design, **29**(7), 1291–1299 (2008) https://doi.org/10.1016/j.matdes.2007.07.005

Barber, J.R.; Davies, M.; Hills, D.A.: *Frictional elastic contact with periodic loading.* International Journal of Solids and Structures, **48**(13), 2041–2047 (2011) https://doi.org/10.1016/j.ijsolstr.2011.03.008

Barber, J.R.: *Contact Mechanics.* Springer International Publishing, Basel (2018)

Block, J.M.; Keer, L.M.: *Periodic contact problems in plane elasticity.* Journal of Mechanics of Materials and Structures, **3**(7), 1207–1237 (2008) https://doi.org/10.2140/jomms.2008.3.1207

Carter, F.W.: *On the action of a locomotive driving wheel.* Proceedings of the Royal Society of London, Series A, **112**, 151–157 (1926) https://doi.org/10.1098/rspa.1926.0100

Cattaneo, C.: *Sul Contatto di due Corpore Elastici: Distribuzione degli sforzi.* Rendiconti dell' Academi Nazionale dei Lincei, **27**, 342–348, 434–436, 474–478 (1938)

Ciavarella, M.; Hills, D.A.; Monno, G.: *The influence of rounded edges on indentation by a flat punch.* Proceedings of the Institution of Mechanical Engineers, Part C: Journal of Mechanical Engineering Science, **212**(4), 319–327 (1998a) https://doi.org/10.1243/0954406981521259

Ciavarella, M.; Hills, D.A.; Monno, G.: *Contact Problems for a Wedge with Rounded Apex.* International Journal of Mechanical Sciences, **40**(10), 977–988 (1998b) https://doi.org/10.1016/S0020-7403(97)00141-0

Ciavarella, M.: *The generalized Cattaneo partial slip plane contact problem. I – Theory.* International Journal of Solids and Structures, **35**(18), S.2349–2362 (1998a) https://doi.org/10.1016/S0020-7683(97)00154-6

Ciavarella, M.: *Tangential Loading of General Three-Dimensional Contacts.* Journal of Applied Mechanics, **65**(4), 998–1003 (1998b) https://doi.org/10.1115/1.2791944

Ciavarella, M.: *The generalized Cattaneo partial slip plane contact problem. II – Examples.* International Journal of Solids and Structures, **35**(18), 2363–2378 (1998c) https://doi.org/10.1016/S0020-7683(97)00155-8

Goryacheva, I.G.; Murthy, H.; Farris, T.N.: *Contact problem with partial slip for the inclined punch with rounded edges.* International Journal of Fatigue, **24**(11), 1191–1201 (2002) https://doi.org/10.1016/S0142-1123(02)00026-9

Grimaldi, G.; Papangelo, A.; Ciavarella, M.: *A Cattaneo-Mindlin problem for a rigid punch with tangential load applied above the interface line.* Proceedings of the Institution of Mechanical Engineers, Part C: Journal of Mechanical Engineering Science, **230**(9), 1410–1416 (2016) https://doi.org/10.1177/0954406215625676

Jäger, J.: *Half-planes without coupling under contact loading.* Archive of Applied Mechanics, 67, 247–259 (1997) https://doi.org/10.1007/s004190050115

Jäger, J.: *A New Principle in Contact Mechanics.* Journal of Tribology, **120**(4), 677–684 (1998) https://doi.org/10.1115/1.2833765

Mindlin, R.D.: *Compliance of Elastic Bodies in Contact.* Journal of Applied Mechanics, **16**, 259–268 (1949) https://doi.org/10.1115/1.4009973

Mindlin, R.D.; Deresiewicz, H.: *Elastic Spheres in Contact under Varying Oblique Forces.* Journal of Applied Mechanics, **20**, 327–344 (1953) https://doi.org/10.1115/1.4010702

Sackfield, A.; Truman, C.E.; Hills, D.A.: *The tilted punch under normal and shear load (with application to fretting tests).* International Journal of Mechanical Sciences, **43**(8), 1881–1892 (2001) https://doi.org/10.1016/S0020-7403(01)00005-4

Sackfield, A.; Dini, D.; Hills, D.A.: *The finite and semi-infinite tilted, flat but rounded punch.* International Journal of Solids and Structures, **42**(18-19), 4988–5009 (2005) https://doi.org/10.1016/j.ijsolstr.2005.02.013

Truman, C.E.; Sackfield, A.; Hills, D.A.: *Contact mechanics of wedge and cone indenters.* International Journal of Mechanical Sciences, **37**(3), 261–275 (1995) https://doi.org/10.1016/0020-7403(94)00066-S

Willert, E. *Explicit Analytic Solutions for the Subsurface Stress Field in Single Plane Contacts of Elastically Similar Truncated Cylinders or Wedges.* Applied Mechanics, **3**(4), 1337–1351 (2022) https://doi.org/10.3390/applmech3040077

7 Rollkontakt

Dieses Kapitel ist dem Rollkontakt elastischer Zylinder gewidmet. Im Zentrum steht die exakte Lösung des Kontaktproblems für den Fall des stationären Rollens unendlich langer, der Halbraumnäherung genügender, elastisch ähnlicher Zylinder, die auf Carter (1926) und Fromm (1927) zurückgeht. Die Berücksichtigung der elastischen Kopplung für den Fall elastisch unterschiedlicher Materialien, für die Dundurs' zweite Konstante – siehe Gleichung (2.10) – nicht verschwindet, ist bis zu einem gewissen Punkt in analytischer Form möglich. Der dafür nötige mathematische Apparat würde allerdings den Rahmen dieses Handbuchs sprengen, deswegen sei in diesem Zusammenhang nur auf die entsprechenden Arbeiten von Fromm (1927), Bentall und Johnson (1967), Nowell und Hills (1988) sowie Munisamy et al. (1991) hingewiesen. Ähnliches gilt für die transienten Aspekte des Rollens (vor dem Erreichen des stationären Zustands), die von Kalker (1970) einer genaueren, vorrangig numerischen Untersuchung unterworfen wurden.

Wir betrachten zunächst im Unterkapitel 7.1 einige kinematische Relationen des Rollproblems, bevor im Unterkapitel 7.2 die Kontaktlösung nach Carter (1926) dargestellt ist. Mithilfe dieser Lösung und der allgemeinen Beziehungen aus dem zweiten Kapitel dieses Handbuchs zur Bestimmung des elastischen Spannungszustands unterhalb der kontaktierenden Oberflächen, können, wie im Unterkapitel 7.3 gezeigt, auch die inneren Spannungen für den Rollkontakt elastisch ähnlicher Zylinder ohne Schwierigkeiten exakt ermittelt werden.

V. L. Popov et al., *Handbuch der ebenen Kontaktmechanik*,
https://doi.org/10.1007/978-3-662-69001-7_7

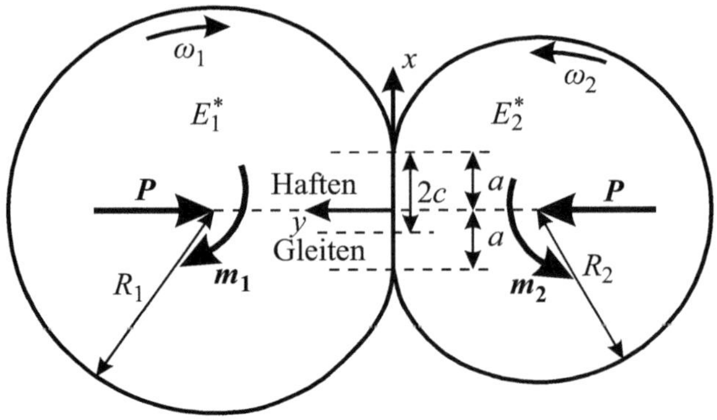

Abb. 7.1 Rollkontakt zweier elastischer Zylinder, mit der Darstellung des Haft- und Gleitgebiets. Die Notationen können dem Text entnommen werden

7.1 Kinematik: Schlupf und elastische Deformation

Abb. 7.1 zeigt eine schematische Darstellung des Rollkontakts zwischen zwei elastischen Zylindern. Zu Illustrationszwecken wurde das Kontaktgebiet übertrieben groß gewählt (die dargestellte Konfiguration wäre vermutlich nicht mehr angemessen im Rahmen der Halbraumnäherung behandelbar). Die Zylinder haben die Radien R_1 und R_2 und die Winkelgeschwindigkeiten ω_1 und ω_2. Sie werden durch eine normale Linienlast P aneinandergedrückt und der linke Zylinder (mit dem Index „1") durch ein Moment (pro Länge) m_1 angetrieben.

Wie im Tangentialkontakt mit Reibung zerfällt das Kontaktgebiet für den reibungsbehafteten Rollkontakt in der Regel in ein Haftgebiet (ohne relative Bewegung zwischen den kontaktierenden Oberflächenpunkten) und ein Gebiet lokalen Gleitens. Für den Fall elastisch ähnlicher Zylinder gibt es genau ein zusammenhängendes Haftgebiet am Einlauf des Kontakts und ein zusammenhängendes Gleitgebiet am Auslauf[1]. Das gesamte Kontaktgebiet habe die Breite $2a$ und das Haftgebiet die Breite $2c$.

In Rollkontakten besteht eine enge kinematische Beziehung zwischen den makroskopischen Rotationsgeschwindigkeiten und der lokalen Deformation im Kontaktgebiet. Betrachten wir dazu die tangentialen Geschwindigkeiten zweier kontaktierender Punkte auf den beiden Zylindern. Für die Gültigkeit der Halbraumnäherung müssen wir annehmen, dass das Kontaktgebiet klein gegenüber den Radien der Zylinder ist. Dann sind die beiden Geschwindigkeiten in erster Näherung durch die Ausdrücke

$$\begin{aligned} v_x^{(1)}(x) &\approx -\omega_1 R_1\left[1 + \varepsilon_{xx}^{(1)}(x)\right], \\ v_x^{(2)}(x) &\approx -\omega_2 R_2\left[1 + \varepsilon_{xx}^{(2)}(x)\right], \end{aligned} \tag{7.1}$$

[1] Für Rollkontakte elastisch unterschiedlicher Zylinder sind auch kompliziertere Konfigurationen mit mehr als nur zwei zusammenhängenden Gebieten möglich.

mit der lokalen Deformation ε_{xx}, gegeben. Für kleine Dehnungen und kleine Kontaktgebiete wird auch der Schlupf s, also die normierte Geschwindigkeitsdifferenz zwischen Antriebszylinder und angetriebenem Zylinder,

$$s = \frac{\omega_2 R_2 - \omega_1 R_1}{\omega_1 R_1}, \tag{7.2}$$

klein sein. Dann ergibt sich in erster Näherung für die lokale Gleitgeschwindigkeit zweier kontaktierender Punkte

$$v_x^{(1)}(x) - v_x^{(2)}(x) \approx \omega_2 R_2 - \omega_1 R_1 + \omega_1 R_1 \left[\varepsilon_{xx}^{(2)}(x) - \varepsilon_{xx}^{(1)}(x) \right]. \tag{7.3}$$

Im Haftgebiet ist die Geschwindigkeit kontaktierender materieller Punkte auf den beiden Oberflächen gleich, und damit

$$v_x^{(1)}(x) - v_x^{(2)}(x) = 0 \quad \Rightarrow \quad \varepsilon_{xx}^{(1)}(x) - \varepsilon_{xx}^{(2)}(x) \approx \frac{\omega_2 R_2 - \omega_1 R_1}{\omega_1 R_1} \equiv s. \tag{7.4}$$

Die Differenz der Deformationen ist also im Haftgebiet konstant und in erster Näherung gleich dem Schlupf.

7.2 Exakte Lösung für den stationären Rollkontakt elastisch ähnlicher Zylinder

Die Grundlage der Kontaktlösung bilden, wie immer, die Fundamentallösungen (2.11) für die relativen Verschiebungen $u_x = u_{x,1} - u_{x,2}$ und $u_y = u_{y,1} - u_{y,2}$ unter der Einwirkung der Druckverteilung p und der tangentialen Spannungen q. Für elastisch ähnliche Materialien vereinfachen sich diese grundsätzlichen Relationen zu den beiden entkoppelten Gleichungen

$$\begin{aligned} \frac{\mathrm{d}u_x}{\mathrm{d}x} &= -\frac{2}{\pi E^*} \int \frac{q(\xi)\mathrm{d}\xi}{x-\xi}, \\ \frac{\mathrm{d}u_y}{\mathrm{d}x} &= -\frac{2}{\pi E^*} \int \frac{p(\xi)\mathrm{d}\xi}{x-\xi}. \end{aligned} \tag{7.5}$$

mit dem effektiven Wert des elastischen Moduls

$$E^* = \left(\frac{1}{E_1^*} + \frac{1}{E_2^*} \right)^{-1} = \left(\frac{1-\nu_1^2}{E_1} + \frac{1-\nu_2^2}{E_2} \right)^{-1}. \tag{7.6}$$

Im dritten Kapitel (Abschn. 3.4.3) wurde für das Normalkontaktproblem die Lösung

$$p(x;a) = \frac{E^*}{2R}\sqrt{a^2 - x^2}, \quad |x| \le a,$$
$$P(a) = \frac{\pi}{4}\frac{E^* a^2}{R}, \tag{7.7}$$

mit dem effektiven Krümmungsradius

$$R = \left(\frac{1}{R_1} + \frac{1}{R_2}\right)^{-1}, \tag{7.8}$$

hergeleitet. Nimmt man nun an, dass die Reibung im Kontakt einem lokalen Amontons-Coulomb-Gesetz mit einem konstanten Reibungskoeffizienten μ genügt, lauten die Randbedingungen des tangentialen Kontaktproblems wie folgt:

$$\frac{\mathrm{d}u_x}{\mathrm{d}x} = \text{konstant} = s \quad \text{und} \quad |q| \le \mu p \quad \text{im Haftgebiet},$$
$$|q| = \mu p \quad \text{im Gleitgebiet}. \tag{7.9}$$

Carter (1926) konnte zeigen, dass diese Randbedingungen durch Reibspannungen der Form

$$q(x;a,c) = \frac{\mu E^*}{2R}\begin{cases} \sqrt{a^2 - x^2} - \sqrt{c^2 - (x - a + c)^2}, & a - 2c \le x \le a, \\ \sqrt{a^2 - x^2}, & -a \le x < a - 2c, \end{cases} \tag{7.10}$$

erfüllt werden können. Für die relative Deformation im Haftgebiet ergibt sich aus der ersten der Gleichungen (7.5)

$$\frac{\mathrm{d}u_x}{\mathrm{d}x} = -\frac{\mu}{R}[x - (x - a + c)] = -\frac{\mu a}{R}\left(1 - \frac{c}{a}\right) \equiv s, \quad a - 2c \le x \le a, \tag{7.11}$$

wodurch ein Zusammenhang zwischen dem Schlupf s und der Breite des Haftgebiets gegeben ist. Für die gesamte tangentiale Linienlast ergibt sich durch einfache Integration das Ergebnis

$$Q(a,c) = \frac{\mu\pi E^*}{4R}\left(a^2 - c^2\right) = \mu P(a)\left(1 - \frac{c^2}{a^2}\right), \tag{7.12}$$

welches interessanterweise mit dem für den Tangentialkontakt übereinstimmt. Aus dem Vergleich der Gleichungen (7.11) und (7.12) erhält man die Beziehung zwischen den Lastgrößen und dem Schlupf,

$$s = -\frac{\mu a}{R}\left(1 - \sqrt{1 - \frac{Q}{\mu P}}\right). \tag{7.13}$$

Für eine kleine Tangentiallast kann das zu dem Ausdruck

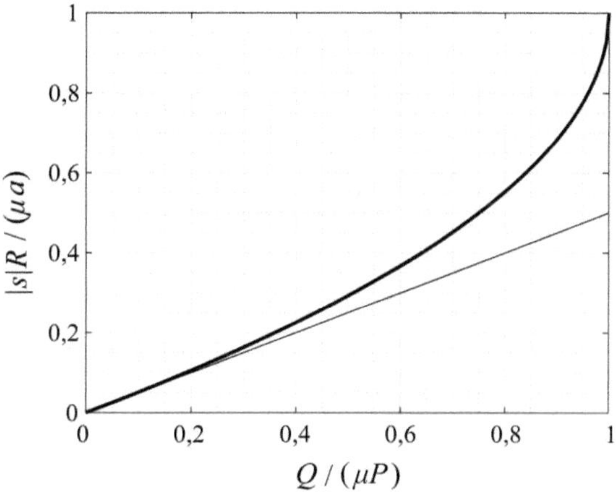

Abb. 7.2 Normierter Schlupf als Funktion der normierten Tangentiallast nach Gleichung (7.13); die dünne Linie bezeichnet die Linearisierung (7.14)

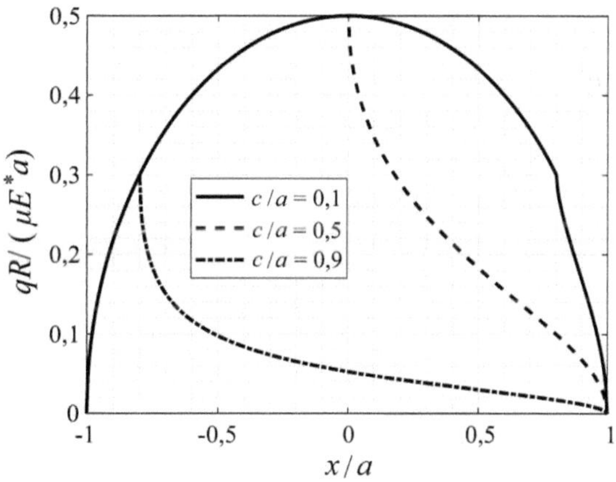

Abb. 7.3 Normierte Verteilung der Tangentialspannungen $q(x)$ für den stationären Rollkontakt zwischen elastisch ähnlichen Zylindern bei verschiedenen Werten der normierten Halbbreite des Haftgebiets c

$$s_{\text{el}} \approx -\frac{Qa}{2PR} \tag{7.14}$$

linearisiert werden, der wegen der Unabhängigkeit von den Reibungseigenschaften des Kontakts manchmal als „elastischer Schlupf" bezeichnet wird. Die Relationen (7.13) und (7.14) sind in normierten Variablen in Abb. 7.2 gezeigt.

Die Tangentialspannungen (7.10) sind in normierter Form für verschiedene Werte von c in Abb. 7.3 dargestellt.

7.3 Spannungen im Inneren der Körper

Im dritten Kapitel (siehe Abschn. 3.4.3) wurde außerdem das Muskhelishvili-Potential für den ebenen Hertzschen Kontakt angegeben,

$$\phi_0(\zeta; a) = -\frac{E^*}{4R}\left(i\zeta + \sqrt{a^2 - \zeta^2}\right), \quad \zeta := x + iy, \quad i = \sqrt{-1}, \quad y \geq 0, \tag{7.15}$$

Wegen der speziellen Form der Reibspannungen (7.10) und der allgemeinen Lösung (2.12) für das Muskhelishvili-Potential unter normaler und tangentialer Belastung ist klar, dass das vollständige Potential zur Bestimmung der Spannungen im Inneren der elastischen Körper durch

$$\phi(\zeta) = \phi_0(\zeta; a) - i\mu\left[\phi_0(\zeta; a) - \phi_0\left(\zeta^*; c\right)\right], \quad \zeta^* = \zeta - a + c. \tag{7.16}$$

bestimmt ist. Da $\mathrm{d}\zeta = \mathrm{d}\zeta^*$, ergeben sich aus der allgemeinen Lösung (2.13) die Ausdrücke

$$\begin{aligned} \sigma_{xx}(x,y) &= 2\left[\mathrm{Re}\{\phi_0(\zeta;a)\} - y\mathrm{Im}\{\phi_0'(\zeta;a)\} + 2\mu\mathrm{Im}\{\phi_0(\zeta;a) - \phi_0(\zeta^*;c)\} + \mu y\mathrm{Re}\{\phi_0'(\zeta;a) - \phi_0'(\zeta^*;c)\}\right], \\ \sigma_{yy}(x,y) &= 2\left[\mathrm{Re}\{\phi_0(\zeta;a)\} + y\mathrm{Im}\{\phi_0'(\zeta;a)\} - \mu y\mathrm{Re}\{\phi_0'(\zeta;a) - \phi_0'(\zeta^*;c)\}\right], \\ \sigma_{xy}(x,y) &= 2\left[-y\mathrm{Re}\{\phi_0'(\zeta;a)\} + \mu\mathrm{Re}\{\phi_0(\zeta;a) - \phi_0(\zeta^*;c)\} - \mu y\mathrm{Im}\{\phi_0'(\zeta;a) - \phi_0'(\zeta^*;c)\}\right], \\ \sigma_{zz}(x,y) &= \nu\left[\sigma_{xx}(x,y) + \sigma_{yy}(x,y)\right] \end{aligned} \tag{7.17}$$

für die Komponenten des Spannungstensors. Die benötigten Real- und Imaginärteile sind

$$\begin{aligned} \mathrm{Re}\{\phi_0(\zeta;a)\} &= -\frac{E^*}{4R}\left[A^{1/2}\cos\left(\frac{\varphi}{2}\right) - y\right], \\ \mathrm{Im}\{\phi_0(\zeta;a)\} &= -\frac{E^*}{4R}\left[A^{1/2}\sin\left(\frac{\varphi}{2}\right) + x\right], \\ \mathrm{Re}\{\phi_0'(\zeta;a)\} &= \frac{E^*}{4R}A^{-1/2}\left[x\cos\left(\frac{\varphi}{2}\right) + y\sin\left(\frac{\varphi}{2}\right)\right], \\ \mathrm{Im}\{\phi_0'(\zeta;a)\} &= -\frac{E^*}{4R}\left\{1 - A^{-1/2}\left[y\cos\left(\frac{\varphi}{2}\right) - x\sin\left(\frac{\varphi}{2}\right)\right]\right\}, \end{aligned} \tag{7.18}$$

wobei A und φ Betrag und Argument der komplexen Zahl

$$A\exp(i\varphi) := a^2 - x^2 + y^2 - 2ixy, \quad i := \sqrt{-1}, \tag{7.19}$$

darstellen[2]. Die entsprechenden Ausdrücke für $\phi_0(\zeta^*; c)$ ergeben sich natürlich völlig analog.

Abb. 7.4 und Abb. 7.5 zeigen Konturliniendiagramme der Mises-Vergleichsspannung und der größten Hauptspannung in normierten Variablen für $\mu = 0{,}5$, $\nu = 0{,}3$ und $c/a = 0{,}5$. Ein lokales Maximum der Vergleichsspannung liegt unter der Oberfläche, am Einlauf des Kontakts ($x > 0$); das globale Maximum der Vergleichsspannung befindet sich in der Kontaktfläche, an der Auslaufseite des Kontakts ($x < 0$). In der größten Hauptspannung erkennt man klar, dass der Einlauf auf Druck (negative Hauptspannung) und der Auslauf auf Zug (positive Hauptspannung) belastet wird.

[2] Für $y = 0$ und $x > a$ muss man allerdings $\varphi = -\pi$ verwenden; für $y = 0$ und $x < -a$ ergibt sich aus Gleichung (7.19) das korrekte Argument $\varphi = \pi$.

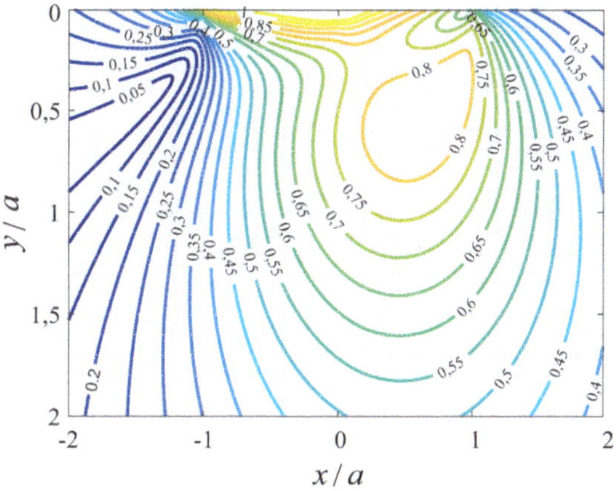

Abb. 7.4 Konturlinien-Diagramm der Mises-Vergleichsspannung, normiert auf den mittleren Druck P / (2a), in Abhängigkeit der normierten Koordinaten x und y für den stationären Rollkontakt zwischen elastisch ähnlichen Zylindern (μ = 0,5) mit Poissonzahl ν = 0,3 und c/a = 0,5

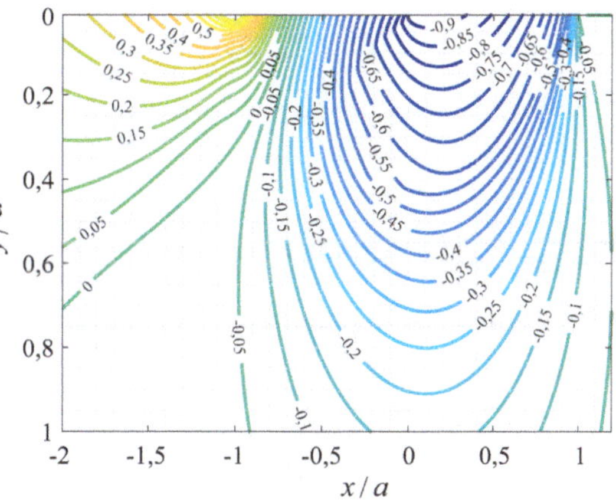

Abb. 7.5 Konturlinien-Diagramm der größten Hauptspannung, normiert auf den mittleren Druck P / (2a), in Abhängigkeit der normierten Koordinaten x und y für den stationären Rollkontakt zwischen elastisch ähnlichen Zylindern (μ = 0,5) mit Poissonzahl ν = 0,3 und c/a = 0,5

Literatur

Bentall, R.H.; Johnson, K.L.: *Slip in the rolling contact of two dissimilar elastic rollers.* International Journal of Mechanical Sciences, **9**(6), 389–404 (1967) https://doi.org/10.1016/0020-7403(67)90043-4

Carter, F.W.: *On the Action of a Locomotive Driving Wheel.* Proceedings of the Royal Society of London A, **112**, 151–157 (1926) https://doi.org/10.1098/rspa.1926.0100

Fromm, H.: *Berechnung des Schlupfes beim Rollen deformierbarer Scheiben.* ZAMM Zeitschrift für Angewandte Mathematik und Mechanik, **7**(1), 27–58 (1927) https://doi.org/10.1002/zamm.19270070106

Kalker, J.J.: *Transient Phenomena in Two Elastic Cylinders Rolling Over Each Other With Dry Friction.* Journal of Applied Mechanics, **37**(3), 677–688 (1970) https://doi.org/10.1115/1.3408597

Munisamy, R.L.; Hills, D.A.; Nowell, D.: *Brief note on the tractive rolling of dissimilar elastic cylinders.* International Journal of Mechanical Sciences, **33**(3), 225–228 (1991) https://doi.org/10.1016/0020-7403(91)90048-8

Nowell, D.; Hills, D.A.: *Tractive rolling of dissimilar elastic cylinders.* International Journal of Mechanical Sciences, **30**(6), 427–439 (1988) https://doi.org/10.1016/0020-7403(88)90016-1

Verschleiß

8

In vielen Reibkontakten kommt es im Zusammenhang mit einer (lokalen oder globalen) Relativbewegung zwischen den kontaktierenden Oberflächen zu deren Verschleiß. Durch den Verschleiß werden die Oberflächen auf unterschiedlichste Art – je nach den dominanten Verschleißmechanismen – tribologisch verändert; da sich dieser Aspekt des riesigen Forschungsfelds „Verschleiß" allerdings zum größten Teil jenseits eines rein kontaktmechanischen Rahmens abspielt, werden wir darauf innerhalb des vorliegenden Buchs nicht weiter eingehen.

Durchaus ein weitgehend kontaktmechanisches Problem ist dagegen die verschleißbedingte Änderung der Profilgeometrie: Als Folge der Kontaktwechselwirkung wird Material von den sich berührenden Oberflächen abgetragen und eventuell aus dem Kontakt entfernt. Dadurch verändert sich die Form der Oberflächen in der Umgebung des Kontaktes, was wiederum die Lösung des Kontaktproblems – insbesondere für die Spannungsverteilung im Kontaktgebiet – modifiziert; das Kontaktproblem wird zum (zeitabhängigen) Verschleiß-Kontaktproblem.

Dessen Behandlung erfordert neben einem (analytischen oder numerischen) Formalismus zur Lösung des Kontaktproblems die Angabe eines angemessenen Verschleißgesetzes, das die sich aus der Kontaktlösung ergebenden mechanischen Größen mit der lokalen Veränderung der Profilgeometrie in Verbindung bringt. Trotz zahlreicher Fortschritte der Tribologie in diesem Zusammenhang in den letzten Jahren – siehe die Übersichtspublikation von Meng et al. (2020) – ist die Wissenschaft noch ein Stück von der Formulierung „echter" prädiktiver Verschleißgesetze entfernt; angesichts dieses Mangels wird bei der Lösung von Verschleiß-Kontaktproblemen – gerade mittels analytischer Methoden – häufig auf einen elementaren Zusammenhang zurückgegriffen, der auf Reye (1860), Archard & Hirst (1956) sowie Khrushchov und Babichev (1960) zurückgeht, und laut dem die

V. L. Popov et al., *Handbuch der ebenen Kontaktmechanik*,
https://doi.org/10.1007/978-3-662-69001-7_8

lokale lineare Verschleißintensität (also die Geschwindigkeit der Änderung des Profils f) proportional zum lokalen Druck p und der lokalen Relativgeschwindigkeit v_{rel} zwischen den Oberflächen ist,

$$\frac{\mathrm{d}f}{\mathrm{d}t} \sim pv_{rel}. \tag{8.1}$$

Selbst unter der Verwendung dieses einfachen Verschleißgesetzes ist die vollständige exakte (analytische) Lösung des Zeitverlaufs des (ebenen) Verschleiß-Kontaktproblems in der Regel nicht möglich. Allerdings existieren für einige Aspekte dieser Aufgabenstellung exakte Lösungen, die im Folgenden dokumentiert sind.

8.1 Verschleiß bei globalem Gleiten

8.1.1 Die Lösung von Galin

Galin (1976) behandelte das Verschleiß-Kontaktproblem eines starren Eindruckkörpers auf einer elastischen Halbebene unter den folgenden vereinfachenden Annahmen:

1. Nur der Eindruckkörper verschleißt; der Verschleiß gehorcht dem in Gleichung (8.1) gegebenen elementaren Zusammenhang, mit einer konstanten Gleitgeschwindigkeit.
2. Die Halbbreite a des Kontaktgebiets ist bekannt und konstant.
3. Die Reibungskräfte beeinflussen die Lösung des Normalkontaktproblems nicht.

Das Profil des Eindruckkörpers ist dann zu einem beliebigen Zeitpunkt durch den Ausdruck

$$f(x,t) = f_0(x) + k \int_0^t p(x,\tau)\,\mathrm{d}t, \tag{8.2}$$

mit dem ursprünglichen Profil f_0 und einer Konstante k, gegeben. Für den kontaktmechanischen Zusammenhang zwischen dem Profil und der Druckverteilung verwendete Galin die integrierte Version von Gleichung (3.2),

$$f(x,t) = \frac{2}{\pi E^*} \int_{-a}^{a} \ln(|x-\xi|)p(\xi,t)\mathrm{d}\xi + C, \quad -a < x < a. \tag{8.3}$$

Durch den Verschleiß wird der Kontaktdruck kleiner werden. Wenn wir also für den Druckverteilung einen Separationsansatz der Form

$$p(x,t) = \exp(-\alpha t)\Pi(x) \tag{8.4}$$

verwenden, ist wegen Gleichung (8.3)

$$f(x,t) - f_0(x) = \frac{2}{\pi E^*}\left[\exp(-\alpha t) - 1\right] \int_{-a}^{a} \ln(|x-\xi|)\Pi(\xi)\mathrm{d}\xi. \tag{8.5}$$

Wegen Gleichung (8.2) muss dann die Funktion $\Pi(x)$ Lösung der homogenen Integralgleichung

$$\frac{2}{\pi E^*} \int_{-a}^{a} \ln(|x-\xi|)\Pi(\xi)\mathrm{d}\xi + \frac{k}{\alpha}\Pi(x) = 0 \tag{8.6}$$

sein. Die Eigenfunktionen dieser Gleichung und die dazugehörigen Werte von α seien $\Pi_n(x)$ und α_n. Die vollständige Lösung für die Druckverteilung ergibt sich dann durch die Superposition[1]

$$p(x,t) = \sum_{n=1}^{\infty} \exp(-\alpha_n t)\, \Pi_n(x). \tag{8.7}$$

Leider gibt Galin keine Methode an, wie das Eigenwertproblem (8.6) exakt gelöst werden könnte.

8.1.2 Stationärer Zustand bei konstanter Linienlast

Wenn man die normale Linienlast P während des Verschleißes konstant hält, kommt der Verschleißprozess nie zu einem Ende. Wenn allerdings das Kontaktgebiet, z. B. durch eine scharfe Kante des Eindruckkörpers vorgegeben und konstant ist, stellt sich nach genügend langer Zeit des transienten Verschleißprozesses ein stationärer Zustand ein. Da in Regionen des Kontaktgebiets mit größeren Kontaktdrücken mehr Material abgetragen wird, „homogenisiert" sich die Druckverteilung, bis eine über das Kontaktgebiet konstante Druckverteilung erreicht ist. Im Licht des einfachen Verschleißgesetzes (8.1) bedeutet eine konstante Druckverteilung, dass auch der Materialabtrag über das ganze Kontaktgebiet konstant ist – das Kontaktprofil ändert sich dann nicht mehr.

Dundurs und Comninou (1980) bestimmten dieses stationäre Profil für den Kontakt eines starren Eindruckkörpers mit einer elastischen Halbebene unter den folgenden Annahmen:

1. Nur der Eindruckkörper verschleißt; der Verschleiß gehorcht dem in Gleichung (8.1) gegebenen elementaren Zusammenhang, mit einer konstanten Gleitgeschwindigkeit. Der Indenter gleite in die positive x-Richtung.
2. Die Halbbreite a des Kontaktgebiets ist bekannt und konstant.

[1] Galin begründet, dass diese Reihenentwicklung vollständig und eindeutig ist, wenn man die positiven und negativen Eigenwerte der Gleichung (8.6) separat berücksichtigt.

3. Die Reibspannungen gehorchen einem lokalen Amontons-Coulomb-Gesetz mit dem Reibungskoeffizienten μ, sind also im stationären Zustand ebenfalls über das Kontaktgebiet konstant.

Es ist bemerkenswert, dass in der genannten Arbeit der Einfluss der Reibspannungen auf das Normalkontaktproblem berücksichtigt wird; mit anderen Worten, das stationäre Kontaktproblem wird vollständig elastisch gekoppelt gelöst. Dundurs & Comninou erhalten schließlich für das stationäre Profil den Ausdruck

$$f_\infty(x) = \frac{P}{4G}\left\{\frac{2-2\upsilon}{\pi}\left[\ln\left(1-\frac{x^2}{a^2}\right)+\frac{x}{a}\ln\left(\frac{a+x}{a-x}\right)\right]-\mu(1-2\upsilon)\frac{x}{a}\right\}, \quad |x|<a, \tag{8.8}$$

mit dem Schubmodul G und der Poissonzahl υ der elastischen Halbebene. Für den Fall $\upsilon = ½$ sind der starre Eindruckkörper und die elastische Halbebene elastisch ähnlich und es ergibt sich natürlich die in Abschn. 3.4.7 gegebene reibungsfreie Lösung für das Profil, das eine konstante Druckverteilung erzeugt.

Abb. 8.1 zeigt einige Kurven des Grenzprofils (8.8) für $\upsilon = ¼$ und verschiedene Werte des Reibungskoeffizienten, in normierten Variablen. Interessanterweise verschleißt das Profil durch die elastische Kopplung im Allgemeinen am Auslauf stärker als am Einlauf des Kontakts.

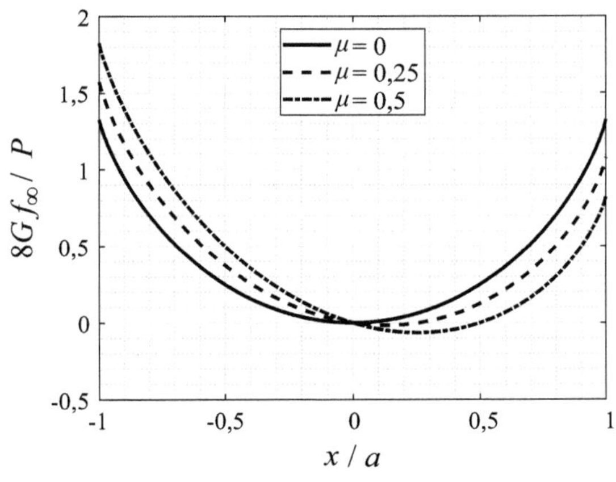

Abb. 8.1 Stationäres Grenzprofil in normierten Variablen für das Gleiten eines starren Eindruckkörpers auf einer elastischen Halbebene unter konstanter Linienlast, mit $\upsilon = ¼$ und verschiedenen Werten des Reibungskoeffizienten

8.2 Fretting-Verschleiß

Wenn mechanische Kontakte oszillierenden Lasten ausgesetzt sind, die Oszillationsamplituden aber so klein sind, dass die Kontakte nicht oder nur sehr selten den Zustand vollständigen Gleitens erreichen, spricht man von „Fretting" des Kontaktes. Fretting verursacht mehrere Schädigungsphänomene, vor allem unterschiedliche Formen von Verschleiß und die Bildung von Ermüdungsrissen. An dieser Stelle betrachten wir nur den Verschleiß.

Die Behandlung des vollständigen Zeitverlaufs des Verschleiß-Kontaktproblems für oszillierende Reibkontakte ist kompliziert. Die Problemstellung hängt außerdem maßgeblich von der Wahl eines angemessenen Verschleißgesetzes ab, was besonders im Regime partiellen Gleitens eine alles andere als triviale Aufgabe ist, da ein großer Teil des Verschleißmaterials nach dem Herauslösen aus den Kontaktoberflächen nicht unmittelbar aus dem Kontakt entfernt wird, sondern als sogenannter „dritter Körper" das Verschleiß-Kontakt-Problem weiter mitbeeinflusst.

Unter vergleichsweise allgemeinen Annahmen – die lokale Verschleißintensität muss dafür nur eine monotone Funktion des lokalen Kontaktdrucks und der lokalen Slip-Geschwindigkeit sein, die konkrete Form dieses funktionalen Zusammenhangs spielt hingegen keine Rolle – existiert allerdings, wie von Ciavarella und Hills (1999) gezeigt, ein stationärer Grenzzustand des Verschleißprozesses, in dem sich durch den Verschleiß im Kontakt eine Geometrie der kontaktierenden Körper herausgebildet hat, die nach rein kontaktmechanischen Erwägungen nicht mehr weiter verschlissen wird. Die Existenz dieses Grenzzustands ist qualitativ leicht zu verstehen: Falls zu Beginn des Verschleißprozesses eine Region des Kontaktgebiets existiert, die während der ganzen Fretting-Oszillation vollständig haftet, wird diese Region wegen der Abwesenheit (lokaler) relativer Gleitbewegung zwischen den Kontaktflächen nicht verschleißen. Durch den Verschleiß in den verbleibenden, lokal gleitenden Teilen des Kontaktgebiets wird Normallast in das permanente Haftgebiet verlagert, welches deswegen weiter haftet, bis das Gleitgebiet frei von Anpressdruck ist und daher nicht mehr weiter verschleißt. Diese qualitativen Überlegungen erlauben die Bestimmung des Grenzprofils mithilfe der allgemeinen Lösung des entsprechenden Normalkontaktproblems. Die Bestimmung erfolgt in drei Schritten:

1. Bestimmung des permanenten Haftgebiets
2. Bestimmung des Verschleiß-Grenzprofils im Gleitgebiet
3. Ermittlung des finalen Kontaktgebiets aus der Forderung, dass das verschlissene Profil am Kontaktrand mit dem ursprünglichen Profil übereinstimmen muss

8.2.1 Bestimmung des permanenten Haftgebiets

Während die oben genannten allgemeinen Erwägungen zur Existenz und Bestimmung des Verschleiß-Grenzprofils nicht an die Angabe eines konkreten Verschleiß- oder Reibgesetzes gebunden sind (da sie nur von einigen allgemeinen Annahmen über die qualitative Natur des Verschleißprozesses ausgehen), erfordert die Ermittlung des permanenten Haftgebiets während der Fretting-Oszillation durchaus die Formulierung eines bestimmten Reibgesetzes. Wie im sechsten Kapitel beschränken wir uns auf den Fall eines lokalen Amontons-Coulomb-Gesetzes mit einem konstanten Reibungskoeffizienten μ.

8.2.1.1 Tangentiale Schwingung bei konstanter Normallast

Als einfachsten Fall betrachten wir zunächst eine rein tangentiale Schwingung unter konstanter Normalbelastung des Kontakts. Die Zeitverläufe der normalen und tangentialen Linienlasten, P und Q, sind also durch[2]

$$\begin{aligned} P(t) &= P_0, \\ Q(t) &= Q_0 + \Delta Q \sin(\omega t), \end{aligned} \tag{8.9}$$

gegeben. Dieser Lastfall wurde aus rein kontaktmechanischer Perspektive bereits im Abschn. 6.6.1 behandelt. Ein permanentes Haftgebiet existiert, falls $Q_0 + \Delta Q < \mu P_0$. Die maximale Ausdehnung des lokalen Gleitgebiets wird am Umkehrpunkt der Tangentiallast erreicht; das heißt, dass das permanente Haftgebiet eben durch das Haftgebiet an diesem Umkehrpunkt gegeben ist. Wie in Abschn. 6.6.1 diskutiert, entspricht dieses Haftgebiet dem Kontaktgebiet für das gegebene Kontaktprofil unter einer normalen Linienlast

$$P^* = P_0 - \frac{Q_0 + \Delta Q}{\mu}. \tag{8.10}$$

Das Kontaktgebiet, das, je nach Kontaktprofil (z. B. parabolisch oder keilförmig), zu dieser (virtuellen) Normallast gehört, lässt sich mit den im dritten Kapitel geschilderten Methoden in der Regel einfach bestimmen.

8.2.1.2 Inkommensurable bimodale Schwingung

Kommen wir nun zu bimodalen Schwingungen

$$\begin{aligned} P(t) &= P_0 + \Delta P \cos(\omega_1 t), \\ Q(t) &= Q_0 + \Delta Q \cos(\omega_2 t + \varphi). \end{aligned} \tag{8.11}$$

Für den Fall inkommensurabler Frequenzen ω_1 und ω_2 ergibt sich eine sichere allgemeine Abschätzung für das permanente Haftgebiet aus dem Minimum der Normallast

[2] Das genaue Zeitverhalten der tangentialen Oszillation spielt keine wesentliche Rolle, siehe Abschn. 6.6.1.

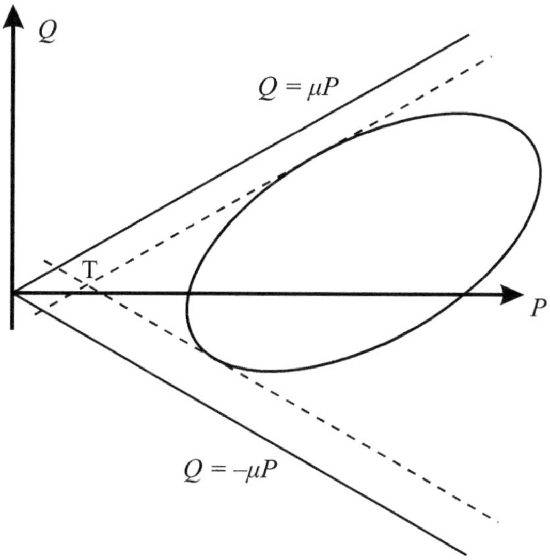

Abb. 8.2 Zur geometrischen Konstruktion des Punktes T, aus dem sich bei einer bimodalen Schwingung mit gleicher Frequenz das permanente Haftgebiet bestimmen lässt

und dem Maximum der Tangentiallast[3]. In Analogie zu Gleichung (8.10) entspricht dann das permanente Haftgebiet dem Kontaktgebiet für das gegebene Kontaktprofil unter einer normalen Linienlast

$$P^* = P_0 - \Delta P - \frac{Q_0 + \Delta Q}{\mu}. \tag{8.12}$$

8.2.1.3 Bimodale Schwingung mit gleicher Frequenz

Für eine bimodale Schwingung mit gleichen Frequenzen $\omega_1 = \omega_2$ der normalen und tangentialen Oszillation ist eine deutlich genauere Bestimmung des permanenten Haftgebiets möglich als im oben diskutierten inkommensurablen Fall. Die Bestimmung ist allerdings auch deutlich komplizierter und beruht auf der von Barber et al. (2011) publizierten Lösung des entsprechenden Kontaktproblems.

Ein permanentes Haftgebiet existiert, falls zu jedem Zeitpunkt $|Q(t)| < \mu P(t)$. Ein stationärer Zyklus der Schwingung bildet dann im P-Q-Lastdiagramm eine Ellipse, die vollständig innerhalb des „Gleitkegels“ $|Q| = \mu P$ liegt, siehe Abb. 8.2. Barber et al. (2011) konnten zeigen, dass sich das permanente Haftgebiet konstruktiv bestimmen lässt, indem man, wie in Abb. 8.2 demonstriert, den Schnittpunkt T der Tangenten an die Lastellipse mit den Steigungen μ und $-\mu$ ermittelt. Das permanente Haftgebiet entspricht dann dem Kontaktgebiet für das gegebene Kontaktprofil unter einer normalen Linienlast $P^* = P_T$.

---

[3] Man kann sich z. B. vorstellen, dass die normale Oszillation sehr langsam abläuft; in jedem tangentialen Schwingungszyklus ist dann die Normallast annähernd konstant.

8.2.2 Allgemeine Lösung für das Verschleiß-Grenzprofil für symmetrische ebene Kontakte

Für symmetrische ebene Kontakte wurde das Grenzprofil in allgemeiner Form von Goryacheva und Goryachev (2006) hergeleitet. Im Grenzzustand muss der Kontaktdruck im Gleitgebiet verschwinden,

$$p_\infty(|x| > c_{\min}) = 0, \tag{8.13}$$

wobei sich der Index „∞" auf den Grenzzustand bezieht. Da sich das Profil $f(x)$ im permanenten Haftgebiet nicht ändert, folgt damit aus den Gleichungen (3.16) und (3.17), dass der Zusammenhang zwischen der normalen Linienlast P und der (variablen) Halbbreite des Kontaktes $\tilde{a}$ für das Grenzprofil durch

$$P_\infty(\tilde{a}) = \begin{cases} P_0(\tilde{a}), & 0 \leq \tilde{a} \leq c_{\min} \\ P, & c_{\min} < \tilde{a} \leq a_\infty \end{cases} \tag{8.14}$$

gegeben ist. Dabei bezeichnet a_∞die Halbbreite des finalen Kontaktgebiets, $P = P_0(a_0)$ ist die tatsächlich aufgebrachte Linienlast (wenn der Kontakt auch in Normalrichtung schwingt, muss man den maximalen Wert $P_{\max}$ während der Schwingung verwenden) und der Index „0" bezieht sich auf den Ausgangszustand vor dem Verschleißprozess. Aus Gleichung (3.18) ergibt sich damit das Grenzprofil zu

$$f_\infty(x) = \begin{cases} f_0(x), & |x| \leq c_{\min} \text{ und } |x| > a_\infty, \\ \frac{2}{\pi E^*}\left[P \ln\left(\frac{|x|}{c_{\min}} + \sqrt{\frac{x^2}{c_{\min}^2} - 1}\right) + |x| \int_0^{c_{\min}} \frac{P_0(\tilde{a})\mathrm{d}\tilde{a}}{\tilde{a}\sqrt{x^2 - \tilde{a}^2}}\right], & c_{\min} < |x| \leq a_\infty \end{cases}. \tag{8.15}$$

Durch den Vergleich mit Gleichung (3.19) erkennt man, dass dies genau den elastischen Verschiebungen durch die Indentierung im permanenten Haftgebiet entspricht.

Die finale Halbbreite des Kontaktes ergibt sich schließlich aus der Bedingung

$$f_\infty(a_\infty) = f_0(a_\infty). \tag{8.16}$$

8.2.3 Der Keil

Für den Keil mit einem Steigungswinkel α ist das unverschlissene Profil

$$f_0(x) = \alpha|x|. \tag{8.17}$$

Im dritten Kapitel (siehe Abschn. 3.4.2) wurde für den Zusammenhang zwischen der Linienlast P und der Halbbreite a des Kontaktes die Relation

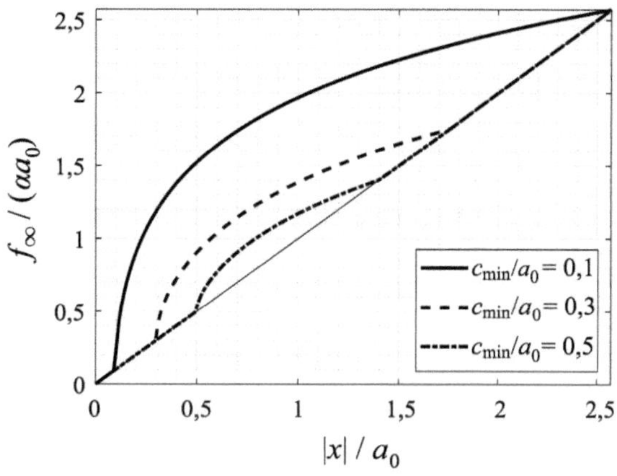

Abb. 8.3 Grenzprofile des Fretting-Verschleißes in normierten Variablen für einen ursprünglich keilförmigen Eindruckkörper bei verschiedenen Werten der Halbbreite des permanenten Haftgebiets. Die dünne durchgezogene Linie bezeichnet das unverschlissene Profil.

$$P_0(a) = E^* \alpha a \tag{8.18}$$

hergeleitet. Aus Gleichung (8.15) ergibt sich damit das Verschleiß-Grenzprofil im Gleitgebiet zu

$$f_\infty(x) = \frac{2\alpha}{\pi}\left[a_0 \ln\left(\frac{|x|}{c_{min}} + \sqrt{\frac{x^2}{c_{min}^2} - 1}\right) + |x| \arcsin\left(\frac{c_{min}}{|x|}\right)\right], \quad c_{min} < |x| \le a_\infty. \tag{8.19}$$

Die finale Halbbreite des Kontakts erhält man als (nicht-triviale) Lösung der Gleichung

$$a_0 \ln\left(\frac{a_\infty}{c_{min}} + \sqrt{\frac{a_\infty^2}{c_{min}^2} - 1}\right) - a_\infty \arccos\left(\frac{c_{min}}{a_\infty}\right) = 0. \tag{8.20}$$

Abb. 8.3 zeigt das Grenzprofil in normierten Variablen für drei verschiedene Werte von c_{min}.

8.2.4 Der Zylinder (parabolische Näherung)

Für den Zylinder mit einem Krümmungsradius R ist das unverschlissene Profil in der parabolischen Näherung

$$f_0(x) = \frac{x^2}{2R}. \tag{8.21}$$

Im dritten Kapitel (siehe Abschn. 3.4.3) wurde für den Zusammenhang zwischen der Linienlast P und der Halbbreite a des Kontaktes die Relation

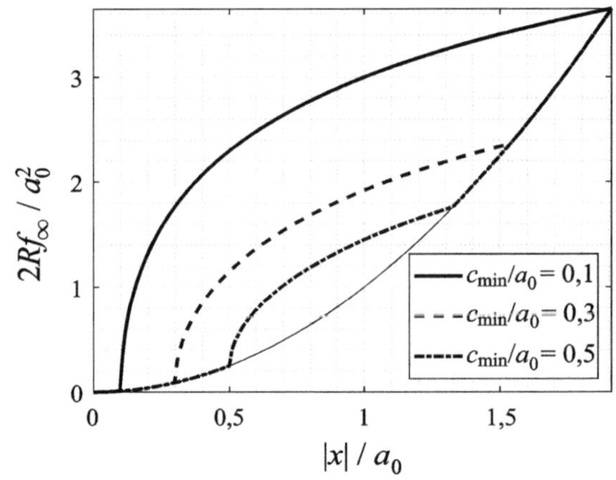

Abb. 8.4 Grenzprofile des Fretting-Verschleißes in normierten Variablen für einen ursprünglich zylindrischen Eindruckkörper bei verschiedenen Werten der Halbbreite des permanenten Haftgebiets. Die dünne durchgezogene Linie bezeichnet das unverschlissene Profil.

$$P_0(a) = \frac{\pi}{4}\frac{E^* a^2}{R} \tag{8.22}$$

hergeleitet. Aus Gleichung (8.15) ergibt sich damit das – in expliziter Form zuerst von Hills et al. (2009) bestimmte – Verschleiß-Grenzprofil im Gleitgebiet zu

$$f_\infty(x) = \frac{1}{2R}\left[a_0^2 \ln\left(\frac{|x|}{c_{\min}} + \sqrt{\frac{x^2}{c_{\min}^2} - 1}\right) + |x|\left(|x| - \sqrt{x^2 - c_{\min}^2}\right)\right], \quad c_{\min} < |x| \le a_\infty. \tag{8.23}$$

Die finale Halbbreite des Kontakts erhält man als (nicht-triviale) Lösung der Gleichung

$$a_0^2 \ln\left(\frac{a_\infty}{c_{\min}} + \sqrt{\frac{a_\infty^2}{c_{\min}^2} - 1}\right) - a_\infty\sqrt{a_\infty^2 - c_{\min}^2} = 0. \tag{8.24}$$

Abb. 8.4 zeigt das Grenzprofil in normierten Variablen für drei verschiedene Werte von $c_{\min}$.

8.2.5 Das Profil in der Form eines Potenzgesetzes

Betrachten wir nun Indenterprofile in der allgemeinen Form

$$f(x) = b_n |x|^n, \quad b_n > 0, \quad n > 0. \tag{8.25}$$

Um den Vorfaktor in dieser Funktionsvorschrift nicht mit der minimalen Halbbreite des Haftgebiets, $c_{\min}$, zu verwechseln, bezeichnen wir ihn, im Gegensatz zum dritten Kapitel, als b_n. Im Abschn. 3.4.6 wurde für den Zusammenhang zwischen der Linienlast P und der Halbbreite a des Kontaktes die Relation

$$P_0(a) = E^* n b_n \kappa(n) a^n, \quad \kappa(n) := \frac{\sqrt{\pi}}{2} \frac{\Gamma[(n+1)/2]}{\Gamma(n/2+1)}, \tag{8.26}$$

mit der Gamma-Funktion

$$\Gamma(z) := \int_0^\infty t^{z-1} \exp(-t)\, \mathrm{d}t, \tag{8.27}$$

hergeleitet. Aus Gleichung (8.15) ergibt sich damit das Verschleiß-Grenzprofil im Gleitgebiet zu

$$f_\infty(x) = \frac{2n\kappa(n)b_n}{\pi}\left[a_0^n \ln\left(\frac{|x|}{c_{\min}} + \sqrt{\frac{x^2}{c_{\min}^2} - 1}\right) + \frac{c_{\min}^n}{n}\, {}_2\mathrm{F}_1\left(\frac{1}{2}, \frac{n}{2}; \frac{n+2}{2}; \frac{c_{\min}^2}{x^2}\right)\right], \quad c_{\min} < |x| \leq a_\infty, \tag{8.28}$$

mit der Hypergeometrischen Funktion

$${}_2\mathrm{F}_1(a, b; c; z) := \sum_{n=0}^{\infty} \frac{(a)_n (b)_n}{(c)_n} \frac{z^n}{n!}, \quad (x)_n := \frac{\Gamma(x+n)}{\Gamma(x)}. \tag{8.29}$$

Die finale Halbbreite des Kontakts erhält man als (nicht-triviale) Lösung der Gleichung

$$a_0^n \ln\left(\frac{a_\infty}{c_{\min}} + \sqrt{\frac{a_\infty^2}{c_{\min}^2} - 1}\right) + \frac{c_{\min}^n}{n}\, {}_2\mathrm{F}_1\left(\frac{1}{2}, \frac{n}{2}; \frac{n+2}{2}; \frac{c_{\min}^2}{a_\infty^2}\right) - \frac{\pi}{2n\kappa(n)} a_\infty^n = 0. \tag{8.30}$$

Für $n = 1$ ergibt sich der Fall des Keils aus Abschn. 8.2.3und für $n = 2$ der Fall des Zylinders in der parabolischen Näherung aus Abschn. 8.2.4.

8.2.6 Der Flachstempel mit abgerundeten Kanten (parabolische Näherung)

Für den Flachstempel mit abgerundeten Kanten und der Profilvorschrift

$$f_0(x) = \frac{(|x| - b)^2}{2R} \mathrm{H}(|x| - b), \tag{8.31}$$

dabei bezeichnet b die Halbbreite der flachen Stirnseite, R den Krümmungsradius der Kanten und H die Heaviside-Stufenfunktion, ist die Bestimmung des Verschleißgrenzprofils in analytischer Form umständlich, aber möglich. Im dritten Kapitel (siehe Abschn. 3.4.8) wurde für den Zusammenhang zwischen der Linienlast P und der Halbbreite a des Kontaktes das Ergebnis

$$P_0(a) = \frac{E^*}{2R}\left[a^2 \arccos\left(\frac{b}{a}\right) - b\sqrt{a^2 - b^2}\right], \quad b \leq a. \tag{8.32}$$

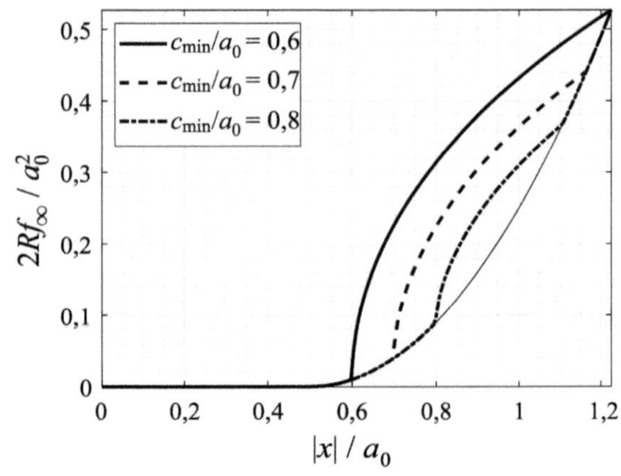

Abb. 8.5 Grenzprofile des Fretting-Verschleißes in normierten Variablen für einen Flachstempel mit abgerundeten Kanten mit $b = 0{,}5a_0$ bei verschiedenen Werten der Halbbreite des permanenten Haftgebiets. Die dünne durchgezogene Linie bezeichnet das unverschlissene Profil.

hergeleitet. Aus Gleichung (8.15) ergibt sich damit das Verschleiß-Grenzprofil im Gleitgebiet zu

$$f_\infty(x) = \frac{a_0^2}{\pi R}\left[\arccos\left(\frac{b}{a_0}\right) - \frac{b}{a_0}\sqrt{1-\frac{b^2}{a_0^2}}\right]\ln\left(\frac{|x|}{c_{\min}} + \sqrt{\frac{x^2}{c_{\min}^2} - 1}\right) + \\ \frac{|x|}{\pi R}\int_b^{c_{\min}}\left[\tilde{a}\arccos\left(\frac{b}{\tilde{a}}\right) - b\sqrt{1-\frac{b^2}{\tilde{a}^2}}\right]\frac{\mathrm{d}\tilde{a}}{\sqrt{x^2-\tilde{a}^2}}, \quad c_{\min} < |x| \leq a_\infty. \tag{8.33}$$

Die analytische Lösung des verbleibenden Integrals kann in Gleichung (3.88) nachgeschlagen werden, aus Platzgründen sei an dieser Stelle auf eine erneute Darstellung verzichtet. Für $b = 0$ ergeben sich natürlich die Ergebnisse des Zylinders in der parabolischen Näherung aus Abschn. 8.2.4. Die finale Halbbreite des Kontakts erhält man aus der Auswertung von Gleichung (8.16), wobei an dieser Stelle wiederum aus Platzgründen auf das Ausschreiben der entstehenden Gleichung verzichtet wird.

Abb. 8.5 zeigt verschiedene Grenzprofile für $b = 0{,}5a_0$ und unterschiedliche Werte von $c_{\min}$.

8.2.7 Der abgeschnittene Keil

Der abgeschnittene Keil hat die Profilvorschrift

$$f_0(x) = \alpha(|x| - b)\mathrm{H}(|x| - b). \tag{8.34}$$

Dabei bezeichnet α den (kleinen) Steigungswinkel des Keils, b die Halbbreite der flachen Stirnseite und H die Heaviside-Stufenfunktion. Im dritten Kapitel (siehe Abschn. 3.4.9) wurde für den Zusammenhang zwischen der Linienlast P und der Halbbreite a des

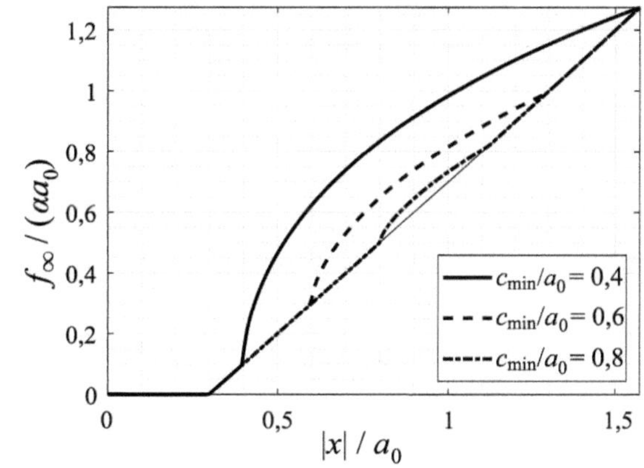

Abb. 8.6 Grenzprofile des Fretting-Verschleißes in normierten Variablen für einen abgeschnittenen Keil mit $b = 0{,}3a_0$ bei verschiedenen Werten der Halbbreite des permanenten Haftgebiets. Die dünne durchgezogene Linie bezeichnet das unverschlissene Profil.

Kontaktes das Ergebnis

$$P_0(a) = E^*\alpha\sqrt{a^2 - b^2}, \quad b \leq a, \tag{8.35}$$

hergeleitet. Aus Gleichung (8.15) ergibt sich damit das Verschleiß-Grenzprofil im Gleitgebiet zu

$$\begin{aligned} f_\infty(x) &= \frac{2\alpha}{\pi}\left[\sqrt{a_0^2 - b^2}\ln\left(\frac{|x|}{c_{\text{min}}} + \sqrt{\frac{x^2}{c_{\text{min}}^2} - 1}\right)\right] + \\ &+ \frac{2\alpha}{\pi}\left[b\left\{\arctan\left(\frac{b\sqrt{x^2 - c_{\text{min}}^2}}{|x|\sqrt{c_{\text{min}}^2 - b^2}}\right) - \frac{\pi}{2}\right\} - |x|\arccos\left(\frac{\sqrt{x^2 - c_{\text{min}}^2}}{\sqrt{x^2 - b^2}}\right)\right], \quad c_{\text{min}} < |x| \leq a_\infty. \end{aligned} \tag{8.36}$$

Es sei darauf hingewiesen, dass Wert von c_{min} nicht unter den von b sinken kann, da der Kontakt bei $c = b$ beginnt, vollständig zu gleiten. Die finale Halbbreite des Kontakts erhält man als (nicht-triviale) Lösung der Gleichung

$$0 = \sqrt{a_0^2 - b^2}\ln\left(\frac{a_\infty}{c_{\text{min}}} + \sqrt{\frac{a_\infty^2}{c_{\text{min}}^2} - 1}\right) + b\arctan\left(\frac{b\sqrt{a_\infty^2 - c_{\text{min}}^2}}{a_\infty\sqrt{c_{\text{min}}^2 - b^2}}\right) - a_\infty\arcsin\left(\frac{\sqrt{a_\infty^2 - c_{\text{min}}^2}}{\sqrt{a_\infty^2 - b^2}}\right). \tag{8.37}$$

Für $b = 0$ ergeben sich natürlich die Ergebnisse des vollständigen Keils aus Abschn. 8.2.3. Abb. 8.6 zeigt verschiedene Grenzprofile für $b = 0{,}3a_0$ und unterschiedliche Werte von c_{min}.

8.2.8 Weitere symmetrische Profile

Die Profilfunktionen von verschiedenen technisch relevanten Indentern können als Superposition der Elementarkörper *Paraboloid, abgeschnittener Keil* und *Flachstempel mit abgerundeten Kanten* betrachtet werden. Dies wurde bereits in den früheren Kapiteln dieses Buches ausgenutzt. Da die allgemeine Lösung für das Fretting-Grenzprofil aus Gleichung (8.15) linear in der Funktion $P(a)$ für die Linienlast P – und damit letztlich linear in der Profilfunktion $f(|x|)$ – ist, können für die Superpositionen die in den vorherigen Abschnitten angegebenen Lösungen einfach summiert werden. Wir werden daher nur die Superpositionsvorschriften für die Profilfunktion angeben und die verschlissenen Grenzprofile grafisch darstellen. Auf die vollständige Angabe der Lösungen werden wir dagegen verzichten, um Redundanzen zu vermeiden.

8.2.8.1 Der abgeschnittene Zylinder (parabolische Näherung)

Der abgeschnittene Zylinder hat in der parabolischen Näherung die Profilvorschrift

$$f_0(x) = \frac{x^2 - b^2}{2R} \mathrm{H}(|x| - b). \tag{8.38}$$

Dabei bezeichnet R den Krümmungsradius des Zylinders, b die Halbbreite der flachen Stirnseite und H die Heaviside-Stufenfunktion. Dieses Profil lässt sich als Superposition des Flachstempels mit abgerundeten Kanten – siehe Gleichung (8.31), bezeichnet durch den Index „SAK“ – mit einem abgeschnittenen Keil – siehe Gleichung (8.34), bezeichnet durch den Index „AK“ – interpretieren,

$$f_0(x) = f_{0,\mathrm{SAK}}(x) + f_{0,\mathrm{AK}}\left(x; \alpha = \frac{b}{R}\right). \tag{8.39}$$

Die gleiche Superposition gilt wegen der Linearität aller zugrunde liegenden Gleichungen auch für das Fretting-Grenzprofil, welches man entsprechend mithilfe der Lösungen aus den Abschn. 8.2.6 und 8.2.7 konstruieren kann. Abb. 8.7 zeigt verschiedene Grenzprofile für $b = 0{,}5a_0$ und unterschiedliche Werte von $c_{\min}$.

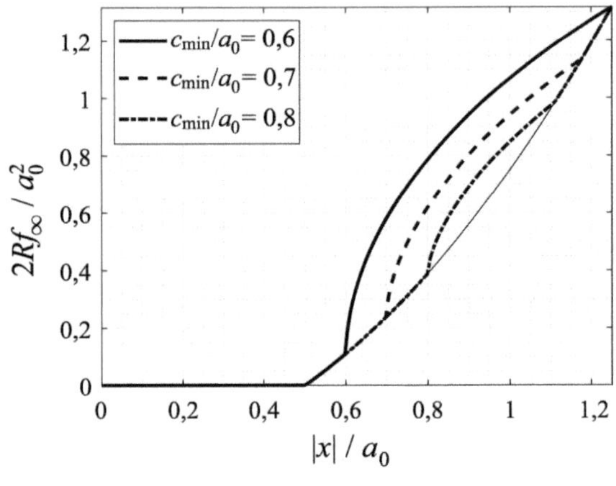

Abb. 8.7 Grenzprofile des Fretting-Verschleißes in normierten Variablen für einen abgeschnittenen Zylinder mit $b = 0{,}5a_0$ bei verschiedenen Werten der Halbbreite des permanenten Haftgebiets. Die dünne durchgezogene Linie bezeichnet das unverschlissene Profil.

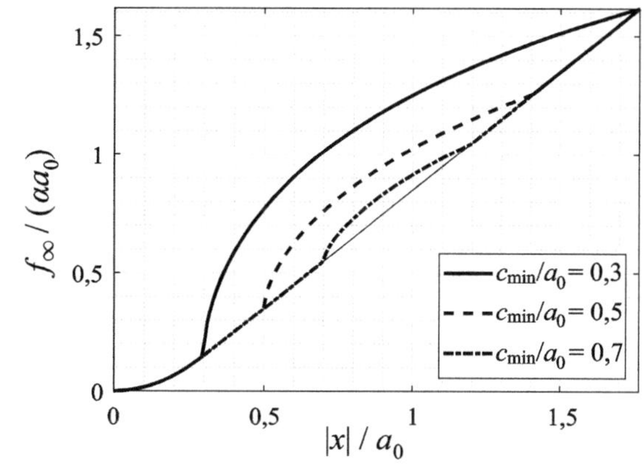

Abb. 8.8 Grenzprofile des Fretting-Verschleißes in normierten Variablen für einen Keil mit abgerundeter Spitze; $b = 0{,}3a_0$ und bei verschiedenen Werten der Halbbreite des permanenten Haftgebiets. Die dünne durchgezogene Linie bezeichnet das unverschlissene Profil.

8.2.8.2 Der Keil mit abgerundeter Spitze

Der Keil mit abgerundeter Spitze hat die Profilvorschrift

$$f_0(x) = \frac{\alpha}{2}\begin{cases} \frac{x^2}{b}, & |x| \le b \\ 2|x| - b, & |x| > b. \end{cases} \tag{8.40}$$

Dabei bezeichnet α den (kleinen) Steigungswinkel des Keils und b die Stelle, an der der keilförmige Grundkörper stetig differenzierbar in den gerundeten Grat übergeht. Die stetige Differenzierbarkeit fordert für den Krümmungsradius der Rundung, dass $R = b/\alpha$. Das Profil lässt sich als Superposition des Zylinders in der parabolischen Näherung – siehe Gleichung (8.21), bezeichnet durch den Index „H“ – mit einem Flachstempel mit abgerundeten Kanten – siehe Gleichung (8.31), bezeichnet durch den Index „SAK“ – interpretieren,

$$f_0(x) = f_{0,\mathrm{H}}\left(x;\, R = \frac{b}{\alpha}\right) - f_{0,\mathrm{SAK}}\left(x;\, R = \frac{b}{\alpha}\right). \tag{8.41}$$

Die gleiche Superposition gilt wegen der Linearität aller zugrunde liegenden Gleichungen auch für das Fretting-Grenzprofil, welches man entsprechend mithilfe der Lösungen aus den Abschn. 8.2.4 und 8.2.6 konstruieren kann. Abb. 8.8 zeigt verschiedene Grenzprofile für $b = 0{,}3a_0$ und unterschiedliche Werte von c_{min}.

Literatur

Archard, J.F.; Hirst, W.: *The Wear of Metals under Unlubricated Conditions.* Proceedings of the Royal Society of London, Series A, **236**, 397–410 (1956) https://doi.org/10.1098/rspa.1956.0144

Barber, J.R.; Davies, M.; Hills, D.A.: *Frictional elastic contact with periodic loading.* International Journal of Solids and Structures, **48**(13), 2041–2047 (2011) https://doi.org/10.1016/j.ijsolstr.2011.03.008

Ciavarella, M.; Hills, D.A.: *Brief note: Some observations on oscillating tangential forces and wear in general plane contacts.* European Journal of Mechanics – A/Solids, **18**(3), 491–497 (1999) https://doi.org/10.1016/S0997-7538(99)00117-5

Dundurs, J.; Comninou, M.: *Shape of a worn slider.* Wear, **62**(2), 419–424 (1980) https://doi.org/10.1016/0043-1648(80)90183-0

Galin, L.A.: *Contact problems of the theory of elasticity in the presence of wear.* PMM Journal of Applied Mathematics and Mechanics, **40**(6), 931–936 (1976) https://doi.org/10.1016/0021-8928(76)90132-5

Goryacheva, I.G.; Goryachev, A.P.: *The wear contact problem with partial slippage.* PMM Journal of Applied Mathematics and Mechanics, **70**(6), 934–944 (2006) https://doi.org/10.1016/j.jappmathmech.2007.01.010

Hills, D.A.; Sackfield, A.; Paynter, R.J.H.: *Simulation of Fretting Wear in Half-plane Geometries: Part 1 – The Solution for Long Term Wear.* Journal of Tribology, **131**(3), 031401 (2009) https://doi.org/10.1115/1.3118785

Khrushchov, M.M.; Babichev, M.A.: *Investigation of Wear of Metals.* Russische Akademie der Wissenschaften, Moskau (1960)

Meng, Y.; Xu, J.; Jin, Z.; Prakash, B.; Hu,Y.: *A review of recent advances in tribology.* Friction, **8**(2), 221–300 (2020) https://doi.org/10.1007/s40544-020-0367-2

Reye, T.: *Zur Theorie der Zapfenreibung.* Der Civilingenieur, **4**, 235–255 (1860)

9 Transversal isotrope Probleme

Ein transversal isotropes Medium ist ein Medium, welches eine bevorzugte Richtung hat und in der Ebene senkrecht zu dieser Richtung isotrop ist. Unter kristallinen Körpern gehören zu dieser Klasse alle Körper des hexagonalen Kristallsystems: In der Ebene senkrecht zur hexagonalen Achse sind sie elastisch isotrop. Zu dieser Materialklasse zählen außerdem zahlreiche Faserverbundwerkstoffe mit parallelen Fasern, Funktionswerkstoffe mit einer Vorzugsrichtung, z. B. einige piezoelektrische Materialien, oder verschiedene biologische Medien.

In diesem Kapitel widmen wir uns ebenen Kontaktproblemen transversal isotroper Medien, deren Symmetrieachse mit der Normalachse der Kontaktfläche übereinstimmt. Es sei darauf hingewiesen, dass in diesem Kapitel die Normale zur Kontaktfläche durch die Achse „z" gegeben wird – im Unterschied zu allen anderen Kapiteln dieses Handbuchs, in denen sie durch „y" bezeichnet ist. Diese Notation benutzen wir hier für die Anpassung an die übliche Notation, die in der Literatur über transversal isotrope Medien verwendet wird.

9.1 Hookesches Gesetz für ein transversal isotropes Medium

Ein lineares transversal isotropes Medium wird durch 5 elastische Konstanten vollständig bestimmt. In Abb. 9.1 sind die Materialklasse und die Bedeutung der elastischen Konstanten veranschaulicht. Wenn wir die Symmetrieachse des Mediums als „z" bezeichnen, sind die Achsen „x" und „y" „äquivalent" und können in der von diesen Achsen aufgespannten Ebene beliebig gewählt werden.

V. L. Popov et al., *Handbuch der ebenen Kontaktmechanik*,
https://doi.org/10.1007/978-3-662-69001-7_9

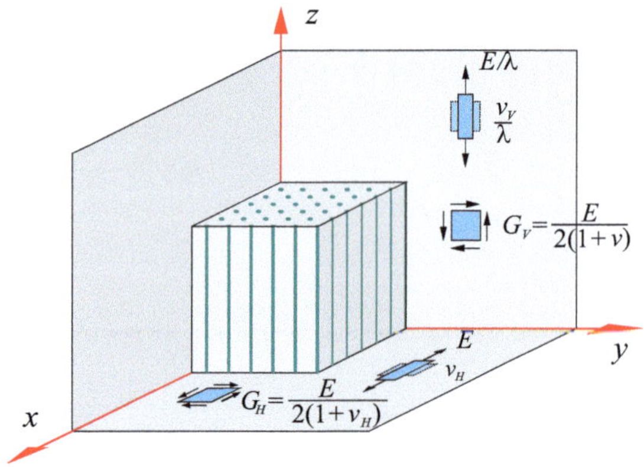

Abb. 9.1 Zur Symmetrie und Definition von elastischen Konstanten eines transversal isotropen Mediums

Turner (1980) beschreibt den Zusammenhang zwischen dem Deformationstensor und dem Spannungstensor mittels der Matrix der Nachgiebigkeitskoeffizienten in der Form

$$\begin{bmatrix} \varepsilon_{xx} \\ \varepsilon_{yy} \\ \varepsilon_{zz} \\ 2\varepsilon_{xz} \\ 2\varepsilon_{yz} \\ 2\varepsilon_{xy} \end{bmatrix} = \frac{1}{E} \begin{bmatrix} 1 & -\nu_H & -\nu_V & 0 & 0 & 0 \\ -\nu_H & 1 & -\nu_V & 0 & 0 & 0 \\ -\nu_V & -\nu_V & \lambda & 0 & 0 & 0 \\ 0 & 0 & 0 & 2(1+\nu) & 0 & 0 \\ 0 & 0 & 0 & 0 & 2(1+\nu) & 0 \\ 0 & 0 & 0 & 0 & 0 & 2(1+\nu_H) \end{bmatrix} \begin{bmatrix} \sigma_{xx} \\ \sigma_{yy} \\ \sigma_{zz} \\ \sigma_{xz} \\ \sigma_{yz} \\ \sigma_{xy} \end{bmatrix} \tag{9.1}$$

E ist hier der Elastizitätsmodul des Mediums in der Symmetrieebene (senkrecht zur Symmetrieachse), $E\,/\,\lambda$ ist der Elastizitätsmodul in der Richtung der Symmetrieachse, υ_H ist die Querkontraktionszahl in der Symmetrieebene, und υ_V senkrecht dazu, wenn die Zugspannung senkrecht zur Symmetrieebene gerichtet ist; $G_V = E\,/\,(2 + 2\upsilon)$ ist der Schubmodul bei Schub parallel zur Symmetrieachse; υ hat dabei keine direkte physikalische Bedeutung. Zusätzlich sei bemerkt, dass der Schubmodul in der Symmetrieebene durch die übliche Gleichung $G_H = E\,/\,(2 + 2\upsilon_H)$ gegeben ist.

Invertieren des Gleichungssystems (9.1) führt zur Präsentation mittels der Matrix der Steifigkeitskoeffizienten

$$\begin{bmatrix} \sigma_{xx} \\ \sigma_{yy} \\ \sigma_{zz} \\ \sigma_{xz} \\ \sigma_{yz} \\ \sigma_{xy} \end{bmatrix} = \begin{bmatrix} C_{11} & C_{12} & C_{13} & 0 & 0 & 0 \\ C_{12} & C_{11} & C_{13} & 0 & 0 & 0 \\ C_{13} & C_{13} & C_{33} & 0 & 0 & 0 \\ 0 & 0 & 0 & C_{44} & 0 & 0 \\ 0 & 0 & 0 & 0 & C_{44} & 0 \\ 0 & 0 & 0 & 0 & 0 & \frac{1}{2}(C_{11}-C_{12}) \end{bmatrix} \begin{bmatrix} \varepsilon_{xx} \\ \varepsilon_{yy} \\ \varepsilon_{zz} \\ 2\varepsilon_{xz} \\ 2\varepsilon_{yz} \\ 2\varepsilon_{xy} \end{bmatrix}, \tag{9.2}$$

wobei die elastischen Konstanten in der Voigtschen Notation durch

$$C_{11} = \frac{E\left(\lambda - \nu_V^2\right)}{\left(\lambda - \lambda\nu_H - 2\nu_V^2\right)(1+\nu_H)}, \; C_{12} = \frac{E\left(\lambda\nu_H + \nu_V^2\right)}{\left(\lambda - \lambda\nu_H - 2\nu_V^2\right)(1+\nu_H)}, \; C_{13} = \frac{\nu_V E}{\left(\lambda - \lambda\nu_H - 2\nu_V^2\right)},$$
$$C_{33} = \frac{(1-\nu_H)E}{\left(\lambda - \lambda\nu_H - 2\nu_V^2\right)}, \; C_{44} = \frac{E}{2(1+\nu)}, \; \tfrac{1}{2}(C_{11} - C_{12}) = \frac{E}{2(1+\nu_H)} \tag{9.3}$$

mithilfe der „Ingenieur-"Größen, d. h. den Moduln und Querkontraktionszahlen ausgedrückt werden können.

9.2 Fundamentallösung für die Linienbelastung eines transversal isotropen Halbraums

Turner (1980) bestimmte unter anderem die Verschiebungen der Oberfläche eines transversal isotropen, elastischen Halbraumes unter Einwirkung einer beliebig gerichteten Kraft, die im Koordinatenursprung an der Oberfläche des Halbraums angreift, und zeigte, dass die entsprechende Fundamentallösung weitgehend analog zum vollständig isotropen Fall ist[1]. Aus Turners Lösung für eine Punktlast lässt sich ohne Schwierigkeiten auch die Fundamentallösung für die Linienbelastung eines elastischen Halbraums herleiten, die im Rahmen dieses Buches stets die Grundlage der verschiedenen Kontaktlösungen darstellt.

Unter der gleichzeitigen Wirkung (im Koordinatenursprung) einer Normalkraft F_N und der Tangentialkraft F_x entlang der x-Richtung entstehen laut Turner (1980) in x- und z-Richtung[2] die elastischen Verschiebungen

$$\begin{bmatrix} u_x(x,y) \\ u_z(x,y) \end{bmatrix} = \frac{\varepsilon}{2\pi r} \begin{bmatrix} -\gamma(x/r)F_N + \left(1 + \delta(x/r)^2\right)F_x \\ \alpha F_N + \gamma(x/r))F_x \end{bmatrix}, \; r^2 = x^2 + y^2, \tag{9.4}$$

mit den Hilfsgrößen

$$\alpha = \left(\frac{\lambda - \nu_V^2}{1 - \nu_H^2}\right)^{1/2}, \; \beta = \frac{(1+\nu) - \nu_V(1+\nu_H)}{\left(1 - \nu_H^2\right)}, \; \gamma = \left(\frac{2}{\alpha+\beta}\right)^{1/2}\left(\frac{\alpha}{2} - \frac{\nu_V}{2(1-\nu_H)}\right),$$
$$\delta = \left(\frac{2}{\alpha+\beta}\right)^{1/2}\left(\frac{1+\nu}{1+\nu_H}\right)^{1/2}\frac{1}{1-\nu_H} - 1, \; \varepsilon = \left(\frac{\alpha+\beta}{2}\right)^{1/2}\frac{1-\nu_H}{G_H}. \tag{9.5}$$

[1] Die entsprechende Boussinesq-Fundamentallösung für die Normalverschiebungen unter der Wirkung einer reinen Normalkraft wurde bereits von Michell (1900) gefunden, siehe auch die Arbeit von Conway (1956).

[2] Wir weisen noch einmal darauf hin, dass in diesem Kapitel aus historischen Gründen und abweichend von der Notation der anderen Kapitel dieses Buches die normale Achse des Halbraums durch die z-Richtung charakterisiert ist; um Verwirrungen im Zusammenhang mit den Ergebnissen aus dem zweiten Kapitel zu vermeiden, zeige allerdings z – anders als in der Publikation von Turner – in den Halbraum hinein.

Für ein vollständig isotropes Medium ist $\lambda = 1$, $\alpha = \beta = 1$, $\gamma = (1-2\nu)/(2-2\nu)$, $\delta = \nu/(1-\nu)$ und $\varepsilon = (1-\nu)/G$. Das Normal- und Tangentialkontaktproblem sind unabhängig voneinander, wenn der Koeffizient γ in Gleichung (9.4) verschwindet, d. h. wenn

$$\frac{1-\nu_H}{1+\nu_H}\frac{\lambda-\nu_V^2}{\nu_V^2} = 1. \tag{9.6}$$

Falls beide Medien linear elastisch und transversal isotrop sind, muss die Größe $\varepsilon_1\gamma_1 - \varepsilon_2\gamma_2$ verschwinden:

$$\frac{1-\nu_{H,1}}{G_{H,1}}\left(\frac{\alpha_1}{2} - \frac{\nu_{V,1}}{2(1-\nu_{H,1})}\right) - \frac{1-\nu_{H,2}}{G_{H,2}}\left(\frac{\alpha_2}{2} - \frac{\nu_{V,2}}{2(1-\nu_{H,2})}\right) = 0. \tag{9.7}$$

Betrachten wir nun eine normale Linienlast mit der Kraftdichte P. Die inkrementellen Verschiebungen im Punkt $(x, 0)$ unter der Wirkung der Kraft $P\mathrm{d}y$ am Ort $(0, y)$ sind gleich

$$\begin{aligned} \mathrm{d}u_x(x,0) &= -\frac{\gamma\varepsilon}{2\pi}\frac{xP\mathrm{d}y}{x^2+y^2}, \\ \mathrm{d}u_z(x,0) &= \frac{\alpha\varepsilon}{2\pi}\frac{P\mathrm{d}y}{\sqrt{x^2+y^2}}. \end{aligned} \tag{9.8}$$

Da die Normalverschiebungen unter der Wirkung der Linienlast im Unendlichen logarithmisch divergieren, sind nur die entsprechenden Steigungen der Oberfläche wohldefiniert. Deren Inkrement durch die Punktlast $P\mathrm{d}y$ beträgt

$$\mathrm{d}\left(\frac{\mathrm{d}u_z(x,0)}{\mathrm{d}x}\right) = -\frac{1}{\pi E^*}\frac{Px\mathrm{d}y}{\left(x^2+y^2\right)^{3/2}}. \tag{9.9}$$

Integration über die gesamte Linienlast ergibt

$$\begin{aligned} u_x(x) &= -\frac{\varepsilon\gamma P}{2\pi}\int_{-\infty}^{+\infty}\frac{x\mathrm{d}y}{x^2+y^2} = -\frac{\varepsilon\gamma P}{2}\operatorname{sgn}(x), \\ \frac{\mathrm{d}u_z(x)}{\mathrm{d}x} &= -\frac{\varepsilon\alpha P}{2\pi}\int_{-\infty}^{+\infty}\frac{x\mathrm{d}y}{\left(x^2+y^2\right)^{3/2}} = -\frac{\varepsilon\alpha P}{\pi x}, \end{aligned} \tag{9.10}$$

mit der Vorzeichenfunktion sgn(x). Für eine tangentiale Linienlast mit der Kraftdichte Q ergibt sich völlig analog

$$\begin{aligned} \mathrm{d}\left(\frac{\mathrm{d}u_x(x,0)}{\mathrm{d}x}\right) &= -\frac{\varepsilon Q\mathrm{d}y}{2\pi}\frac{x}{\left(x^2+y^2\right)^{3/2}} + \frac{\varepsilon\delta Q\mathrm{d}y}{2\pi}\frac{2xy^2-x^3}{\left(x^2+y^2\right)^{5/2}}, \\ \mathrm{d}u_z(x,0) &= \frac{\gamma\varepsilon}{2\pi}\frac{xP\mathrm{d}y}{x^2+y^2}. \end{aligned} \tag{9.11}$$

Bei der Integration über die Linienlast verschwindet der zweite Term in der ersten Gleichung von (9.11) und man erhält

$$\begin{aligned} \frac{\mathrm{d}u_x(x)}{\mathrm{d}x} &= -\frac{\varepsilon Q}{\pi x}, \\ u_z(x) &= \frac{\varepsilon\gamma Q}{2}\operatorname{sgn}(x). \end{aligned} \tag{9.12}$$

Für Verteilungen des Drucks, $p(x)$, und der tangentialen Spannungen, $q(x)$, erhalten wir durch eine weitere Integration

$$\begin{aligned} \frac{\mathrm{d}u_x}{\mathrm{d}x} &= -\gamma\varepsilon p(x) - \frac{\varepsilon}{\pi}\int_{-\infty}^{\infty}\frac{q(\xi)\mathrm{d}\xi}{x-\xi}, \\ \frac{\mathrm{d}u_z}{\mathrm{d}x} &= -\frac{\varepsilon\alpha}{\pi}\int_{-\infty}^{\infty}\frac{p(\xi)\mathrm{d}\xi}{x-\xi} + \gamma\varepsilon q(x), \end{aligned} \tag{9.13}$$

was völlig analog zu den entsprechenden Gleichungen (2.11) für isotrope Medien ist.

9.3 Normalkontakt ohne Adhäsion

Für den reibungsfreien Normalkontakt zwischen einem starren Profil $f(x)$ mit einer transversal isotropen elastischen Halbebene vereinfacht sich die zweite der Gleichungen (9.13) zu

$$\int_{-b}^{a}\frac{p(\xi)d\xi}{x-\xi} = \frac{\pi}{\varepsilon\alpha}f'(x), \quad -b < x < a, \tag{9.14}$$

mit den Grenzen des Kontaktgebiets, $x = -b$ und $x = a$. Die letzte Gleichung ist völlig äquivalent zu der entsprechenden Gleichung (3.2) für eine isotrope Halbebene, wenn man für den effektiven Modul des isotropen Problems den Ausdruck

$$E^* = \frac{2}{\alpha\varepsilon} \tag{9.15}$$

verwendet. Sind zwei transversal isotrope Körper im Kontakt, benutzt man den effektiven Modul

$$E^* = \frac{2}{\alpha_1\varepsilon_1 + \alpha_2\varepsilon_2}. \tag{9.16}$$

Somit ist das nicht-adhäsive reibungsfreie Normalkontaktproblem für ein transversal isotropes Medium identisch mit dem entsprechenden Kontaktproblem für ein isotropes Kontinuum. Das betrifft das Verschiebungsfeld der Oberfläche der Körper und die Druckverteilung direkt in der Oberfläche, nicht aber die Deformations- und Spannungsverteilung im Inneren des Halbraumes. Es besteht daher keine Notwendigkeit, alle Normalkontaktprobleme für transversal isotrope Medien gesondert zu betrachten. Es wird hier lediglich auf die entsprechenden Ergebnisse des dritten Kapitels hingewiesen: Diese sind auch für transversal isotrope Medien unmittelbar gültig.

Weiterführende Informationen, insbesondere auch die Berechnungen von Spannungen im Inneren des transversal isotropen Mediums (die wie gesagt nicht mit denen des isotropen Falls unmittelbar übereinstimmen) können bei Chen (1969) und Lin (2011) gefunden werden.

Das MDR-Verfahren gilt ebenfalls uneingeschränkt in der gleichen Form wie bei isotropen Medien, sowohl in der üblichen dreidimensionalen Formulierung – siehe den ersten Teil des Handbuchs der Kontaktmechanik, Popov et al. (2019) – als auch in der zweidimensionalen Formulierung von Popov (2018).

9.4 Normalkontakt mit Adhäsion

Wie im vorigen Paragrafen ausgeführt, ist das nicht-adhäsive, reibungsfreie Normalkontaktproblem für ein transversal isotropes Medium identisch mit dem entsprechenden Kontaktproblem für ein isotropes Kontinuum. Es muss lediglich der effektive Elastizitätsmodul gemäß Gleichung (9.16) definiert werden.

Andererseits wurde im Kap. 5 dieses Buches gezeigt, dass das adhäsive reibungsfreie Normalkontaktproblem auf den entsprechenden nicht-adhäsiven Kontakt zurückgeführt werden kann. Diese Rückführung basiert auf der Darstellung eines adhäsiven Kontaktes als Superposition des nicht-adhäsiven Kontaktes mit einer bestimmten Starrkörper-Anhebung des Kontaktgebiets als Ganzes. Für beide diese Beiträge haben wir oben die Äquivalenz zwischen isotropen und transversalisotropen Medien bereits gezeigt. Der Betrag der Starrkörper-Anhebung ergibt sich dabei aus dem Kriterium von Griffith (1921), Gleichung (5.4), d. h. durch das Gleichsetzen der elastischen Energie-Freisetzungsrate G und der spezifischen Trennungsarbeit $\Delta\gamma$.

Zwei Medien mit der gleichen Fundamentallösung haben aber auch identische Energie-Freisetzungsraten, sodass auch das Griffith-Kriterium für isotrope und transversalisotrope Medien äquivalent ist (voraussetzt, dass der richtige effektive Elastizitätsmodul (9.16) verwendet wird). Damit sind auch die adhäsiven Normalkontaktprobleme von isotropen und transversal isotropen Medien völlig äquivalent was die Zusammenhänge zwischen den globalen Kontaktgrößen (Normalkraft, Kontaktbreite) und die Spannungen in der Kontaktfläche angeht.

Es besteht daher wiederum keine Notwendigkeit, adhäsive Normalkontaktprobleme für transversal isotrope Medien gesondert zu behandeln. An dieser Stelle sei nur auf die Ergebnisse im Kap. 5 dieses Buches verwiesen. Diese sind alle (mit der entsprechenden Definition des effektiven Elastizitätsmoduls, siehe oben) unmittelbar für transversal isotrope Kontakte gültig.

9.5 Tangentialkontakt

Für elastisch entkoppelte Probleme vereinfachen sich die Gleichungen (9.13) zu

$$\begin{aligned} \frac{du_x}{dx} &= -\frac{\varepsilon}{\pi}\int_{-\infty}^{\infty}\frac{q(\xi)d\xi}{x-\xi}, \\ \frac{du_z}{dx} &= -\frac{\varepsilon\alpha}{\pi}\int_{-\infty}^{\infty}\frac{p(\xi)d\xi}{x-\xi}. \end{aligned} \quad (9.17)$$

Diese sind äquivalent zu den entsprechenden Gleichungen (6.1) für ein isotropes Medium, bis auf das Detail, dass der Faktor der elastischen Konstanten vor den Integralen für das normale und das tangentiale elastische Problem im obigen Fall (9.17), im Gegensatz zu den isotropen Gleichungen (6.1), nicht gleich ist. Dieses Detail spielt aber nur eine untergeordnete Rolle, da wegen der formalen Analogie zwischen den Fundamentallösungen für ein isotropes und ein transversal isotropes Medium und der resultierenden formalen Analogie zwischen den beiden Gleichungen (9.17) untereinander, die Rückführung des ebenen Tangentialkontaktproblems mit Reibung in der Formulierung (6.2) auf das entsprechende reibungsfreie Normalkontaktproblem, mithilfe des Prinzips von Jäger (1998) und Ciavarella (1998), weiterhin ohne Probleme möglich ist, siehe z. B. die Arbeit von Chai und Argatov (2018).

Nur in der allgemeinen Gleichung (6.5) für die relativen tangentialen Verschiebungen zwischen den kontaktierenden Oberflächen – und natürlich allen speziellen Gleichungen des sechsten Kapitels für bestimmte Profile, die aus Gleichung (6.5) abgeleitet sind – muss der Reibungskoeffizient μ durch den Faktor μ / α (mit α aus den Gleichungen (9.5)) ersetzt werden. Ansonsten sind alle Ergebnisse des sechsten Kapitels für Tangentialkontakte isotroper Medien in Bezug auf die makroskopischen Kontaktgrößen (Linienlasten und Kontaktbreiten) und die Spannungsverteilungen im Kontaktgebiet unbeschränkt auch für transversal isotrope Medien gültig, wenn man als effektiven Modul des äquivalenten isotropen Problems den Ausdruck (9.16) benutzt.

Die Spannungen im Inneren der elastischen Körper erfordern allerdings im transversal isotropen Fall – wie immer in diesem Kapitel – eine gesonderte Behandlung.

Literatur

Chai, Y.S.; Argatov, I.I.: *Local tangential contact of elastically similar, transversely isotropic elastic bodies.* Meccanica, **53**, 3137–3143 (2018) https://doi.org/10.1007/s11012-018-0870-y

Chen, W.T.: *Stresses in some anisotropic materials due to indentation and sliding.* International Journal of Solids and Structures, 5(3), 191–214 (1969) https://doi.org/10.1016/0020-7683(69)90058-4

Ciavarella, M.: *The generalized Cattaneo partial slip plane contact problem. I – Theory.* International Journal of Solids and Structures, **35**(18), S. 2349–2362 (1998) https://doi.org/10.1016/S0020-7683(97)00154-6

Conway, H.D.: *The indentation of a transversely isotropic half-space by a rigid punch.* Zeitschrift für angewandte Mathematik und Physik ZAMP, **7**(1), 80–85 (1956) https://doi.org/10.1007/BF01600729

Griffith, A.A.: The Phenomena of Rupture and Flow in Solids. Philosophical Transactions of the Royal Society of London, Series A, 221, 163–198 (1921) https://doi.org/10.1098/rsta.1921.0006

Jäger, J.: *A New Principle in Contact Mechanics.* Journal of Tribology, **120**(4), 677–684 (1998) https://doi.org/10.1115/1.2833765

Michell, J.H.: *The Stress in an Æolotropie Elastic Solid with an Infinite Plane Boundary.* Proceedings of the London Mathematical Society, **32**, 247–258 (1900) https://doi.org/10.1112/plms/s1-32.1.247

Lin, R.-L.: *Punch Problem for Planar Anisotropic Elastic Half-Plane.* Journal of Mechanics, **27**, 215–226 (2011) https://doi.org/10.1017/jmech.2011.26

Popov, V.L.: *Mapping of Two-Dimensional Contact Problems on a Problem with a One-Dimensional Parametrization.* Physical Mesomechanics, **21**, 80–84 (2018) https://doi.org/10.1134/S1029959918010113

Popov, V.L.; Heß, M; Willert, E.: *Handbook of Contact Mechanics. Exact Solutions of Axisymmetric Contact Problems.* Springer Berlin, Heidelberg (2019) https://doi.org/10.1007/978-3-662-58709-6

Turner, J.R.: *Contact on a transversely isotropic half-space, or between two transversely isotropic bodies.* International Journal of Solids and Structures, **16**, 409–419 (1980) https://doi.org/10.1016/0020-7683(80)90039-6

10 Viskoelastische Kontaktprobleme

10.1 Einführung

In dem vorliegenden Band wird nicht noch einmal eine ausführliche Einführung in die Rheologie linear-viskoelastischer Medien gegeben. Diese kann bei Bedarf im Kap. 8.1 des ersten Bandes des Handbuchs der Kontaktmechanik, Popov et al. (2019), nachgeschlagen werden. Im Folgenden sind nur die wesentlichsten Relationen kurz dargestellt.

Viskoelastische Materialen sind zeitabhängige Medien. Die beiden wichtigsten Materialfunktionen zur Charakterisierung von linearer Viskoelastizität sind der zeitabhängige Schubmodul $G(t)$ und die Kriechfunktion $\Phi(t)$. Beide sind gekoppelt und können theoretisch ineinander überführt werden. Der zeitabhängige Schubmodul beschreibt die Spannungsantwort des Materials gegen eine spontan aufgebrachte und anschließend konstant gehaltene Einheitsdehnung,

$$G(t) = \frac{\sigma(t)}{\varepsilon_0}. \tag{10.1}$$

Durch Superposition lässt sich damit auch die Spannungsantwort gegen eine beliebige Deformationsgeschichte als die Faltung

$$\sigma(t) = \int_{-\infty}^{t} G(t - t') \frac{\mathrm{d}\varepsilon(t')}{\mathrm{d}t'} \mathrm{d}t' \tag{10.2}$$

bestimmen. Die Kriechfunktion beschreibt die Deformationsantwort eines Materials gegen eine spontan aufgebrachte und anschließend konstant gehaltene Einheitsspannung,

$$\Phi(t) = \frac{\varepsilon(t)}{\sigma_0}. \tag{10.3}$$

V. L. Popov et al., *Handbuch der ebenen Kontaktmechanik*,
https://doi.org/10.1007/978-3-662-69001-7_10

Analog zu Gleichung (10.2) ist die Deformationsantwort auf eine beliebige Spannungsgeschichte daher

$$\varepsilon(t) = \int_{-\infty}^{t} \Phi(t - t') \frac{\mathrm{d}\sigma(t')}{\mathrm{d}t'} \mathrm{d}t'. \tag{10.4}$$

Aus den obigen Definitionen ergeben sich außerdem die Identitäten

$$\int_{-\infty}^{t} G(t - t') \frac{\mathrm{d}\Phi(t')}{\mathrm{d}t'} \mathrm{d}t' = \int_{-\infty}^{t} \Phi(t - t') \frac{\mathrm{d}G(t')}{\mathrm{d}t'} \mathrm{d}t' = 1. \tag{10.5}$$

10.2 Normalkontakt mit monotoner Belastung

10.2.1 Allgemeine Lösung für inkompressible symmetrische Kontakte

Analog zur Lösung von Lee und Radok (1960) für den axialsymmetrischen Hertzschen Kontakt lässt sich die allgemeine Lösung für die Druckverteilung und die Linienlast bei der monotonen Belastung eines ebenen, symmetrischen, inkompressiblen viskoelastischen Kontakts aus der entsprechenden elastischen Lösung konstruieren. Wegen der Linearität aller zugrunde liegenden Gleichungen können wir diese elastische Lösung auf den Schubmodul normieren. Mit den Ergebnissen aus dem dritten Kapitel – siehe die Gleichungen (3.16) und (3.17) – lässt sich damit schreiben (für $\nu = 0{,}5$ ist $E^* = 4G$):

$$\begin{aligned} P_{\mathrm{el}}(a) &:= 4 \int_{0}^{a} \frac{\xi f'(\xi)}{\sqrt{a^2 - \xi^2}} \mathrm{d}\xi, \\ p_{\mathrm{el}}(x; a) &:= \frac{1}{\pi} \int_{|x|}^{a} \frac{P'_{\mathrm{el}}(\tilde{a}) \mathrm{d}\tilde{a}}{\sqrt{\tilde{a}^2 - x^2}}, \quad |x| \le a. \end{aligned} \tag{10.6}$$

Analog zum axialsymmetrischen Fall lässt sich die Lösung für ein allgemeines inkompressibles linear-viskoelastische Medium mit dem zeitabhängigen Schubmodul $G(t)$ – vorausgesetzt, die Kontakt-Halbbreite $a(t)$ wächst monoton – dann durch die Faltungen

$$\begin{aligned} P(t) &= \int_{-\infty}^{t} G(t - t') \frac{\mathrm{d}P_{\mathrm{el}}(a(t'))}{\mathrm{d}a(t')} \frac{\mathrm{d}a(t')}{\mathrm{d}t'} \mathrm{d}t', \\ p(x, t) &= \int_{-\infty}^{t} G(t - t') \frac{\partial p_{\mathrm{el}}(x; a(t'))}{\partial a(t')} \frac{\mathrm{d}a(t')}{\mathrm{d}t'} \mathrm{d}t' \\ &= \frac{1}{\pi} \int_{-\infty}^{t} G(t - t') \frac{\mathrm{d}P_{\mathrm{el}}(a(t'))}{\mathrm{d}a(t')} \mathrm{Re}\left[\frac{1}{\sqrt{a^2(t') - x^2}} \right] \frac{\mathrm{d}a(t')}{\mathrm{d}t'} \mathrm{d}t' \end{aligned} \tag{10.7}$$

ausdrücken, wobei Re[] den Realteil des Ausdrucks in eckigen Klammern bezeichnet.

Zur Bestimmung des Zeitverlaufs der Kontakt-Halbbreite $a(t)$ aus der Belastungsgeschichte $P(t)$ kann man die erste der Gleichungen (10.7) invertieren. Man erhält dann den Zusammenhang

$$P_{\mathrm{el}}(a(t)) = \int_{-\infty}^{t} \Phi\left(t - t'\right) \frac{\mathrm{d}P\left(t'\right)}{\mathrm{d}t'} \mathrm{d}t', \tag{10.8}$$

mit der Kriechfunktion $\Phi(t)$.

Eine sehr einfache Lösung dieser Gleichung ergibt sich, falls $P(t) = \text{konst.} = P_0$ für $t > 0$. In diesem Fall ist (für $t < 0$ sei der Kontakt unbelastet)

$$P_{\mathrm{el}}(a(t)) = P_0 \Phi(t). \tag{10.9}$$

10.2.2 Indentierung eines inkompressiblen Kelvin-Mediums

Für ein inkompressibles Kevin-Medium mit dem statischen Schubmodul G_∞ und der Scherviskosität η ist der zeitabhängige Schubmodul

$$G(t) = G_\infty + \eta \delta(t), \tag{10.10}$$

mit dem Dirac-Impuls $\delta(t)$. Die Auswertung der allgemeinen Lösung (10.7) liefert damit die Linienlast,

$$P(t) = G_\infty P_{\mathrm{el}}(a(t)) + \eta \frac{\mathrm{d}P_{\mathrm{el}}(a(t))}{\mathrm{d}t}, \tag{10.11}$$

und die Druckverteilung,

$$p(x,t) = G_\infty p_{\mathrm{el}}(x; a(t)) + \frac{\eta}{\pi} \frac{\mathrm{d}P_{\mathrm{el}}(a(t))}{\mathrm{d}t} \frac{1}{\sqrt{a^2(t) - x^2}}, \quad |x| < a(t). \tag{10.12}$$

Die inhomogene Differentialgleichung (10.11) lässt sich noch zu

$$P(t) = \eta \exp\left(-\frac{G_\infty}{\eta} t\right) \frac{\mathrm{d}}{\mathrm{d}t}\left[P_{\mathrm{el}}(a(t)) \exp\left(\frac{G_\infty}{\eta} t\right)\right] \tag{10.13}$$

umschreiben, was wiederum die allgemeine Lösung

$$P_{\mathrm{el}}(a(t)) = \frac{1}{\eta} \exp\left(-\frac{G_\infty}{\eta} t\right) \int P(t) \exp\left(\frac{G_\infty}{\eta} t\right) \mathrm{d}t \tag{10.14}$$

besitzt. Für $P(t) = P_0$ erhält man unter der Verwendung der Anfangsbedingung $P_{\mathrm{el}}(a(t = 0)) = 0$ (das Kelvin-Medium ist instantan undeformierbar) die – natürlich mit Gleichung (10.9) konsistente – spezielle Lösung

$$P_{\mathrm{el}}(a(t)) = \frac{P_0}{G_\infty}\left[1 - \exp\left(-\frac{G_\infty}{\eta}t\right)\right] = P_0\Phi(t). \tag{10.15}$$

Beispielsweise erhält man für die Indentierung eines inkompressiblen Kelvin-Mediums durch einen starren Zylinder mit dem Radius R unter einer konstanten Linienlast und der entsprechenden elastischen Lösung (in der parabolischen Näherung für den Zylinder, siehe Abschn. 3.4.3),

$$P_{\mathrm{el}}(a) = \frac{\pi a^2}{R}, \tag{10.16}$$

folgende Lösung für den Zeitverlauf der Kontakt-Halbbreite:

$$a(t) = a_\infty\sqrt{1 - \exp\left(-\frac{G_\infty}{\eta}t\right)}, \quad a_\infty = \sqrt{\frac{P_0 R}{\pi G_\infty}}. \tag{10.17}$$

Die dazugehörige Druckverteilung ist wegen Gleichung (10.12) durch

$$\begin{aligned} p(x,t) &= \frac{2}{R}\left[G_\infty\sqrt{a^2(t) - x^2} + \frac{\eta a(t)}{\sqrt{a^2(t) - x^2}}\frac{\mathrm{d}a(t)}{\mathrm{d}t}\right], \quad |x| < a(t), \\ &= \frac{2G_\infty}{R}\sqrt{a^2(t) - x^2} + \frac{P_0}{\pi}\exp\left(-\frac{G_\infty}{\eta}t\right)\frac{1}{\sqrt{a^2(t) - x^2}}, \quad |x|a(t), \end{aligned} \tag{10.18}$$

gegeben. Diese ist für drei verschiedene Zeitpunkte des Eindruckvorgangs in Abb. 10.1 in normierten Variablen dargestellt.

Analoge Rechnungen für andere Eindruckprofile sind, auf der Grundlage der entsprechenden elastischen Lösungen aus dem dritten Kapitel, ohne Schwierigkeiten möglich.

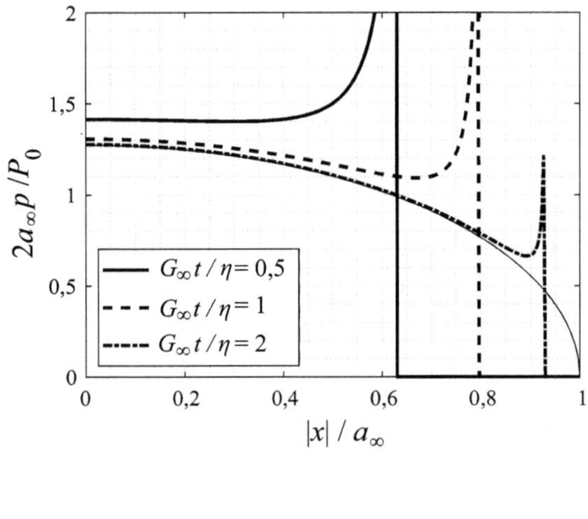

Abb. 10.1 Druckverteilung in normierten Variablen für die Indentierung eines inkompressiblen Kelvin-Mediums durch einen starren Zylinder bei zeitlich konstanter Linienlast; zu drei Zeitpunkten des Eindruckvorgangs; die dünne durchgezogene Linie beschreibt die asymptotische elastische Lösung.

10.2.3 Indentierung eines inkompressiblen Maxwell-Mediums

Für ein inkompressibles Maxwell-Medium mit der Scherviskosität η und dem elastischen Modul G_1 lauten der zeitabhängige Schubmodul und die Kriechfunktion wie folgt:

$$G(t) = G_1 \exp\left(-\frac{G_1}{\eta}t\right),$$
$$\Phi(t) = \frac{1}{G_1}\left(1 + \frac{G_1}{\eta}t\right). \tag{10.19}$$

Man beachte, dass das Maxwell-Medium keinen statischen Modul besitzt, d. h., dass es bei einer konstanten Belastung unbeschränkt kriecht.

Wenn die Belastung zu einem Zeitpunkt $t = 0$ beginnt, und wir annehmen, dass der Kontakt vorher unbelastet und undeformiert war, ergibt sich zur Bestimmung des Zeitverlaufs der Kontakt-Halbbreite $a(t)$ aus der Belastungsgeschichte $P(t)$ mit der allgemeinen Lösung das interessante Ergebnis

$$P_{\mathrm{el}}(a(t)) = \frac{P(t)}{G_1} + \frac{1}{\eta}\int_0^t P(t')\mathrm{d}t'. \tag{10.20}$$

Die dazugehörige Druckverteilung ist wegen der allgemeinen Lösung (10.7)

$$p(x,t) = \frac{G_1}{\pi}\exp\left(-\frac{G_1}{\eta}t\right)\int_{-\infty}^{t}\exp\left(\frac{G_1}{\eta}t'\right)\frac{\mathrm{d}P_{\mathrm{el}}(a(t'))}{\mathrm{d}a(t')}\mathrm{Re}\left[\frac{1}{\sqrt{a^2(t')-x^2}}\right]\frac{\mathrm{d}a(t')}{\mathrm{d}t'}\mathrm{d}t'. \tag{10.21}$$

Beispielsweise erhält man für die Indentierung durch einen starren Zylinder mit dem Radius R und der entsprechenden elastischen Lösung (in der parabolischen Näherung für den Zylinder, siehe Abschn. 3.4.3),

$$P_{\mathrm{el}}(a) = \frac{\pi a^2}{R}, \tag{10.22}$$

folgende Lösung für den Zeitverlauf der Kontakt-Halbbreite:

$$a(t) = \left[\frac{R}{\pi}\left(\frac{P(t)}{G_1} + \frac{1}{\eta}\int_0^t P(t')\mathrm{d}t'\right)\right]^{1/2}. \tag{10.23}$$

Die dazugehörige Druckverteilung ist wegen Gleichung (10.21)

$$p(x,t) = \frac{2G_1}{R}\exp\left(-\frac{G_1}{\eta}t\right)\int_{-\infty}^{t}\exp\left(\frac{G_1}{\eta}t'\right)a(t')\mathrm{Re}\left[\frac{1}{\sqrt{a^2(t')-x^2}}\right]\frac{\mathrm{d}a(t')}{\mathrm{d}t'}\mathrm{d}t'. \tag{10.24}$$

Für den Grenzfall $\eta \to \infty$ ergibt sich natürlich die rein elastische Lösung.

10.2.4 Indentierung eines inkompressiblen Standardkörpers

Für ein inkompressibles Standard-Medium, bestehend aus einem elastischen Element mit dem statischen Modul G_∞ und einem Maxwell-Element mit der Scherviskosität η und dem elastischen Modul G_1, lauten der zeitabhängige Schubmodul und die Kriechfunktion wie folgt:

$$G(t) = G_\infty + G_1 \exp\left(-\frac{G_1}{\eta}t\right),$$
$$\Phi(t) = \frac{1}{G_\infty}\left[1 - \frac{G_1}{G_1 + G_\infty}\exp\left(-\frac{G_1 G_\infty}{\eta(G_1 + G_\infty)}t\right)\right]. \qquad (10.25)$$

Die Kontaktlösungen für die Kontakt-Halbbreite $a(t)$ und die Druckverteilung $p(x,t)$ unter einer allgemeinen Lastgeschichte $P(t)$ ergeben sich durch die Auswertung der allgemeinen Lösungen (10.7) und (10.8), unter Zuhilfenahme der in Gleichung (10.25) gegebenen Materialfunktionen und der elastischen Lösungen für den entsprechenden Eindruckkörper aus dem dritten Kapitel.

10.2.5 Berücksichtigung der Kompressibilität

Um zu zeigen, wie man ohne größere Schwierigkeiten auch kompressible linear-viskoelastische Medien mit dem in den Gleichungen (10.7) zusammengefassten Formalismus behandeln kann, kommen wir noch einmal auf die Lösung für das entsprechende kompressible elastische Problem zurück. Nach der Gleichung (3.16) aus dem dritten Kapitel ist der dazugehörige Zusammenhang zwischen Linienlast und der Halbbreite des Kontakts (für symmetrische Eindruckprofile) durch

$$P(a) = E^* \int_0^a \frac{\xi f'(\xi)}{\sqrt{a^2 - \xi^2}}\, d\xi = 2G\frac{6K + 2G}{3K + 4G}\int_0^a \frac{\xi f'(\xi)}{\sqrt{a^2 - \xi^2}}\, d\xi = G\frac{3K + G}{3K + 4G}P_{el}(a) \qquad (10.26)$$

gegeben, wobei wir den effektiven Elastizitätsmodul E^* durch den Schubmodul G und den Kompressionsmodul K ausgedrückt und die modulfreie Definition der elastischen Lösung aus Gleichung (10.6) verwendet haben. Nach dem Korrespondenzprinzip von Radok (1957) zwischen linear-elastischen und linear-viskoelastischen Randwertproblemen erhält man die entsprechende Lösung für ein viskoelastisches Medium mit dem zeitabhängigen Schubmodul $G(t)$ und dem zeitabhängigen Kompressionsmodul $K(t)$ durch die Substitutionen

$$G \to s\hat{G}(s),$$
$$K \to s\hat{K}(s), \qquad (10.27)$$

wobei das „Dach“ auf einer Variablen die Laplace-Transformierte der entsprechenden Zeitfunktion in den s-Raum markiert; also, beispielsweise,

$$\hat{G}(s) = \int_0^{\infty} G(t)\exp(-st)\mathrm{d}t. \tag{10.28}$$

Es ist zu beachten, dass, wie im inkompressiblen Fall, die Anwendung des Korrespondenzprinzips in der einfachen Form (10.27) für Kontaktprobleme nur zulässig ist, wenn die Kontakthalbbreite monoton in der Zeit wächst. Mit den Substitutionen (10.27) erhält man damit für die Laplace-Transformierte der viskoelastischen Lösung

$$\hat{P}(\hat{a}(s)) = s\hat{G}(s)\frac{3\hat{K}(s) + \hat{G}(s)}{3\hat{K}(s) + 4\hat{G}(s)}\hat{P}_{\mathrm{el}}((\hat{a}(s))), \tag{10.29}$$

was sich als Transformierte der Lösung für ein *inkompressibles* Medium mit dem transformierten äquivalenten Schubmodul

$$\hat{G}_{\ddot{a}\mathrm{q}}(s) := \hat{G}(s)\frac{3\hat{K}(s) + \hat{G}(s)}{3\hat{K}(s) + 4\hat{G}(s)} \tag{10.30}$$

deuten lässt. Für den reibungsfreien Normalkontakt ist der Kontakt mit einem kompressiblen Medium also äquivalent zu einem Kontakt mit einem inkompressiblen Medium, dessen transformierter Schubmodul durch Gleichung (10.30) aus den transformierten Moduln des kompressiblen Materials bestimmt werden kann. Aber wie transformiert man diese Gleichung zurück in den Zeitbereich? Dazu betrachten wir die Kriechfunktion des äquivalenten inkompressiblen Mediums, für die aufgrund der Identitäten (10.5) der Zusammenhang

$$\hat{\Phi}_{\ddot{a}\mathrm{q}}(s) = \frac{1}{s^2\hat{G}_{\ddot{a}\mathrm{q}}(s)} = \frac{1}{s^2\hat{G}(s)}\frac{3\hat{K}(s) + 4\hat{G}(s)}{3\hat{K}(s) + \hat{G}(s)} = \frac{1}{s^2\hat{G}(s)} + \frac{3}{s^2\left[3\hat{K}(s) + \hat{G}(s)\right]} \tag{10.31}$$

gilt. Wegen der Linearität der inversen Laplace-Transformation entspricht das im Zeitbereich der Superposition

$$\Phi_{\ddot{a}\mathrm{q}}(t) = \Phi(t) + \Phi_1(t), \tag{10.32}$$

mit der regulären Kriechfunktion $\Phi(t)$ des kompressiblen Materials gegen eine konstante Schubspannung und einer Kriechfunktion $\Phi_1(t)$, die wegen der Gleichung zu einem zeitabhängigen Schubmodul

$$G_1(t) = K(t) + \frac{G(t)}{3} \tag{10.33}$$

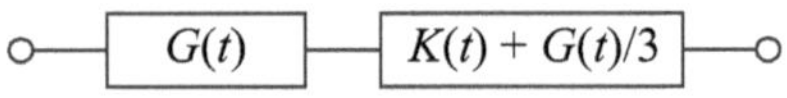

Abb. 10.2 Rheologisches Element für die Behandlung des reibungsfreien Normalkontakts mit einem kompressiblen viskoelastischen Medium. Die Boxen sind als rheologische Unterelemente zu verstehen, die das in der Box bezeichnete zeitabhängige Relaxationsverhalten reproduzieren.

gehört. Einer Summe von Kriechfunktionen entspricht eine Reihenschaltung der entsprechenden rheologischen Modelle. Das rheologische Modell des äquivalenten inkompressiblen Mediums ist daher in Abb. 10.2 gezeigt. Sobald der zeitabhängige Schubmodul $G_{\text{äq}}(t)$ des äquivalenten Materials bestimmt wurde – entweder durch Inversion der Gleichung (10.30), oder durch die Auswertung des einfachen, Abb. 10.2 dargestellten rheologischen Schemas – kann das Kontaktproblem mithilfe der Gleichungen (10.7) gelöst werden, wobei man für den zeitabhängigen Schubmodul natürlich den des äquivalenten inkompressiblen Mediums verwenden muss.

Beispielsweise ergibt sich im Fall eines allgemeinen, kompressiblen Kelvin-Mediums mit den zeitabhängigen Moduln

$$\begin{aligned} G(t) &= G_\infty + \eta\delta(t), \\ K(t) &= K_\infty + \xi\delta(t), \end{aligned} \tag{10.34}$$

mit den entsprechenden statischen Moduln, G_∞ und K_∞, der Scher- und Volumenviskosität, η und ξ, sowie der Dirac-Funktion $\delta(t)$, mithilfe des obigen rheologischen Schemas für die Kriechfunktion des äquivalenten inkompressiblen Mediums sofort der Ausdruck

$$\Phi_{\text{äq}}(t) = \frac{1}{G_\infty}\left[1 - \exp\left(-\frac{G_\infty}{\eta}t\right)\right] + \frac{3}{3K_\infty + G_\infty}\left[1 - \exp\left(-\frac{3K_\infty + G_\infty}{3\xi + \eta}t\right)\right]. \tag{10.35}$$

Außerdem erhält man durch die Auswertung der Zusammenhänge (10.5) zwischen den Kriech- und Relaxationsfunktionen nach einiger Rechnung für den zeitabhängigen Schubmodul des äquivalenten inkompressiblen Materials:

$$G_{\text{äq}}(t) = \eta\frac{3\xi + \eta}{3\xi + 4\eta}\delta(t) + G\frac{3K + G}{3K + 4G} + \frac{27(G\xi - K\eta)^2}{(3K + 4G)(3\xi + 4\eta)^2}\exp\left(-\frac{3K + 4G}{3\xi + 4\eta}t\right). \tag{10.36}$$

Literatur

Lee, E.H.; Radok, J.R.M.: *The Contact Problem for Viscoelastic Bodies.* Journal of Applied Mechanics, **27**(3), 438–444 (1960) https://doi.org/10.1115/1.3644020

Popov, V.L.; Heß, M; Willert, E.: *Handbook of Contact Mechanics. Exact Solutions of Axisymmetric Contact Problems.* Springer Berlin, Heidelberg (2019) https://doi.org/10.1007/978-3-662-58709-6

Radok, J.R.M.: *Visco-Elastic Stress Analysis.* Quarterly of Applied Mathematics, **15**(2), 198–202 (1957)

11 Kontakte Funktionaler Gradientenmaterialien

Es ist dem rasanten Fortschritt im Bereich der additiven Fertigung zu verdanken, dass Bauteile aus funktionalen Gradientenmaterialien (FGM) schnell und kostengünstig hergestellt werden können. Im Vergleich zu herkömmlichen Materialien leisten FGM bedingt durch eine gezielte Materialgradierung einen höheren Widerstand gegenüber mechanischen, thermischen oder chemischen Beanspruchungen. Aufgrund ihrer höheren Festigkeit und Verschleißbeständigkeit werden im Maschinenbau zahlreiche Bauteile wie Schneidwerkzeuge, Zahnräder, Motorkolben, Brennkammern, Turbinenschaufeln oder Lagerbuchsen aus FGM gefertigt. In der Endoprothetik können FGM neben dem Verschleißschutz auch die Biokompatibilität sicherstellen. FGM werden ebenso in nano- und mikroelektromechanischen Systemen eingesetzt, was eine genaue Analyse ihres adhäsiven Verhaltens erfordert.

Heutzutage können funktionale Gradientenmaterialien mit nahezu beliebigen Eigenschaften hergestellt werden. Es ist daher unmittelbar klar, dass eine Untersuchung des kontaktmechanischen Verhaltens an die spezifischen Eigenschaften des Materials gebunden ist und im allgemeinen immer numerische Berechnungen verlangt. Die Vorhersage des qualitativen kontaktmechanischen Verhaltens eines elastisch gradierten Materials ist hingegen auf analytischem Wege möglich. In diesem Kapitel wird eine solche qualitative Analyse des kontaktmechanischen Verhaltens elastisch gradierter Materialien durchgeführt. Dies geschieht mittels Vorgabe eines der einfachsten Gesetze zur Beschreibung der elastischen Inhomogenität des Materials, so dass der Einfluss eines positiven als auch negativen Materialgradienten studiert werden kann.

Um der Zielvorgabe des Buches zu genügen, nur Kontaktprobleme zu behandeln, für die geschlossen analytische Lösungen existieren, beschränken wir uns auf gradierte Materialien, deren Elastizitätsmodul durch das Potenzgesetz

V. L. Popov et al., *Handbuch der ebenen Kontaktmechanik*,
https://doi.org/10.1007/978-3-662-69001-7_11

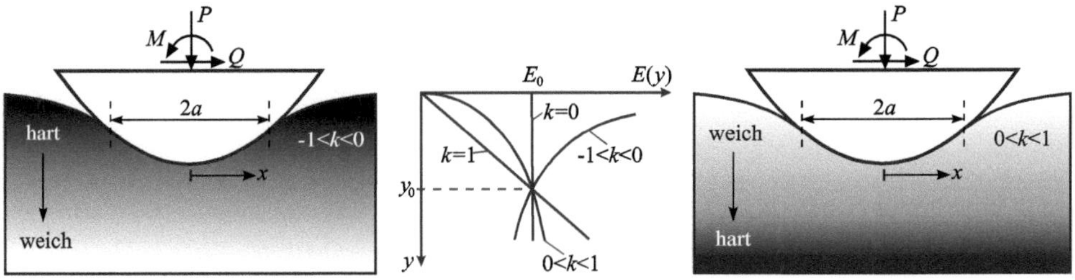

Abb. 11.1 Kontakt zwischen einem starren Indenter und einer elastisch inhomogenen Halbebene, deren Elastizitätsmodul dem Potenzgesetz (11.1) gehorcht. Negative Exponenten k kennzeichnen eine Gradierung von einer harten Oberfläche zu einem weichen Kern (*links*), positive Exponenten den umgekehrten Fall (*rechts*).

$$E(y) = E_0\left(\frac{y}{y_0}\right)^k, \quad -1 < k < 1 \tag{11.1}$$

vorgegeben ist. y_0 bezeichnet darin die charakteristische Tiefe, in welcher unabhängig vom Exponenten k der Elastizitätsmodul E_0 vorliegt. Für negative Exponenten k beschreibt das Potenzgesetz ein Material, dessen Elastizität ausgehend von einer sehr steifen Oberfläche mit der Tiefe allmählich abnimmt. Dieser Übergang ist in Abb. 11.1 linkerhand angedeutet. Rechterhand ist hingegen der konträre Übergang von einer weichen Oberfläche zu einem sehr steifen Kern dargestellt, der sich im Fall von positiven Exponenten k ergibt. Mit dem Gesetz (11.1) können demnach sowohl positive als auch negative Materialgradienten abgebildet werden. Obwohl der Elastizitätsmodul an der Oberfläche in beiden Fällen auf physikalisch unrealistische Werte führt, geben darauf basierende kontaktmechanische Lösungen das Verhalten von abschnittsweise nach einem Potenzgesetz gradierten Materialien nachweislich qualitativ korrekt wieder (Lee et al. 2009).

Das Kapitel ist wie folgt strukturiert: Nach der Wiedergabe der mathematischen Grundlagen widmen wir uns zunächst den vollständig symmetrischen, reibungsfreien Normalkontakten. Hier werden für eine ganze Reihe unterschiedlicher Profilfunktionen geschlossen analytische Lösungen hergeleitet. In den anschließenden Abschnitten zum adhäsiven Normalkontakt und zum Tangentialkontakt konzentrieren wir uns hingegen auf wenige Beispielkontakte, da die Lösungen beider Kontaktklassen aus einer einfachen Superposition von Lösungen des reibungsfreien Normalkontaktes hervorgehen. Die zu überlagernden Lösungsanteile und damit die allgemeine Berechnungsvorschrift wird jeweils angegeben. Man kann daher bei Bedarf die Lösungen für andere Profile auf einfache Weise selbst zusammensetzen.

11.1 Linienbelastung einer elastisch gradierten Halbebene

Die aufgrund von Linienlasten in Normal- und Tangentialrichtung resultierenden Oberflächenverschiebungen der über das Potenzgesetz (11.1) charakterisierten elastisch inhomogenen Halbebene sind bekannt (siehe z. B. Booker et al. 1985a). Darauf aufbauend können analog den Ausführungen in Kap. 2 unter Anwendung des Superpositionsprinzips Integralgleichungen zur Bestimmung der Oberflächenverschiebungen formuliert werden, die die Wirkung von verteilten Druckspannungen $p(x)$ und Tangentialspannungen $q(x)$ berücksichtigen. Nach Vorarbeiten von Lekhnitskii (1962) und Rostovtsev (1964) wurden diese erstmalig von Popov (1973) vollständig notiert. Sie lauten wie folgt:

$$\begin{aligned} u_x(x) &= \frac{y_0^k g(k,\nu)}{E_0}\int_{-\infty}^{\infty}\frac{q(\xi)\mathrm{d}\xi}{|x-\xi|^k} - \frac{y_0^k l(k,\nu)}{E_0}\int_{-\infty}^{\infty}\frac{p(\xi)\operatorname{sgn}(x-\xi)\mathrm{d}\xi}{|x-\xi|^k},\\ u_y(x) &= \frac{y_0^k l(k,\nu)}{E_0}\int_{-\infty}^{\infty}\frac{q(\xi)\operatorname{sgn}(x-\xi)\mathrm{d}\xi}{|x-\xi|^k} + \frac{y_0^k b(k,\nu)}{E_0}\int_{-\infty}^{\infty}\frac{p(\xi)\mathrm{d}\xi}{|x-\xi|^k}, \end{aligned} \tag{11.2}$$

wobei die darin enthaltenen elastischen Parameter wie folgt definiert sind:

$$\begin{aligned} g(k,\nu) &:= \frac{1-\nu^2}{k}\sin\left(\frac{\beta(k,\nu)\pi}{2}\right)\frac{k+1}{\beta(k,\nu)}C(k,\nu) =: \left(\frac{k+1}{\beta(k,\nu)}\right)^2 b(k,\nu),\\ l(k,\nu) &:= -\frac{1-\nu^2}{k}\cos\left(\frac{\beta(k,\nu)\pi}{2}\right)C(k,\nu), \end{aligned} \tag{11.3}$$

mit

$$\beta(k,\nu) = \sqrt{\left(1-\frac{k\nu}{1-\nu}\right)(1+k)},\quad C(k,\nu) = \frac{2^{k+1}}{\pi}\frac{\Gamma\left(\frac{3+k+\beta(k,\nu)}{2}\right)\Gamma\left(\frac{3+k-\beta(k,\nu)}{2}\right)}{\Gamma(2+k)}. \tag{11.4}$$

Die Gleichungen (11.2) können auch zur Lösung von ebenen Kontaktproblemen zwischen zwei elastisch inhomogenen Körpern mit gleichem Exponenten k der elastischen Inhomogenität aber unterschiedlichen Poissonzahlen ν_1 und ν_2 sowie unterschiedlichen elastischen Parametern E_{01} und E_{02} verwendet werden[1]. Die Verschiebungskomponenten in (11.2) sind dann als relative Verschiebungskomponenten zu verstehen und die elastischen Parameter wie folgt zu ersetzen

$$\frac{g(k,\nu)}{E_0}\to\frac{g(k,\nu_1)}{E_{01}}+\frac{g(k,\nu_2)}{E_{02}},\quad \frac{l(k,\nu)}{E_0}\to\frac{l(k,\nu_1)}{E_{01}}-\frac{l(k,\nu_2)}{E_{02}},\quad \frac{b(k,\nu)}{E_0}\to\frac{b(k,\nu_1)}{E_{01}}+\frac{b(k,\nu_2)}{E_{02}}. \tag{11.5}$$

Erwartungsgemäß sind die Integralgleichungen (11.2) unter Annahme von Reibungsfreiheit vollständig entkoppelt. Eine Entkopplung von Normal- und Tangentialeffekten liegt aber auch dann vor, wenn die Bedingung

[1] Obwohl nicht zwingend notwendig, seien gleiche charakteristische Tiefen angenommen.

$$\frac{l(k,\nu_1)}{E_{01}} = \frac{l(k,\nu_2)}{E_{02}} \tag{11.6}$$

erfüllt ist. Dies ist insbesondere für die folgenden Materialpaarungen gewährleistet:

1. Beide Körper bestehen aus dem gleichen Material: $\nu_1 = \nu_2 =: \nu$ und $E_{01} = E_{02} =: E_0$
2. Ein Körper ist starr und der andere elastisch (gradiert) mit einer Poissonzahl gleich dem Holl-Verhältnis: $E_{0i} \to \infty$ und $\nu_j = 1/(2+k)$ mit $i \neq j$
3. Die Poissonzahlen beider Materialien sind durch das Holl-Verhältnis gegeben: $\nu_1 = \nu_2 = 1/(2+k)$

Es sei angemerkt, dass die letzten beiden Fälle streng genommen nur für positive Exponenten der elastischen Inhomogenität erklärt sind, denn negative Exponenten hätten Poissonzahlen zur Folge, die außerhalb des physikalisch sinnvollen Wertebereiches liegen.

In allen nachfolgenden Kapiteln wird Entkopplung vorausgesetzt. Demnach rufen Normalspannungen in der Kontaktfläche keinerlei relative Tangentialverschiebungen hervor und umgekehrt haben Tangentialspannungen keinerlei relative Normalverschiebungen zur Folge. Aufgrund dieser Entkopplung vereinfachen sich die Integralgleichungen (11.2) ganz erheblich:

$$\begin{aligned} u_x(x) &= y_0^k\left(\frac{g_1}{E_{01}} + \frac{g_2}{E_{02}}\right)\int_{-\infty}^{\infty} \frac{q(\xi)\mathrm{d}\xi}{|x-\xi|^k}, \\ u_y(x) &= y_0^k\left(\frac{b_1}{E_{01}} + \frac{b_2}{E_{02}}\right)\int_{-\infty}^{\infty} \frac{p(\xi)\mathrm{d}\xi}{|x-\xi|^k}, \end{aligned} \tag{11.7}$$

mit den Abkürzungen $g_\mathrm{i} = g(k,\nu_\mathrm{i})$ und $b_\mathrm{i} = b(k,\nu_\mathrm{i})$.

11.2 Normalkontakt ohne Adhäsion

Zur Lösung von reibungsfreien Normalkontakten zwischen Körpern aus nach dem Potenzgesetz (11.1) funktional gradierten Materialien verwenden wir die von Heß und Giesa (2024) entwickelten, einfachen Berechnungsgleichungen. Diese sind aus der Superposition von inkrementellen Flachstempellösungen hervorgegangen – ein Verfahren, das für homogene elastische Materialien in Kap. 3 ausführlicher erklärt und dort für eine Vielzahl symmetrischer und unsymmetrischer Kontakte angewandt wurde. Wir beschränken uns hier auf vollständig symmetrische Normalkontaktprobleme mit beidseitig gebundenen Rändern. Sämtliche Berechnungsgleichungen enthalten ein und dieselbe Funktion $n_y(\tilde{a})$, die vorab aus der Verschiebungsrandbedingung und damit der initialen Lücke gemäß.

$$n_y(\tilde{a}) = \frac{2E_0\cos\left(\frac{k\pi}{2}\right)}{\pi\, b\, k\, y_0^k\, \tilde{a}^k}\frac{\mathrm{d}}{\mathrm{d}\tilde{a}}\int_0^{\tilde{a}} \frac{x f'(x)}{\sqrt{\left(\tilde{a}^2 - x^2\right)^{1-k}}}\,\mathrm{d}x \tag{11.8}$$

zu ermitteln ist. Die Linienlast P als Funktion der Kontakthalbbreite a folgt aus der einfachen Integration

$$P(a) = \int_0^a n_y(\tilde{a})\tilde{a}^k \mathrm{d}\tilde{a}, \tag{11.9}$$

und die Druckverteilung ergibt sich aus der Berechnungsvorschrift

$$p(x; a) = \frac{\Gamma\left(\frac{2+k}{2}\right)}{\sqrt{\pi}\,\Gamma\left(\frac{1+k}{2}\right)} \int_{|x|}^a \frac{n_y(\tilde{a})}{\sqrt{\left(\tilde{a}^2 - x^2\right)^{1-k}}} \mathrm{d}\tilde{a}. \tag{11.10}$$

Die Bestimmung der für die vom tiefsten Punkt des Eindrucks gemessenen Position $h(x)$ der deformierten Oberfläche der Halbebene erfolgt über.

$$h(x; a) = \frac{b y_0^k}{E_0} \int_0^{\mathrm{Min}\{|x|,a\}} n_y(\tilde{a}) \left[\frac{\Gamma\left(\frac{2+k}{2}\right)\Gamma\left(\frac{1-k}{2}\right)}{\sqrt{\pi}} - \left|\frac{\tilde{a}}{x}\right|^k {}_2\mathrm{F}_1\left(\frac{k}{2}, \frac{1+k}{2}; \frac{2+k}{2}; \frac{\tilde{a}^2}{x^2}\right) \right] \mathrm{d}\tilde{a}, \tag{11.11}$$

mit der Hypergeometrischen Funktion

$${}_2\mathrm{F}_1(a, b; c; z) := \sum_{n=0}^{\infty} \frac{(a)_n (b)_n}{(c)_n} \frac{z^n}{n!}, \quad (x)_n := \frac{\Gamma(x+n)}{\Gamma(x)}. \tag{11.12}$$

Für positive Exponenten der elastischen Inhomogenität $0 < k < 1$ ist außerdem die Oberflächenverschiebung eindeutig definiert. Ihre Bestimmungsgleichung lautet.

$$\begin{aligned} u_y(x; a) = {} & \frac{b y_0^k}{E_0 |x|^k} \int_0^{\mathrm{Min}\{|x|,a\}} n_y(\tilde{a})\tilde{a}^k \, {}_2\mathrm{F}_1\left(\frac{k}{2}, \frac{1+k}{2}; \frac{2+k}{2}; \frac{\tilde{a}^2}{x^2}\right) \mathrm{d}\tilde{a} \\ & + \frac{b y_0^k}{E_0} \frac{\Gamma\left(\frac{2+k}{2}\right)\Gamma\left(\frac{1-k}{2}\right)}{\sqrt{\pi}} \int_{\mathrm{Min}\{|x|,a\}}^a n_y(\tilde{a})\,\mathrm{d}\tilde{a}. \end{aligned} \tag{11.13}$$

Als Sonderfall geht aus Gleichung (11.13) auch die Eindrucktiefe d hervor.

$$d(a) = \frac{b y_0^k}{E_0} \frac{\Gamma\left(\frac{2+k}{2}\right)\Gamma\left(\frac{1-k}{2}\right)}{\sqrt{\pi}} \int_0^a n_y(\tilde{a})\mathrm{d}\tilde{a}, \quad 0 < k < 1. \tag{11.14}$$

Für negative Exponenten der elastischen Inhomogenität sind zwar die beiden letzten Größen unbestimmt, nicht aber die in Gleichung (11.11) vom tiefsten Punkt des Eindrucks gemessene Position $h(x)$, die wir in diesem Fall als Alternativgröße angeben.

Abschließend sei bemerkt, dass die Lösung von symmetrischen Kontakten mit beidseitig singulären Rändern lediglich die zusätzliche Addition einer reinen Flachstempellösung erfordert. Wir verzichten auf die explizite Angabe dieser Lösungen und verweisen stattdessen auf die Gleichungen (3.22) und (3.23) für elastisch homogene Materialien, die die Vorgehensweise erkennen lassen.

11.2.1 Der Flachstempel

Als erstes Kontaktproblem betrachten wir den in Abb. 11.2 gezeigten Eindruck einer elastisch inhomogenen Halbebene durch einen starren Flachstempel der Halbbreite a. Da die im letzten Abschnitt notierten Lösungen für vollständig symmetrische Kontakte aus einer Superposition von inkrementellen Flachstempellösungen hervorgegangen sind, für die die einzelne Flachstempellösung als Basis diente, ist deren formale Rekonstruktion daraus naheliegend. Dies ist unter Berücksichtigung des Ansatzes $n_y(\tilde{a}) = P\tilde{a}^{-k}\delta(\tilde{a}-a)$ möglich, wenn man die Filtereigenschaft der Delta-Distribution an der oberen Integralgrenze a und damit am Kontaktrand einschließt.

Eine explizite Herleitung der Lösungen für den Flachstempelkontakt präsentieren Booker et al. (1985b). Die Autoren wenden dazu Berechnungsintegrale an, die ausgehend von Gleichung (11.7) unter Verwendung der Fouriertransformation für symmetrische Streifenbelastungen hergeleitet wurden. Für die Druckverteilung ergab sich auf diese Weise

$$p(x;P) = \frac{\Gamma\left(\frac{2+k}{2}\right)P}{\sqrt{\pi}\,\Gamma\left(\frac{1+k}{2}\right)a}\left(1-\frac{x^2}{a^2}\right)^{\frac{k-1}{2}}. \tag{11.15}$$

Um das charakteristische Verhalten für positive und negative Exponenten der elastischen Inhomogenität zu verdeutlichen, werden hier und in allen weiteren Analysen $k = \pm 0{,}5$ als Vertreter ausgewählt. In Abb. 11.3 sind die zugehörigen Druckverläufe der Druckverteilung im Falle von elastisch homogenem Material gegenübergestellt. Es ist ersichtlich,

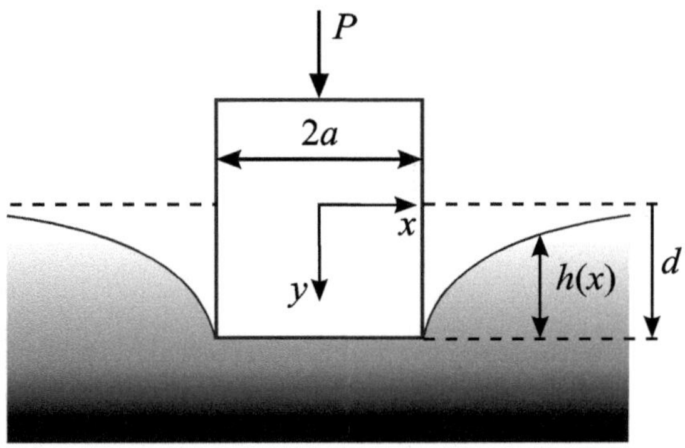

Abb. 11.2 Indentierung einer elastisch inhomogenen Halbebene durch einen starren Flachstempel mit der Halbbreite a

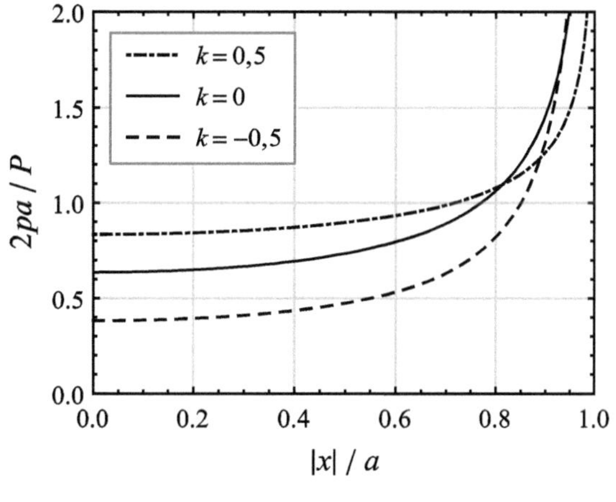

Abb. 11.3 Normierte Verteilungen des Drucks $p(x)$ bei Indentierung einer elastisch inhomogenen Halbebene durch einen starren flachen Stempel mit der Halbbreite a für ausgewählte Exponenten der elastischen Inhomogenität k

dass die Singularität am Kontaktrand für positive Exponenten milder ausfällt und sich damit die Größe einer potenziellen plastischen Zone an den Kontakträndern verringert.

Der Minimaldruck im Zentrum des Kontaktes nimmt hingegen mit steigendem Exponenten der elastischen Inhomogenität zu, was Abb. 11.4 untermauert. Im Grenzfall eines linear inhomogenen Mediums ($k \to 1$) entspricht der Minimaldruck dem mittleren Druck. Ändert sich der Elastizitätsmodul hingegen invers proportional mit der Tiefe ($k \to -1$), strebt der Minimaldruck gegen Null.

Mit Hilfe der von Booker et al. (1985b) angegebenen Oberflächennormalverschiebungen und der Eindrucktiefe kann die Position der deformierten Oberfläche außerhalb des Kontaktes, gemessen vom tiefsten Punkt des Eindrucks, leicht gebildet werden. Sie gilt sowohl für positive als auch negative Exponenten der elastischen Inhomogenität und lautet

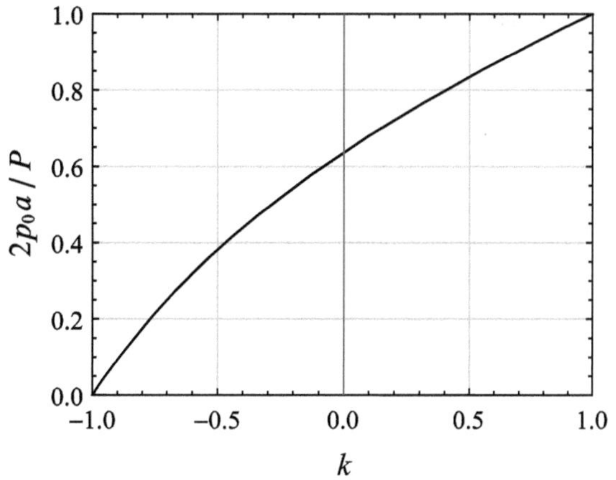

Abb. 11.4 Normierter Minimaldruck in Abhängigkeit vom Exponenten der elastischen Inhomogenität

$$h(x;P) = \frac{by_0^k P}{E_0 a^k}\left[\frac{\Gamma\left(\frac{2+k}{2}\right)\Gamma\left(\frac{1-k}{2}\right)}{\sqrt{\pi}} - \left|\frac{a}{x}\right|^k {}_2\mathrm{F}_1\left(\frac{k}{2}, \frac{1+k}{2}; \frac{2+k}{2}; \frac{a^2}{x^2}\right)\right]. \tag{11.16}$$

Für positive Exponenten der elastischen Inhomogenität $0<k<1$ ist außerdem die Eindrucktiefe eindeutig durch

$$d(P) = \frac{Pby_0^k}{E_0 a^k}\frac{\Gamma\left(\frac{2+k}{2}\right)\Gamma\left(\frac{1-k}{2}\right)}{\sqrt{\pi}}, \quad 0<k<1, \tag{11.17}$$

bestimmt.

11.2.2 Der Keil

Abb. 11.5 zeigt den reibungsfreien Eindruck eines starren Keils mit einem Steigungswinkel α in die elastisch inhomogene Halbebene. Der Steigungswinkel des Indenterprofils wird als klein vorausgesetzt, sodass wir die Ableitung des Profils wie folgt annähern können:

$$f'(x) = \tan\alpha \operatorname{sgn}(x) \approx \alpha \operatorname{sgn}(x). \tag{11.18}$$

Zur Ermittlung der vollständige Lösungen des Kontaktproblems wird in einem vorbereitenden Schritt die in Gleichung (11.8) definierte Funktion n_y nach Einsetzen von Gleichung (11.18) berechnet:

$$n_y(\tilde{a}) = \frac{2E_0\cos\left(\frac{k\pi}{2}\right)\alpha}{\pi b(k,\nu)k\, y_0^k}. \tag{11.19}$$

Sie ist offensichtlich unabhängig von $\tilde{a}$ und kann daher in den anzuwendenden Bestimmungsgleichungen (11.9) bis (11.14) als Konstante angesehen werden.

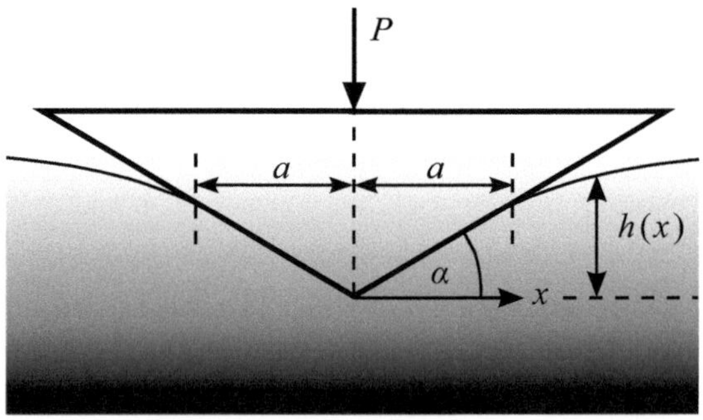

Abb. 11.5 Indentierung einer elastisch inhomogenen Halbebene durch einen starren Keil mit dem Steigungswinkel α

Aus Gleichung (11.9) folgt die Linienlast P als Funktion der Kontakthalbbreite a

$$P(a) = \frac{2E_0 \cos\left(\frac{k\pi}{2}\right)\alpha a^{k+1}}{\pi b(k,\nu)k(k+1)y_0^k}. \tag{11.20}$$

Für $k \to 0$ ergibt sich der aus Gleichung (3.37) bekannte homogene Grenzwert

$$P(a) = \frac{E_0 \alpha a}{1-\nu^2}. \tag{11.21}$$

Aus Gleichung (11.10) geht nach Einsetzen von Gleichung (11.19) und kurzer Rechnung folgende Druckverteilung hervor:

$$p(x;a) = \frac{(1+k)\Gamma\left(\frac{2+k}{2}\right)P(a)}{2\sqrt{\pi}\,\Gamma\left(\frac{1+k}{2}\right)a^{k+1}}|x|^k\left[\mathrm{B}\left(1;\frac{-k}{2},\frac{1+k}{2}\right)-\mathrm{B}\left(\frac{x^2}{a^2};\frac{-k}{2},\frac{1+k}{2}\right)\right], \tag{11.22}$$

wobei wir zusätzlich von Gleichung (11.20) Gebrauch gemacht haben. $\mathrm{B}(\bullet;\bullet,\bullet)$ bezeichnet die unvollständige Beta-Funktion, die über die in Gleichung (11.12) erklärte Hypergeometrische Funktion definiert ist,

$$\mathrm{B}(z;a,b) := \frac{z^a}{a}\,{}_2\mathrm{F}_1(a,\ 1-b;\ 1+a;z). \tag{11.23}$$

Unter der Annahme, dass der Keil mit der gleichen Linienlast in verschiedene elastisch inhomogene Halbebenen gedrückt wird, veranschaulicht Abb. 11.6 die Druckverteilungen normiert auf den mittleren Druck, der bei Indentierung der elastisch homogenen Halbebene auftritt. Die zum homogenen Medium zugehörige Kontakthalbbreite wurde mit a_0 bezeichnet. Für die charakteristische Tiefe wurde $y_0 = a_0$ gewählt und eine Poissonzahl von $\nu = 0{,}3$ vorgegeben. Es ist deutlich zu erkennen, dass sich für den repräsentativen negativen Exponenten $k = -0{,}5$ eine kleinere Kontakthalbbreite als im elastisch homogenen Fall einstellt. Die Singularität an der Indenterspitze bleibt bestehen. Bei der Indentierung einer inhomogenen Halbebene mit positiven Exponenten $k = 0{,}5$ ergeben sich hingegen eine größere Kontakthalbbreite und ein endliches Druckmaximum.

Es sei darauf hingewiesen, dass die Druckverteilung signifikant vom Wert der charakteristischen Tiefe abhängt und damit das oben beschriebene, in Abb. 11.6 illustrierte Verhalten an die gewählte charakteristische Tiefe gekoppelt ist. Für eine andere Wertvorgabe kann ein vollkommen konträres Verhalten resultieren. Auf diesen Punkt wird detailliert im nächsten Abschnitt eingegangen, der die Indentierung durch das klassische Profil eines parabolischen Zylinders behandelt.

Die vom tiefsten Punkt des Eindrucks gemessene Position $h(x)$ der deformierten Oberfläche der Halbebene außerhalb des Kontaktgebietes wird mit Hilfe der Gleichung (11.11) ermittelt. Nach Einsetzen von Gleichung und Ausführung der Integration erhält man

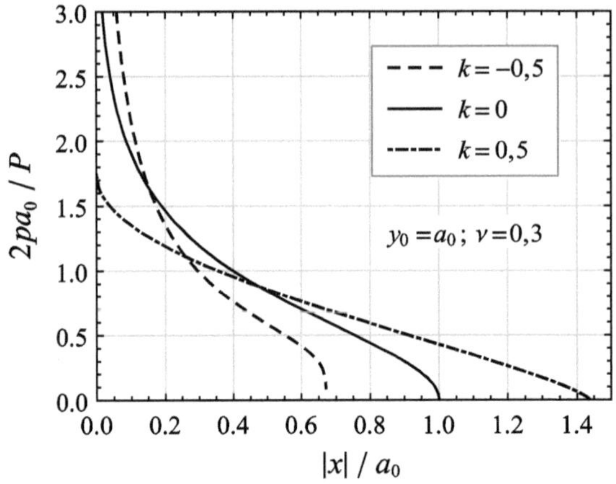

Abb. 11.6 Normierte Verläufe des Drucks $p(x)$ bei der Indentierung einer elastisch inhomogenen Halbebene durch einen starren Keil mit dem Steigungswinkel α für ausgewählte Werte des Exponenten der elastischen Inhomogenität. Für die Poissonzahl wurde $\nu = 0{,}3$ angenommen und als charakteristische Tiefe die Halbbreite des Kontaktes im Sonderfall einer elastisch homogenen Halbebene gewählt.

$$h(x;a) = \frac{2\cos\left(\frac{k\pi}{2}\right)\alpha a}{\pi k}\left\{\frac{\Gamma\left(\frac{2+k}{2}\right)\Gamma\left(\frac{1-k}{2}\right)}{\sqrt{\pi}} - \frac{k}{2}\left[\mathrm{B}\left(\frac{a^2}{x^2};\frac{k}{2},\frac{1-k}{2}\right) - \frac{|x|}{a}\mathrm{B}\left(\frac{a^2}{x^2};\frac{1+k}{2},\frac{1-k}{2}\right)\right]\right\}, \quad x \geq a. \tag{11.24}$$

$x \geq a.$

Die Auswirkungen eines positiven und negativen elastischen Gradienten im Vergleich zum homogen elastischen Material demonstriert Abb. 11.7. Für negative Exponenten der elastischen Inhomogenität ist die Steigung von $h(x)$ außerhalb des Kontaktgebietes größer als im homogenen Fall, für positive Exponenten fällt sie hingegen geringer aus. Im Grenzfall $k \to 1$ ist die Steigung gar null, d. h. dass sich die Oberfläche der Halbebene außerhalb des Kontaktgebietes nicht deformiert. In Abschn. 11.2.5 werden wir diesen Sonderfall der linear inhomogenen Halbebene unter Berücksichtigung von Inkompressibilität näher beleuchten.

Abschließend sei noch die Eindrucktiefe angegeben, die wie bereits erwähnt für positive Exponenten der elastischen Inhomogenität eindeutig bestimmt ist. Anwendung von Gleichung (11.14) nach Einsetzen von Gleichung (11.19) führt auf

$$d(a) = \frac{\Gamma\left(\frac{k}{2}\right)\alpha a}{\sqrt{\pi}\,\Gamma\left(\frac{1+k}{2}\right)}, \quad 0 < k < 1. \tag{11.25}$$

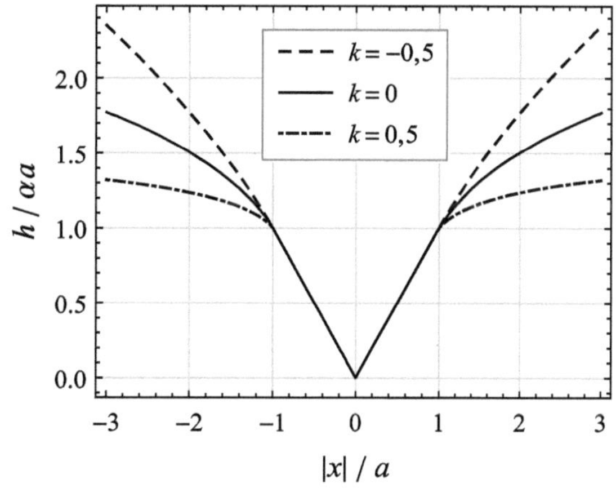

Abb. 11.7 Normierte Verläufe der deformierten Oberfläche der elastisch inhomogenen Halbebene bei Indentierung durch einen starren Keil mit dem Steigungswinkel α für ausgewählte Werte des Exponenten der elastischen Inhomogenität

11.2.3 Der ebene Hertzsche Kontakt

Als nächstes Kontaktproblem behandeln wir den in Abb. 11.8 gezeigten Eindruck eines starren, parabolischen Indenters mit dem Krümmungsradius R in die elastisch inhomogene Halbebene. Mit Ausnahme der Oberflächennormalverschiebungen außerhalb des Kontaktgebietes gaben zuerst Giannakopoulos und Pallot (2000) vollständige Lösungen an.

Die Ableitung des Kontaktprofils lautet

$$f'(x) = \frac{x}{R}, \tag{11.26}$$

und dessen Berücksichtigung in Gleichung (11.8) führt auf

$$n_y(\tilde{a}) = \frac{\sqrt{\pi} E_0}{b(k,\nu) k\, y_0^k\, \Gamma\left(\frac{2+k}{2}\right) \Gamma\left(\frac{1-k}{2}\right)} \frac{\tilde{a}}{R}. \tag{11.27}$$

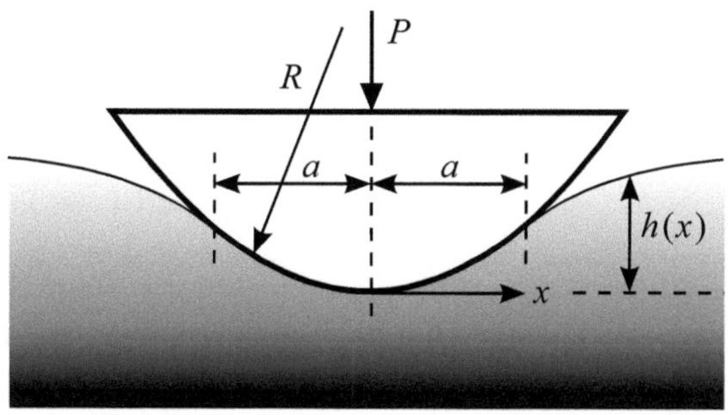

Abb. 11.8 Indentierung einer elastisch inhomogenen Halbebene durch einen starren, parabolischen Zylinder mit dem Krümmungsradius R

Einsetzen von Gleichung (11.27) in Gleichung (11.9) liefert nach elementarer Rechnung die Linienlast P als Funktion der Kontakthalbbreite a,

$$P(a) = \frac{\sqrt{\pi} E_0 a^{k+2}}{2b(k,\nu) R y_0^k k \Gamma\left(\frac{4+k}{2}\right) \Gamma\left(\frac{1-k}{2}\right)}. \tag{11.28}$$

Im Grenzfall $k \to 0$ ergibt sich das zu erwartende elastisch homogene Resultat aus Gleichung (3.46),

$$P(a_0) = \frac{\pi}{4} \frac{E_0 a_0^2}{\left(1-\nu^2\right) R}, \tag{11.29}$$

wobei die zugehörige Kontakthalbbreite hier mit a_0 bezeichnet wurde. Bei gleicher aufgebrachter Linienlast P kann das Verhältnis der Kontakthalbbreiten angegeben werden,

$$\frac{a}{a_0} = \left(\frac{\sqrt{\pi} k b(k,\nu) \Gamma\left(\frac{4+k}{2}\right) \Gamma\left(\frac{1-k}{2}\right)}{2\left(1-\nu^2\right)} \right)^{\frac{1}{2+k}} \left(\frac{y_0}{a_0}\right)^{\frac{k}{2+k}}. \tag{11.30}$$

Dieses ist in Abb. 11.9 als Funktion des Exponenten der elastischen Inhomogenität für drei ausgewählte charakteristische Tiefen und einer Poissonzahl von $\nu = 0{,}3$ visualisiert. Offensichtlich beeinflusst die charakteristische Tiefe den Verlauf signifikant. Für die beiden größeren charakteristischen Tiefen $y_0 / a_0 = 1$ und $y_0 / a_0 = 10$ ergeben sich monoton steigende Kurven, wobei die Kontakthalbbreiten für negative Exponenten der elastischen Inhomogenität kleiner und für positive Exponenten größer als die Kontakthalbbreite bei elastisch homogenem Material ausfallen. Für die charakteristische Tiefe $y_0 / a_0 = 0{,}1$ ist die Kontakthalbbreite für negative Exponenten hingegen größer als bei elastisch homogenem Material und nimmt monoton ab. Diese Abnahme reicht bis in den Bereich positiver Exponenten hinein, bevor sich wiederum ein Anwachsen einstellt, das in eine Singularität für $k \to 1$ übergeht.

Zur Bestimmung der Druckverteilung wird das Ergebnis aus Gleichung (11.27) in die Berechnungsformel (11.10) eingesetzt. Unter Berücksichtigung von Gleichung (11.28) erhält man

$$p(x;a) = \frac{\Gamma\left(\frac{4+k}{2}\right) P(a)}{\sqrt{\pi}\, \Gamma\left(\frac{3+k}{2}\right) a} \left(1 - \frac{x^2}{a^2}\right)^{\frac{1+k}{2}}. \tag{11.31}$$

Für drei repräsentative Exponenten der elastischen Inhomogenität gibt Abb. 11.10 die Druckverteilungen normiert auf den mittleren Druck, der bei Indentierung der elastisch homogenen Halbebene auftritt, wieder. Da für die charakteristische Tiefe $y_0 = a_0$ gewählt wurde, ergibt sich in Einklang mit den Ergebnissen aus Abb. 11.9 für negative Exponenten eine kleinere Kontakthalbbreite verbunden mit einem größeren Maximaldruck im

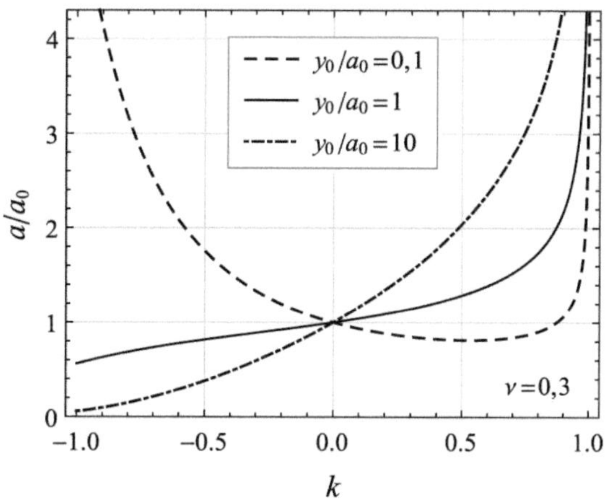

Abb. 11.9 Normierte Kontakthalbbreite als Funktion des Exponenten der elastischen Inhomogenität k bei der Indentierung einer elastisch inhomogenen Halbebene durch einen parabolischen Zylinder mit dem Radius R für ausgewählte normierte charakteristische Tiefen und einer Poissonzahl von $\nu = 0{,}3$

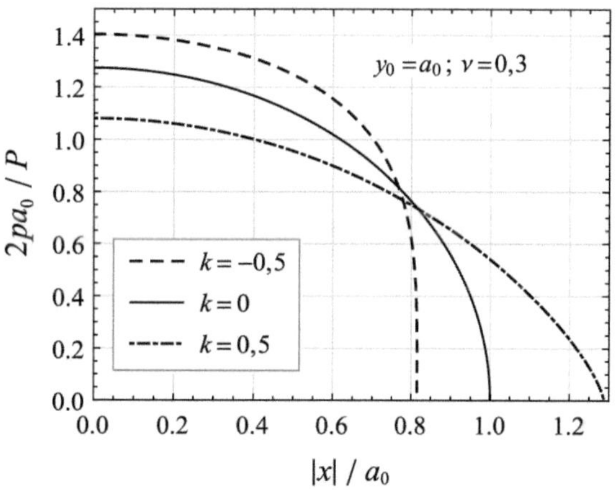

Abb. 11.10 Normierte Verläufe des Drucks $p(x)$ bei der Indentierung einer elastisch inhomogenen Halbebene durch einen starren, parabolischen Zylinder mit dem Radius R für ausgewählte Werte des Exponenten der elastischen Inhomogenität. Für die Poissonzahl wurde $\nu = 0{,}3$ angenommen und als charakteristische Tiefe die Halbbreite des Kontaktes im Sonderfall einer elastisch homogenen Halbebene gewählt

Vergleich zum elastisch homogenem Fall. Es sei wiederholt, dass gleiche Linienlasten P vorausgesetzt wurden. Für positive Exponenten stellt sich hingegen das entgegengesetzte Verhalten ein. Wie weiter oben in Bezug auf die Kontakthalbbreite diskutiert, wird auch die Druckverteilung signifikant von der Wahl der charakteristischen Tiefe beeinflusst, was mitunter vollkommen konträres Verhalten zur Folge haben kann.

Die vom tiefsten Punkt des Eindrucks gemessene Position $h(x)$ der deformierten Oberfläche der Halbebene wird mit Hilfe der Gleichung (11.11) ermittelt, nachdem Gleichung (11.27) eingesetzt wurde. Dies führt nach kurzer Rechnung auf

$$h(x;a) = \frac{a^2}{Rk}\left[\frac{1}{2} - \frac{\sqrt{\pi}}{2\Gamma\left(\frac{4+k}{2}\right)\Gamma\left(\frac{1-k}{2}\right)}\left|\frac{a}{x}\right|^k {}_2F_1\left(\frac{k}{2}, \frac{1+k}{2}; \frac{4+k}{2}; \frac{a^2}{x^2}\right)\right], \quad |x| \geq a, \tag{11.32}$$

und nach der Grenzwertbildung

$$\lim_{k\to 0}[h(x;a)] = \frac{a^2}{2R}\left[\operatorname{arcosh}\left(\frac{|x|}{a}\right) + \frac{x^2}{a^2} - \frac{|x|}{a}\sqrt{\frac{x^2}{a^2}-1}\right], \quad |x| \geq a, \tag{11.33}$$

wird das in Gleichung (3.48) aufgeführte Ergebnis für die elastisch homogene Halbebene wiedergewonnen. Alternativ zur Anwendung von Gleichung (11.14) kann die für positive Exponenten definierte Eindrucktiefe auch direkt aus Gleichung (11.32) abgelesen werden,

$$d(a) = \frac{a^2}{2Rk}, \quad 0 < k < 1. \tag{11.34}$$

11.2.4 Das Profil in der Form eines Potenzgesetzes

Die Lösungen des in Abb. 11.11 skizzierten Kontaktproblems zwischen einem starren Indenter mit einem Profil in der Form eines Potenzgesetzes und der elastisch inhomogenen Halbebene werden nachfolgend bereitgestellt. Für das Indenterprofil und dessen Ableitung gelten

$$f(x) = c_n|x|^n \Rightarrow f'(x) = nc_n|x|^{n-1}\operatorname{sgn}(x), \quad c_n > 0, \ n > 0. \tag{11.35}$$

Die zur Berechnung sämtlicher Lösungen einzig benötigte Funktion wird aus Gleichung (11.8) nach Einsetzen von Gleichung (11.35) ermittelt. Auf diese Weise ergibt sich

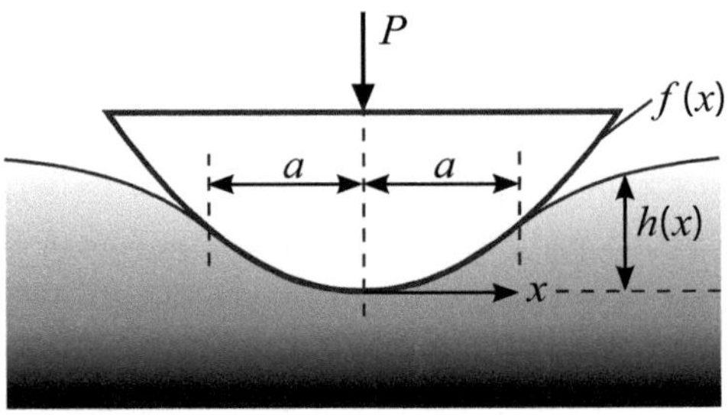

Abb. 11.11 Indentierung einer elastisch inhomogenen Halbebene durch einen starren Indenter mit einem Profil in der Form eines Potenzgesetzes

$$n_y(\tilde{a}) = \frac{E_0 \cos\left(\frac{k\pi}{2}\right) n c_n (n+k) \mathrm{B}\left(\frac{1+k}{2}, \frac{1+n}{2}\right) \tilde{a}^{n-1}}{\pi b(k,\nu) k\, y_0^k}, \tag{11.36}$$

mit der Definition der Beta-Funktion aus Gleichung (11.23) und der Abkürzung $\mathrm{B}(a,b)$: $= \mathrm{B}(1;a,b)$.

Anwendung der in Gleichung (11.9) gegebenen Formel führt nach einfacher Rechnung auf die Linienlast als Funktion der Kontakthalbbreite,

$$P(a) = \frac{E_0 \cos\left(\frac{k\pi}{2}\right) n c_n \mathrm{B}\left(\frac{1+k}{2}, \frac{1+n}{2}\right) a^{n+k}}{\pi b(k,\nu) k y_0^k}. \tag{11.37}$$

Die Berechnung der Druckverteilung gemäß Gleichung (11.10) ist etwas aufwendiger und liefert unter Berücksichtigung von Gleichung (11.37) das Resultat

$$p(x;a) = \frac{\Gamma\left(\frac{2+k}{2}\right)(n+k)P(a)}{2\sqrt{\pi}\,\Gamma\left(\frac{1+k}{2}\right)a}\left(\frac{|x|}{a}\right)^{n+k-1}\left[\mathrm{B}\left(\frac{1-k-n}{2}, \frac{1+k}{2}\right) - \mathrm{B}\left(\frac{x^2}{a^2}; \frac{1-k-n}{2}, \frac{1+k}{2}\right)\right]. \tag{11.38}$$

An dieser Stelle sei hervorgehoben, dass die Druckverteilung bis auf einen konstanten Faktor mit der Druckverteilung für das entsprechende axialsymmetrische Problem übereinstimmt, wenn man die Koordinate x durch den polaren Radius r ersetzt (siehe Abschn. 9.1.5 im ersten Teil dieses Handbuchs der Kontaktmechanik, Popov et al. (2018), S. 263 ff.). Für ein Potenzgesetz 4. Grades und einer charakteristischen Tiefe $y_0 = a_0$ veranschaulicht Abb. 11.12 exemplarisch die Verläufe normiert auf den mittleren Druck, der bei Indentierung der elastisch homogenen Halbebene auftritt. Dabei wurden gleiche Linienlasten P vorausgesetzt. Die durchgezogene Linie kennzeichnet die Druckverteilung für $k = 0$, dessen Funktionsgleichung aus der Bildung es Grenzwertes von Gleichung (11.38) für $k \to 0$ hervorgeht,

$$p(x; a, n=4) = \frac{E_0 c_4 a^3}{1-\nu^2}\sqrt{1-\frac{x^2}{a^2}}\left(1+2\frac{x^2}{a^2}\right), \quad |x| \le a. \tag{11.39}$$

Die vom tiefsten Punkt des Eindrucks gemessene Position $h(x)$ der deformierten Oberfläche der Halbebene außerhalb des Kontaktgebietes wird mit Hilfe der Gleichung (11.11) ermittelt. Einsetzen von Gleichung (11.36) und Ausführung der Integration liefert

$$h(x;a) = \frac{\cos\left(\frac{k\pi}{2}\right) c_n (n+k) \mathrm{B}\left(\frac{1+k}{2}, \frac{1+n}{2}\right) a^n}{\pi k} \left\{\frac{\Gamma\left(\frac{2+k}{2}\right)\Gamma\left(\frac{1-k}{2}\right)}{\sqrt{\pi}} - \frac{k}{2}\left[\mathrm{B}\left(\frac{a^2}{x^2}; \frac{k}{2}, \frac{1-k}{2}\right) - \frac{|x|^n}{a^n}\mathrm{B}\left(\frac{a^2}{x^2}; \frac{n+k}{2}, \frac{1-k}{2}\right)\right]\right\}, \quad x \ge a. \tag{11.40}$$

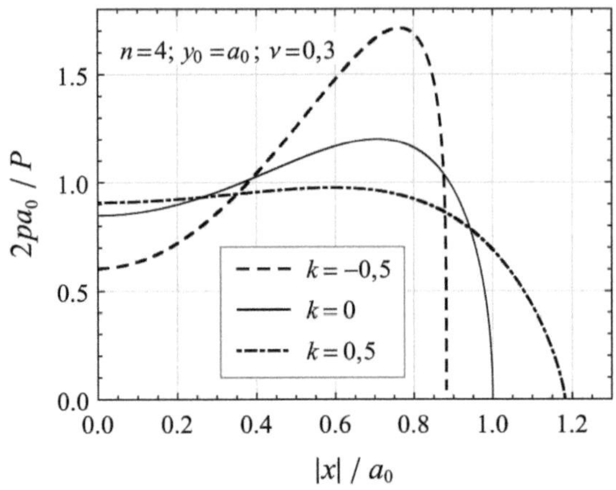

Abb. 11.12 Normierte Verläufe des Drucks $p(x)$ bei der Indentierung einer elastisch inhomogenen Halbebene durch einen starren Indenter mit einem Profil in der Form eines Potenzgesetzes 4. Grades für ausgewählte Werte des Exponenten der elastischen Inhomogenität. Für die Poissonzahl wurde $\nu = 0{,}3$ angenommen und als charakteristische Tiefe die Halbbreite des Kontaktes im Sonderfall einer elastisch homogenen Halbebene gewählt.

Die für positive Exponenten der elastischen Inhomogenität eindeutig bestimmte Eindrucktiefe geht aus Gleichung (11.14) nach Einsetzen von Gleichung (11.36) hervor,

$$d(a) = \frac{\Gamma\left(\frac{k}{2}\right)\Gamma\left(\frac{1+n}{2}\right)c_n a^n}{\sqrt{\pi}\,\Gamma\left(\frac{k+n}{2}\right)}, \quad 0 < k < 1. \tag{11.41}$$

11.2.5 Indentierung der linear inhomogenen, inkompressiblen Halbebene

Durch ein besonderes Verhalten ist die linear inhomogene, inkompressible Halbebene ausgezeichnet. Wir veranschaulichen dies kurz anhand des Kontaktbeispiels aus Abschn. 11.2.1, der Indentierung durch einen Flachstempel. Für die linear inhomogene Halbebene ändert sich der Elastizitätsmodul proportional zur Tiefe gemäß

$$E(y) = E_0 \frac{y}{y_0} \tag{11.42}$$

und geht demnach als Grenzfall aus der Änderung nach dem Potenzgesetz (11.1) hervor. Für $k \to 1$ folgt aus Gleichung (11.15)

$$p(x; P) = \frac{P}{2a}, \tag{11.43}$$

d. h. unter einem Flachstempel stellt sich eine homogene Druckverteilung ein. Die Eindrucktiefe nach Gleichung (11.17), die bei einem Flachstempel zugleich die Oberflächennormalverschiebung kennzeichnet, ergibt für $k \to 1$ aber nur bei zusätzlicher Inkompressibilität ($\nu = 0{,}5$) einen endlichen Wert von

$$d(P) = \frac{3y_0 P}{4E_0 a}, \tag{11.44}$$

ansonsten divergiert sie. Es ist demnach festzuhalten, dass die Druckspannungen und Oberflächennormalverschiebungen bei der Indentierung einer linear inhomogenen, inkompressiblen Halbebene durch einen Flachstempel direkt proportional zueinander sind und folgendem Zusammenhang gehorchen

$$p(x; P) = \frac{2E_0}{3y_0} u_y(x; P), \quad |x| \leq a. \tag{11.45}$$

Aus der Differenz von Gleichung (11.17) und (11.16) resultiert die Oberflächennormalverschiebung außerhalb des Kontaktes, die für $k \to 1$ das Ergebnis

$$u_y(x; P) = \frac{P(1-2\nu)(1+\nu)y_0}{4E_0(1-\nu)a} \ln\left(\frac{x+a}{x-a}\right), \quad |x| \geq a, \tag{11.46}$$

liefert, welches zuerst von Awojobi und Gibson (1973) auf anderem Wege hergeleitet wurde. Unter Berücksichtigung von Inkompressibilität in Gleichung (11.46) verschwindet die Oberflächennormalverschiebung außerhalb des Kontaktes gänzlich. Diese Besonderheit zusammen mit der Proportionalität zwischen Druckspannungen und Oberflächennormalverschiebungen im Kontaktgebiet sind Charakteristika der sogenannten Winklerschen Bettung. Aufgrund des Superpositionsprinzips kann man das Verhalten unmittelbar auf beliebige Indenterformen und sogar multiple Kontakte verallgemeinern. Gleichung (11.45) bleibt auch hierfür gültig, was Gibson (1967) in seiner Pionierarbeit nachwies.

11.3 Normalkontakt mit Adhäsion

Nachfolgend liefern wir die allgemeinen Bestimmungsgleichungen zur Lösung des Normalkontaktes mit Adhäsion für funktional gradierte Materialien und wenden diese auf den klassischen Kontakt mit einem parabolischen Zylinder an. Wir beschränken uns dabei auf elastisch inhomogene Materialien ausgezeichnet durch einen positiven Exponenten der elastischen Inhomogenität. Nur solche wurden bisher in der Literatur abgebildet. Vorab sei angemerkt, dass wir Adhäsion im Rahmen der klassischen Theorie von Johnson, Kendall und Roberts voraussetzen, d. h. dass adhäsive Wechselwirkungen nur im Kontaktgebiet eine Rolle spielen. Für nähere Erläuterungen verweisen wir auf Kap. 5, in welchem auch andere Theorien zur Behandlung adhäsiver Kontakte vorgestellt werden.

Es ist allgemein bekannt, dass im Gleichgewicht des adhäsiven Kontaktes die elastische Energiefreisetzungsrate gleich der Adhäsionsarbeit $\Delta\gamma$ sein muss,

$$G = \Delta\gamma. \tag{11.47}$$

Eine einfache Möglichkeit zur allgemeinen Bestimmung der Energiefreisetzungsrate und damit der Lösung des adhäsiven Kontaktes bildet die sogenannte Nachgiebigkeitsmethode („compliance method") von Shull (2002). Sie stellt eine Verallgemeinerung der JKR-Theorie dar und verwendet zur Lösung des adhäsiven Normalkontaktproblems die bekannte Lösung des entsprechenden nicht-adhäsiven Kontaktes. Ihre Anwendbarkeit ist weder auf homogene Materialien noch auf kreisförmige Kontaktflächen beschränkt. Die elastische Energiefreisetzungsrate wird danach wie folgt ermittelt:

$$G = \frac{(P_{\text{n.a.}} - P)^2}{4S^2}\frac{\mathrm{d}S}{\mathrm{d}a}, \quad S := \frac{\mathrm{d}P_{\text{n.a.}}}{\mathrm{d}d_{\text{n.a.}}}, \tag{11.48}$$

wobei der Index „n.a." die jeweilige nicht-adhäsive Lösung und S die zugehörige Kontaktsteifigkeit bezeichnen. Letztere kann aufgrund der festen Kontakthalbbreite am einfachsten aus Gleichung (11.17) des nicht-adhäsiven Flachstempelkontaktes gewonnen werden, da hier die Halbbreite fix ist. Nach Einsetzen in Gleichung (11.48) und Anwendung der Gleichgewichtsbedingung (11.47) folgt nach kurzer Rechnung

$$P(a) = P_{\text{n.a.}}(a) - \sqrt{\frac{4\Delta\gamma\sqrt{\pi}E_0 a^{k+1}}{b\,k\,y_0^k\,\Gamma\left(\frac{2+k}{2}\right)\Gamma\left(\frac{1-k}{2}\right)}}. \tag{11.49}$$

Den JKR-adhäsiven Kontakt kann man als Superposition des nicht-adhäsiven Kontaktes mit einer Entlastung bei festgehaltener Kontaktbreite interpretieren. Der zweite Term auf der rechten Seite in Gleichung (11.49) gibt diesen Entlastungsanteil an, der eine Starrkörpertranslation des Kontaktgebietes als Ganzes bewirkt und daher der negativen Indentierung durch einen starren Flachstempel gleichkommt.

Die Druckverteilung, die (vertikale) Position der deformierten Oberfläche der Halbebene, gemessen vom tiefsten Punkt des Eindrucks, und die Eindrucktiefe setzen sich in gleicher Weise aus den nicht-adhäsiven Lösungen und einer die Entlastung abbildende Flachstempellösung zusammen. Unter Verwendung der Gleichungen (11.15), (11.16) und (11.17) sowie Berücksichtigung der entsprechenden Linienlast aus Gleichung (11.49) folgen

$$
\begin{aligned}
p(x;\, a) &= p_{n,a}(x;\, a) - \sqrt{\frac{4\Gamma\left(\frac{2+k}{2}\right)\Delta\gamma E_0 a^{k-1}}{\sqrt{\Pi} bky_0^k \Gamma\left(\frac{1-l}{2}\right)^2 \Gamma\left(\frac{1-k}{2}\right)}\left(1-\frac{x^2}{a^2}\right)^{\frac{k-1}{2}}}, \quad |x| < a, \\
h(x;\, a) &= h_{n,\,a}(x,\, a) - \sqrt{\frac{4by_0^k\Delta\gamma\sqrt{\Pi}a^{1-k}}{E_0 k\Gamma\left(\frac{2+k}{2}\right)\Gamma\left(\frac{1-k}{2}\right)}}\left[\frac{\Gamma\left(\frac{2+k}{2}\right)\Gamma\left(\frac{1-k}{2}\right)}{\sqrt{\Pi}} - \left|\frac{a}{x}\right|^2 {}_2F_1\left(\frac{k}{2},\, \frac{1+k}{2};\, \left(\frac{2+k}{2}\right);\, \frac{a^2}{x^2}\right)\right], \\
|x| &\geqslant a, \\
d(a) &= d_{n,\,a}(a) - \sqrt{\frac{4\Gamma\left(\frac{2+k}{2}\right)\Gamma\left(\frac{1-k}{2}\right)\Delta\gamma by_0^k a^{1-k}}{\sqrt{\Pi}kE_{\partial 0}}}.
\end{aligned}
\tag{11.50}
$$

Die kritische Konfiguration mit der Halbbreite a_c, bei der der Kontakt seine Stabilität verliert und sich ablöst, wird aus der Bedingung.

$$
\left.\frac{\mathrm{d}P(a)}{\mathrm{d}a}\right|_{a=a_c} = 0 \quad \Leftrightarrow \quad \left.\frac{\mathrm{d}P_{\mathrm{n.a.}}(a)}{\mathrm{d}a}\right|_{a=a_c} = \frac{k+1}{2}\sqrt{\frac{4\Delta\gamma\sqrt{\pi}E_0 a_c^{k-1}}{b\,k\,y_0^k\,\Gamma\left(\frac{2+k}{2}\right)\Gamma\left(\frac{1-k}{2}\right)}} \tag{11.51}
$$

ermittelt.[2]. Die Linienlast im kritischen Zustand P_c (auch Adhäsionskraft je Einheitslänge genannt) ergibt sich nach Einsetzen der berechneten kritischen Halbbreite in Gleichung (11.49).

11.3.1 Der Flachstempel

Die Lösung für den adhäsiven Normalkontakt mit einem starren Flachstempel mit der Halbbreite a ist elementar. Da die Adhäsion nach der JKR-Theorie selbst als eine (negative) Indentierung durch einen flachen Stempel interpretiert werden kann und die Superposition zweier Stempel-Lösungen mit der gleichen Halbbreite wiederum eine Stempel-Lösung darstellt, sind die Lösungen des Kontaktproblems mit und ohne Adhäsion im Fall des starren Flachstempels gleich. Die Ergebnisse für die Druckverteilung p, die Position h der deformierten Oberfläche, gemessen von der flachen Stirnfläche des Stempels, und die Eindrucktiefe d als Funktionen der Linienlast P können unmittelbar aus Abschn. 11.2.1 übernommen werden:

[2] Wir beschränken uns hier auf den kraftgesteuerten Versuch. Es sei aber darauf hingewiesen, dass aufgrund der endlichen Eindrucktiefe für positive Exponenten der elastischen Inhomogenität eine Behandlung des weggesteuerten Versuches eine sinnvolle Ergänzung darstellt.

$$p(x;P) = \frac{\Gamma\left(\frac{2+k}{2}\right)P}{\sqrt{\pi}\,\Gamma\left(\frac{1+k}{2}\right)a}\left(1-\frac{x^2}{a^2}\right)^{\frac{k-1}{2}}, \quad |x| < a,$$

$$h(x;P) = \frac{by_0^k P}{E_0 a^k}\left[\frac{\Gamma\left(\frac{2+k}{2}\right)\Gamma\left(\frac{1-k}{2}\right)}{\sqrt{\pi}} - \left|\frac{a}{x}\right|^k {}_2\mathrm{F}_1\left(\frac{k}{2},\frac{1+k}{2};\frac{2+k}{2};\frac{a^2}{x^2}\right)\right], \quad x \geq a,$$

$$d(P) = \frac{Pby_0^k}{E_0 a^k}\frac{\Gamma\left(\frac{2+k}{2}\right)\Gamma\left(\frac{1-k}{2}\right)}{\sqrt{\pi}}. \tag{11.52}$$

Der Unterschied zum nicht-adhäsiven Kontakt besteht darin, dass die Linienlast auch negative Werte annehmen kann. Die kritische Halbbreite des Kontaktes ist durch die Halbbreite des Stempels vorgegeben. Die kritische Linienlast, bei der der Kontakt seine Stabilität verliert, ist daher

$$P_c = -\sqrt{\frac{4\Delta\gamma\sqrt{\pi}E_0 a^{k+1}}{b\,k\,y_0^k\Gamma\left(\frac{2+k}{2}\right)\Gamma\left(\frac{1-k}{2}\right)}}. \tag{11.53}$$

11.3.2 Der ebene Hertzsche Kontakt

Die adhäsive Indentierung einer elastisch inhomogenen Halbebene durch einen starren Zylinder mit dem Radius R zeigt Abb. 11.13. Wie üblich gehen wir von der parabolischen Näherung aus. Eine Reihe grundlegender Berechnungsgleichungen zur Lösung dieses adhäsiven Kontaktproblems sind im Anhang der Arbeit von Giannakopoulos und Pallot (2000) zu finden. Die Autoren verwendeten dazu den klassischen Ansatz der Minimierung der Gesamtenergie. Explizite Lösungen und Analysen liefern sie nicht. Solche wurden von Chen et al. (2009) durchgeführt. Etwas überraschend greifen sie dabei auf numerische Berechnungen zurück, da für sie die Herleitung von geschlossen analytischen Lösungen auf einfache Weise nicht realisierbar erscheint. Mit Hilfe der obigen aus der Superposition hervorgegangenen Gleichungen (11.49) bis (11.51) stellt dies aber keinerlei Herausforderung dar.

Nach Einsetzen der durch Gleichung (11.28) gegebenen Lösung des reibungsfreien Normalkontaktes in Gleichung (11.49) erhalten wir die Linienlast P in Abhängigkeit der Kontakthalbbreite a,

$$P(a) = \frac{\sqrt{\pi}E_0 a^{k+2}}{2b(k,\nu)R\,y_0^k k\,\Gamma\left(\frac{4+k}{2}\right)\Gamma\left(\frac{1-k}{2}\right)} - \sqrt{\frac{4\Delta\gamma\sqrt{\pi}E_0 a^{k+1}}{b\,k\,y_0^k\,\Gamma\left(\frac{2+k}{2}\right)\Gamma\left(\frac{1-k}{2}\right)}}. \tag{11.54}$$

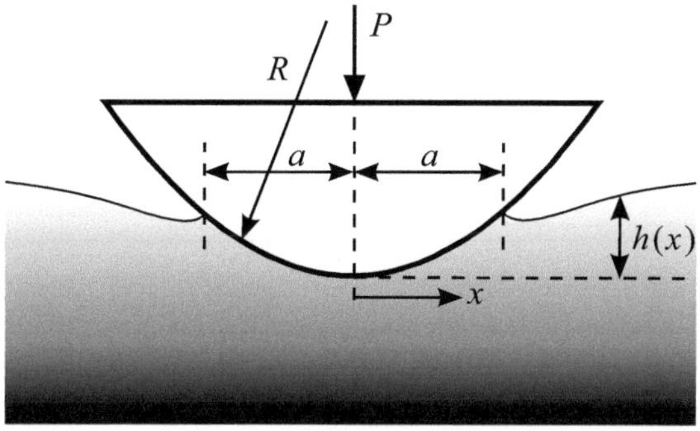

Abb. 11.13 Adhäsive Indentierung einer elastisch inhomogenen Halbebene durch einen starren Zylinder mit dem Radius R

In normierter Form veranschaulicht Abb. 11.14 diesen Zusammenhang für eine elastisch inhomogene Halbebene mit $k = 0{,}1$ und verschiedene Werten der charakteristischen Tiefe y_0. Für die Poissonzahl wurde $\nu = 0{,}3$ angenommen und $E^* R/\Delta\gamma = 100$ gewählt. Die Kurven deuten bereits an, dass die kritische Linienlast betragsmäßig mit Zunahme der charakteristischen Tiefe abnimmt, während sich die kritische Kontakthalbbreite vergrößert. Um dieses Verhalten zu bestätigen, werden im Weiteren beide Größen ermittelt.
Die kritische Halbbreite des Kontaktes, bei der der Kontakt seine Stabilität verliert und sich spontan ablöst, ergibt sich aus der Bedingung (11.51) und lautet

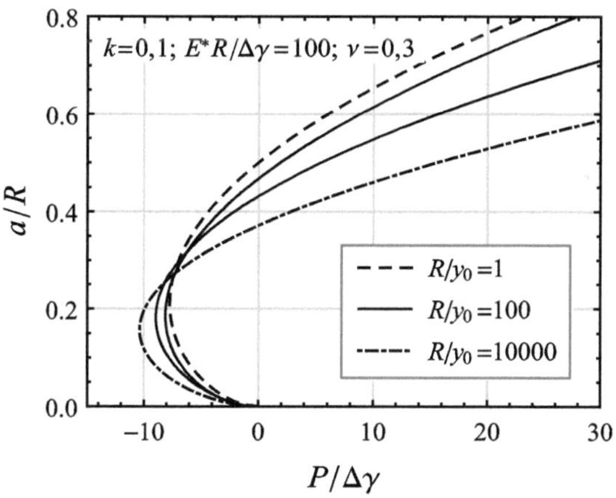

Abb. 11.14 Normierter Zusammenhang zwischen Kontakthalbbreite a und Linienlast P für verschiedene normierte Werte der charakteristischen Tiefe y_0 bei der JKR-adhäsiven Indentierung einer elastisch inhomogenen Halbebene mit $k = 0{,}1$ durch einen starren, parabolischen Zylinder. Für die Poissonzahl wurde $\nu = 0{,}3$ angenommen und $E^* R/\Delta\gamma = 100$ gewählt. Die dünne durchgezogene Linie kennzeichnet die Lösung von Barquins – siehe Gleichung (11.57).

$$a_c = \left(\frac{k(k+1)^2 \Gamma\left(\frac{2+k}{2}\right) \Gamma\left(\frac{1-k}{2}\right) b \Delta\gamma y_0^k R^2}{\sqrt{\pi} E_0} \right)^{\frac{1}{3+k}}. \tag{11.55}$$

Die dazugehörige kritische Linienlast ist

$$P_c = -\frac{(k+1)(k+3)\Delta\gamma R}{k+2} \left(\frac{\sqrt{\pi} E_0}{k(k+1)^2 \Gamma\left(\frac{2+k}{2}\right) \Gamma\left(\frac{1-k}{2}\right) b \Delta\gamma y_0^k R^2} \right)^{\frac{1}{3+k}}. \tag{11.56}$$

Unter Berücksichtigung von $\lim_{k \to 0} [kb(k, \nu)] = 2(1-\nu^2)/\pi$ liefern die Gleichungen (11.54) bis (11.56) im Grenzübergang $k \to 0$ folgende Resultate:

$$P(a) = \frac{\pi E^* a^2}{4R} - \sqrt{2\pi a E^* \Delta\gamma}, \quad a_{c,\text{JKR}} = \left(\frac{2R^2 \Delta\gamma}{\pi E^*} \right)^{1/3}, \quad P_{c,\text{JKR}} = -3 \left(\frac{\pi \Delta\gamma^2 R E^*}{16} \right)^{1/3}, \tag{11.57}$$

mit der Abkürzung $E^* = E_0/(1-\nu^2)$. Die Lösungen (11.57) stimmen exakt mit den von Barquins (1988) angegebenen Lösungen für den adhäsiven Kontakt eines starren, parabolischen Zylinders mit der elastisch homogenen Halbebene überein. Die dünne durchgezogene Linie in Abb. 11.14 gibt den zugehörigen Verlauf der Kontakthalbbreite als Funktion der Linienlast in normierter Darstellung wieder.

Unter Verwendung der in Gleichung (11.57) für homogenes elastisches Material angegebenen kritischen Größen zur Normierung, verdeutlichen Abb. 11.15 und 11.16 den Effekt des Exponenten der elastischen Inhomogenität auf die kritische Kontakthalbbreite und die kritische Linienlast. Orientiert an der Arbeit von Chen et al. (2009) wurden Verläufe für drei verschiedene charakteristische Tiefen erstellt. Es ist klar zu erkennen, dass sowohl der Exponent der elastischen Inhomogenität als auch die charakteristische Tiefe die kritischen Größen signifikant beeinflussen. Für kleine charakteristische Tiefen y_0 nimmt die normierte kritische Kontakthalbbreite zunächst mit steigendem k ab und nach Erreichen eines Minimums wieder zu. Für größere charakteristische Tiefen y_0 stellt sich hingegen ein rein monoton ansteigender Verlauf ein. Ein ähnliches Verhalten ergab sich bereits im Normalkontakt ohne Adhäsion. Man vergleiche dazu mit Abb. 11.9. Die normierte kritische Linienlast ist durch ein konträres Verhalten charakterisiert. So steigt sie für kleine charakteristische Tiefen y_0 mit zunehmendem k zunächst an, erreicht ein Maximum und nimmt dann monoton ab. Für größere charakteristische Tiefen y_0 ist der Verlauf der kritischen Linienlast hingegen streng monoton fallend. Die umgekehrte Proportionalität zwischen kritischer Linienlast und kritischer Kontakthalbbreite ist unmittelbar aus den Gleichungen (11.55) und (11.56) ersichtlich. Eine Variation des Faktors $E^* R/\Delta\gamma$ beeinflusst die normierten Verläufe aus Abb. 11.15 und 11.16 nur geringfügig.

Als weiteren Grenzfall kann das in Abschn. 11.2.5 definierte Gibson-Medium untersucht werden. Dazu sind die Vorgaben $\nu = 0{,}5$ und $k \to 1$ zu berücksichtigen. Unter

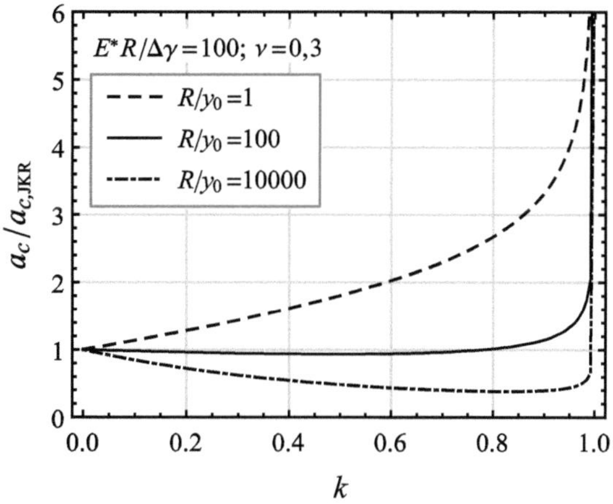

Abb. 11.15 Effekt des Exponenten der elastischen Inhomogenität auf die kritische Kontakthalbbreite a_c bei der JKR-adhäsiven Indentierung einer elastisch inhomogenen Halbebene durch einen starren, parabolischen Zylinder. Für die Poissonzahl wurde $\nu = 0{,}3$ angenommen und $E^* R/\Delta\gamma = 100$ gewählt

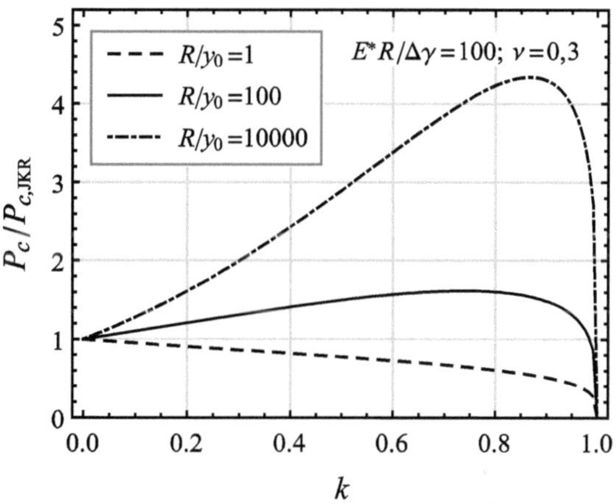

Abb. 11.16 Effekt des Exponenten der elastischen Inhomogenität auf die kritische Linienlast P_c bei der JKR-adhäsiven Indentierung einer elastisch inhomogenen Halbebene durch einen starren, parabolischen Zylinder. Für die Poissonzahl wurde $\nu = 0{,}3$ angenommen und $E^* R/\Delta\gamma = 100$ gewählt

Beachtung von $\lim\limits_{k\to 1}\left[b(k,\ \nu = 0,5)\Gamma\left(\frac{1-k}{2}\right)\right] = 1,5$ ergeben sich

$$P(a) = \frac{4E_0 a^3}{9Ry_0} - 4a\sqrt{\frac{\Delta\gamma E_0}{3y_0}}, \quad a_c = \left(\frac{3R^2\Delta\gamma y_0}{E_0}\right)^{1/4}, \quad P_c = -\frac{8}{3}\left(\frac{E_0\Delta\gamma^3 R^2}{3y_0}\right)^{1/4}. \tag{11.58}$$

Die Ergebnisse aus Gleichung (11.58) wurden zuerst von Chen et al. (2009) hergeleitet.

Abschließend geben wir noch die Druckverteilung, die (vertikale) Position der deformierten Oberfläche der Halbebene, gemessen vom tiefsten Punkt des Eindrucks, und die Eindrucktiefe für den adhäsiven Normalkontakt an. Dazu müssen lediglich die nicht-adhäsiven Lösungen (11.31), (11.32) und (11.34) in Gleichung (11.50) eingesetzt werden. Für die Druckverteilung erhält man

$$p(x;a)=\frac{E_0 a^{k+1}}{2\Gamma\left(\frac{3+k}{2}\right)\Gamma\left(\frac{1-k}{2}\right)k\,b\,R\,y_0^k}\left(1-\frac{x^2}{a^2}\right)^{\frac{1+k}{2}}-\sqrt{\frac{4\Gamma\left(\frac{2+k}{2}\right)\Delta\gamma E_0 a^{k-1}}{\sqrt{\pi}\,b\,k\,y_0^k\,\Gamma\left(\frac{1+k}{2}\right)^2\Gamma\left(\frac{1-k}{2}\right)}}\left(1-\frac{x^2}{a^2}\right)^{\frac{k-1}{2}}, \tag{11.59}$$

$|x| < a.$

Die Position der deformierten Oberfläche der Halbebene beschreibt folgende Gleichung

$$h(x;a)=\frac{a^2}{Rk}\left[\frac{1}{2}-\frac{\sqrt{\pi}}{2\Gamma\left(\frac{4+k}{2}\right)\Gamma\left(\frac{1-k}{2}\right)}\left|\frac{a}{x}\right|^k {}_2F_1\left(\frac{k}{2},\frac{1+k}{2};\frac{4+k}{2};\frac{a^2}{x^2}\right)\right]$$
$$-\sqrt{\frac{4by_0^k\Delta\gamma\sqrt{\pi}a^{1-k}}{E_0 k\,\Gamma\left(\frac{2+k}{2}\right)\Gamma\left(\frac{1-k}{2}\right)}}\left[\frac{\Gamma\left(\frac{2+k}{2}\right)\Gamma\left(\frac{1-k}{2}\right)}{\sqrt{\pi}}-\left|\frac{a}{x}\right|^k {}_2\mathrm{F}_1\left(\frac{k}{2},\frac{1+k}{2};\frac{2+k}{2};\frac{a^2}{x^2}\right)\right],\quad |x|\geq a, \tag{11.60}$$

und für die Eindrucktiefe gilt

$$d(a)=\frac{a^2}{2Rk}-\sqrt{\frac{4\Gamma\left(\frac{2+k}{2}\right)\Gamma\left(\frac{1-k}{2}\right)\Delta\gamma b y_0^k a^{1-k}}{\sqrt{\pi}\,kE_0}}. \tag{11.61}$$

11.4 Tangentialkontakt

Nachfolgend werden die Berechnungsgleichungen zur Lösung von ebenen Tangentialkontakten funktionaler Gradientenmaterialien angegeben. Wir beschränken uns dabei auf den klassischen Belastungsfall von Cattaneo (1938) und Mindlin (1949), bei dem der Indenter zunächst in die (elastisch inhomogene) Halbebene gedrückt und im Anschluss bei konstanter Linienlast P durch eine monoton ansteigende tangentiale Linienlast Q beansprucht wird. Außerdem gehen wir von vollständiger elastischer Entkopplung aus, d. h. das Normalspannungen in der Kontaktfläche keinerlei relative Tangentialverschiebungen hervorrufen und umgekehrt Tangentialspannungen keinerlei relative Normalverschiebungen zur Folge haben. Es gelten also die Integralgleichungen (11.7). Als Folge der Formanalogie dieser Gleichungen kann die Lösung eines Tangentialkontaktproblems ohne separate Berechnung auf einfache Weise aus der Lösung des zugehörigen Normalkontaktproblems zusammengesetzt werden. Insbesondere gilt folgender Zusammenhang

$$\{u_x(x)\}_q=\frac{g(k,\nu)}{b(k,\nu)}\{u_y(x)\}_p,\quad 0<k<1. \tag{11.62}$$

der ausdrücken soll, dass die Tangentialverschiebungen aufgrund einer Tangentialspannungsverteilung, abgesehen von einem konstanten Faktor, gleich den durch eine Druckverteilung vom gleichen Typ hervorgerufenen Normalverschiebungen sind. Bei zwei elastisch inhomogenen Halbebenen mit gleichem Exponenten der elastischen Inhomogenität (und gleicher charakteristischer Tiefe) ist die Ersetzung der Materialparameter gemäß Gleichung (11.5) zu beachten.

Zur Lösung von Tangentialkontakten mit partiellem Gleiten kann zwar nicht unmittelbar von Gleichung (11.62) Gebrauch gemacht werden, jedoch kann die Lösung aus einer Superposition von Lösungen des zugehörigen Normalkontaktproblems gebildet werden. Dieser Ansatz wurde einst von Cattaneo (1938) und Mindlin (1949) zur Lösung des Tangentialkontaktes zwischen Körpern mit parabolisch gekrümmter Oberfläche verwendet. Jäger (1997) und Ciavarella (1998) haben das Superpositionsprinzip für die Anwendung auf ebene Kontakte beliebiger Profilformen erweitert. In einer leicht modifizierten Form gilt das sogenannte Ciavarella-Jäger-Theorem auch für elastisch nach dem Potenzgesetz (11.1) gradierte Materialien. Heß und Popov (2016) haben es zuerst zur Lösung von axialsymmetrischen Tangentialkontakten solcher Materialien ausgenutzt. Bevor wir die entsprechenden Gleichungen für ebene Kontakte notieren, wiederholen wir kurz noch einmal die Randbedingungen für Tangentialkontakte mit partiellem Gleiten, die in Kap. 6 tiefer erläutert wurden. Das Kontaktgebiet setzt sich bekanntermaßen aus einem inneren Haftgebiet und einem äußeren Gleitgebieten zusammen, wenn bei konstanter normaler Linienlast P die tangentiale Linienlast Q monoton anwachsend aufgebracht wird. Die gemischten Randbedingungen für dieses Problem lauten

$$\begin{aligned} \frac{\mathrm{d}u_x}{\mathrm{d}x} = 0 \quad \text{und} \quad |q| \le \mu p \quad &\text{im Haftgebiet}, \\ |q| = \mu p \quad &\text{im Gleitgebiet}, \end{aligned} \tag{11.63}$$

wobei zusätzlich die Reibspannungen im Gleitgebiet den relativen Tangentialverschiebungen entgegen gerichtet sein müssen. Die Randbedingungen (11.63) werden für symmetrische Kontaktprofile durch folgende Tangentialspannungsverteilung erfüllt:

$$q(x; a, c) = \mu\big[p(x; a) - p(x; c)\big]. \tag{11.64}$$

Nach Integration über die Kontaktfläche ergibt sich daraus für die tangentiale Linienlast

$$Q(a, c) = \mu[P(a) - P(c)]. \tag{11.65}$$

Darin bezeichnet c die Halbbreite des Haftgebiets. Auch der für die Energiedissipation und den Verschleiß ausschlaggebende (relative) Schlupf Δu_x in der Kontaktfläche kann allein aus der Lösung des Normalkontaktes gewonnen werden. Dazu wird lediglich die vom tiefsten Punkt des Eindrucks gemessene Position $h(x)$ der deformierten Oberfläche der Halbebene benötigt. Analog zu der von Heß und Li (2023) für axialsymmetrische Kontakte beschriebenen Vorgehensweise erhält man für ebene Kontakte folgenden Zusammenhang:

$$\Delta ux(x;\ c) = \mu\alpha \begin{cases} 0, & |x| \leqslant c, \\ f(x) - h(x;\ c), & c < |x| \leqslant a, \end{cases} \tag{11.66}$$

mit dem Koeffizienten

$$\alpha(k, \nu_i, E_{0i}) := \left(\frac{g(k, \nu_1)}{E_{01}} + \frac{g(k, \nu_2)}{E_{02}}\right) / \left(\frac{b(k, \nu_1)}{E_{01}} + \frac{b(k, \nu_2)}{E_{02}}\right) \quad \text{bzw.} \quad \alpha(k, \nu) := \frac{g(k, \nu)}{b(k, \nu)}. \tag{11.67}$$

Die Definition rechterhand gilt nur für den Fall gleicher elastisch inhomogener Materialien oder wenn einer der beiden Körper als starr angenommen wird. Für positive Exponenten der elastischen Inhomogenität ist sogar die relative Tangentialverschiebung eindeutig bestimmt. Für Punkte des Haftgebietes ist diese konstant und kann wie folgt aus der Eindrucktiefe ermittelt werden:

$$u_x^{(0)}(a, c) = \mu\alpha[d(a) - d(c)], \quad 0 < k < 1. \tag{11.68}$$

Abschließend sei abermals betont, dass nachfolgende Skizzen immer die Indentierung der elastisch inhomogenen Halbebene durch einen *starren* Stempel zeigen, obwohl für negative Exponenten der elastischen Inhomogenität streng genommen keine Entkopplung gegeben ist. Die Lösungen können aber ohne Weiteres mit Hilfe der Ersetzung nach Gleichung (11.5) für zwei elastisch inhomogene Materialien verallgemeinert werden, für die dann Entkopplung möglich ist.

11.4.1 Der Flachstempel

Wir betrachten zuerst den in Abb. 11.17 gezeigten Flachstempel, der durch die Linienlasten P und Q in Normal- und Tangentialrichtung belastet wird. Das zusätzliche Moment soll lediglich dafür sorgen, dass kein Kippen auftritt, d. h. ein reines Translationsproblem vorliegt.

Aufgrund der angenommenen elastischen Entkopplung stellt sich unter dem Stempel die Druckverteilung des reibungsfreien Normalkontaktproblems aus Gleichung (11.15) ein:

$$p(x; P) = \frac{\Gamma\left(\frac{2+k}{2}\right)P}{\sqrt{\pi}\,\Gamma\left(\frac{1+k}{2}\right)a}\left(1 - \frac{x^2}{a^2}\right)^{\frac{k-1}{2}} \tag{11.69}$$

und die für positive Exponenten k eindeutig bestimmte Eindrucktiefe ist durch Gleichung (11.70) gegeben,

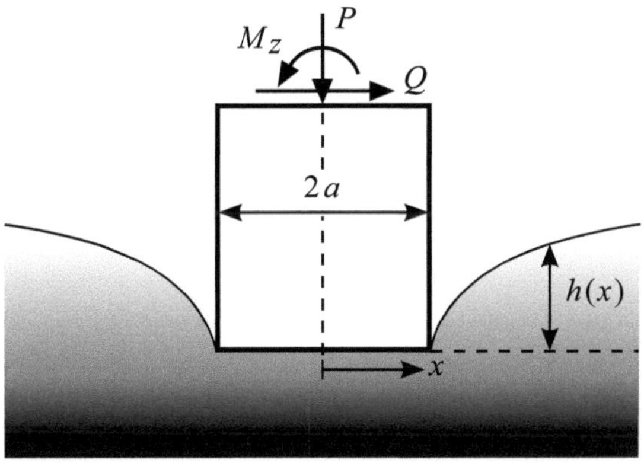

Abb. 11.17 Tangentialkontakt zwischen einem starren Flachstempel mit der Halbbreite a und einer elastisch inhomogenen Halbebene

$$d(P) = \frac{Pby_0^k}{E_0 a^k} \frac{\Gamma\left(\frac{2+k}{2}\right)\Gamma\left(\frac{1-k}{2}\right)}{\sqrt{\pi}}, \quad 0 < k < 1. \tag{11.70}$$

Aufgrund der Formanalogie der entkoppelten Integralgleichungen (11.7) sowie der daraus resultierenden Beziehung (11.62) kann man die Tangentialspannungen und die relativen Tangentialverschiebungen direkt aus obigen Gleichungen ableiten. Auf diese Weise folgen

$$q(x; Q) = \frac{\Gamma\left(\frac{2+k}{2}\right)Q}{\sqrt{\pi}\,\Gamma\left(\frac{1+k}{2}\right)a}\left(1 - \frac{x^2}{a^2}\right)^{\frac{k-1}{2}}, \tag{11.71}$$

$$u_x(Q) = \frac{Qg(k,\nu)y_0^k}{E_0 a^k} \frac{\Gamma\left(\frac{2+k}{2}\right)\Gamma\left(\frac{1-k}{2}\right)}{\sqrt{\pi}}, \quad 0 < k < 1. \tag{11.72}$$

Solange $Q < \mu P$ ist, wird der Kontakt vollständig haften und bei Erreichen der Grenze vollständig gleiten. Wegen der angenommenen elastischen Entkopplung kommt es zu keinerlei partiellem Gleiten.

11.4.2 Der ebene Hertzsche Kontakt

Die Lösungen für den reibungsfreien Normalkontakt zwischen einem starren, parabolischen Zylinder mit dem Krümmungsradius R und der elastisch inhomogenen Halbebene wurden in Abschn. 11.2.3 behandelt. Da die Lösungen des in Abb. 11.18 gezeigten Tangentialkontaktes aus der Superposition von Lösungen des Normalkontaktproblems hervorgehen, bedarf es keiner separaten Rechnung. Giannakopoulos und Pallot (2000) sind auf diese Weise vorgegangen.

Nach Einsetzen des Ergebnisses aus Gleichung (11.31) in Gleichung (11.64) ist die Tangentialspannungsverteilung in der Kontaktfläche gefunden. Sie lautet

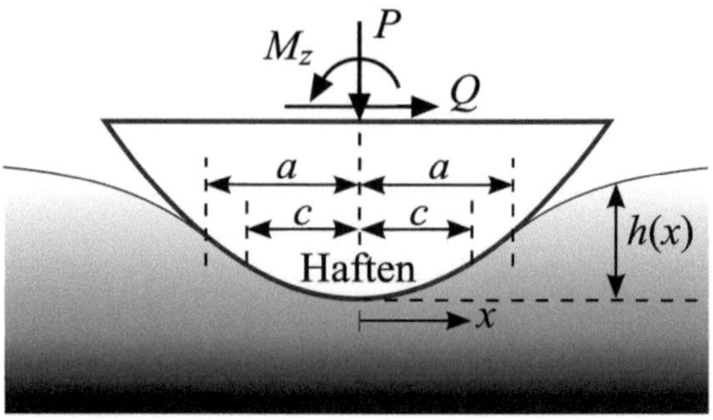

Abb. 11.18 Tangentialkontakt zwischen einem starren Zylinder mit dem Radius R und einer elastisch inhomogenen Halbebene

$$q(x;a,c) = \frac{\mu E_0}{2bk\Gamma\left(\frac{3+k}{2}\right)\Gamma\left(\frac{1-k}{2}\right)Ry_0^k}\begin{cases}\left(a^2-x^2\right)^{\frac{1+k}{2}} - \left(c^2-x^2\right)^{\frac{1+k}{2}}, & |x| \le c,\\ \left(a^2-x^2\right)^{\frac{1+k}{2}}, & c < |x| \le a,\end{cases} \tag{11.73}$$

und ist für den negativen Exponenten der elastischen Inhomogenität, $k = -0{,}5$, in Abb. 11.19 für drei verschiedene Halbbreiten des Haftgebiets sowie den willkürlich gewählten Vorgaben $y_0 = a$ und $\nu = 0{,}3$ skizziert.

Der entsprechende Verlauf für eine elastisch inhomogene Halbebene, deren Material über den positiven Exponenten $k = 0{,}5$ der elastischen Inhomogenität charakterisiert ist, illustriert Abb. 11.20. Im Vergleich zu den Tangentialspannungen, die sich im Falle einer

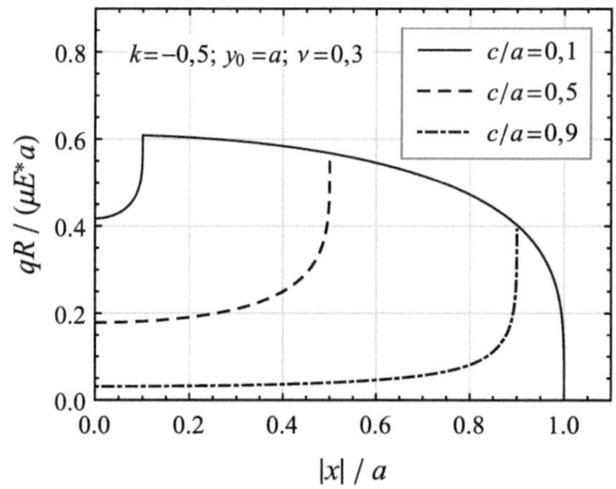

Abb. 11.19 Normierte Verteilung der Tangentialspannungen $q(x)$ für den Tangentialkontakt zwischen einem parabolischen Zylinder und einer elastisch inhomogenen Halbebene mit negativem Exponenten $k = -0{,}5$ bei verschiedenen Werten der normierten Halbbreite des Haftgebiets c. Für die Poissonzahl wurde $\nu = 0{,}3$ angenommen und als charakteristische Tiefe die Halbbreite des Kontaktes gewählt.

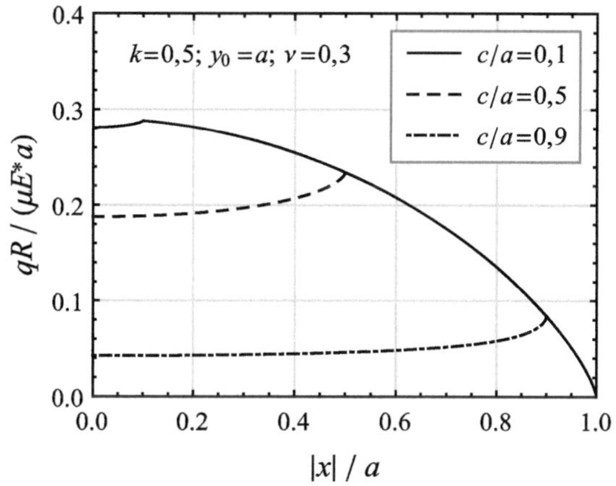

Abb. 11.20 Normierte Verteilung der Tangentialspannungen $q(x)$ für den Tangentialkontakt zwischen einem parabolischen Zylinder und einer elastisch inhomogenen Halbebene mit negativem Exponenten $k = 0{,}5$ bei verschiedenen Werten der normierten Halbbreite des Haftgebiets c. Für die Poissonzahl wurde $\nu = 0{,}3$ angenommen und als charakteristische Tiefe die Halbbreite des Kontaktes gewählt.

elastisch homogenen Halbebene einstellen (siehe Abb. 6.9), fallen die Tangentialspannungen im Gleitgebiet für $k = -0{,}5$ größer und für $k = 0{,}5$ kleiner aus. Man beachte zudem das charakteristische Krümmungsverhalten für positive und negative Materialgradienten.

Der Zusammenhang zwischen der tangentialen Linienlast Q und der Halbbreite des Haftgebiets c ergibt sich nach Einsetzen von Gleichung (11.28) in Gleichung (11.65),

$$Q(a, c) = \mu P(a)\left[1 - \left(\frac{c}{a}\right)^{2+k}\right]. \tag{11.74}$$

Verläufe für verschiedene Exponenten der elastischen Inhomogenität zeigt Abb. 11.21. Die dünnen durchgezogenen Linien kennzeichnen die Grenzkurven für $k = \pm 1$. Interessanterweise stimmt die Abhängigkeit für $k = 1$ exakt mit derjenigen überein, die aus dem axialsymmetrischen Tangentialkontakt zwischen einem parabolischen Indenter und dem elastisch homogenen Halbraum resultiert, worauf Heß (2011, S. 76 ff.) aufmerksam machte.

Für den Schlupf im Gleitgebiet Δu_x erhält man nach Einsetzen von Gleichung (11.32) in Gleichung (11.68)

$$\Delta u_x(x; c) = \frac{\mu \alpha c^2}{2R}\left[\frac{x^2}{c^2} - \frac{1}{k} + \frac{\sqrt{\pi}}{k\Gamma\left(\frac{4+k}{2}\right)\Gamma\left(\frac{1-k}{2}\right)}\left|\frac{c}{x}\right|^k {}_2F_1\left(\frac{k}{2}, \frac{1+k}{2}; \frac{4+k}{2}; \frac{c^2}{x^2}\right)\right], \quad c < |x| \leq a. \tag{11.75}$$

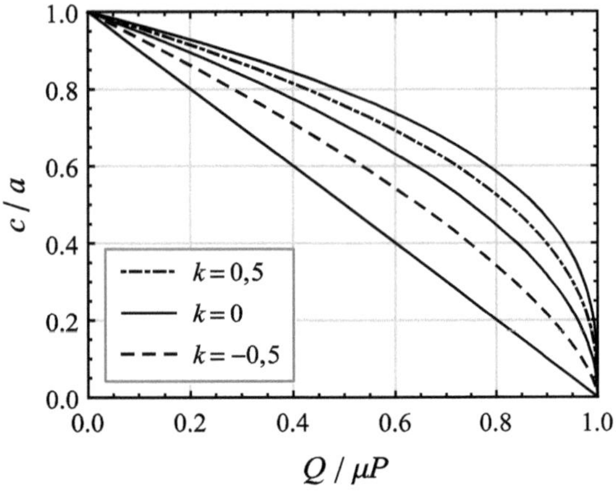

Abb. 11.21 Normierte Halbbreite des Haftgebietes als Funktion der normierten tangentialen Linienlast für ausgewählte Werte des Exponenten der elastischen Inhomogenität. Die dünnen durchgezogenen Linien kennzeichnen die Grenzkurven für $k = \pm 1$.

Für positive Exponenten der elastischen Inhomogenität ist auch die relative Tangentialverschiebung der Punkte des Haftgebietes eindeutig bestimmt. Unter Berücksichtigung der Eindrucktiefe aus Gleichung (11.34) liefert Gleichung (11.68)

$$u_x^{(0)}(a, c) = \mu\alpha d(a)\left[1 - \left(\frac{c}{a}\right)^2\right], \quad 0 < k < 1. \tag{11.76}$$

Nach Elimination des Verhältnisses aus Haft- und Kontaktbreite mit Hilfe von Gleichung (11.74) resultiert folgende Kraftschlusscharakteristik

$$u_x^{(0)} = \mu\alpha d\left[1 - \left(1 - \frac{Q}{\mu P}\right)^{\frac{2}{2+k}}\right], \quad 0 < k < 1. \tag{11.77}$$

Literatur

Awojobi, A.O.; Gibson, R.E.: *Plane strain and axially symmetric problems of a linearly nonhomogeneous elastic half-space.* The Quarterly Journal of Mechanics and Applied Mathematics, **26**(3), 285–302 (1973) https://doi.org/10.1093/qjmam/26.3.285

Barquins, M.: *Adherence and rolling kinetics of a rigid cylinder in contact with a natural rubber surface.* The Journal of Adhesion, **26**(1), 1–12 (1988) https://doi.org/10.1080/00218468808071271

Booker, J.R.; Balaam, N.P.; Davis, E.H.: *The behaviour of an elastic non-homogeneous half-space. Part I-line and point loads.* International Journal for Numerical and Analytical Methods in Geomechanics, **9**(4), 353–367 (1985a) https://doi.org/10.1002/nag.1610090405

Booker, J.R.; Balaam, N.P.; Davis, E.H.: *The behaviour of an elastic non-homogeneous half-space. Part II–circular and strip footings.* International Journal for Numerical and Analytical Methods in Geomechanics, **9**(4), 369–381 (1985b) https://doi.org/10.1002/nag.1610090406

Cattaneo, C.: *Sul Contatto di due Corpore Elastici: Distribuzione degli sforzi.* Rendiconti dell' Academi Nazionale dei Lincei, **27**, 342–348, 434–436, 474–478 (1938)

Chen, S.; Yan, C.; Soh, A.: Adhesive behavior of two-dimensional power-law graded materials. International Journal of Solids and Structures, **46**(18–19), 3398–3404 (2009) https://doi.org/10.1016/j.ijsolstr.2009.05.006

Ciavarella, M.: *The generalized Cattaneo partial slip plane contact problem. I – Theory.* International Journal of Solids and Structures, **35**(18), S.2349–2362 (1998) https://doi.org/10.1016/S0020-7683(97)00154-6

Giannakopoulos, A.E.; Pallot, P.: *Two-dimensional contact analysis of elastic graded materials.* Journal of the Mechanics and Physics of Solids, **48**(8), 1597–1631 (2000) https://doi.org/10.1016/S0022-5096(99)00068-X

Gibson, R.E.: *Some results concerning displacements and stresses in a non-homogeneous elastic half-space.* Geotechnique, **17**(1), 58–67 (1967) https://doi.org/10.1680/geot.1967.17.1.58

Heß, M.: *Über die exakte Abbildung ausgewählter dreidimensionaler Kontakte auf Systeme mit niedrigerer räumlicher Dimension.* Cuvillier Verlag, Göttingen (2011)

Heß, M.; Giesa, P.L.: *An Application of the Mossakovskii-Jäger Procedure for Solving Plane Strain Adhesive Contact Problems of Power-Law Graded Elastic Solids.* Spectrum of Mechanical Engineering and Operational Research, **1**(1), 64–81 (2024) https://doi.org/10.31181/smeor1120245

Heß, M.; Li, Q.: *Tangential contacts of three-dimensional power-law graded elastic solids: A general theory and application to partial slip.* Mechanics of Advanced Materials and Structures, 1–21 (2023) https://doi.org/10.1080/15376494.2023.2222289

Heß, M.; Popov, V.L.: *Method of dimensionality reduction in contact mechanics and friction: a user's handbook. II. Power-law graded materials.* Facta Universitatis, Series: Mechanical Engineering, **14**(3), 251–268 (2016) https://doi.org/10.22190/FUME1603251H

Jäger, J.: *Half-planes without coupling under contact loading.* Archive of Applied Mechanics, 67, 247–259 (1997) https://doi.org/10.1007/s004190050115

Lee, D., Barber, J.R., Thouless, M.: *Indentation of an elastic half space with material properties varying with depth.* International journal of engineering science, **47**(11–12), 1274–1283 (2009) https://doi.org/10.1016/j.ijengsci.2008.08.005

Lekhnitskii, S.G.: *Radial distribution of stresses in a wedge and in a half-plane with variable modulus of elasticity.* Journal of Applied Mathematics and Mechanics, **26**(1), 199–206 (1962) https://doi.org/10.1016/0021-8928(62)90112-0

Mindlin, R.D.: *Compliance of Elastic Bodies in Contact.* Journal of Applied Mechanics, **16**, 259–268 (1949) https://doi.org/10.1115/1.4009973

Popov, G.I.: *Axisymmetric contact problem for an elastic inhomogeneous half-space in the presence of cohesion.* Journal of Applied Mathematics and Mechanics, **37**(6), 1052–1059 (1973) \https://doi.org/10.1016/0021-8928(73)90070-1

Popov, V.L.; Heß, M.; Willert, E.: *Handbuch der Kontaktmechanik – Exakte Lösungen axialsymmetrischer Kontaktprobleme.* Springer Vieweg, Berlin (2018)

Rostovtsev, N.A.: *On the theory of elasticity of a nonhomogeneous medium.* Journal of Applied Mathematics and Mechanics, **28**(4), 745–757 (1964) https://doi.org/10.1016/0021-8928(64)90060-7

Shull, K.R.: *Contact mechanics and the adhesion of soft solids.* Materials Science and Engineering: R: Reports, **36**(1), 1-45 (2002) https://doi.org/10.1016/S0927-796X(01)00039-0

Anhang

Tabelle von verwendeten Cauchy-Hauptwerten

Im Rahmen dieses Buches wurden mehrere Integrale verwendet, die nur im Sinne von Cauchy-Hauptwerten existieren. Der Cauchy-Hauptwert eines Integrals, das wegen einer starken Singularität des Integranden an einer Stelle $x = x_0$divergiert, ist

$$\mathrm{PV}\left\{\int_a^b f(x)\,\mathrm{d}x\right\} := \lim_{\varepsilon\to 0}\left[\int_a^{x_0-\varepsilon} f(x)\,\mathrm{d}x + \int_{x_0+\varepsilon}^b f(x)\,\mathrm{d}x\right], \quad a < x_0 < b, \tag{A.1}$$

falls dieser Grenzwert existiert. Tab. A.1 gibt eine Übersicht der im Laufe des Buches verwendeten Hauptwerte verschiedener divergenter Integrale.

Tab. A.1 Übersicht von verwendeten Cauchy-Hauptwerten

Integral	Cauchy-Hauptwert
$\int_{-b}^{a} \frac{\mathrm{d}\xi}{(x-\xi)\sqrt{\xi+b}\sqrt{a-\xi}}, \quad -b < x < a$	0
$\int_{-b}^{a} \frac{\xi\mathrm{d}\xi}{(x-\xi)\sqrt{\xi+b}\sqrt{a-\xi}}, \quad -b < x < a$	$-\pi$
$\int_{-a}^{a} \frac{\mathrm{d}\xi}{x-\xi}, \quad \lvert x\rvert < a$	$\ln\left(\frac{a+x}{a-x}\right)$
$\int_{-a}^{a} \frac{\sqrt{a^2-\xi^2}\,\mathrm{d}\xi}{x-\xi}, \quad \lvert x\rvert \le a$	πx
$\int_{-a}^{a} \frac{\xi\sqrt{a^2-\xi^2}\,\mathrm{d}\xi}{x-\xi}, \quad \lvert x\rvert \le a$	$\pi x^2 - \frac{\pi}{2}a^2$
$\int_{-a}^{a} \frac{\xi}{\sqrt{a^2-\xi^2}(1+\xi^2)}\frac{\mathrm{d}\xi}{x-\xi}, \quad \lvert x\rvert \le a$	$-\frac{\pi}{(1+x^2)\sqrt{1+a^2}}$

V. L. Popov et al., *Handbuch der ebenen Kontaktmechanik*,
https://doi.org/10.1007/978-3-662-69001-7

Tab. A.2 Übersicht der in Kap. 4 verwendeten Integrale zur Lösung von Normalkontakten ohne Gleiten

Integral	Lösung, bzw. Cauchy-Hauptwert
$\int_{-1}^{1} \frac{1}{(t-s)\sqrt{1-s^2}} \left(\frac{1+s}{1-s}\right)^{i\eta} \mathrm{d}s, \quad \lvert t\rvert > 1$	$\frac{\pi}{\cosh(\pi\eta)} \frac{\mathrm{sgn}(t)}{\sqrt{t^2-1}} \left(\frac{t+1}{t-1}\right)^{i\eta}$
$\int_{-1}^{1} \left(\frac{1-s}{1+s}\right)^{\varepsilon} \frac{1-s}{t-s} \mathrm{d}s, \quad \lvert\mathrm{Re}(\varepsilon)\rvert < 1, \quad \lvert t\rvert < 1$,	$-\pi\left[(1-t)\left(\frac{1-t}{1+t}\right)^{\varepsilon} \cot(\pi\varepsilon) + \frac{t-(1+2\varepsilon)}{\sin(\pi\varepsilon)}\right]$
$\int_{-1}^{1} \frac{1}{\sqrt{1-s^2}} \left(\frac{1+s}{1-s}\right)^{i\eta} \mathrm{d}s$	$\frac{\pi}{\cosh(\pi\eta)}$
$\int_{-1}^{1} \frac{s}{\sqrt{1-s^2}} \left(\frac{1+s}{1-s}\right)^{i\eta} \mathrm{d}s$	$\frac{2\pi\eta i}{\cosh(\pi\eta)}$
$\int_{-1}^{1} \frac{s^2}{\sqrt{1-s^2}} \left(\frac{1+s}{1-s}\right)^{i\eta} \mathrm{d}s$	$\frac{\pi(1-4\eta^2)}{2\cosh(\pi\eta)}$
$\int_{-1}^{1} \frac{\mathrm{sgn}(s)}{\sqrt{1-s^2}} \left(\frac{1-s}{1+s}\right)^{i\eta} \mathrm{d}s$	$i\pi\tanh(\pi\eta) - \left[\psi\left(\frac{1}{4}+i\frac{\eta}{2}\right) - \psi\left(\frac{1}{4}-i\frac{\eta}{2}\right)\right]$
$\int_{-1}^{1} \frac{\lvert s\rvert}{\sqrt{1-s^2}} \left(\frac{1-s}{1+s}\right)^{i\eta} \mathrm{d}s$	$2\left\{1+\eta\pi\tanh(\pi\eta) + i\eta\left[\psi\left(\frac{1}{4}+i\frac{\eta}{2}\right) - \psi\left(\frac{1}{4}-i\frac{\eta}{2}\right)\right]\right\}$

Übersicht der verwendeten Integrale für den Normalkontakt ohne Gleiten

Im Kapitel zum Normalkontakt ohne Gleiten werden zahlreiche nicht-elementare Integrale und Cauchy-Hauptwerte verwendet, die in Tab. A.2 zusammengefasst sind.

In den letzten beiden Zeilen bezeichnet $\psi(\bullet)$ die Digamma-Funktion (siehe Abschn. A.3.5).

Übersicht der verwendeten Spezialfunktionen

Im Verlauf des Buches haben wir Gebrauch von verschiedenen nichtelementaren Funktionen gemacht, die im Folgenden noch einmal kurz behandelt werden sollen.

Elliptische Integrale

Elliptische Integrale können zwar nicht durch elementare Funktionen dargestellt werden, sind aber in vielen mathematischen Datenbanken als Spezialfunktionen hinterlegt. Die Legendre-Normalform der vollständigen elliptischen Integrale erster und zweiter Art ist durch

$$\begin{aligned} \mathrm{K}(k) &:= \int_0^{\pi/2} \frac{\mathrm{d}\varphi}{\sqrt{1-k^2\sin^2\varphi}}, \quad 0 \le k < 1, \\ \mathrm{E}(k) &:= \int_0^{\pi/2} \sqrt{1-k^2\sin^2\varphi}\,\mathrm{d}\varphi, \quad 0 \le k \le 1, \end{aligned} \tag{A.2}$$

gegeben, es sind aber auch andere (äquivalente) Darstellungen möglich. Bei der Verwendung von mathematischen Datenbanken (oder entsprechenden hohen Programmiersprachen) ist Vorsicht in Bezug auf den Parameter der elliptischen Integrale vonnöten, da mehrere Datenbanken standardmäßig anstatt k den Modul $m = k^2$ als Parameter der Integrale verwenden.

Die vollständigen elliptischen Integrale erster und zweiter Art können mithilfe der Relationen

$$\begin{aligned} \mathrm{K}(k) &= \frac{\pi}{2}\,{}_2\mathrm{F}_1\left(\frac{1}{2}, \frac{1}{2}; 1; k^2\right), \\ \mathrm{E}(k) &= \frac{\pi}{2}\,{}_2\mathrm{F}_1\left(\frac{1}{2}, -\frac{1}{2}; 1; k^2\right), \end{aligned} \tag{A.3}$$

aus der hypergeometrischen Funktion (siehe Abschn. A.3.4) bestimmt werden.

Variiert man die Obergrenze der Integrale, ergeben sich die unvollständigen elliptischen Integrale erster und zweiter Art,

$$\begin{aligned} \mathrm{F}(\theta; k) &:= \int_0^{\theta} \frac{\mathrm{d}\varphi}{\sqrt{1-k^2\sin^2\varphi}}, \quad 0 \le k < 1, \quad 0 \le \theta \le \frac{\pi}{2} \\ \mathrm{E}(\theta; k) &:= \int_0^{\theta} \sqrt{1-k^2\sin^2\varphi}\,\mathrm{d}\varphi, \quad 0 \le k \le 1, \quad 0 \le \theta \le \frac{\pi}{2}. \end{aligned} \tag{A.4}$$

Eulersche Gamma-Funktion

Die Gamma-Funktion ist für komplexe Zahlen z mit positivem Realteil als

$$\Gamma(z) := \int_0^{\infty} t^{z-1} \exp(-t)\,\mathrm{d}t, \quad \mathrm{Re}\{z\} > 0, \tag{A.5}$$

definiert und lässt sich wegen der Eigenschaft

$$\Gamma(z+1) = z\Gamma(z) \tag{A.6}$$

als Verallgemeinerung der für natürliche Zahlen definierten Fakultätsfunktion auffassen. Durch analytische Fortsetzung lässt sich der Definitionsbereich der Gamma-Funktion – bis auf Polstellen bei $z = 0$, und damit wegen Gleichung (12.6) bei allen negativen ganzen Zahlen – auch auf negative Realteile von z ausdehnen.

Beta-Funktion

Die unvollständige Beta-Funktion lässt sich am einfachsten als Spezialfall der Hypergeometrischen Funktion (siehe Abschnitt A.3.4) definieren,

$$\mathrm{B}(z; a, b) := \frac{z^a}{a}\, {}_2\mathrm{F}_1(a,\ 1-b;\ 1+a; z). \tag{A.7}$$

Die vollständige Beta-Funktion $\mathrm{B}(a,b) = \mathrm{B}(1;a,b)$ ist außerdem für a und b mit positivem Realteil durch die Relation

$$B(a, b) = \frac{\Gamma(a)\Gamma(b)}{\Gamma(a+b)} \tag{A.8}$$

an die Gamma-Funktion (siehe Abschnitt A.3.2) geknüpft.

Hypergeometrische Funktion

Die durch die Taylorreihe

$${}_2\mathrm{F}_1(a, b; c; z) := \sum_{n=0}^{\infty} \frac{(a)_n (b)_n}{(c)_n} \frac{z^n}{n!}, \quad (x)_n := \frac{\Gamma(x+n)}{\Gamma(x)}, \quad |z| < 1, \tag{A.9}$$

mit der Gamma-Funktion $\Gamma(x)$, definierte Hypergeometrische Funktion ist eine allgemeine Spezialfunktion, die zahlreiche elementare und nichtelementare Funktionen als Spezialfälle enthält. Falls der Realteil von $c - a - b$ positiv ist, konvergiert die Reihe auch an der Randstelle $z = 1$ gegen den Wert

$${}_2\mathrm{F}_1(a, b; c; 1) = \frac{\Gamma(c)\Gamma(c-a-b)}{\Gamma(c-a)\Gamma(c-b)}. \tag{A.10}$$

Die Hypergeometrische Funktion ist die Lösung der Hypergeometrischen Differenzialgleichung

$$z(1-z)y''(z) + [c - (a+b+1)z]y'(z) - aby(z) = 0. \tag{A.11}$$

Digamma-Funktion

Die Digamma-Funktion, auch Psi-Funktion genannt, gibt die die logarithmische Ableitung der Gamma-Funktion an und ist daher über den Quotienten aus der Ableitung der Gamma-Funktion und der Gamma-Funktion selbst definiert,

$$\psi(x) := \frac{\mathrm{d}}{\mathrm{d}x}[\ln(\Gamma(x))] = \frac{\Gamma'(x)}{\Gamma(x)}. \tag{A.12}$$

Personenindex

V. L. Popov et al., *Handbuch der ebenen Kontaktmechanik*,
https://doi.org/10.1007/978-3-662-69001-7

U

W

X

Y

Z

MIX
Papier aus verantwortungsvollen Quellen
Paper from responsible sources
FSC® C105338

If you have any concerns about our products,
you can contact us on
ProductSafety@springernature.com

In case Publisher is established outside the EU,
the EU authorized representative is:
Springer Nature Customer Service Center GmbH
Europaplatz 3, 69115 Heidelberg, Germany

Printed by Libri Plureos GmbH
in Hamburg, Germany